光学效应对偶统一论

郭志忠　著

U0371972

科学出版社
北　京

内 容 简 介

本书以微栖、对偶为基本点，跨越光学效应、跨越介电张量及其逆、跨越波法线和光线传输模式，在线性光学范围内阐述光学效应的对偶统一理论。本书涉及微量运算、坐标体系、微栖张量、光波模型、本征方程、介质模型、标幺空间等内容；提出了感应不均匀介质及其琼斯矩阵和标幺张量等新概念、模型和方法；系统阐述输出光强和旋光互易；作为理论的应用，论述电光效应、旋光效应。

本书可供光学效应、传感光学领域的研究人员、工程技术人员以及高等院校相关专业的教师、研究生阅读。

图书在版编目（CIP）数据

光学效应对偶统一论 / 郭志忠著. —北京：科学出版社，2019.6

ISBN 978-7-03-061704-0

Ⅰ. ①光… Ⅱ. ①郭… Ⅲ. ①光学效应-对偶性-研究 Ⅳ. ①O43

中国版本图书馆 CIP 数据核字（2019）第 121065 号

责任编辑：余 江 张丽花 王晓丽 / 责任校对：郭瑞芝

责任印制：张 伟 / 封面设计：迷底书装

科学出版社 出版

北京东黄城根北街 16 号

邮政编码：100717

http://www.sciencep.com

北京虎彩文化传播有限公司 印刷

科学出版社发行 各地新华书店经销

*

2019 年 6 月第 一 版 开本：787×1092 1/16

2019 年 6 月第一次印刷 印张：16 1/8

字数：381 000

定价：128.00 元

前　言

1991 年的某个夏日，我在哈尔滨工业大学六系教师阅览室浏览 *IEEE Transactions*。一篇利用法拉第磁致旋光效应测量电力网电流的研究论文吸引了我。从那以后，我所在的团队开始研究电力网电流、电压的光学传感技术。时光荏苒，转瞬 27 年。在学习和研究过程中，我逐渐体会到了对偶性统辖着的光学效应的统一性，萌生了撰写书籍的想法。

(1)

19 世纪，一系列光学效应的科学发现表明，物理场具有改变介质物理属性的能力。在好奇心驱使下，物理学家开展了富有成效的理论及实验研究工作。阅读前人的论述，赞叹之余是思考。感到光学效应在理论上存在着一条清晰的主线：基于微栖的对偶。

介质的介电属性用张量描述。介质有其自身的固有张量，物理场对介质的作用产生了感应张量，介质张量是固有张量和感应张量的叠加。

物理场产生的感应张量微小且依附。已发现的光学效应，物理场对介质张量的改变都很微弱。“微小”的感应张量栖身“强大”的固有张量，将光学效应赋予光学介质。这样的介质张量，本书称之为微栖张量。

物理场作用时的介质张量，即微栖张量，数学形式或实对称或共轭转置对称，都属于厄米对称。厄米对称将不同种类光学效应的介质张量在模型上统一起来。

微栖张量与其逆张量相互对偶。表达光波的电场强度、电位移矢量也相互对偶。两种对偶的交叉诞生了对偶体系。光学效应的对偶并不偶然，因为不对称很少是仅仅由于不对称的存在[1]。

微栖、对偶是光学效应的共性特征。微栖是介质张量对偶的条件，对偶寓意着统一。从这两个共性特征出发，本书以感受物理现象、挖掘对偶规律、构建统一体系为撰写目标。

古云：形而上者谓之道，形而下者谓之器。由形而下之器去探索和感受形而上之道乃是科学研究的原本含义。

(2)

在物理场作用下，光程上的介质张量可能均匀，也可能不均匀。均匀的介质张量，本征坐标系守恒；不均匀的介质张量，本征坐标系可能守恒，也可能不守恒。如果本征坐标系不守恒，那么是感应不均匀介质。

光路及其光学元件都有坐标系。琼斯矩阵的数学含义是坐标变换，是将所有光学元件的模型从各自的元件坐标系统一到光路坐标系的变换矩阵。有关研究表明，与均匀介质不同，感应不均匀介质琼斯矩阵的非对角元素是实部和虚部皆有的完备复数。感应不均匀介质的光学效应问题已经引起了关注，但目前还没有系统和完整的理论体系。本书的另一个重点是以琼斯矩阵为核心研究感应不均匀介质的光学效应模型。

微元琼斯矩阵刻画微观的均匀，介质琼斯矩阵描述整体的不均匀。获取介质整体与局部物理参量的解析关系，须从微元级联角度入手。

基于幺行列式属性，本书采用酉变换手段将感应不均匀介质琼斯矩阵表示为关于介质相移差、介质感应角和介质不均匀角三个独立物理量的函数。在此基础上，从微元级联琼斯矩阵及其极限入手，得到上述三个物理量的光程积分关系，即三个物理量与截面感应张量分量的关系。明晰和确定了感应不均匀介质琼斯矩阵的结构和参数，具有各种光学效应的普适性，为定量分析不均匀物理场的光学效应问题提供了有效的解析手段。

光学介质的不均匀源自众多微元的“相异均匀”。似乎世界上的宏观不均匀总是来自微观的均匀。均匀简单，不均匀却复杂。似乎解决不均匀问题的有效方法都是从均匀入手的。

(3)

在叙述介质光学效应对偶统一理论后，结合作者所在团队的研究工作，本书讨论了电光效应和旋光效应。电光效应，微栖张量实对称；旋光效应，微栖张量共轭转置对称。弹光效应、声光效应、热光效应的介质张量都是实对称张量，与电光效应雷同，未辟专章。为说明线性双折射的影响，在旋光效应一章中用了一节的篇幅简要讲述了弹光效应。

本书聚焦光学效应对偶统一理论，有关光学、张量及矩阵基础知识简列于附录，以助阅读。

(4)

本书像是光学效应的数学剖析。

数学是准确、简洁的表达手段，更是理性、逻辑的思维方式。在目前工科大学本科及研究生教学中，数学与专业知识结合得不够，似乎数学是数学，专业是专业。由于相互脱节，大多数学生毕业没几年，大学里学过的数学知识就所剩无几了。

无需数学，何必研读？若是基础，为何脱节？ 数学是科学的基石之一，很重要。本书用数学语言写作，是个人的习惯，也是出于改变教学现状的企图，尽管杯水车薪。

一般而言，非数学专业科研工作所需要的数学知识，本科和研究生时期打下的基础已基本够用。学过多少次要，喜不喜欢、善不善于运用才重要。

数学好的人不一定是数学知识特别多的人，而是自觉和习惯地从数学与物理结合的角度去观察、思考和表达的人。这样的人具备逻辑思维能力，能更多地体验抽象秩序带来的完美。

物理概念源于自然基本秩序。物理概念清晰的人通常科研判断力很强，可少走弯路，事半功倍。基本秩序是直觉触发的逻辑演绎的结论。直觉是顿悟和感性的，逻辑是抽象且理性的，两者缺一不可、都很重要。自然秩序是自然现实的抽象。如果没有数学支撑，还剩多少物理概念呢？

(5)

抽象是科学研究的通常之法。抽象是有边界的。合理划定边界，可以使自然秩序的描述严谨、简洁和完美。不应抨击这样的做法片面、孤立和静止。应客观和公正地看问题。提炼自然秩序的时候，需要合理的片面、孤立和静止。自然秩序返回到现实的时候，需要相对的全面、联系和变化；这样才能将自然秩序转化为生产力。

几乎所有的定理或定律都是有条件的，无论直接的还是隐晦的。设定条件就是某种程度的孤立和片面。必须如此，也必然如此。否则有谁能说清楚自然秩序呢？

正确的自然哲学观应经得起实践检验，不是盲从于主观说教。尤其是特定环境或特定时期源自少数人主观的大多数人之盲从。自然哲学观的建立不应来自灌输。什么是正确的自然哲学观，值得思考，而且是结合科学研究实践的思考。思考者总有一天会恍然大悟。

从科学技术角度看，研究型大学应具备培养直觉思维、逻辑思维兼备的人才的能力，即培养有创造能力的人才，而不是只培养科技工匠。

(6)

恰如其分的通俗是因为看透了本质。

脱离科学语言不会叙述科学理论的人，也许没真懂，也许表达能力差。当然，通俗往往是不严密的，专业性的科学论述必须严谨，应该采用科学的语言。

在明白人眼里，复杂是简单的。在不明白的人眼里，简单是复杂的。

通俗化是高度提炼后的廓线化。常说不同领域的高人有共同语言，道理大概如此。不同领域在哲学层面往往是相通的。

哲学，是客观事实一般性、概括性和本质性的认知。

哲学，虽不来自每个人，但却通向每个人。

把一个科学理论通俗形象地告诉一个外行，这个外行很高兴，觉得自己懂了，其实没真懂。不亲身经历研究和学习过程，如何真懂呢？看来，不能只停留在哲学层面。

在学习和研究中可以感受哲学；但哲学替代不了科学知识的学习和科学问题的研究。哲学与科学是联系密切的两回事。

(7)

感谢哈尔滨工业大学已故的柳焯先生。20 世纪 80 年代，我跟随柳老先生攻读硕士学位、博士学位六年，毕业后长期在他身边工作，与柳老先生感情至深。柳老先生聪慧敏捷，淡泊名利。他鼓励我向电力传感光学领域延拓，对我说不妨研究着玩儿。研究着玩儿是出自好奇心，出于对科学研究的热爱，而非名利，也是科学研究中最需要的最宝贵的原始动机。非常遗憾不能将本书献给柳老先生，非常遗憾不能再次聆听他老人家的教诲。

感谢华北电力大学的杨以涵先生。从攻读博士学位开始，尤其在电力传感光学的长期研究过程中，我得到了杨老先生的许多指导和帮助。杨老先生为人正直，视科学研究为生命，是执着者的典范。杨老先生已 92 岁高龄，身体尚好，精神抖擞；见到我还能侃侃而谈，思维依旧敏捷，见解依然独到。祝杨老先生健康长寿。

感谢夫人高桦。我出身电力专业，夫人出身光学专业。在她的影响下，年轻时期我系统地学习了有关的光学课程，如偏振光学、非线性光学和量子光学等，并将电力传感光学作为团队的主要研究方向之一。想起 28 年前她在哈尔滨工业大学光学实验室指导我做实验的情景，很是感慨。

感谢课题组的同事和学生。本书的一些内容以课题组长期的研究工作为基础。在撰写过程中得到了张国庆、于文斌、申岩、路忠峰 4 位博士和王贵忠高级工程师的协助；王红星、王佳颖、赵一男、肖志宏、程嵩、李深旺 6 位博士和硕士研究生莫彩云参与了部分研究工作，在此一并谢忱。

本书从提笔到完稿前后花费了十多年时间。随着理解的深入，不断修正着自己的思路，不断否定着原有的一些想法。如此，时间长也就不奇怪了。其实，写作是个思考、梳理和自我提高的过程。收笔就是收获快乐。因为快乐，也就不觉得辛苦了。

撰写此书虽全力以赴，但定有疏漏，敬请读者指正批评，不胜感激。

2018 年 9 月

于怀来东花园

目　　录

第 1 章　绪　论

绪论阐述对偶原理和镜像对偶，为后续章节打下相关的对偶概念基础；接着介绍本书的写作目的，描述本书的边界条件。

1.1　对 偶 原 理

世人都知道关于轴线的几何对称，如人体、树木、镜像等。这是最简单的对称。一般而言，对称是“有规律的重复，变化中的不变”[1]的现象，是自然界的一种守恒秩序。

世界的本质是否对称是物理学家的事情，卓越者的研究将逐步逼近问题的本原。我等外行，只知皮毛，无力论及。不管怎样，对称现象众多是不争的事实。

李政道博士在《对称与不对称》一书中提到：“一方面，理论越来越对称；另一方面，我们发现有越来越多的不对称量子数。这构成了现代物理学的一个基本疑难：既然我们生活的世界充满不对称，我们为什么还要相信对称呢？[2]”紧接着李博士给出了答案：“其实这是不矛盾的。因为很有可能为了要有最大限度不对称的可能性，我们必须有绝对的对称性。”看来，李博士相信对称性：秩序或理论的对称性。

对偶是相互伴随的、对称的一对事实。对偶成双成对、模样匀称；对偶如若古代诗词的对仗，字词对应、平仄匹配、韵律和谐、朗朗上口。对偶，很是美妙。

对偶是相互伴随的、对称的一对事实，这样的说法通俗、宽泛，却不怎么严谨。也许只能如此。对偶现象实在是太多了，角度不同，说法不一。很难找到普适的、清晰的精准定义。

对称原理在科学上称为万能公理。对偶是特殊的对称。科学技术上有两种对偶：物理对偶、数学对偶。

1.1.1　物理对偶

物理对偶是关于物理现象的。

广义地讲，数学模型一致的两个物理现象相互对偶。两个对偶的物理现象可以是相关的。电感、电容是相关的电磁元件。由于描述电感、电容动态过程的微分方程一致，因此对偶。两个物理现象可以是不相关的。弹簧振子、LC(电感、电容) 电路在物理上虽不相关，但都可用简谐振动方程描述动态过程，因此也是对偶的。广义的物理对偶现象很多，我们在科学技术的学习和研究过程中常会出现似曾相识、但却不同的情况。

狭义地看，物理对偶只针对同一种物理现象。英国物理学家霍金(Stephen William Hawking) 认为：对偶是导致相同物理结果的、表面上不同理论的对应[3]。美国物理学家哈维(Jeffrey A. Harvey) 的看法与霍金类似，他说：对偶意味着存在两种互补的、能够解释物理系统的理论[4]。两位说的对偶都是狭义的。

一种物理现象可以有这样或那样的解释。如果这样的和那样的解释都是成立的，那么两种解释是对偶的。本书中的物理对偶是狭义的。

对偶原理(物理)　一种物理现象的两种表现形式物理对偶。表现形式可以是物理量、物理公式、物理函数、物理方程或物理理论等。

物理对偶往往具备如下三个属性。

(1)等价性：两种不同的表现形式可等价地表达同一物理现象。

(2)一致性：抛开物理含义，两种表现形式的数学模型一致，进而解的数学形式相同。

(3)互换性：亦或借助物理参量，通过数学变换，两种表现形式可以互换。

物理对偶现象很多，可信手拈来。

比如光波，既可以用电场强度 $\boldsymbol{E}$ 描述，也可以用电位移矢量 $\boldsymbol{D}$ 表达。两种形式都恪守麦克斯韦方程组的基本秩序，可等价地描述光波；都满足法矢量(波法线、光线的统称)公式，抽象的数学模型一致；借助介质张量，两种形式可以相互转换。

再比如，介质的物理属性，既可以用介电张量描述，也可以用逆介电张量表达，具有等价性；两种形式的数学模型是维数一致的、非奇异的 3×3 阶矩阵；通过逆运算两者可以互换。

物理对偶体现着变与不变的内在关系。变的是表达形式，不变的是抽象秩序。正是

宇宙自然

现象无尽，多彩纷呈

秩序有限，不变守恒

大自然依仗有限的和守恒的基本秩序统辖着无尽的和多变的自然现象。掌握世间繁杂之现象，最好的方法是洞悉秩序。物理对偶是人类探究、理解自然秩序并感受其美好的一种途径。

1.1.2　数学对偶

对偶两个字在几何学、代数学、微积分学、数学规划等数学领域可以说是司空见惯。尽管对偶“是现代数学中极为普遍且重要的概念”[5]，是“几乎每个数学分支都会出现的重要的一般性主题”，但仍然“没有一个能把所有对偶概念统一起来的普适性定义”[6]。

不谋求普适性，参照已有的概念，本书对数学对偶的理解如下。

对偶原理(数学)　如果某种数学变换或映射，把一种数学概念、公理或结构 A 转化为另一种数学概念、公理或结构 B，那么 A 和 B 数学对偶，对应的变换是对偶变换。

这个定义强调了变换前后的联系和对应。按此定义，存在大量的数学对偶现象。比如，线性方程组

$$\boldsymbol{AX}=\boldsymbol{B}$$

向量 $\boldsymbol{X}$ 被变换为向量 $\boldsymbol{B}$，因此向量 $\boldsymbol{X}$ 与向量 $\boldsymbol{B}$ 对偶，矩阵 $\boldsymbol{A}$ 是对偶变换矩阵。

再如平面图[7]。把一个平面图的节点与网孔对调互换，就会诞生另外一个平面图，该平面图与原平面图相互对偶。如图 1.1 所示，深色平面图的节点变换为浅色平面图的网孔，浅色图的节点变换为深色图的网孔，两个图的节点、网孔相互对应。

物理对偶与数学对偶是有联系的两种不同的对偶。物理对偶具有互换性特征。亦或借助相关物理参量，通过数学变换，两种对偶形式可以互相转换。这种物理对偶的互换性就是数学对偶强调的“变换前后的联系和对应”。因此，物理对偶包含数学对偶。

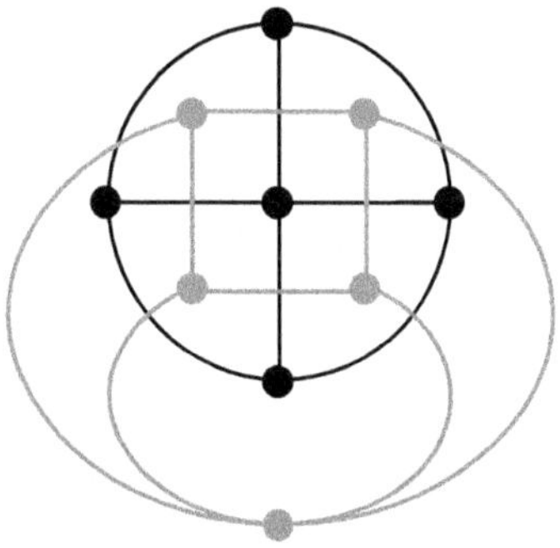

图 1.1 对偶平面图

1.1.3 对偶与统一

物理对偶具有等价性。能准确地描述同一物理现象的两种对偶表达形式必然是等价的。

物理对偶往往具有数学模型的一致性。例如，描述平面波的波法线麦克斯韦方程组为

$$\begin{cases} \boldsymbol{s}\times\boldsymbol{E}=\dfrac{1}{\varepsilon_0 nc}\boldsymbol{H} \\ \boldsymbol{s}\times\boldsymbol{H}=-\dfrac{c}{n}\boldsymbol{D} \end{cases} \tag{1.1.1A}$$

光线麦克斯韦方程组为

$$\begin{cases} \boldsymbol{t}\times\boldsymbol{D}=\dfrac{n_t}{c}\boldsymbol{H} \\ \boldsymbol{t}\times\boldsymbol{H}=-c\varepsilon_0 n_t\boldsymbol{E} \end{cases} \tag{1.1.1B}$$

两式是何等相似。显然，两者不仅在物理上等价，而且在数学上一致。上述两式中，$\boldsymbol{s}$ 和 $\boldsymbol{t}$ 分别是波法线和光线，$\boldsymbol{E}$ 和 $\boldsymbol{D}$ 分别是电场强度和电位移矢量，$\boldsymbol{H}$ 是磁场强度，n 和 n_t 分别是关于波法线和光线的折射率，ε_0 是真空介电常数，c 是光速。

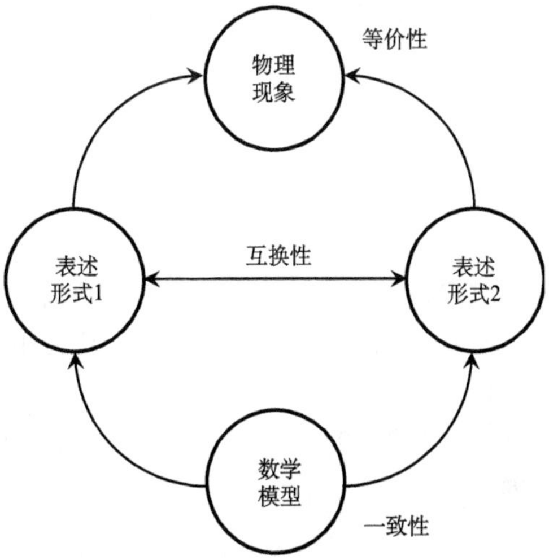

图 1.2 对偶与统一

物理对偶具有互换性。例如，波法线和光线麦克斯韦方程组的互换。刻画同一物理现象的两种正确表述形式自然是可以相互转换的，否则意味着至少有一种表述形式是有瑕疵的，是不完备的。

具备等价性、一致性和互换性基本特征的对偶性，寓意着统一性，如图 1.2 所示。

光学效应，描述介质的张量及其逆张量是对偶的，描述光波的电场强度和电位移矢量(或波法线和光线)是对偶的，这意味着必然存在一种基于对偶性的光学效应的统一理论。

对偶，走向统一的一条途径。

1.2 镜像对偶

1.2.1 镜像对偶概念

作为一种现象，镜像对偶存在于大自然和人们的日常生活中。图 1.3 是古城宣化万柳公园的一幅秀美图片。岸上的房屋、树林与水中的倒影相互伴随。房屋、树林是什么样，倒影就是什么样，如同照镜子一般。

图 1.3　宣化万柳公园的镜像对偶景致

这张图片是关于轴线的镜像对偶。镜像对偶现象很多，不局限于关于轴线的几何对偶。

作为一种秩序，镜像对偶也存在于科学技术的理论中。

定义了内积的实空间是欧几里得空间，简称欧氏空间；定义了内积的复空间是酉空间[8]。欧氏空间是酉空间的特例。本书在酉空间的范围内讨论镜像对偶问题。

设 A、B 是两个不同的酉空间，若满足条件：

① A、B 空间的数学单元同构；

② A、B 空间的数学模型相同；

则 A、B 两个空间**镜像对偶**。

数学单元**同构**，要求数学单元结构相同。标量无所谓结构。矩阵(张量)则存在数据结构问题。例如，下面的两个 3 阶方矩阵(二阶张量)同构对应，因其零元素、非零元素位置相同

$$\begin{bmatrix} \bullet & 0 & \bullet \\ 0 & \bullet & 0 \\ \bullet & 0 & \bullet \end{bmatrix}, \begin{bmatrix} \blacksquare & 0 & \blacksquare \\ 0 & \blacksquare & 0 \\ \blacksquare & 0 & \blacksquare \end{bmatrix}, (\bullet, \blacksquare \neq 0) \tag{1.2.1A}$$

下面的两个矩阵则不然

$$\begin{bmatrix} \bullet & 0 & 0 \\ 0 & \bullet & \bullet \\ 0 & \bullet & \bullet \end{bmatrix}, \begin{bmatrix} \blacksquare & 0 & \blacksquare \\ 0 & \blacksquare & 0 \\ \blacksquare & 0 & \blacksquare \end{bmatrix}, (\bullet, \blacksquare \neq 0) \tag{1.2.1B}$$

数学模型相同的含义是，如果 A 空间有函数

$$\alpha_A = f(\beta_A,\gamma_A) \tag{1.2.2A}$$

那么 B 空间就定然存在相同的函数

$$\alpha_B = f(\beta_B,\gamma_B) \tag{1.2.2B}$$

且 α_A 与 α_B，β_A 与 β_B，γ_A 与 γ_B 相互对应。这里 α、β、γ 可以是标量(变量)、矢量(向量)或二阶(及以上)张量(矩阵)。

同构对应的数学单元称为**对偶量**，如式(1.2.2)的 α_A 与 α_B，β_A 与 β_B，γ_A 与 γ_B；形式一致的数学关系称为**对偶秩序**，如式(1.2.2)的函数 $f(\cdot)$。

镜像对偶是相同对偶秩序统辖的同构对偶量集合。

数学模型一致是对偶，增加了同构条件是镜像对偶。镜像对偶是更为严格的对偶。

1.2.2 秩序量和对偶变换

相等的对偶量是秩序量。例如，式(1.2.2)中，若

$$\alpha_A = \alpha_B = \alpha$$

则 α 是秩序量。

若 A、B 两个空间的物理量纲不同，那么相等的对偶量必无量纲。秩序量以摆脱具体物理表象的方式表达内在的物理秩序。

A、B 两个对偶空间，对偶量之间的转换关系是对偶变换，即

$$\begin{cases}\alpha_A = f_{AB}(\alpha_B)\\ \alpha_B = f_{BA}(\alpha_A)\end{cases} \tag{1.2.3}$$

线性空间中，对偶变换是线性变换，形式是

$$\begin{cases}\alpha_A = F_{AB}\alpha_B\\ \alpha_B = F_{BA}\alpha_A\end{cases} \tag{1.2.4}$$

其中，F_{AB} 和 F_{BA} 是变换矩阵或变换系数。

镜像对偶体系，对偶量 α_A、α_B 是逐一对应的，变换矩阵或变换系数是非奇异的，即

$$\det(F_{AB}) \neq 0$$

$$\det(F_{AB}) \neq 0$$

命题 1.1 线性对偶变换是互逆变换，即

$$F_{AB} = F_{BA}^{-1} \tag{1.2.5}$$

证明：根据式(1.2.4)，有

$$\alpha_A = F_{AB}\alpha_B = F_{AB}F_{BA}\alpha_A$$

这里，如果 F_{AB} 和 F_{BA} 是变换矩阵，那么符号 I 表示单位矩阵；如果是变换系数，那么符号 I 则表示数字 1。显然

$$F_{AB}F_{BA} = I$$

因此 F_{AB} 和 F_{BA} 互逆。

证毕

1.2.3 对偶体系

如果一个物理系统存在两种或多种对偶(含镜像对偶，下同)，它们自然会相遇、交叉，会诞生一个多元对偶体系。

例如，如果一个物理事实F存在(a,b)和(α,β)两个不同的对偶体系，那么将构成表1.1所示的四元对偶体系。表中出现了对偶交叉产生的新对偶现象：$a\alpha$、$b\alpha$、$a\beta$和$b\beta$。

表1.1 四元对偶体系

对偶量	a	b
α	$a\alpha$	$b\alpha$
β	$a\beta$	$b\beta$

对偶体系的利用也是科学研究的一种方法。如表1.1所示，若$a\alpha$和$b\alpha$成立，那么$a\beta$和$b\beta$必成立。

如果一个物理系统只有一种对偶，该是多么的孤单。对偶现象普遍存在，多元对偶现象自然也普遍存在。对偶，往往不孤单。

1.3 写作目的

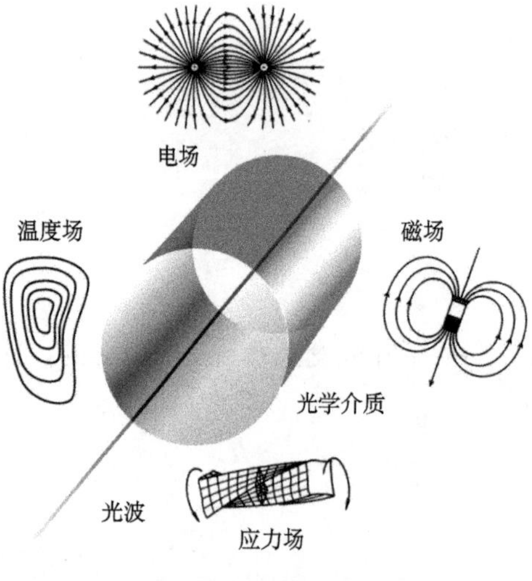

图1.4 光学效应

1815年，苏格兰物理学家布儒斯特(David Brewster)发现了弹光效应(photoelastic effect)，拉开了人类研究光学效应的序幕。从那时起，欧洲的科学家陆续发现了一系列光学效应，如旋光效应(rotation effect)、电光效应(electro-optic effect)、热光效应(thermo-optic effect)和声光效应(acousto-optic effect)等[9, 10]，表明磁场、电场、应力场、温度场等物理场具有改变介质物理属性的能力，光传输具有感知这种改变的能力。图1.4为光学效应的示意。

基于波动光学理论，人们逐渐认识到了光学效应的共性特征，逐步形成了以张量为介质模型、以电磁波为光波模型、以物理场对介质的作用为研究对象的光学效应理论体系。

介质的光传输问题可以抽象为二维平面、三维空间交织的几何学问题。刻画光波的电场矢量(电场强度或电位移矢量)位于介质截面，介质截面的物理属性将直接影响和改变电场矢量的振动情况。光波从介质的一端入射，遍历连绵不断的介质截面后，从另一端出射的光波嵌含了全部截面对电场矢量的影响，产生了光学效应。

二阶张量描述介质的三维物理属性，由无数多正交于光波方向的截面张量构成。在光传输方向上，连续介质的截面张量不间断、不突变。连续介质是光学效应理论的基础。

连续介质的物理学问题可用张量刻画。在光学效应的理论体系中，介质用二阶张量表达；电场矢量用一阶张量(矢量)刻画；感应角、感应双折射表达光学效应，表现为零阶张量(标量)。光学效应的张量语言是：一阶张量(电场矢量)在穿越物理场作用下的二阶张量(介质)后，产生了零阶张量(感应角、感应双折射)。

在电力传感光学的研究过程中，作者对两个相互牵扯的关键点体会颇深。一是物理场引发的感应张量的微小性和依附性，二是介质及光波秩序的对偶性。有关书籍对这两点虽有所描述，却欲言又止，难解明晰其详之渴。在朦胧的潜意识中，作者感到应该存在一个物理上基于麦克斯韦方程的、数学上基于张量的、以感应张量的微小依附性为特点的、以介质及光波的对偶性为支点的光学效应理论的统一体系。随着思考的深入，理解逐步透彻，朦胧也逐渐清晰了起来。

以往，光学效应理论都是基于均匀介质的。在不均匀物理场作用下，光程上的截面感应张量不均匀，可能会出现感应角在光程上分布不均匀的情况。感应角不均匀的介质是感应不均匀介质。感应不均匀介质的光学效应具有特殊性，已经引起了有关研究人员的关注。本书研究感应不均匀介质的琼斯矩阵，包括矩阵结构、物理参量以及物理参量的光程积分关系，为分析感应不均匀介质的光学效应奠定数学模型基础。

本书是光学效应理论的承袭和发展，跨越光学效应、跨越介电张量及其逆、跨越波法线和光线传输模式，以微栖、对偶为核心，兼容感应不均匀介质的研究成果，构建光学效应的对偶统一理论。

以往少有论述光学效应的理论性专著。光学书籍中的叙述要么过于概括，要么过于技术化；学术论文中的论述则过于分散，缺乏系统性和完整性。本书的另一个写作目的是弥补此种不足。

1.4 基本条件

介质、物理场、平面波是光学效应的三个要素。介质，用固有张量刻画，是光学效应的物质载体；物理场，用感应张量刻画，是光学效应的感知目标；平面波，服从麦克斯韦方程组的秩序，是光学效应的感知手段。三个要素交织共存，缺一不可。本书在以下四个边界条件约定下讨论光波、光学介质、物理场及相互作用关系。

(1)范围：线性光学。即介质的极化率张量与电场强度成正比。

(2)介质：透明介质。即介质是包含晶体但却不局限于晶体的透明介质(绝缘体)。

(3)光波：单色平面波。即波面是平面的、频率是单一的光波。

(4)均匀：介质本身均匀。即光传输方向确定后，与光传输方向垂直的所有介质截面，固有折射率(无物理场作用时的折射率)守恒不变。

第2章 微量运算

微量运算指含有微小数据单元的、不同数据单元数量级相差悬殊的代数运算。微小数据单元可以是标量、矢量(向量)、张量(矩阵)，统称微量。

光学效应源自物理场产生的感应张量。感应张量远小于固有张量。感应张量虽然微小，却可捕捉，除非观察不到光学效应。论析光学效应，面临微量运算问题。

微量运算围绕“忽略”展开。根据特定的微量运算法则，微量有的保留，有的忽略。微量运算的忽略，以高近似度为前提。忽略使运算关系简洁，高近似度使运算足够准确。

微量运算中的忽略，可能是近似，也可能不是。为了凸显物理规律，科学研究往往采取忽略的手法。如果物理现象 R 有 A、B 两个原因，若 A、B 的数量级相差甚远，则可忽略 B。这样，“有 A 则$\mathcal{R}$”的客观规律就呈现出来了。此处，$\mathcal{R}$是 A 单独作用时的物理现象。此种忽略不是近似，恰恰相反，是为了更准确地揭示物理秩序。例如，忽略空气阻力可以更好地凸显自由落体的运动规律。

张量是描述介质的数学语言，贯穿全书。如果读者没有这方面的基础，请参阅附录 C 或阅读有关书籍。甚至可以将张量理解为矩阵、矢量(向量)或标量。

2.1 微　　量

2.1.1 数量级

微量运算，不同数据单元的数值(范数)相差悬殊，可采取数量级运算的方式取舍。数量级廓线式地表达数据单元的大小。

本书中，符号$\mathbb{R}$表示实数域，符号$\mathbb{C}$表示复数域，符号$\mathbb{I}$表示正整数域；并用符号“$[\![\cdot]\!]$”表示数量级。

1. 实数(标量、零阶张量)的数量级

任意实数

$$a = b \times 10^q \in \mathbb{R}, \quad 1 \leqslant |b| < 10; q \in \mathbb{I} \tag{2.1.1}$$

的数量级为

$$[\![a]\!] = q \tag{2.1.2}$$

2. 张量、矢量的数量级

张量(矩阵、向量)是一组数的有序集合，不可直论大小。范数[11]是矩阵或向量的标量抽象，是衡量张量大小的一种方式。

按照惯例，用符号$\|A\|$表示二阶张量(3×3 矩阵)或一阶张量(矢量) $\boldsymbol{A}$ 的某种范数。张量 $\boldsymbol{A}$ 的数量级定义为

$$[\![\boldsymbol{A}]\!] = [\![\|\boldsymbol{A}\|]\!] \tag{2.1.3}$$

即张量的数量级等于其范数的数量级。

光学效应的微量运算不直接针对一阶张量，故本章不考虑一阶张量。

二阶张量 $\boldsymbol{A} \in \mathbb{C}^{3\times3}$ 有三个特征值，其谱半径[12] $\rho(\boldsymbol{A})$ 是特征值模的最大值，即

$$\rho(\boldsymbol{A}) = \max_{i=1,2,3}\{|\lambda_i|\} \tag{2.1.4}$$

其中，λ_i 是二阶张量 $\boldsymbol{A}$ 的特征值。

谱半径 $\rho(\boldsymbol{A})$ 是二阶张量 $\boldsymbol{A}$ 的谱范数$\|\boldsymbol{A}\|_2$，即

$$\|\boldsymbol{A}\|_2 = \rho(\boldsymbol{A}) \tag{2.1.5}$$

据此可定义二阶张量的数量级：若二阶张量 $\boldsymbol{A} \in \mathbb{C}^{3\times3}$ 的谱半径为 $\rho(\boldsymbol{A})$，则其数量级为

$$[\![\boldsymbol{A}]\!] = [\![\rho(\boldsymbol{A})]\!] \tag{2.1.6}$$

例如，二阶张量

$$\boldsymbol{A} = \begin{bmatrix} 1 & 1 & 1 \\ 1 & 2 & 1 \\ 1 & 1 & 3 \end{bmatrix}$$

其三个特征值为 0.3249，1.4608，4.2143，特征值模的最大值为 4.2143，因此，张量 $\boldsymbol{A}$ 的数量级为

$$[\![\boldsymbol{A}]\!] = [\![\rho(\boldsymbol{A})]\!] = [\![4.2143]\!] = 0$$

2.1.2　微量的概念

如果阶数相同的两个张量 $\boldsymbol{A}$ 和 $\boldsymbol{m}$ 满足条件

$$\zeta = [\![\boldsymbol{m}]\!] - [\![\boldsymbol{A}]\!] \leqslant -q, \quad q \in \mathbb{I} \geqslant N \tag{2.1.7}$$

则 $\boldsymbol{A}$ 是**基量**，$\boldsymbol{m}$ 是**微量**，ζ 是**微量比**。其中，N 是某个正整数，对光学效应而言，N 一般应大于等于 3。

ζ 称为微量比，是因为式(2.1.7)的背景是除法。如果除法 $\boldsymbol{m}\boldsymbol{A}^{-1}$ 存在，那么有如下数量级运算关系

$$[\![\boldsymbol{m}\boldsymbol{A}^{-1}]\!] = [\![\boldsymbol{m}]\!] - [\![\boldsymbol{A}]\!]$$

微量 $\boldsymbol{m}$ 可能是零阶张量(标量)，也可能是二阶张量，分别称为**微小数**、**微张量**；相应地，基量分别称为**正常数**、**正常张量**。正常数或正常张量的行列式不可为零。

本书将二阶微张量记为 $\boldsymbol{g} \in \mathbb{m}^{3\times3}$；微小数记为 $a \in \mathbb{m}$。这里，符号 $\mathbb{m}$ 表示微量所在的数域。

2.2　四则运算法则

微量运算涉及广泛。本节仅以光学效应为背景讨论微量四则运算所遵循的运算法则。

2.2.1　张量数量级四则运算

光学效应涉及的介质张量是二阶张量。二阶张量的数量级四则运算满足如下的法则。

(1) 乘法：二阶张量 $\boldsymbol{A}\in\mathbb{C}^{3\times3}$ 和 $\boldsymbol{B}\in\mathbb{C}^{3\times3}$，乘积的数量级等于 $\boldsymbol{A}$ 和 $\boldsymbol{B}$ 数量级的和，就是

$$[\![\boldsymbol{AB}]\!]=[\![\boldsymbol{A}]\!]+[\![\boldsymbol{B}]\!] \tag{2.2.1}$$

(2) 除法：张量 $\boldsymbol{B}\in\mathbb{C}^{3\times3}$ 可逆时，二阶张量 $\boldsymbol{A}\in\mathbb{C}^{3\times3}$ 与 $\boldsymbol{B}^{-1}$ 乘积的数量级等于 $\boldsymbol{A}$ 和 $\boldsymbol{B}$ 数量级的差，即

$$[\![\boldsymbol{AB}^{-1}]\!]=[\![\boldsymbol{A}]\!]-[\![\boldsymbol{B}]\!] \tag{2.2.2}$$

此即意味着

$$[\![\boldsymbol{B}^{-1}]\!]=-[\![\boldsymbol{B}]\!]$$

(3) 加减法：如果两个二阶张量 $\boldsymbol{A}\in\mathbb{C}^{3\times3}$ 和 $\boldsymbol{B}\in\mathbb{C}^{3\times3}$ 满足条件

$$[\![\boldsymbol{AB}^{-1}]\!]\geqslant N \tag{2.2.3}$$

则

$$[\![\boldsymbol{A}\pm\boldsymbol{B}]\!]=[\![\boldsymbol{A}]\!] \tag{2.2.4}$$

即若两个张量的数量级相差悬殊，加减结果的数量级等于数量级较大的张量数量级。式 (2.2.3) 中的 N，含义同式 (2.1.7)。

例 2.1　设有两个二阶张量

$$\boldsymbol{A}=\begin{bmatrix}2&1&1\\1&2&1\\1&1&2\end{bmatrix}\times10^{-6},\quad \boldsymbol{B}=\begin{bmatrix}1&0&1\\0&2&0\\1&0&3\end{bmatrix}\times10^{1}$$

求 $[\![\boldsymbol{AB}]\!]$、$[\![\boldsymbol{AB}^{-1}]\!]$ 和 $[\![\boldsymbol{B}]\!]\pm[\![\boldsymbol{A}]\!]$。

解：张量 $\boldsymbol{A}$ 和 $\boldsymbol{B}$ 的谱半径分别为

$$\rho(\boldsymbol{A})=4\times10^{-6},\quad \rho(\boldsymbol{B})=3.4142\times10^{1}$$

因此

$$[\![\boldsymbol{AB}]\!]=[\![\boldsymbol{A}]\!]+[\![\boldsymbol{B}]\!]=-6+1=-5$$

$$[\![\boldsymbol{AB}^{-1}]\!]=[\![\boldsymbol{A}]\!]-[\![\boldsymbol{B}]\!]=-6-1=-7$$

取 $N=3$，由于

$$[\![\boldsymbol{BA}^{-1}]\!]=[\![\boldsymbol{B}]\!]-[\![\boldsymbol{A}]\!]=1-(-6)=7>N$$

故

$$[\![\boldsymbol{B}]\!]\pm[\![\boldsymbol{A}]\!]=[\![\boldsymbol{B}]\!]=1$$

2.2.2　微小数运算

微小数的四则运算法则如下。

(1) 微小数 $a \in \mathbb{m}$ 乘以正常数 $b \in \mathbb{C}$，结果是微小数，即 $ab \in \mathbb{m}$。

(2) 微小数 $a \in \mathbb{m}$ 除以正常数 $b \in \mathbb{C}$，结果是微小数，即 $\frac{a}{b} \in \mathbb{m}, b \neq 0$。

(3) 两个微小数的加减、乘法运算，结果是微小数。

(4) 微小数间的除法，若被除数 $a \in \mathbb{m}$ 与除数 $b \in \mathbb{m}$ 满足关系

$$[\![a]\!] - [\![b]\!] \leqslant -N$$

则 $\frac{a}{b}$ 是微小数，否则不然。

例如，取 $N = 3$，若

$$a = 1 \times 10^{-6}, \quad b = 2 \times 10^{-6}$$

由于

$$[\![a]\!] - [\![b]\!] = 0$$

因此 $\frac{a}{b}$ 不是微小数。但若

$$a = 1 \times 10^{-12}, \quad b = 2 \times 10^{-6}$$

由于

$$[\![a]\!] - [\![b]\!] = -6 < -N$$

则 $\frac{a}{b}$ 是微小数。

2.3　微小数线性式

如果

$$\mu = \mu(a_1, a_2, \cdots, a_n; b_1, b_2, \cdots, b_m), \quad a_i \in \mathbb{m}, \quad b_i \in \mathbb{C} \tag{2.3.1}$$

是微小数齐函数，即 $\mu \in \mathbb{m}$，则微小数运算中应将 μ 视为整体。这种做法称为**微小数整体法则**。

μ 是多元微小数齐函数，多元微小数会使运算过程变得复杂。微小数整体法则可简化微小数的运算过程。由于这个原因，本节的微小数线性式只针对一元的情况。

关于微小数 $a \in \mathbb{m}$ 的函数 $f(a) \in \mathbb{C}$ 称为**微小数函数**。

如果微小数函数 $f(a)$ 在 $a = 0$ 处连续可微，则可展开为麦克劳林(Maclaurin)级数

$$f(a) = \sum_{i=1}^{n} \frac{f^{(i)}(0)}{i!} a^i + R_n(a) \tag{2.3.2}$$

其中，$R_n(a)$ 是关于截断误差的拉格朗日余项

$$R_n(a)=\frac{f^{(n+1)}(\theta a)}{(n+1)!}a^{n+1},\quad \theta\in(0,1) \tag{2.3.3}$$

微小数函数 $f(a)$ 麦克劳林级数，第一个非零项是 i 次**首微小数** $m_i(a)$，即

$$m_i(a)=\frac{f^{(i)}(0)}{i!}a^i,\quad f^{(i)}(0)\neq 0;\ f^{(k)}(0)=0;\ k<i \tag{2.3.4}$$

例如，微小数函数

$$f(a)=1+2a+3a^2+\cdots+ma^m$$

的首微小数次数是 1，即 1 次首微小数为

$$m_1(a)=2a$$

而微小数函数

$$f(a)=1+3a^2+\cdots+ma^m$$

的首微小数次数是 2，即 2 次首微小数为

$$m_2(a)=3a^2$$

微小数函数 $f(a)$ 的麦克劳林级数，舍去 i 次首微小数 $m_i(a)$ 之后的所有项，称为 i 次**微小数线性式**，记为

$$f_i(a)=f(0)+m_i(a) \tag{2.3.5}$$

微小数函数 $f(a)$ 近似等于其对应的微小数线性式 $f_i(a)$。如下的命题回答 $f_i(a)$ 的近似程度。

命题 2.1(微小数线性式命题) 如果满足条件

$$[\![f^{(i)}(0)]\!]\geqslant[\![f^{(i+1)}(\theta a)]\!],\quad \theta\in(0,1) \tag{2.3.6}$$

则在如下误差范围内

$$R_i(a)\leqslant[\![m_i(a)]\!]+[\![a]\!] \tag{2.3.7}$$

微小数函数 $f(a)$ 等于 i 次微小数线性式 $f_i(a)$，即

$$f(a)=f_i(a) \tag{2.3.8}$$

证明：由于

$$\frac{R_i(a)}{m_i(a)}=\frac{f^{(i+1)}(\theta a)}{(i+1)f^{(i)}(0)}a$$

根据数量级的乘、除法运算法则，数量级关系为

$$\left[\!\!\left[\frac{R_i(a)}{m_i(a)}\right]\!\!\right]=\left[\!\!\left[\frac{1}{i+1}\right]\!\!\right]+\left[\!\!\left[\frac{f^{(i+1)}(\theta a)}{f^{(i)}(0)}\right]\!\!\right]+[\![a]\!]$$

考虑式(2.3.6)

$$\left[\!\!\left[\frac{f^{(i+1)}(\theta a)}{f^{(i)}(a)}\right]\!\!\right]=[\![f^{(i+1)}(\theta a)]\!]-[\![f^{(i)}(0)]\!]\leqslant 0$$

得到

$$\left[\!\left[\frac{R_i(a)}{m_i(a)}\right]\!\right] \leqslant \left[\!\left[\frac{1}{i+1}\right]\!\right] + [\![a]\!]$$

而

$$\left[\!\left[\frac{1}{i+1}\right]\!\right] \leqslant 0$$

所以

$$\left[\!\left[\frac{R_i(a)}{m_i(a)}\right]\!\right] \leqslant [\![a]\!]$$

因此

$$[\![R_i(a)]\!] \leqslant [\![m_i(a)]\!] + [\![a]\!]$$

证毕

推论 2.1 如果i次首微小数$m_i(a)$的数量级等于微小数a的数量级，即

$$[\![m_i(a)]\!] = [\![a]\!] \tag{2.3.9}$$

则i次微小数线性式截断误差的数量级为

$$[\![R_i(a)]\!] \leqslant 2[\![a]\!] \tag{2.3.10}$$

相对误差ε的数量级为

$$[\![\varepsilon]\!] \leqslant \left(2[\![a]\!] - [\![f(a)]\!]\right) \times 100\% \tag{2.3.11}$$

推论 2.1 显然，不证。

推论 2.2 设$a \in \mathrm{m}$是微小数，若不计数量级为$2[\![a]\!]$的误差，则如下的 1 次微小数线性式成立

$$\begin{cases} (1 \pm a)^n = 1 \pm na \\ (1 \pm a)^{\frac{1}{n}} = 1 \pm \dfrac{1}{n} a \end{cases}, \quad n \geqslant 1 \tag{2.3.12}$$

推论 2.2 显然，不证。

微小数线性式的核心是保留最大微小数，其余舍去。如果满足微小数线性式命题的条件，用微小数线性式$f_i(a)$代替微小数函数$f(a)$将具有较高的甚至很高的近似度。

微小数线性式的本质是非线性函数的线性化，讨论如下。

微小数线性式

$$f_i(a) = f(0) + m_i(a)$$

等价为

$$f_i(a) = b_0 + b_1 a^i \tag{2.3.13}$$

记$\delta = a^i$，有

$$f_i(a) = b_0 + b_1 \delta \tag{2.3.14}$$

显然，这是关于变量δ的一条直线，如图 2.1 所示。

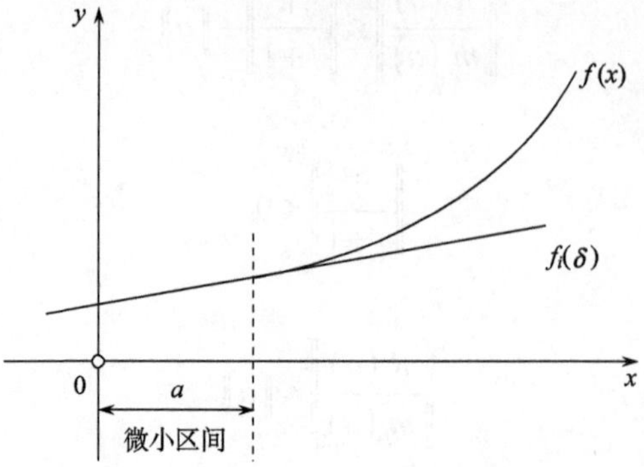

图 2.1　微小数线性式命题的几何解释

例 2.2　计算微小数函数

$$f(a,b)=\frac{1}{1+ab}$$

其中

$$a\in \mathrm{m}=2\times 10^{-3}$$
$$b\in \mathrm{m}=1\times 10^{-3}$$

解：根据微小数整体法则，视ab整体为一个微小数$c\in \mathrm{m}$。于是

$$f(c)=\frac{1}{1+c}$$

其首微小数是 1 次的，即

$$m_1(c)=\frac{\mathrm{d}f(0)}{\mathrm{d}c}c=-c$$

这样，1 次微小数线性式为

$$f_1(c)=1-c=1-ab \tag{2.3.15}$$

故

$$f_1(c)=1-2\times 10^{-6}=0.999998$$

小数点后保留 12 位的“精确值”为

$$f^*(c)=0.999998000004$$

因此，1 次微小数线性式的截断误差绝对值为

$$\left|R_1\right|=\left|f_1-f^*\right|=4\times 10^{-12}$$

下面考察不把ab作为一个整体的做法。本例是二元微小数函数，如果不把ab作为整体，将面临偏导数问题。

二元微小数函数$f(a,b)$的一阶偏导数都等于零，即

$$\frac{\partial f(0,0)}{\partial a}=\frac{\partial f(0,0)}{\partial b}=0$$

故首微小数不会是 1 次的。二阶偏导数为

$$\begin{cases}\dfrac{\partial^2 f(0,0)}{\partial a^2}=\dfrac{\partial^2 f(0,0)}{\partial b^2}=0\\[2ex]\dfrac{\partial^2 f(0,0)}{\partial a\partial b}=\dfrac{\partial^2 f(0,0)}{\partial b\partial a}=-1\end{cases}$$

由于二阶偏导数不全为零，故 $f(a,b)$ 的首微小数是 2 次的，对应 2 次微小数线性式

$$\begin{aligned}f(a,b)&=1+\frac{1}{2}\begin{bmatrix}a & b\end{bmatrix}\begin{bmatrix}\dfrac{\partial^2 f(0,0)}{\partial a^2} & \dfrac{\partial^2 f(0,0)}{\partial a\partial b}\\[2ex] \dfrac{\partial^2 f(0,0)}{\partial b\partial a} & \dfrac{\partial^2 f(0,0)}{\partial b^2}\end{bmatrix}\begin{bmatrix}a\\ b\end{bmatrix}\\&=1+\frac{1}{2}\begin{bmatrix}a & b\end{bmatrix}\begin{bmatrix}0 & -1\\ -1 & 0\end{bmatrix}\begin{bmatrix}a\\ b\end{bmatrix}\end{aligned}$$

即

$$f(a,b)=1-ab \tag{2.3.16}$$

显然，该 2 次微小数线性式与式(2.3.15)的 1 次微小数线性式相同。由于获取 2 次微小数线性式比较烦琐，因此建议将 ab 看作一个整体。

例 2.3 光轴传输(或各向同性介质)的光学效应，折射率 n 为

$$n_{1,2}=\sqrt{n_o^2+\delta_\nabla\pm\sqrt{\delta_\Delta^2+\delta_w^2}} \tag{2.3.17}$$

对应的双折射 Δn 为

$$\Delta n=n_1-n_2 \tag{2.3.18}$$

其中，n_o 是正常数，δ_∇、δ_Δ 和 δ_w 是微小数。试利用微小数线性式简化折射率和双折射的计算。

解：由于 n_o 是正常数，δ_∇ 是微小数，因此 $n_o^2+\delta_\nabla=n_o^2$，于是

$$n_{1,2}=n_o\sqrt{1\pm\frac{1}{n_o^2}\sqrt{\delta_\Delta^2+\delta_w^2}} \tag{2.3.19}$$

将微小数之和的平方根 $\sqrt{\delta_\Delta^2+\delta_w^2}$ 视为整体。这样，折射率的 1 次微小数线性式为

$$n_{1,2}=n_o\pm\frac{1}{2n_o}\sqrt{\delta_\Delta^2+\delta_w^2} \tag{2.3.20}$$

据此，双折射 Δn 为

$$\Delta n=n_1-n_2=\frac{1}{n_o}\sqrt{\delta_\Delta^2+\delta_w^2} \tag{2.3.21}$$

下面考察上式的计算精度。设微小数的取值为

$$n_o=1.2,\quad \delta_\nabla=1.5\times10^{-4},\quad \delta_\Delta=5\times10^{-5},\quad \delta_w=5\times10^{-6}$$

根据式(2.3.18)，双折射 Δn^* 为

$$\Delta n^* = 4.1872\times 10^{-5}$$

根据式(2.3.21)，双折射 Δn 为

$$\Delta n = 4.1874\times 10^{-5}$$

截断误差的绝对值为

$$\left|R_1\right| = \left|\Delta n - \Delta n^*\right| = 2\times 10^{-9}$$

显然，式(2.3.21)具有很高的精度。

2.4　微张量线性式

关于微张量 $\boldsymbol{g}\in \mathbb{m}^{3\times 3}$ 的函数称为**微张量函数**。

如果微张量函数 $\boldsymbol{f}(\boldsymbol{g})$ 在 $\boldsymbol{g}=\boldsymbol{0}$ 处连续可微，则可展开为麦克劳林级数

$$\boldsymbol{f}(\boldsymbol{g}) = \sum_{i=0}^{n}\frac{1}{i!}\boldsymbol{f}^{(i)}(\boldsymbol{0})\boldsymbol{g}^i + \boldsymbol{R}_n(\boldsymbol{g}) \tag{2.4.1}$$

其中，$\boldsymbol{R}_n(\boldsymbol{g})$ 是关于截断误差的拉格朗日余项。

微张量函数 $\boldsymbol{f}(\boldsymbol{g})$ 麦克劳林级数的第一个非零项是 i 次**首微张量** $\boldsymbol{m}_i(\boldsymbol{g})$，即

$$\boldsymbol{m}_i(\boldsymbol{g}) = \frac{1}{i!}\boldsymbol{f}^{(i)}(\boldsymbol{0})\boldsymbol{g}^i,\quad \boldsymbol{f}^{(i)}(\boldsymbol{0})\neq \boldsymbol{0};\quad \boldsymbol{f}^{(j)}(\boldsymbol{0}) = \boldsymbol{0};\quad j<i \tag{2.4.2}$$

微张量函数 $\boldsymbol{f}(\boldsymbol{g})$ 的麦克劳林级数，舍去 i 次**首微张量** $\boldsymbol{m}_i(\boldsymbol{g})$ 之后所有项，称为 i **次微张量线性式**，记为

$$\boldsymbol{f}_i(\boldsymbol{g}) = \boldsymbol{f}(0) + \boldsymbol{m}_i(\boldsymbol{g}) \tag{2.4.3}$$

与微小数线性式类似，微张量线性式 $\boldsymbol{f}_i(\boldsymbol{g})$ 是对微张量函数 $\boldsymbol{f}(\boldsymbol{g})$ 很好的近似。

命题 2.2($\boldsymbol{I}\pm\boldsymbol{g}$ 逆运算命题)　如果 $\boldsymbol{g}$ 是微张量，若不计 $2[\![\boldsymbol{g}]\!]$ 数量级的误差，则有微张量函数关系

$$(\boldsymbol{I}\pm\boldsymbol{g})^{-1} = \boldsymbol{I}\mp\boldsymbol{g} \tag{2.4.4}$$

证明： $\boldsymbol{g}$ 是微张量，特征值亦然，其谱半径必满足关系

$$\rho(\boldsymbol{g})<1$$

因此满足矩阵幂级数收敛条件(附录 D 命题 D.24)，于是

$$(\boldsymbol{I}-\boldsymbol{g})^{-1} = \sum_{i=0}^{\infty}\boldsymbol{g}^i = \boldsymbol{I}+\boldsymbol{g}+\boldsymbol{g}^2\sum_{i=0}^{\infty}\boldsymbol{g}^i = \boldsymbol{I}+\boldsymbol{g}+\boldsymbol{R}$$

其中

$$\boldsymbol{R} = \boldsymbol{g}^2\sum_{i=0}^{\infty}\boldsymbol{g}^i = \boldsymbol{g}^2(\boldsymbol{I}-\boldsymbol{g})^{-1}$$

注意到

$$[\![\boldsymbol{R}]\!]=2[\![\boldsymbol{g}]\!]-[\![\boldsymbol{I}-\boldsymbol{g}]\!]$$

而

$$[\![\boldsymbol{I}-\boldsymbol{g}]\!]=[\![\boldsymbol{I}]\!]=\boldsymbol{0}$$

故

$$[\![\boldsymbol{R}]\!]=2[\![\boldsymbol{g}]\!]$$

若不计数量级为$2[\![\boldsymbol{g}]\!]$的误差，则

$$(\boldsymbol{I}-\boldsymbol{g})^{-1}=\boldsymbol{I}+\boldsymbol{g}$$

同样

$$(\boldsymbol{I}+\boldsymbol{g})^{-1}=\boldsymbol{I}-\boldsymbol{g}$$

证毕

本命题，$\boldsymbol{R}$ 是 $2[\![\boldsymbol{g}]\!]$数量级的误差。即如果 $\boldsymbol{g}$ 是毫级微张量，误差 $\boldsymbol{R}$ 则是微级微张量。与首项的单位张量 $\boldsymbol{I}$ 相比，$\boldsymbol{R}$ 微不足道，可舍去。

本命题与式(2.3.10)形式相似，但内涵不同。一个关于微小数，一个关于微张量。本质上讲，不能将张量直接当标量处理。

推论 2.3 微张量函数 $\boldsymbol{I}\pm\boldsymbol{g}$ 满足关系

$$\begin{cases}(\boldsymbol{I}\pm\boldsymbol{g})^{-1}+(\boldsymbol{I}\pm\boldsymbol{g})=2\boldsymbol{I}\\(\boldsymbol{I}\pm\boldsymbol{g})^{-1}-(\boldsymbol{I}\pm\boldsymbol{g})=\mp 2\boldsymbol{g}\end{cases}$$

推论显然，不证。

例 2.4 计算如下的微张量函数

$$\boldsymbol{f}(\boldsymbol{g})=(\boldsymbol{I}-\boldsymbol{g})^{-4}$$

其中

$$\boldsymbol{g}=\begin{bmatrix}0&0&1\\0&0&0\\2&0&0\end{bmatrix}\times 10^{-5}$$

解：根据命题 2.2

$$(\boldsymbol{I}-\boldsymbol{g})^{-1}=\boldsymbol{I}+\boldsymbol{g}$$

因此

$$(\boldsymbol{I}-\boldsymbol{g})^{-4}=(\boldsymbol{I}+\boldsymbol{g})^{4}$$

由于$(\boldsymbol{I}+\boldsymbol{g})^{4}$的 1 次首微张量为$4\boldsymbol{g}$，故$\boldsymbol{f}(\boldsymbol{g})$的 1 次微张量线性式为

$$\boldsymbol{f}_1(\boldsymbol{g})=\boldsymbol{I}+4\boldsymbol{g}$$

于是

$$\boldsymbol{f}_1(\boldsymbol{g})=\begin{bmatrix}1 & 0 & 4\times10^{-5}\\ 0 & 1 & 0\\ 8\times10^{-5} & 0 & 1\end{bmatrix}$$

$\boldsymbol{f}(\boldsymbol{g})$的“真值”$\boldsymbol{f}^*(\boldsymbol{g})$为

$$\boldsymbol{f}^*(\boldsymbol{g})=\begin{bmatrix}1.000000002 & 0 & 4.000000004\times10^{-5}\\ 0 & 1 & 0\\ 8.000000008\times10^{-5} & 0 & 1.000000002\end{bmatrix}$$

这样，1 次微张量线性式的截断误差为

$$\boldsymbol{R}_1(\boldsymbol{g})=\boldsymbol{f}_1(\boldsymbol{g})-\boldsymbol{f}^*(\boldsymbol{g})=\begin{bmatrix}2 & 0 & -4\times10^{-5}\\ 0 & 0 & 0\\ -8\times10^{-5} & 0 & 2\end{bmatrix}\times10^{-9}$$

说明 1 次微张量线性式具有很高的精度。

2.5　小　结

微小数据单元可以是标量(数值)、矢量(向量)或张量(矩阵)，统称微量。微量运算指包含微小数据单元的、数量级相差悬殊的代数运算。微量运算以保留最低次微量(首微小数、首微张量)为手段，谋取运算结果的高精度。

微量四则运算遵守其四则运算法则。微小数线性式、微张量线性式是微量函数运算的基本手段。

微小数线性式截断误差的数量级小于等于$2[\![a]\!]$，在理论上确保了微量运算的高精度。

第3章　坐 标 体 系

光学介质位于三维空间，电场矢量振动于二维平面。介质与电场矢量的关系构成了几何与代数联手的空间解析几何问题。解析几何是离不开坐标系的。

电场矢量(电场强度或电位移矢量)描述光波，固有张量(介电张量或逆介电张量)描述介质，感应张量描述物理场的作用，这是光学效应的三个要素。光学效应的论析，是以固有张量确定不变、电场矢量方向不变、感应张量随物理场而变化为基本场景展开的。常言“静观其变”。需构建关于固有张量和电场矢量的静止坐标系，借此观察物理场对介质属性的改变。

一方面，物理规律与坐标系选取没有任何关系；另一方面，物理规律表述的繁简程度与坐标系选择密切相关。在无数多坐标系中，总有一个表述形式最简洁，这个坐标系最受青睐、应用也最为广泛。本章所叙述的固有张量坐标系就是这样的坐标系。

除了固有张量的坐标系，光学效应理论还包括感应张量主导的本征坐标系。本征坐标系往往随着物理场的变化而变化，往往是个变动的坐标系。本书将在第 6 章结合本征方程对其进行论述。

3.1　固 有 张 量

介质是光波的物理媒质，其物理属性可用介电张量刻画。没有物理场作用的介质张量称为固有张量。固有张量刻画介质的自身属性，与物理场存在与否没有关系。

3.1.1　固有张量的概念

电位移矢量 $\boldsymbol{D}$ 、电场强度 $\boldsymbol{E}$ 与极化强度 $\boldsymbol{P}$ 满足关系

$$\boldsymbol{D}=\varepsilon_0\boldsymbol{E}+\boldsymbol{P} \tag{3.1.1}$$

其中，ε_0 是真空介电常数。

极化强度 $\boldsymbol{P}$ 描述电场强度 $\boldsymbol{E}$ 对介质的极化作用，即

$$\boldsymbol{P}=\varepsilon_0\chi_e\boldsymbol{E} \tag{3.1.2}$$

这里，χ_e 是极化率。

在线性光学范围内，极化率 χ_e 确定不变；极化强度 $\boldsymbol{P}$ 与电场强度 $\boldsymbol{E}$ 呈一次函数关系。如果电场强度 $\boldsymbol{E}$ 大到一定的程度，极化强度 $\boldsymbol{P}$ 与电场强度 $\boldsymbol{E}$ 将是非线性关系，属于非线性光学[13]范畴。本书在线性光学范围内讨论光学效应。图 3.1 为介质极化的示意。

各向同性介质的极化率是标量 χ_e ，即

$$\boldsymbol{D}=\varepsilon_0\left(1+\chi_e\right)\boldsymbol{E} \tag{3.1.3}$$

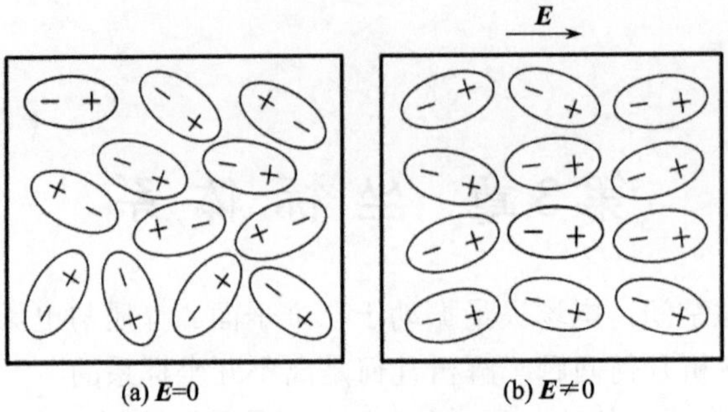

图 3.1　介质极化的示意

相对介电常数为

$$\varepsilon_r = 1 + \chi_e \tag{3.1.4}$$

极化率 $\chi_e > 0$，因此 $\varepsilon_r > 1$。这样

$$\boldsymbol{D} = \varepsilon_0 \varepsilon_r \boldsymbol{E} \tag{3.1.5}$$

此时，电位移矢量 $\boldsymbol{D}$、电场强度 $\boldsymbol{E}$ 方位一致，如图 3.2(a)所示。

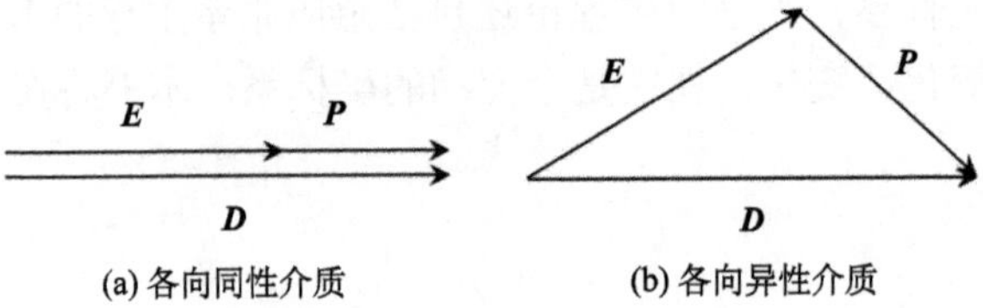

图 3.2　电场强度 $\boldsymbol{E}$、极化强度 $\boldsymbol{P}$ 和电位移矢量 $\boldsymbol{D}$ 的方位关系

各向异性介质的极化率是二阶张量，称为极化率张量，即

$$\boldsymbol{\chi}_e = \mathbb{R}^{3\times 3} = \left(\chi_{ij}\right) \tag{3.1.6}$$

于是

$$\boldsymbol{D} = \varepsilon_0 \left(\boldsymbol{I} + \boldsymbol{\chi}_e\right)\boldsymbol{E} \tag{3.1.7}$$

相对介电张量 $\boldsymbol{\varepsilon}_r$ 为

$$\boldsymbol{\varepsilon}_r = \boldsymbol{I} + \boldsymbol{\chi}_e \tag{3.1.8}$$

其中，$\boldsymbol{I}$ 是单位张量。这样

$$\boldsymbol{D} = \varepsilon_0 \boldsymbol{\varepsilon}_r \boldsymbol{E} \tag{3.1.9}$$

此时，电位移矢量 $\boldsymbol{D}$、电场强度 $\boldsymbol{E}$ 的方位不同，如图 3.2(b)所示。

相对介电张量 $\boldsymbol{\varepsilon}_r$ 非奇异，其逆存在。电位移矢量 $\boldsymbol{D}$、电场强度 $\boldsymbol{E}$ 的关系等价为

$$\boldsymbol{E} = \varepsilon_0^{-1} \boldsymbol{\eta} \boldsymbol{D} \tag{3.1.10}$$

其中，$\boldsymbol{\eta}$ 是相对逆介电张量

$$\boldsymbol{\eta} = \boldsymbol{\varepsilon}_r^{-1} \tag{3.1.11}$$

相对逆介电张量 $\boldsymbol{\eta}$、相对介电张量 $\boldsymbol{\varepsilon}_r$ 形式互逆，本质相同，统称为介质的固有张量。

3.1.2 对称性

在任意空间直角坐标系 $\mathrm{Crd}_{\alpha\beta\gamma}$ 中，极化率张量 $\boldsymbol{\chi}_e$ 为

$$\boldsymbol{\chi}_e=\left(\chi_{ij}\right)=\begin{bmatrix}\chi_{\alpha\alpha} & \chi_{\alpha\beta} & \chi_{\alpha\gamma}\\ \chi_{\beta\alpha} & \chi_{\beta\beta} & \chi_{\beta\gamma}\\ \chi_{\gamma\alpha} & \chi_{\gamma\beta} & \chi_{\gamma\gamma}\end{bmatrix} \tag{3.1.12}$$

实验表明，在无损耗和无旋光条件下，如果电场强度 $\boldsymbol{E}$ 的分量满足如下的相等关系

$$E_i=E_j,\quad i\neq j;\ i,j=\alpha,\beta,\gamma$$

那么

$$\varepsilon_0\chi_{ij}E_i=\varepsilon_0\chi_{ji}E_j$$

表明极化率张量 $\boldsymbol{\chi}_e$ 是实对称张量，即

$$\boldsymbol{\chi}_e=\boldsymbol{\chi}_e^{\mathrm{T}} \tag{3.1.13}$$

对称张量有 6 个独立分量。利用对称性，可将式(3.1.12)的极化率张量 $\boldsymbol{\chi}_e$ 改写为 6 元形式

$$\boldsymbol{\chi}_e=\begin{bmatrix}\chi_\alpha & \chi_k & \chi_j\\ \chi_k & \chi_\beta & \chi_i\\ \chi_j & \chi_i & \chi_\gamma\end{bmatrix} \tag{3.1.14}$$

这样，相对介电张量 $\boldsymbol{\varepsilon}_r$ 为

$$\boldsymbol{\varepsilon}_r=\begin{bmatrix}\varepsilon_\alpha & \varepsilon_k & \varepsilon_j\\ \varepsilon_k & \varepsilon_\beta & \varepsilon_i\\ \varepsilon_j & \varepsilon_i & \varepsilon_\gamma\end{bmatrix} \tag{3.1.15}$$

其中

$$\varepsilon_l=\begin{cases}1+\chi_l, & k=\alpha,\beta,\gamma\\ \chi_l, & k=i,j,k\end{cases} \tag{3.1.16}$$

对称张量，其逆亦然。相对逆介电张量 $\boldsymbol{\eta}$ 为

$$\boldsymbol{\eta}=\begin{bmatrix}\eta_\alpha & \eta_k & \eta_j\\ \eta_k & \eta_\beta & \eta_i\\ \eta_j & \eta_i & \eta_\gamma\end{bmatrix} \tag{3.1.17}$$

取值是

$$\boldsymbol{\eta}=\frac{1}{\det\left(\boldsymbol{\varepsilon}_r\right)}\begin{bmatrix}\varepsilon_\beta\varepsilon_\gamma-\varepsilon_i^2 & \varepsilon_i\varepsilon_j-\varepsilon_\gamma\varepsilon_k & \varepsilon_i\varepsilon_k-\varepsilon_\beta\varepsilon_j\\ \varepsilon_i\varepsilon_j-\varepsilon_\gamma\varepsilon_k & \varepsilon_\alpha\varepsilon_\gamma-\varepsilon_j^2 & \varepsilon_j\varepsilon_k-\varepsilon_\alpha\varepsilon_i\\ \varepsilon_i\varepsilon_k-\varepsilon_\beta\varepsilon_j & \varepsilon_j\varepsilon_k-\varepsilon_\alpha\varepsilon_i & \varepsilon_\alpha\varepsilon_\beta-\varepsilon_k^2\end{bmatrix} \tag{3.1.18}$$

相对介电张量 $\boldsymbol{\varepsilon}_r$ 也可用逆张量 $\boldsymbol{\eta}$ 的分量表达，即

$$\boldsymbol{\varepsilon}_r=\frac{1}{\det(\boldsymbol{\eta})}\begin{bmatrix}\eta_\beta\eta_\gamma-\eta_i^2 & \eta_i\eta_j-\eta_\gamma\eta_k & \eta_i\eta_k-\eta_\beta\eta_j\\ \eta_i\eta_j-\eta_\gamma\eta_k & \eta_\alpha\eta_\gamma-\eta_j^2 & \eta_j\eta_k-\eta_\alpha\eta_i\\ \eta_i\eta_k-\eta_\beta\eta_j & \eta_j\eta_k-\eta_\alpha\eta_i & \eta_\alpha\eta_\beta-\eta_k^2\end{bmatrix} \tag{3.1.19}$$

为了统一论述，本书将相对介电张量 $\boldsymbol{\varepsilon}_r$ 和相对逆介电张量 $\boldsymbol{\eta}$，即固有张量统一记为

$$\boldsymbol{H}\in\mathbb{R}^{3\times3}=\begin{bmatrix}H_\alpha & H_k & H_j\\ H_k & H_\beta & H_i\\ H_j & H_i & H_\gamma\end{bmatrix},\quad \boldsymbol{H}\forall(\boldsymbol{\varepsilon}_{\mathrm{r}},\boldsymbol{\eta}) \tag{3.1.20}$$

3.2 主轴坐标系

式(3.1.20)的固有张量 $\boldsymbol{H}$ 位于任意空间直角坐标系 $\mathrm{Crd}_{\alpha\beta\gamma}$，有三个轴间耦合分量 H_i,H_j,H_k。将固有张量 $\boldsymbol{H}$ 对角化，耦合分量消失。固有张量 $\boldsymbol{H}$ 对角化对应的坐标系是主轴坐标系 Crd_{123}。主轴坐标系 Crd_{123} 是最简洁的三维空间坐标系。

3.2.1 主轴坐标系

固有张量 $\boldsymbol{H}$ 实对称。矩阵理论表明，定然存在使固有张量 $\boldsymbol{H}$ 对角化的正交矩阵 $\boldsymbol{P}$，即

$$\boldsymbol{H}_{123}=\boldsymbol{P}^{\mathrm{T}}\boldsymbol{H}\boldsymbol{P} \tag{3.2.1}$$

其中

$$\boldsymbol{H}_{123}=\mathrm{diag}(H_1,H_2,H_3) \tag{3.2.2}$$

这里，H_1,H_2,H_3 称为**主介质系数**。

H_1,H_2,H_3 是固有张量 $\boldsymbol{H}$ 的三个特征值(本征值)，而正交矩阵 $\boldsymbol{P}$ 由规范化的特征向量(本征向量)组成。

固有张量 $\boldsymbol{H}$ 为对角张量 $\boldsymbol{H}_{123}$ 时，空间直角坐标系是**主轴坐标系** Crd_{123}，即

$$\mathrm{Crd}_{123}=(\boldsymbol{\xi}_1,\boldsymbol{\xi}_2,\boldsymbol{\xi}_3) \tag{3.2.3}$$

其中，$\boldsymbol{\xi}_1,\boldsymbol{\xi}_2,\boldsymbol{\xi}_3$ 是线性空间 V^3 关于坐标系 Crd_{123} 的基。

命题 3.1(介电张量逆运算命题) 介电张量 $\boldsymbol{\varepsilon}_r$、逆介电张量 $\boldsymbol{\eta}$ 的主介质系数互逆，正交矩阵 $\boldsymbol{P}$ 相同。

证明：对式(3.2.1)求逆

$$\boldsymbol{H}_{123}^{-1}=\left(\boldsymbol{P}^{\mathrm{T}}\boldsymbol{H}\boldsymbol{P}\right)^{-1}=\boldsymbol{P}^{\mathrm{T}}\boldsymbol{H}^{-1}\boldsymbol{P}$$

即 $\boldsymbol{H}_{123}^{-1}$ 是 $\boldsymbol{H}^{-1}$ 的主介质系数矩阵，且正交矩阵 $\boldsymbol{P}$ 与式(3.2.1)相同。

证毕

若 $\boldsymbol{H}=\boldsymbol{\varepsilon}_r$，则

$$\boldsymbol{\varepsilon}_{r123}=\mathrm{diag}(\varepsilon_1,\varepsilon_2,\varepsilon_3) \tag{3.2.4}$$

其中，主介质系数 $\varepsilon_1,\varepsilon_2,\varepsilon_3$ 称为**主介电系数**。

根据麦克斯韦(Maxwell)公式，折射率与主介电系数的关系为

$$n_i=\sqrt{\varepsilon_i},\quad i=1,2,3$$

其中，n_1,n_2,n_3 称为**主折射率**，于是

$$\boldsymbol{\varepsilon}_{r123}=\mathrm{diag}\left(n_1^2,n_2^2,n_3^2\right)\tag{3.2.5}$$

若 $\boldsymbol{H}=\boldsymbol{\eta}$，有

$$\boldsymbol{\eta}_{123}=\mathrm{diag}\left(\eta_1,\eta_2,\eta_3\right)\tag{3.2.6}$$

考虑命题 3.1，得

$$\boldsymbol{\eta}_{123}=\mathrm{diag}\left(\frac{1}{\varepsilon_1},\frac{1}{\varepsilon_2},\frac{1}{\varepsilon_3}\right)$$

即

$$\boldsymbol{\eta}_{123}=\mathrm{diag}\left(\frac{1}{n_1^2},\frac{1}{n_2^2},\frac{1}{n_3^2}\right)\tag{3.2.7}$$

式(3.2.5)表明，3 个主介电系数 ε_1、ε_2、ε_3 都是大于零的。因此，主轴坐标系 Crd_{123} 的介电张量 $\boldsymbol{\varepsilon}_{r123}$ 是正定张量。正定张量之逆依然正定，故逆介电张量 $\boldsymbol{\eta}_{123}$ 也是正定张量。

正交变换不改变张量的正定属性，因此，任意坐标系 $\mathrm{Crd}_{\alpha\beta\gamma}$ 中的介电、逆介电张量都是正定的。

例 3.1　分布广泛的方解石是碳酸钙矿物。已知某种坐标系中方解石晶体的介电张量为

$$\varepsilon_r=\begin{bmatrix}2.681468 & 0.223102 & -0.157757\\ 0.223102 & 2.523711 & 0.223102\\ -0.157757 & 0.223102 & 2.681468\end{bmatrix}$$

试求主介电系数、正交矩阵及主折射率。

解：计算介电张量 $\boldsymbol{\varepsilon}_r$ 的 3 个特征值，即 3 个主介电系数如下：

$$\varepsilon_1=2.208196,\quad \varepsilon_2=\varepsilon_3=2.839225$$

根据 3 个特征值可得到 3 个特征向量。

3 个特征向量构成的正交矩阵 $\boldsymbol{P}$ 为

$$\boldsymbol{P}=\begin{bmatrix}-\frac{1}{2} & -\frac{1}{2} & -\frac{1}{\sqrt{2}}\\ \frac{1}{\sqrt{2}} & -\frac{1}{\sqrt{2}} & 0\\ -\frac{1}{2} & -\frac{1}{2} & \frac{1}{\sqrt{2}}\end{bmatrix}$$

根据关系 $n=\sqrt{\varepsilon}$，可由主介电系数计算出方解石的折射率，就是

$$n_1=1.486,\quad n_2=n_1=1.685$$

3.2.2　张量椭球

正定、实对称张量的几何解释是椭球。在任意直角坐标系 $\mathrm{Crd}_{\alpha\beta\gamma}$ 中，构造关于固有张

量 $\boldsymbol{H}$ 的方程

$$\boldsymbol{x}^{\mathrm{T}}\boldsymbol{H}\boldsymbol{x}=1 \tag{3.2.8}$$

其中，$\boldsymbol{x}=\begin{bmatrix}x_\alpha & x_\beta & x_\gamma\end{bmatrix}^{\mathrm{T}}$。

将式(3.2.8)展开

$$H_\alpha x_\alpha^2+H_\beta x_\beta^2+H_\gamma x_\gamma^2+2H_k x_\alpha x_\beta+2H_j x_\alpha x_\gamma+2H_i x_\beta x_\gamma=1 \tag{3.2.9}$$

这是椭球方程，对应**固有张量椭球**。

式(3.2.9)有轴间耦合，椭球模样歪斜，不甚美观。如果将其置于主轴坐标系 Crd_{123} 中，耦合项隐去，椭球端正，如图 3.3 所示。

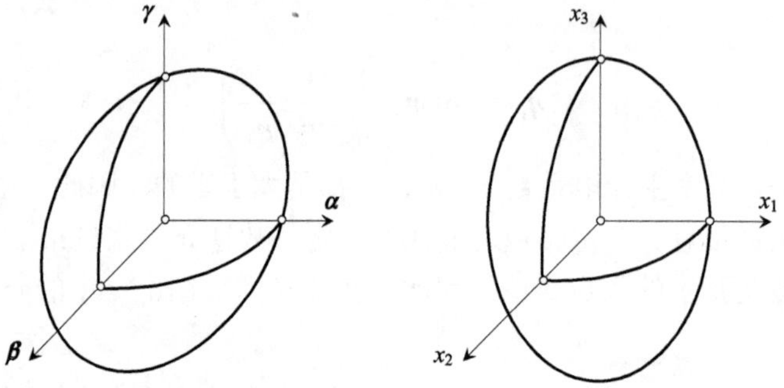

(a) 任意坐标系　(b) 主轴坐标系

图 3.3　椭球与坐标系

主轴坐标系 Crd_{123} 中的椭球方程为

$$H_1x_1^2+H_2x_2^2+H_3x_3^2=1 \tag{3.2.10}$$

半径形式为

$$\frac{x_1^2}{b_1^2}+\frac{x_2^2}{b_2^2}+\frac{x_3^2}{b_3^2}=1 \tag{3.2.11}$$

其中，三个椭球的轴半径为

$$b_i=\frac{1}{\sqrt{H_i}},\quad i=1,2,3 \tag{3.2.12}$$

具体地，若 $\boldsymbol{H}=\boldsymbol{\varepsilon}_r$，则

$$\varepsilon_1x_1^2+\varepsilon_2x_2^2+\varepsilon_3x_3^2=1 \tag{3.2.13}$$

等价为

$$n_1^2x_1^2+n_2^2x_2^2+n_3^2x_3^2=1 \tag{3.2.14}$$

此方程对应相对**介电张量椭球**。三个轴半径为

$$b_i=\frac{1}{n_i},\quad i=1,2,3 \tag{3.2.15}$$

若 $\boldsymbol{H}=\boldsymbol{\eta}$，则

$$\frac{x_1^2}{n_1^2}+\frac{x_2^2}{n_2^2}+\frac{x_3^2}{n_3^2}=1 \tag{3.2.16}$$

此方程对应相对**逆介电张量椭球**，或称为**折射率椭球**。三个折射率为该椭球的三个轴半径，即

$$b_i = n_i, \quad i=1,2,3 \tag{3.2.17}$$

相对介电张量椭球、相对逆介电张量椭球(即折射率椭球)是对偶的两个不同的椭球，它们的轴半径互为倒数。一个椭球的最大半径对应另一个椭球中的最小半径。

3.3 截面坐标系

光波是横波。若将光波的法矢量(波法线或光线，见第 5 章)作为一个坐标轴，另外两个坐标轴将处在垂直光波法矢量的椭球截面上。显然，光波电场矢量在这个截面上振动。

法矢量为一个坐标轴，如果垂直法矢量的椭球截面具备轴间解耦属性，那么对应的坐标系是截面坐标系 Crd_{abc}，用于分析任意方位光波入射介质的情况。

3.3.1 截面坐标系的概念

切割椭球，产生截面。椭球截面或是椭圆，或是圆。圆是特例。

截面任意。若截面含有椭球的几何中心点，则是椭球的**中心截面**，如图 3.4(b)所示。若中心截面与某个坐标平面相吻合，则是**坐标截面**，如图 3.4(c)所示。

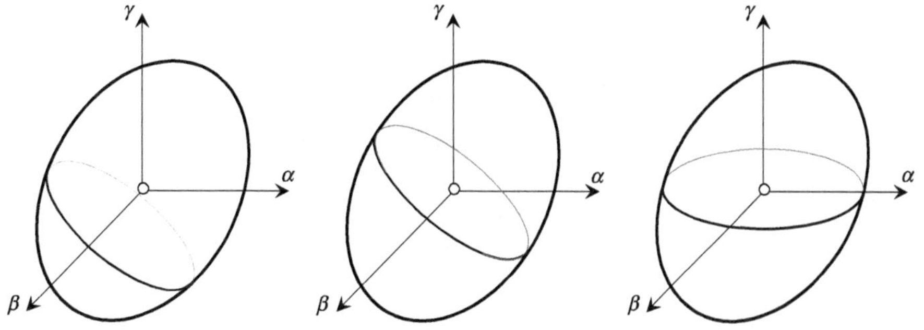

(a) 任意截面　　(b) 中心截面　　(c) 坐标截面

图 3.4 椭球截面

在任意直角坐标系 $\text{Crd}_{\alpha\beta\gamma}$ 中，固有张量可表达为

$$\boldsymbol{H}=\begin{bmatrix}\boldsymbol{H}_{\alpha\beta} & \boldsymbol{H}_{ji}\\ \boldsymbol{H}_{ji}^{\mathrm{T}} & \boldsymbol{H}_{\gamma}\end{bmatrix} \tag{3.3.1}$$

其中，$\boldsymbol{H}_{\alpha\beta}$ 是关于坐标截面 $\alpha\beta$ 的截面张量，即

$$\boldsymbol{H}_{\alpha\beta}=\begin{bmatrix}H_\alpha & H_k\\ H_k & H_\beta\end{bmatrix} \tag{3.3.2}$$

且

$$\begin{cases}\boldsymbol{H}_{ji}=\begin{bmatrix}H_j\\H_i\end{bmatrix}\\\boldsymbol{H}_{\gamma}=H_{\gamma}\end{cases}\tag{3.3.3}$$

截面张量 $\boldsymbol{H}_{\alpha\beta}$ 实对称，几何上对应椭圆，特例是圆。

命题 3.2(截面张量对角化命题)　如下的正交矩阵

$$\boldsymbol{P}(\varphi)=\begin{bmatrix}\cos\varphi & -\sin\varphi & 0\\\sin\varphi & \cos\varphi & 0\\0 & 0 & 1\end{bmatrix}\tag{3.3.4}$$

可将式(3.1.20)的固有张量 $\boldsymbol{H}$ 旋转变换为

$$\boldsymbol{H}_{abc}=\boldsymbol{P}^{\mathrm{T}}(\varphi)\boldsymbol{H}\boldsymbol{P}(\varphi)=\begin{bmatrix}H_a & 0 & H_v\\0 & H_b & H_u\\H_v & H_u & H_c\end{bmatrix}\tag{3.3.5}$$

这里

$$\varphi=\frac{1}{2}\arctan\frac{2H_k}{H_\alpha-H_\beta}\tag{3.3.6}$$

且

$$\begin{cases}H_a=H_\alpha\cos^2\varphi+H_k\sin2\varphi+H_\beta\sin^2\varphi\\H_b=-H_\alpha\sin^2\varphi+H_k\sin2\varphi+H_\beta\cos^2\varphi\\H_c=H_\gamma\\H_v=H_i\cos\varphi-H_j\sin\varphi\\H_u=H_i\sin\varphi+H_j\cos\varphi\end{cases}\tag{3.3.7}$$

证明：设

$$\boldsymbol{P}^{\mathrm{T}}(\varphi)\boldsymbol{H}\boldsymbol{P}(\varphi)=\begin{bmatrix}H_a & H_w & H_v\\H_w & H_b & H_u\\H_v & H_u & H_c\end{bmatrix}$$

利用式(3.3.6)的角度 φ，推导可得式(3.3.7)，且

$$\begin{aligned}H_w&=\frac{H_\beta-H_\alpha}{2}\sin2\varphi+H_k\cos2\varphi\\&=\frac{H_\beta-H_\alpha}{2}(\sin2\varphi-\tan2\varphi\cos2\varphi)=0\end{aligned}$$

证毕

命题 3.2 表明，式(3.3.5)的正交变换可使某个截面张量对角化。

某个截面张量为对角张量的空间直角坐标系是截面坐标系，记为 Crd_{abc}，即

$$\mathrm{Crd}_{abc}=(\boldsymbol{\xi}_a,\boldsymbol{\xi}_b,\boldsymbol{\xi}_c)\tag{3.3.8}$$

其中，$\boldsymbol{\xi}_a$、$\boldsymbol{\xi}_b$、$\boldsymbol{\xi}_c$ 是线性空间 V^3 关于坐标系 Crd_{abc} 的基。

如果光波沿 c 轴，那么截面坐标系的坐标平面 ab 就是电场矢量的振动平面。

截面坐标系 Crd_{abc} 是任意空间直角坐标系 $\mathrm{Crd}_{\alpha\beta\gamma}$ 某个坐标平面对角化的产物，无穷之多。

3.3.2 两种截面坐标系

若 $\boldsymbol{H}=\boldsymbol{\varepsilon}_r$，截面坐标系为 $\mathrm{Crd}_{abc}^{\varepsilon}$，属于介电张量空间，此时

$$\boldsymbol{\varepsilon}_{rabc}=\begin{bmatrix}\varepsilon_a & 0 & \varepsilon_v\\ 0 & \varepsilon_b & \varepsilon_u\\ \varepsilon_v & \varepsilon_u & \varepsilon_c\end{bmatrix} \tag{3.3.9}$$

若 $\boldsymbol{H}=\boldsymbol{\eta}$，截面坐标系为 $\mathrm{Crd}_{abc}^{\eta}$，属于逆介电张量空间，此时

$$\boldsymbol{\eta}_{abc}=\begin{bmatrix}\eta_a & 0 & \eta_v\\ 0 & \eta_b & \eta_u\\ \eta_v & \eta_u & \eta_c\end{bmatrix} \tag{3.3.10}$$

例 3.2 求例 3.1 方解石的截面介电张量。

解：基于方解石的介电张量 $\boldsymbol{\varepsilon}_r$，根据式(3.3.6)，得到

$$\varphi=\frac{1}{2}\arctan\frac{2\times0.223102}{2.681468-2.523711}=0.654796$$

再根据式(3.3.4)，得到正交矩阵

$$\boldsymbol{P}(\varphi)=\begin{bmatrix}0.816497 & -0.577350 & 0\\ 0.577350 & 0.816497 & 0\\ 0 & 0 & 1\end{bmatrix}$$

于是

$$\boldsymbol{\varepsilon}_{rabc}=\boldsymbol{P}^{\mathrm{T}}(\varphi)\boldsymbol{\varepsilon}_r\boldsymbol{P}(\varphi)=\begin{bmatrix}2.839225 & 0 & 0\\ 0 & 2.365954 & 0.273243\\ 0 & 0.273243 & 2.681468\end{bmatrix}$$

因此，轴间解耦的截面介电张量 $\boldsymbol{\varepsilon}_{rab}$ 为

$$\boldsymbol{\varepsilon}_{rab}=\mathrm{diag}(2.839225,2.365954)$$

3.4 光 轴

光轴是光学介质的重要概念。光轴好似离不开光，其实不然。光轴刻画介质的固有物理属性，与光波本无联系。称为光轴，是因为光波使此种固有物理属性体现出了光学价值。没有物理场作用时，如果光波沿光轴行进，那么折射率唯一。

3.4.1 圆中心截面

固有张量椭球的中心截面(含有椭球中心点的截面)是椭圆，特例是圆。中心截面无数之多，圆之特例，定然存在，至少有一。截面为圆的中心截面称为**圆中心截面**。

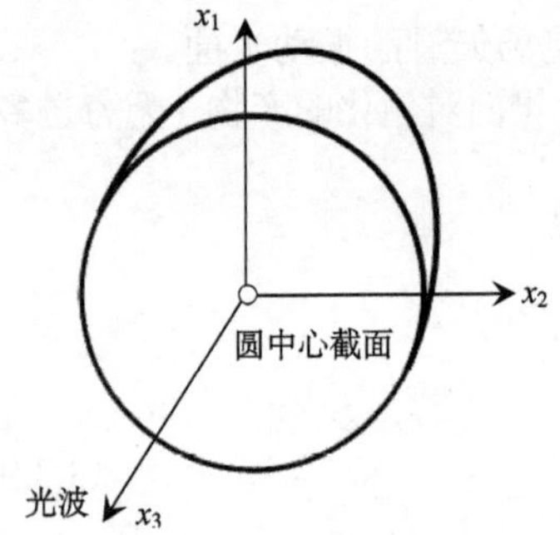

图 3.5　光轴对应椭球的圆中心截面

光波沿光轴行进，感受唯一的固有折射率，表明光轴对应圆中心截面，如图 3.5 所示。圆中心截面半径恒定，对应唯一的折射率。如此，圆中心截面的数量就是光轴的数量，圆中心截面的法线就是光轴。讨论光轴问题可以从张量椭球的圆中心截面入手。求取椭球的圆中心截面，是典型的空间解析几何问题。

为方便命题 3.3 的阐述，在 3 个椭球轴半径 $b_i\left(i=1,2,3\right)$ 中，中间取值的椭球半径称为**中间半径**，记为 b_2，即

$$b_1 \leqslant b_2 \leqslant b_3 \text{ 或 } b_1 \geqslant b_2 \geqslant b_3 \tag{3.4.1}$$

命题 3.3(椭球圆中心截面命题)　张量椭球定然存在圆中心截面，圆中心截面方程为

$$b_3\sqrt{\left|b_1^2-b_2^2\right|}x_1 \pm b_1\sqrt{\left|b_2^2-b_3^2\right|}x_3=0 \tag{3.4.2}$$

证明：半径为 r 的圆球方程是

$$\frac{x_1^2}{r^2}+\frac{x_2^2}{r^2}+\frac{x_3^2}{r^2}=1$$

与该圆球中心点吻合的椭球方程为

$$\frac{x_1^2}{b_1^2}+\frac{x_2^2}{b_2^2}+\frac{x_3^2}{b_3^2}=1$$

两式联立，有

$$\left(\frac{1}{b_1^2}-\frac{1}{r^2}\right)x_1^2+\left(\frac{1}{b_2^2}-\frac{1}{r^2}\right)x_2^2+\left(\frac{1}{b_3^2}-\frac{1}{r^2}\right)x_3^2=0 \tag{3.4.3}$$

就是

$$\begin{bmatrix}x_1 & x_2 & x_3\end{bmatrix}\operatorname{diag}\left(\frac{1}{b_1^2}-\frac{1}{r^2},\frac{1}{b_2^2}-\frac{1}{r^2},\frac{1}{b_3^2}-\frac{1}{r^2}\right)\begin{bmatrix}x_1\\x_2\\x_3\end{bmatrix}=0$$

上式恒等于零，因此

$$\det\left(\operatorname{diag}\left(\frac{1}{b_1^2}-\frac{1}{r^2},\frac{1}{b_2^2}-\frac{1}{r^2},\frac{1}{b_3^2}-\frac{1}{r^2}\right)\right)=0$$

所以，圆球、椭球相交的条件是

$$r\in\left\{b_1,b_2,b_3\right\} \tag{3.4.4}$$

如果 r 等于椭球最大半径，即

$$r=\max\left\{b_1,b_2,b_3\right\} \tag{3.4.5}$$

那么，椭球和圆球在 2 个坐标平面上相切，在另一个坐标平面上椭球则完全处于圆球里面，既不相交也不相切。于是，在三维外观上根本看不到椭球，说明圆球外切椭球，如图 3.6 所示。此时不会存在圆中心截面。

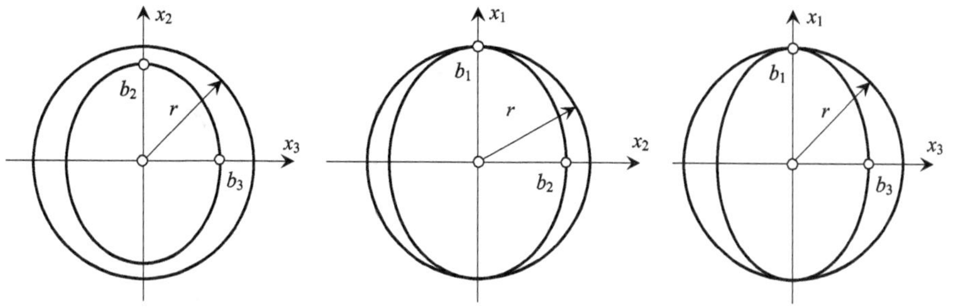

图 3.6 圆半径等于椭球最大半径$(b_1 \geqslant b_2 \geqslant b_3)$

如果r等于椭球最短半径，即

$$r = \min\{b_1, b_2, b_3\}$$

那么，椭球和圆球也在两个坐标平面上相切，在另一个坐标平面上则圆球完全处于椭球里面，既不相交也不相切。在三维外观上根本看不到圆球，说明椭球外切圆球，如图 3.7 所示。此时也不会存在圆中心截面。

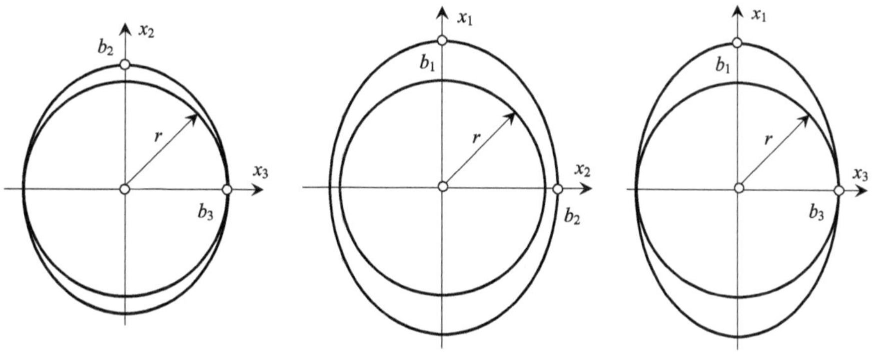

图 3.7 圆半径等于椭球最小半径$(b_1 \geqslant b_2 \geqslant b_3)$

如果r等于椭球中间半径，即

$$r = b_2$$

那么，椭球和圆球在两个坐标平面上相切，在另一个坐标平面上相交。圆球在此处包着椭球，椭球在彼处包着圆球。从三维外观上，既可以看到部分椭球，也可以看到部分圆球，如图 3.8 所示。由于椭球与圆球呈空间相交关系，因此形成了两个圆中心截面。

当$r = b_2$时，式(3.4.3)简化为

$$\left(\frac{1}{b_2^2} - \frac{1}{b_1^2}\right)x_1^2 = \left(\frac{1}{b_3^2} - \frac{1}{b_2^2}\right)x_3^2$$

两边开方

$$b_3\sqrt{\left|b_1^2 - b_2^2\right|}x_1 = \pm b_1\sqrt{\left|b_2^2 - b_3^2\right|}x_3$$

此式即两个圆中心截面方程。

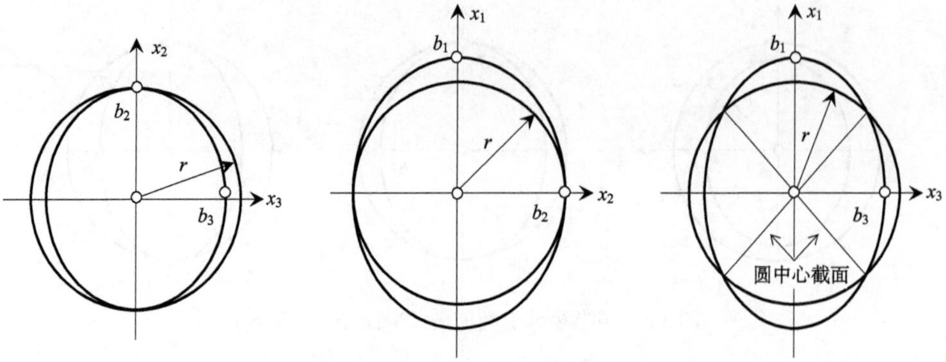

图 3.8　圆半径等于椭球中间半径$(b_1 \geqslant b_2 \geqslant b_3)$

任意椭球都会对应$r = b_2$的圆球，因此，任意椭球都存在圆中心截面。

证毕

考虑式(3.2.12)，可得主介质系数形式的圆中心截面方程，即

$$\sqrt{|H_2 - H_1|}x_1 \pm \sqrt{|H_3 - H_2|}x_3 = 0 \tag{3.4.6}$$

3.4.2　光轴和光轴角

注意到

$$H_3 - H_1 = H_3 - H_2 + H_2 - H_1$$

因此，对如下两种情况

$$H_3 \geqslant H_2 \geqslant H_1\text{，}\quad H_3 \leqslant H_2 \leqslant H_1$$

下式一定成立

$$|H_3 - H_1| = |H_3 - H_2| + |H_2 - H_1|$$

即$\sqrt{|H_3 - H_1|}$、$\sqrt{|H_3 - H_2|}$和$\sqrt{|H_2 - H_1|}$构成了直角三角形的三条边。故

$$\frac{|H_3 - H_2|}{|H_3 - H_1|} + \frac{|H_2 - H_1|}{|H_3 - H_1|} = 1 \tag{3.4.7}$$

根据上式定义如下的**光轴角**

$$\vartheta = 2\arctan\sqrt{\frac{|H_3 - H_2|}{|H_2 - H_1|}} \tag{3.4.8}$$

显然

$$\begin{cases} \sin\dfrac{\vartheta}{2} = \sqrt{\dfrac{|H_3 - H_2|}{|H_3 - H_1|}} \\ \cos\dfrac{\vartheta}{2} = \sqrt{\dfrac{|H_2 - H_1|}{|H_3 - H_1|}} \end{cases}$$

于是，式(3.4.6)的圆中心截面方程变形为

$$\begin{bmatrix} \cos\frac{\vartheta}{2} & \sin\frac{\vartheta}{2} \\ \cos\frac{\vartheta}{2} & -\sin\frac{\vartheta}{2} \end{bmatrix} \begin{bmatrix} x_1 \\ x_3 \end{bmatrix} = \begin{bmatrix} 0 \\ 0 \end{bmatrix} \tag{3.4.9}$$

其三维空间形式是

$$\begin{bmatrix} \cos\frac{\vartheta}{2} & 0 & \sin\frac{\vartheta}{2} \\ 0 & 1 & 0 \\ \cos\frac{\vartheta}{2} & 0 & -\sin\frac{\vartheta}{2} \end{bmatrix} \begin{bmatrix} x_1 \\ x_2 \\ x_3 \end{bmatrix} = \begin{bmatrix} 0 \\ 0 \\ 0 \end{bmatrix} \tag{3.4.10}$$

上式意味着圆中心截面存在两条法线

$$\boldsymbol{s}_1 = \begin{bmatrix} \cos\frac{\vartheta}{2} \\ 0 \\ \sin\frac{\vartheta}{2} \end{bmatrix}, \quad \boldsymbol{s}_2 = \begin{bmatrix} \cos\frac{\vartheta}{2} \\ 0 \\ -\sin\frac{\vartheta}{2} \end{bmatrix} \tag{3.4.11}$$

圆中心截面的法线自然是光轴。很显然，光轴角唯一决定了光轴的方位。

当 $H_2 = H_3$ 时，光轴角为

$$\vartheta = 2\arctan\sqrt{\frac{|H_3 - H_2|}{|H_2 - H_1|}} = 0$$

此时，两条法线 $\boldsymbol{s}_1$ 、 $\boldsymbol{s}_2$ 相同，即

$$\boldsymbol{s}_1 = \boldsymbol{s}_2 = \begin{bmatrix} 1 \\ 0 \\ 0 \end{bmatrix}$$

表明光轴就是 x_1 轴，圆中心截面为 x_2x_3 坐标截面，如图 3.9(a)所示。

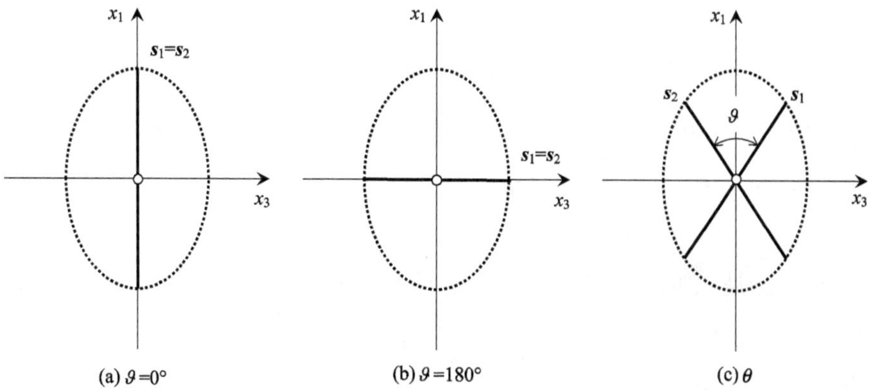

图 3.9 光轴（x_1x_3 平面）

当 $H_1 = H_2$ 时，光轴角为

$$\vartheta = 2\arctan\sqrt{\frac{|H_3 - H_2|}{|H_2 - H_1|}} = \pi$$

此时，两条法线 $\boldsymbol{s}_1$ 、 $\boldsymbol{s}_2$ 反向，即

$$\boldsymbol{s}_1 = -\boldsymbol{s}_2 = \begin{bmatrix} 0 \\ 0 \\ 1 \end{bmatrix}$$

光轴本身无所谓方向，因此两条法线 $\boldsymbol{s}_1$ 、 $\boldsymbol{s}_2$ 依然相同，对应 x_3 轴，圆中心截面为 x_1x_2 坐标截面，如图 3.9(b)所示。

当 $H_1 \neq H_2 \neq H_3$ 时存在两条光轴。两条光轴关于 x_1 轴对称，两条光轴的夹角为光轴角 ϑ，如图 3.9(c)所示。

具体地，若 $\boldsymbol{H} = \boldsymbol{\varepsilon}_r$ ，光轴角为 ϑ_ε ，对应介电张量椭球；若 $\boldsymbol{H} = \boldsymbol{\eta}$ ，光轴角为 ϑ_η ，对应逆介电张量椭球(折射率椭球)。

介电张量椭球的光轴角 ϑ_ε 为

$$\vartheta_\varepsilon = 2\arctan\sqrt{\frac{|\varepsilon_3 - \varepsilon_2|}{|\varepsilon_2 - \varepsilon_1|}} \tag{3.4.12}$$

折射率椭球的光轴角 ϑ_η 为

$$\vartheta_\eta = 2\arctan\sqrt{\frac{|\eta_3 - \eta_2|}{|\eta_2 - \eta_1|}} \tag{3.4.13}$$

3.5 光轴坐标系

光轴坐标系 Crd_{oe} 是光轴为一个坐标轴的截面坐标系 Crd_{abc} ，在垂直光轴的截面上，椭球截面是圆。

3.5.1 光轴坐标系的概念

回顾图 3.9。$\vartheta = 0°$ 时， x_1 轴是光轴； $\vartheta = 180°$ 时， x_3 轴是光轴；其他光轴角情况时，如果 x_1x_3 坐标截面绕 x_2 轴旋转 $\dfrac{\vartheta}{2}$ 角度，则可使主轴坐标系的 x_1 轴或 x_3 轴成为光轴。

光轴坐标系 Crd_{oe} 是如下的空间直角坐标系

$$\mathrm{Crd}_{oe} = (\boldsymbol{\xi}_{o1}, \boldsymbol{\xi}_{o2}, \boldsymbol{\xi}_e) = \boldsymbol{P}(\vartheta)\mathrm{Crd}_{123} \tag{3.5.1}$$

其中， $\boldsymbol{\xi}_{o1}$、 $\boldsymbol{\xi}_{o2}$、 $\boldsymbol{\xi}_e$ 是三维线性空间 V^3 关于坐标系 Crd_{oe} 的基，这里

$$\boldsymbol{P}(\vartheta) = \begin{bmatrix} \sin\dfrac{\vartheta}{2} & 0 & \pm\cos\dfrac{\vartheta}{2} \\ 0 & 1 & 0 \\ \mp\cos\dfrac{\vartheta}{2} & 0 & \sin\dfrac{\vartheta}{2} \end{bmatrix} \tag{3.5.2}$$

并且，在两个基$\boldsymbol{\xi}_{o1}$和$\boldsymbol{\xi}_{o2}$对应的坐标轴o_1和o_2上，椭球的周半径相同。

命题 3.4(光轴坐标系命题) 式(3.5.2)的正交矩阵$\boldsymbol{P}(\vartheta)$可将主轴坐标系$\mathrm{Crd}_{123}$的介质张量$\boldsymbol{H}_{123}$变换为光轴坐标系$\mathrm{Crd}_{oe}$的介质张量$\boldsymbol{H}_{oe}$

$$\boldsymbol{H}_{oe} = \boldsymbol{P}^{\mathrm{T}}(\vartheta)\boldsymbol{H}_{123}\boldsymbol{P}(\vartheta) \tag{3.5.3}$$

具体为

$$\boldsymbol{H}_{oe} = \begin{bmatrix} H_o & 0 & H_v \\ 0 & H_o & 0 \\ H_v & 0 & H_e \end{bmatrix} \tag{3.5.4}$$

其中

$$\begin{cases} H_o = H_2 \\ H_e = H_1 + H_3 - H_2 \\ H_v = \pm\sqrt{(H_1 - H_2)(H_2 - H_3)}, \quad H_1 \geqslant H_3 \\ H_v = \mp\sqrt{(H_2 - H_1)(H_3 - H_2)}, \quad H_1 \leqslant H_3 \end{cases} \tag{3.5.5}$$

证明： 根据式(3.5.3)，得到

$$\boldsymbol{H}_{oe} = \begin{bmatrix} H_1\sin^2\dfrac{\vartheta}{2} + H_3\cos^2\dfrac{\vartheta}{2} & 0 & \pm(H_1 - H_3)\sin\dfrac{\vartheta}{2}\cos\dfrac{\vartheta}{2} \\ 0 & H_2 & 0 \\ \pm(H_1 - H_3)\sin\dfrac{\vartheta}{2}\cos\dfrac{\vartheta}{2} & 0 & H_1\cos^2\dfrac{\vartheta}{2} + H_3\sin^2\dfrac{\vartheta}{2} \end{bmatrix}$$

考虑光轴角ϑ的定义，有

$$H_1\sin^2\frac{\vartheta}{2} + H_3\cos^2\frac{\vartheta}{2} = \frac{H_1|H_3 - H_2| + H_3|H_2 - H_1|}{|H_3 - H_1|}$$

$$H_1\cos^2\frac{\vartheta}{2} + H_3\sin^2\frac{\vartheta}{2} = \frac{H_1|H_2 - H_1| + H_3|H_3 - H_2|}{|H_3 - H_1|}$$

$$\pm(H_1 - H_3)\sin\frac{\vartheta}{2}\cos\frac{\vartheta}{2} = \pm(H_1 - H_3)\frac{\sqrt{|H_2 - H_1|}\sqrt{|H_3 - H_2|}}{|H_3 - H_1|}$$

如果$H_1 \geqslant H_2 \geqslant H_3$，则

$$H_1\sin^2\frac{\vartheta}{2} + H_3\cos^2\frac{\vartheta}{2} = \frac{-H_1H_3 + H_1H_2 + H_1H_3 - H_1H_2}{H_1 - H_3} = H_2$$

$$\begin{aligned} H_1\cos^2\frac{\vartheta}{2} + H_3\sin^2\frac{\vartheta}{2} &= \frac{H_1^2 - H_1H_2 - H_3^2 + H_2H_3}{H_1 - H_3} \\ &= H_1 + H_3 - H_2 \pm (H_1 - H_3)\sin\frac{\vartheta}{2}\cos\frac{\vartheta}{2} \\ &= \pm\sqrt{(H_1 - H_2)(H_2 - H_3)} \end{aligned}$$

如果$H_1 \leqslant H_2 \leqslant H_3$，则

$$H_1\sin^2\frac{\vartheta}{2}+H_3\cos^2\frac{\vartheta}{2}=\frac{H_1H_3-H_1H_2-H_1H_3+H_1H_2}{H_3-H_1}=H_2$$

$$\begin{aligned}H_1\cos^2\frac{\vartheta}{2}+H_3\sin^2\frac{\vartheta}{2}&=\frac{-H_1^2+H_1H_2+H_3^2-H_2H_3}{H_3-H_1}\\&=H_1+H_3-H_2\pm(H_1-H_3)\sin\frac{\vartheta}{2}\cos\frac{\vartheta}{2}\\&=\mp\sqrt{(H_2-H_1)(H_3-H_2)}\end{aligned}$$

综上，命题成立。

证毕

推论 3.1　当光轴角 $\vartheta=0°$ 和 $\vartheta=180°$ 时

$$\boldsymbol{H}_{oe}=\boldsymbol{H}_{123} \tag{3.5.6}$$

推论显然，不证。

式(3.5.4)的介质张量 $\boldsymbol{H}_{oe}$ 形如字母 X，这是因为张量 $\boldsymbol{H}_{oe}$ 是主轴坐标系 Crd_{123} 的坐标截面 x_1x_3 绕 x_2 轴旋转 $\frac{\vartheta}{2}$ 角度的结果。

光轴坐标系 Crd_{oe} 中，x_e 轴为光轴，$x_e=0$ 的中心截面是圆中心截面，对应的圆中心截面张量为

$$\boldsymbol{H}_o=\begin{bmatrix}H_o & 0\\ 0 & H_o\end{bmatrix} \tag{3.5.7}$$

显然，光轴坐标系 Crd_{oe} 是截面坐标系 Crd_{abc} 的特例，此时，截面张量 $\boldsymbol{H}_{ab}$ 的对角分量相等。

3.5.2　泛光轴坐标系

在光轴坐标系 Crd_{oe} 中，如果以光轴为轴，那么无论如何旋转椭球，圆中心截面保持不变、依然如故。因此，在光轴坐标系 Crd_{oe} 之外，还存在众多如下形式的介质张量

$$\boldsymbol{H}'_{oe}=\begin{bmatrix}H_o & 0 & H_g\\ 0 & H_o & H_f\\ H_g & H_f & H_e\end{bmatrix} \tag{3.5.8}$$

此时，介质张量位于泛光轴坐标系 Crd'_{oe}。

命题 3.5(泛光轴坐标系命题)　光轴坐标系 Crd_{oe} 与泛光轴坐标系 Crd'_{oe} 的关系是

$$\mathrm{Crd}_{oe}=\boldsymbol{P}(\theta)\mathrm{Crd}'_{oe} \tag{3.5.9}$$

其中

$$\boldsymbol{P}(\theta)=\begin{bmatrix}\cos\theta & -\sin\theta & 0\\ \sin\theta & \cos\theta & 0\\ 0 & 0 & 1\end{bmatrix} \tag{3.5.10}$$

且

$$\theta=\arctan\frac{H_f}{H_g} \tag{3.5.11}$$

证明：由于

$$\boldsymbol{P}^{\mathrm{T}}(\theta)\boldsymbol{H}'_{oe}\boldsymbol{P}(\theta)=\begin{bmatrix} H_o & 0 & H_g\cos\theta+H_f\sin\theta \\ 0 & H_o & -H_g\sin\theta+H_f\cos\theta \\ H_g\cos\theta+H_f\sin\theta & -H_g\sin\theta+H_f\cos\theta & H_e \end{bmatrix}$$

考虑式(3.5.11)，得到

$$H_g\cos\theta+H_f\sin\theta=\frac{H_g^2}{\sqrt{H_g^2+H_f^2}}+\frac{H_f^2}{\sqrt{H_g^2+H_f^2}}=\sqrt{H_g^2+H_f^2}$$

$$-H_g\sin\theta+H_f\cos\theta=-\frac{H_gH_f}{\sqrt{H_g^2+H_f^2}}+\frac{H_gH_f}{\sqrt{H_g^2+H_f^2}}=0$$

于是

$$\boldsymbol{P}^{\mathrm{T}}(\theta)\boldsymbol{H}'_{oe}\boldsymbol{P}(\theta)=\begin{bmatrix} H_o & 0 & \sqrt{H_g^2+H_f^2} \\ 0 & H_o & 0 \\ \sqrt{H_g^2+H_f^2} & 0 & H_e \end{bmatrix}$$

此乃光轴坐标系 Crd_{oe} 下的介质张量 $\boldsymbol{H}_{oe}$。

证毕

3.5.3　两种光轴坐标系

介质张量 $\boldsymbol{H}$ 包括相对介电张量 $\boldsymbol{\varepsilon}_r$ 和相对逆介电张量 $\boldsymbol{\eta}$，它们分别拥有自己的光轴坐标系 $\mathrm{Crd}_{oe}^{\varepsilon}$ 和 Crd_{oe}^{η}。光轴坐标系 $\mathrm{Crd}_{oe}^{\varepsilon}$ 和 Crd_{oe}^{η} 可能是相同的，也可能是不同的。

命题 3.6(光轴坐标系重合命题)　相对介电张量光轴坐标系 $\mathrm{Crd}_{oe}^{\varepsilon}$ 与相对逆介电张量光轴坐标系 Crd_{oe}^{η} 重合的充要条件是 $\boldsymbol{H}_{oe}$ 为对角张量，即

$$\boldsymbol{H}_{oe}=\mathrm{diag}(H_o,H_o,H_e) \tag{3.5.12}$$

证明：光轴坐标系 Crd_{oe} 中，介质张量的逆为

$$\boldsymbol{H}_{oe}^{-1}=\frac{1}{\det(\boldsymbol{H}_{oe})}\begin{bmatrix} H_oH_e & 0 & \mp H_oH_v \\ 0 & H_oH_e-H_v^2 & 0 \\ \mp H_oH_v & 0 & H_o^2 \end{bmatrix}$$

如果 $\boldsymbol{H}_{oe}^{-1}$ 也处于光轴坐标系，必然

$$H_oH_e-H_v^2=H_oH_e$$

即 $H_v=0$。

反之，如果 $\boldsymbol{H}_{oe}$ 为对角张量，$H_v=0$。

证毕

由于

$$H_v = \sqrt{(H_3 - H_2)(H_2 - H_1)}$$

因此，主介电常数完全相同或主介电常数两个相同时，相对介电张量$\boldsymbol{\varepsilon}_r$和相对逆介电张量$\boldsymbol{\eta}$的光轴吻合。主介电常数完全不相同时，$H_v \neq 0$，相对介电张量$\boldsymbol{\varepsilon}_r$和相对逆介电张量$\boldsymbol{\eta}$的光轴不同。此时，相对介电张量$\boldsymbol{\varepsilon}_r$和相对逆介电张量$\boldsymbol{\eta}$分别有两条光轴。具体如下。

(1)若$\varepsilon_1 = \varepsilon_2 = \varepsilon_3$，介电、逆介电张量椭球的光轴一致，光轴无数，对应**各向同性介质(晶体)**。

(2)若$\varepsilon_1 = \varepsilon_2 \neq \varepsilon_3$或$\varepsilon_2 = \varepsilon_3 \neq \varepsilon_1$，介电、逆介电张量椭球光轴一致，光轴唯一，对应**单轴介质(晶体)**。

(3)若$\varepsilon_1 \neq \varepsilon_2 \neq \varepsilon_3$，介电、逆介电张量椭球的光轴则不同，各有两条光轴，共计四条光轴，对应**双轴介质(晶体)**。

例 3.3　求方解石晶体的光轴坐标系。

解：根据例 3.1，介质张量在主轴坐标系Crd_{123}下的介电张量为

$$\boldsymbol{\varepsilon}_{r123} = \mathrm{diag}(2.839225, 2.839225, 2.208196)$$

根据式(3.5.5)，得到

$$\begin{cases} \varepsilon_o = \varepsilon_2 = 2.839225 \\ \varepsilon_e = \varepsilon_1 + \varepsilon_3 - \varepsilon_2 = \varepsilon_3 = 2.208196 \\ \varepsilon_v = \sqrt{|\varepsilon_2 - \varepsilon_3||\varepsilon_1 - \varepsilon_2|} = 0 \end{cases}$$

由于$\varepsilon_v = 0$，因此只有一条光轴，即方解石是单轴晶体。光轴坐标系$\mathrm{Crd}_{oe}^{\varepsilon}$下的介电张量为$\boldsymbol{\varepsilon}_{roe} = \boldsymbol{\varepsilon}_{r123}$。

光轴坐标系Crd_{oe}^{η}下的逆介电张量$\boldsymbol{\eta}_{oe}$是介电张量$\boldsymbol{\varepsilon}_{roe}$的逆张量，就是

$$\boldsymbol{\eta}_{oe} = \mathrm{diag}(0.352208, 0.352208, 0.452858)$$

显然，方解石逆介电张量和介电张量的光轴重合。

例 3.4　亚硝酸钠晶体($NaNO_2$)属正交晶系，各向异性明显。亚硝酸钠的三个折射率为

$$n_1 = 1.344, \quad n_2 = 1.441, \quad n_3 = 1.651$$

求其光轴坐标系。

解：亚硝酸钠的三个折射率对应三个介电常数，即

$$\boldsymbol{\varepsilon}_{r123} = \mathrm{diag}(1.806336, 1.990921, 2.725801)$$

根据式(3.5.5)，得到

$$\begin{cases} \varepsilon_o = \varepsilon_2 = 1.990921 \\ \varepsilon_e = \varepsilon_1 + \varepsilon_3 - \varepsilon_2 = \varepsilon_3 = 2.541216 \\ \varepsilon_v = \sqrt{|\varepsilon_2 - \varepsilon_3||\varepsilon_1 - \varepsilon_2|} = 0.817895 \end{cases}$$

由于$\varepsilon_v \neq 0$，因此有两条光轴，说明介电张量存在两个光轴坐标系，即亚硝酸钠晶体是双轴晶体。

两个光轴坐标系下的介电张量为

$$\boldsymbol{\varepsilon}_{roe}=\begin{bmatrix}1.990921 & 0 & \pm 0.817895\\ 0 & 1.990921 & 0\\ \pm 0.817895 & 0 & 2.541216\end{bmatrix}$$

主轴坐标系时的逆介电张量为

$$\boldsymbol{\eta}_{123}=\mathrm{diag}(0.366865, 0.502280, 0.553607)$$

根据式(3.5.5)，得到

$$\begin{cases}\eta_o=\eta_2=0.502280\\ \eta_e=\eta_1+\eta_3-\eta_2=0.418192\\ \eta_v=\sqrt{|\varepsilon_2-\varepsilon_3||\varepsilon_1-\varepsilon_2|}=0.083369\end{cases}$$

由于 $\eta_v\neq 0$，因此有两条光轴，即逆介电张量也存在两个光轴坐标系。两个光轴坐标系下的逆介电张量为

$$\boldsymbol{\eta}_{oe}=\begin{bmatrix}0.502280 & 0 & \pm 0.083369\\ 0 & 0.502280 & 0\\ \pm 0.083369 & 0 & 0.418192\end{bmatrix}$$

$\boldsymbol{\varepsilon}_{roe}$ 与 $\boldsymbol{\eta}_{oe}$ 不存在直接的互逆关系，介电张量、逆介电张量的光轴坐标系是不同的。这样，亚硝酸钠共有四个光轴坐标系，介电张量时有两个，逆介电张量时也有两个。

3.6　介 质 分 类

从光学性质角度，光轴数量决定了介质(晶体)的类别[10]，包括各向同性介质、单轴介质和双轴介质，具体如下。

1. 各向同性介质(晶体)

有无数条光轴的介质(晶体)是各向同性介质(晶体)。此时三个主折射率完全相等

$$n_1=n_2=n_3=n_o$$

由于固有张量椭球为圆球，各向同性介质(晶体)具有完好的对称性。在七大晶系中，只有立方晶系是各向同性晶体。表 3.1 为某些各向同性介质的折射率。

表 3.1　某些各向同性介质的折射率

介质(晶体)	n_o	介质(晶体)	n_o
CdTe(碲化镉)	2.690	金刚石	2.417
NaCl(氯化钠)	1.554	氟石	1.392
GaAs(砷化镓)	3.400	冰	1.309
ZF1(重火石玻璃)	1.648	水	1.330
ZF7(重火石玻璃)	1.806		

2. 单轴晶体(介质)

只有一条光轴的晶体(介质)是单轴晶体(介质)。此时有两个主折射率相等，即

$$n_1 = n_2 = n_o\text{，}\quad n_3 = n_e$$

单轴晶体折射率椭球的对称性居中。三方、四方和六方晶系中的晶体属于单轴晶体。并且，如果 $n_o > n_e$，是正单轴晶体；如果 $n_o < n_e$，是负单轴晶体。表 3.2 为某些单轴晶体的折射率。

表 3.2　某些单轴晶体的折射率

晶体	n_o	n_e
石英	1.544	1.553
方解石	1.685	1.486
电解石	1.638	1.618
ZnS(硫化锌)	2.354	2.358
KH_2PO_4(KDP)	1.514	1.472
$NH_4H_2PO_4$(ADP)	1.530	1.483
$LiNbO_3$(铌酸锂)	2.341	2.2457
$LiTaO_3$(钽酸锂)	2.176	2.180
$BaTiO_3$(钛酸钡)	2.488	2.424
$Sr_{0.6}Ba_{0.4}Nb_2O_6$(铌酸锶钡)	2.367	2.337

3. 双轴晶体(介质)

存在两条光轴的晶体(介质)是双轴晶体(介质)。此时主折射率完全不等，即

$$n_1 \neq n_2 \neq n_3$$

双轴晶体折射率椭球的对称性最差。正交、单斜和三斜晶系中的晶体属于双轴晶体。表 3.3 为某些双轴晶体的折射率。

表 3.3　某些双轴晶体的折射率

晶体	n_1	n_2	n_3
石膏	1.520	1.523	1.530
长石	1.522	1.526	1.530
云母	1.522	1.582	1.588
黄玉	1.619	1.620	1.627
$NaNO_2$(亚硝酸钠)	1.344	1.411	1.651

各向同性介质无所谓光轴，因为任何方向都是光轴。

单轴晶体的介电张量$\boldsymbol{\varepsilon}_r$有一条光轴，逆介电张量$\boldsymbol{\eta}$也有一条光轴，且与介电张量$\boldsymbol{\varepsilon}_r$的那条一致。因此，单轴晶体光轴唯一。

双轴晶体的介电张量$\boldsymbol{\varepsilon}_r$与逆介电张量$\boldsymbol{\eta}$的光轴不同，各自有两条光轴；共计有四条光轴。

图 3.10 是三类介质的张量椭球坐标截面。各向同性介质，三个坐标截面都是圆；单轴介质有一个圆坐标截面，另外两个坐标截面是椭圆；双轴介质则没有圆坐标截面。

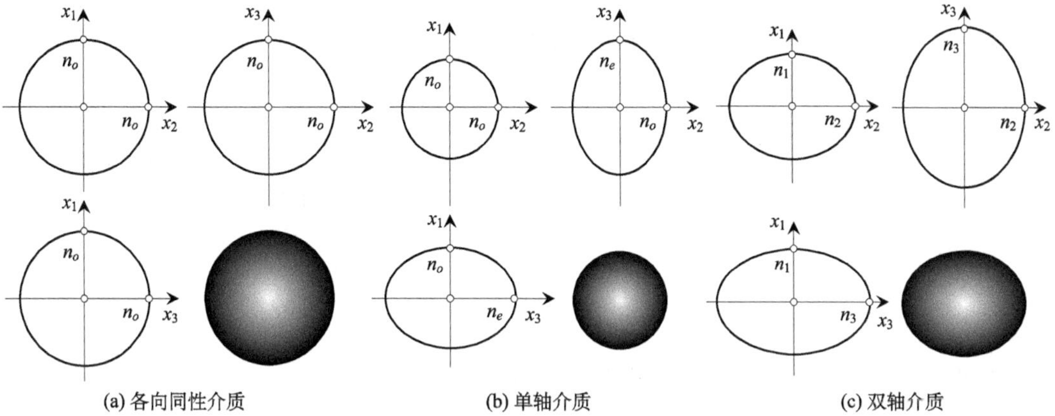

图 3.10 三类介质折射率椭球的坐标截面

3.7 小 结

固有张量包括相对介电张量和相对逆介电张量。

各向同性介质，电位移矢量与电场强度为标量关系；各向异性介质，电位移矢量与电场强度为张量关系。

固有张量的几何解释是椭球。

主轴坐标系中，介质张量是对角张量，对角分量是主介质系数。各向同性介质的三个主介质系数相同；各向异性介质则不同。

截面坐标系是截面张量为对角张量的空间直角坐标系。

光轴坐标系是截面张量对角分量相等的截面坐标系。

各向同性介质，任何方向都是光轴，光轴坐标系无穷；单轴介质，有一条光轴；双轴介质，介电张量和逆介电张量有两条光轴，共计四条光轴。

根据介质拥有光轴的数量，从光学性质的角度可以将介质分为三类，即各向同性介质、单轴介质和双轴介质。各向同性介质的张量椭球是圆球，完全对称，是品性最好的光学介质。

第4章 微栖张量

相比于固有张量，物理场产生的感应张量微小，是微张量。固有张量是光学效应的载体，感应张量是光学效应的主导。介质张量是微小的感应张量依附固有张量的结果，本书称物理场作用下的介质张量为微栖张量。

在固有张量对角化的坐标系中，空间或截面轴间耦合分量属于微小的感应张量。此时，微栖张量必然以微耦的面貌出现：对角分量占优、非对角分量微小。微耦张量及其逆张量结构相同，镜像对偶，是光学效应对偶统一理论的介质张量基础。

4.1 微栖张量及其命题

本书用符号$\mathbb{F}$统一表述实数域和复数域，即$\mathbb{F}^{3\times3}\forall\left\{\mathbb{C}^{3\times3},\mathbb{R}^{3\times3}\right\}$。

设$\boldsymbol{H}\in\mathbb{R}^{3\times3}$为实对称张量，$\boldsymbol{p}\in\mathbb{F}^{3\times3}$为共轭转置对称张量，即

$$\begin{cases}\boldsymbol{H}=\boldsymbol{H}^{\mathrm{T}}\\ \boldsymbol{p}=\boldsymbol{p}^{\mathrm{H}}\end{cases}\tag{4.1.1}$$

式中，张量$\boldsymbol{H}$、$\boldsymbol{p}$均为厄米矩阵[12]，是厄米张量。

张量$\boldsymbol{H}$与张量$\boldsymbol{p}$叠加为张量$\boldsymbol{\Psi}$

$$\boldsymbol{\Psi}\in\mathbb{F}^{3\times3}=\boldsymbol{H}+\boldsymbol{p}\tag{4.1.2}$$

若张量$\boldsymbol{H}$与张量$\boldsymbol{p}$满足如下的数量级关系

$$\zeta=[\![\boldsymbol{p}]\!]-[\![\boldsymbol{H}]\!]\leqslant -N\tag{4.1.3}$$

则$\boldsymbol{p}$是微张量，$\boldsymbol{H}$是主张量，$\boldsymbol{\Psi}$是微栖张量。其中，N是恰当的正整数，一般大于等于3。

张量$\boldsymbol{H}$和$\boldsymbol{p}$遵守如下的微栖性约定。

(1) 当$\boldsymbol{H}=0$时，$\boldsymbol{\Psi}=0$。

(2) 当$\boldsymbol{p}=0$时，$\boldsymbol{\Psi}=\boldsymbol{H}$。

主张量$\boldsymbol{H}$是微栖张量$\boldsymbol{\Psi}$主部，可脱离微张量$\boldsymbol{p}$，微张量$\boldsymbol{p}$却离不开主张量$\boldsymbol{H}$。之所以称$\boldsymbol{\Psi}$为微栖张量，是因为与主张量$\boldsymbol{H}$相比，微张量$\boldsymbol{p}$微小，且不能单独存在。

在任意坐标系$\mathrm{Crd}_{\alpha\beta\gamma}$中，微张量$\boldsymbol{p}$表达为

$$\boldsymbol{p}=\begin{bmatrix}\mathrm{p}_\alpha & \mathrm{p}_k & \hat{\mathrm{p}}_j\\ \hat{\mathrm{p}}_k & \mathrm{p}_\beta & \mathrm{p}_i\\ \mathrm{p}_j & \hat{\mathrm{p}}_i & \mathrm{p}_\gamma\end{bmatrix}=\begin{bmatrix}p_\alpha & kp_k & \hat{k}p_j\\ \hat{k}p_k & p_\beta & kp_i\\ kp_j & \hat{k}p_i & p_\gamma\end{bmatrix}\tag{4.1.4}$$

式中，上标“∧”是共轭符号。标量k与$\boldsymbol{p}$所在数域有关，取值为

$$k=\begin{cases}1, & \boldsymbol{p}\in\mathbb{R}^{3\times3}\\ j, & \boldsymbol{p}\in\mathbb{C}^{3\times3}\end{cases} \tag{4.1.5}$$

这样，微栖张量$\mathrm{Crd}_{\alpha\beta\gamma}$为

$$\boldsymbol{\varPsi}=\begin{bmatrix}\varPsi_\alpha & \varPsi_k & \hat{\varPsi}_j\\ \hat{\varPsi}_k & \varPsi_\beta & \varPsi_i\\ \varPsi_j & \hat{\varPsi}_i & \varPsi_\gamma\end{bmatrix}=\begin{bmatrix}H_\alpha & H_k & H_j\\ H_k & H_\beta & H_i\\ H_j & H_i & H_\gamma\end{bmatrix}+\begin{bmatrix}p_\alpha & kp_k & \hat{k}p_j\\ \hat{k}p_k & p_\beta & kp_i\\ kp_j & \hat{k}p_i & p_\gamma\end{bmatrix} \tag{4.1.6}$$

用符号“○”表示主张量$\boldsymbol{H}$的分量，用符号“·”表示微张量$\boldsymbol{p}$的微小分量。微栖张量$\mathrm{Crd}_{\alpha\beta\gamma}$的结构为

$$\boldsymbol{\varPsi}=\boldsymbol{H}+\boldsymbol{p}\Leftrightarrow\begin{bmatrix}\odot & \odot & \odot\\ \odot & \odot & \odot\\ \odot & \odot & \odot\end{bmatrix}=\begin{bmatrix}\bigcirc & \bigcirc & \bigcirc\\ \bigcirc & \bigcirc & \bigcirc\\ \bigcirc & \bigcirc & \bigcirc\end{bmatrix}+\begin{bmatrix}\cdot & \cdot & \cdot\\ \cdot & \cdot & \cdot\\ \cdot & \cdot & \cdot\end{bmatrix} \tag{4.1.7}$$

命题 4.1(厄米微张量命题) 微张量$\boldsymbol{p}$正交变换后依然是厄米微张量。

证明：设$\boldsymbol{P}$为正交矩阵。

正交变换不改变微张量$\boldsymbol{p}$的厄米属性，故$\boldsymbol{P}^{\mathrm{T}}\boldsymbol{pP}$仍是厄米张量。

正交变换不改变微张量$\boldsymbol{p}$的特征值，即不改变张量的谱半径ρ，因此

$$\rho\left(\boldsymbol{P}^{\mathrm{T}}\boldsymbol{pP}\right)=\rho(\boldsymbol{p})$$

而$\boldsymbol{p}$是微张量，故$\rho(\boldsymbol{p})\in\mathbb{m}$，于是

$$\rho\left(\boldsymbol{P}^{\mathrm{T}}\boldsymbol{pP}\right)\in\mathbb{m}$$

即$\boldsymbol{P}^{\mathrm{T}}\boldsymbol{pP}$是微张量。

证毕

推论 4.1 微栖张量正交变换后依然是厄米微栖张量。

推论显然，不证。

微张量$\boldsymbol{p}$实对称时，微栖张量$\boldsymbol{\varPsi}$的几何解释是：微张量$\boldsymbol{p}$使主张量$\boldsymbol{H}$椭球产生微小的形变。微张量$\boldsymbol{p}$为共轭转置对称张量时，不存在此种几何解释。

4.2 微耦张量

光学效应中，主张量$\boldsymbol{H}$既是固有张量，具有时空不变性；微张量$\boldsymbol{p}$是物理场主导的感应张量，往往随空间、时间变化。选择固有张量$\boldsymbol{H}$的坐标系为微栖张量$\boldsymbol{\varPsi}$的坐标系，利于从静止角度观察感应张量$\boldsymbol{p}$的变化情况。

与固有张量$\boldsymbol{H}$相比，感应张量$\boldsymbol{p}$实在是太微小了。它不仅没有左右固有张量$\boldsymbol{H}$的能力，而且方位也由着固有张量$\boldsymbol{H}$：固有张量$\boldsymbol{H}$存在，感应张量$\boldsymbol{p}$才能存在，固有张量$\boldsymbol{H}$旋转，感应张量$\boldsymbol{p}$也跟着旋转。似乎感应张量$\boldsymbol{p}$失去了自我。有时，失去自我是为了实现自我。感应张量$\boldsymbol{p}$并不在意自身的大小和方位，只专注赋予介质光学效应。

在某种空间直角坐标系中，如果微栖张量$\boldsymbol{\varPsi}$具有如下结构

$$\boldsymbol{\Psi}=\boldsymbol{H}+\boldsymbol{p}\Leftrightarrow\begin{bmatrix}\odot & \cdot & \cdot \\ \cdot & \odot & \cdot \\ \cdot & \cdot & \odot\end{bmatrix}=\begin{bmatrix}\bigcirc & 0 & 0 \\ 0 & \bigcirc & 0 \\ 0 & 0 & \bigcirc\end{bmatrix}+\begin{bmatrix}\cdot & \cdot & \cdot \\ \cdot & \cdot & \cdot \\ \cdot & \cdot & \cdot\end{bmatrix}\tag{4.2.1}$$

则$\boldsymbol{\Psi}$是**空间微耦张量**，其固有张量为对角张量，轴间耦合由感应张量决定，很微弱。

如果微栖张量$\boldsymbol{\Psi}$的结构为

$$\boldsymbol{\Psi}=\boldsymbol{H}+\boldsymbol{p}\Leftrightarrow\begin{bmatrix}\odot & \cdot & \odot \\ \cdot & \odot & \odot \\ \odot & \odot & \odot\end{bmatrix}=\begin{bmatrix}\bigcirc & 0 & \bigcirc \\ 0 & \bigcirc & \bigcirc \\ \bigcirc & \bigcirc & \bigcirc\end{bmatrix}+\begin{bmatrix}\cdot & \cdot & \cdot \\ \cdot & \cdot & \cdot \\ \cdot & \cdot & \cdot\end{bmatrix}\tag{4.2.2}$$

则在某个坐标截面上，固有张量$\boldsymbol{H}$为对角截面张量，轴间耦合由感应张量$\boldsymbol{p}$决定，是**截面微耦张量**。

微栖张量$\boldsymbol{\Psi}$是否是微耦张量，取决于固有张量的坐标系。任何微栖张量都可通过固有张量的坐标变换转化为微耦张量。

固有张量$\boldsymbol{H}$有三种基本的空间直角坐标系：主轴坐标系、截面坐标系、光轴坐标系。微栖张量$\boldsymbol{\Psi}$在这三种坐标系中都具备某种微耦性态。

对微栖张量$\boldsymbol{\Psi}$实施坐标变换，即

$$\boldsymbol{P}^{\mathrm{T}}\boldsymbol{\Psi}\boldsymbol{P}=\boldsymbol{P}^{\mathrm{T}}\boldsymbol{H}\boldsymbol{P}+\boldsymbol{P}^{\mathrm{T}}\boldsymbol{p}\boldsymbol{P}\tag{4.2.3}$$

其中，$\boldsymbol{P}$是关于固有张量$\boldsymbol{H}$的正交矩阵。不同的正交矩阵$\boldsymbol{P}$可使微栖张量$\boldsymbol{\Psi}$分别抵达上述三种直角坐标系。

微耦张量是特殊的微栖张量。为了区别于一般的微栖张量，本书用符号$\boldsymbol{\Phi}$表示。

1. 主轴坐标系时的微耦张量

主轴坐标系Crd_{123}时

$$\boldsymbol{\Phi}_{123}=\boldsymbol{H}_{123}+\boldsymbol{p}_{123}\tag{4.2.4}$$

其中，固有张量$\boldsymbol{H}_{123}$是无轴间耦合的实对角正常张量

$$\boldsymbol{H}_{123}=\operatorname{diag}(H_1,H_2,H_3)\tag{4.2.5}$$

微张量$\boldsymbol{p}_{123}$是厄米微张量。于是，张量$\boldsymbol{\Phi}_{123}$是空间微耦张量，即

$$\boldsymbol{\Phi}_{123}=\begin{bmatrix}\Phi_1 & \Phi_6 & \hat{\Phi}_5 \\ \hat{\Phi}_6 & \Phi_2 & \Phi_4 \\ \Phi_5 & \hat{\Phi}_4 & \Phi_3\end{bmatrix}=\begin{bmatrix}H_1+p_1 & kp_6 & \hat{k}p_5 \\ \hat{k}p_6 & H_2+p_2 & kp_4 \\ kp_5 & \hat{k}p_4 & H_3+p_3\end{bmatrix}\tag{4.2.6}$$

2. 截面坐标系时的截面微耦张量

截面坐标系Crd_{abc}时

$$\boldsymbol{\Phi}_{abc}=\boldsymbol{H}_{abc}+\boldsymbol{p}_{abc}\tag{4.2.7}$$

此时，截面固有张量$\boldsymbol{H}_{ab}$是无轴间耦合的实对角正常张量，即

$$\boldsymbol{H}_{ab}=\begin{bmatrix} H_a & 0 \\ 0 & H_b \end{bmatrix} \tag{4.2.8}$$

ab 坐标截面上的截面张量 $\boldsymbol{\Phi}_{ab}$ 为

$$\boldsymbol{\Phi}_{ab}=\boldsymbol{H}_{ab}+\boldsymbol{p}_{ab} \tag{4.2.9}$$

即

$$\boldsymbol{\Phi}_{ab}=\begin{bmatrix} \Phi_a & \Phi_w \\ \hat{\Phi}_w & \Phi_b \end{bmatrix}=\begin{bmatrix} H_a+p_a & kp_w \\ \hat{k}p_w & H_b+p_b \end{bmatrix} \tag{4.2.10}$$

由于 $\boldsymbol{\Phi}_{ab}$ 的非对角分量是微小数 kp_w、$\hat{k}p_w$，故 $\boldsymbol{\Phi}_{ab}$ 是截面微耦张量。

3. 光轴坐标系时的截面微耦张量

光轴坐标系 Crd_{oe} 是特殊的截面坐标系，o_1o_2 坐标截面上的截面张量 $\boldsymbol{\Phi}_o$ 为

$$\boldsymbol{\Phi}_o=\boldsymbol{H}_o+\boldsymbol{p}_o \tag{4.2.11}$$

即

$$\boldsymbol{\Phi}_o=\begin{bmatrix} \Phi_{o1} & \Phi_w \\ \hat{\Phi}_w & \Phi_{o2} \end{bmatrix}=\begin{bmatrix} H_o+p_{o1} & kp_w \\ \hat{k}p_w & H_o+p_{o2} \end{bmatrix} \tag{4.2.12}$$

显然，截面张量 $\boldsymbol{\Phi}_o$ 也是截面微耦张量。

综上，主轴坐标系 Crd_{123} 中，微耦是关于三维空间的；截面坐标系 Crd_{abc} 和光轴坐标系 Crd_{oe} 中，微耦是关于二维截面的。

微耦张量是重要的介质张量表达方式。讨论光学效应，都是面向微耦张量展开的，无论是主轴坐标系 Crd_{123}、截面坐标系 Crd_{abc}，还是光轴坐标系 Crd_{oe}。

4.3　逆微栖张量

4.3.1　逆微栖张量命题

命题 4.2(逆微栖张量命题)　微栖张量 $\boldsymbol{\Psi}$ 的逆也是微栖张量，取值为

$$\boldsymbol{\Psi}^{-1}=\boldsymbol{H}^{-1}-\boldsymbol{H}^{-1}\boldsymbol{p}\boldsymbol{H}^{-1} \tag{4.3.1}$$

证明：微栖张量 $\boldsymbol{\Psi}$ 可变形为

$$\boldsymbol{\Psi}=\boldsymbol{H}+\boldsymbol{p}=\boldsymbol{H}\left(\boldsymbol{I}+\boldsymbol{H}^{-1}\boldsymbol{p}\right)$$

对其求逆

$$\boldsymbol{\Psi}^{-1}=\left(\boldsymbol{I}+\boldsymbol{H}^{-1}\boldsymbol{p}\right)^{-1}\boldsymbol{H}^{-1}$$

根据命题 2.2

$$\left(\boldsymbol{I}+\boldsymbol{H}^{-1}\boldsymbol{p}\right)^{-1}=\boldsymbol{I}-\boldsymbol{H}^{-1}\boldsymbol{p}$$

于是

$$\boldsymbol{\Psi}^{-1}=\boldsymbol{H}^{-1}-\boldsymbol{H}^{-1}\boldsymbol{p}\boldsymbol{H}^{-1}$$

$\boldsymbol{H}^{-1}\boldsymbol{p}\boldsymbol{H}^{-1}$是微张量，故$\boldsymbol{\Psi}^{-1}$是微栖张量。

证毕

4.3.2 统一表达

将微栖张量$\boldsymbol{\Psi}$记为$\boldsymbol{\Psi}^{+}$，逆张量$\boldsymbol{\Psi}^{-1}$记为$\boldsymbol{\Psi}^{-}$，有

$$\begin{cases}\boldsymbol{\Psi}=\boldsymbol{\Psi}^{+}=\boldsymbol{H}^{+}+\boldsymbol{p}^{+}\\ \boldsymbol{\Psi}^{-1}=\boldsymbol{\Psi}^{+}=\boldsymbol{H}^{-}-\boldsymbol{p}^{-}\end{cases}\tag{4.3.2}$$

这样，微栖张量$\boldsymbol{\Psi}$及其逆张量$\boldsymbol{\Psi}^{-}$可统一表示为

$$\boldsymbol{\Psi}^{\pm}=\boldsymbol{H}^{\pm}\pm\boldsymbol{p}^{\pm}\tag{4.3.3}$$

其中

$$\begin{cases}\boldsymbol{H}^{\pm}=\left(\boldsymbol{H}^{\mp}\right)^{-1}\\ \boldsymbol{p}^{\pm}=\boldsymbol{H}^{\pm}\boldsymbol{p}^{\mp}\boldsymbol{H}^{\pm}\end{cases}\tag{4.3.4}$$

在任意直角坐标系$\mathrm{Crd}_{\alpha\beta\gamma}$中，微栖张量$\boldsymbol{\Psi}_{\alpha\beta\gamma}^{\pm}$表示为

$$\boldsymbol{\Psi}_{\alpha\beta\gamma}^{\pm}=\begin{bmatrix}\Psi_{\alpha}^{\pm} & \Psi_{k}^{\pm} & \hat{\Psi}_{j}^{\pm}\\ \hat{\Psi}_{k}^{\pm} & \Psi_{\beta}^{\pm} & \Psi_{i}^{\pm}\\ \Psi_{j}^{\pm} & \hat{\Psi}_{i}^{\pm} & \Psi_{\gamma}^{\pm}\end{bmatrix}=\begin{bmatrix}H_{\alpha}^{\pm} & H_{k}^{\pm} & H_{j}^{\pm}\\ H_{k}^{\pm} & H_{\beta}^{\pm} & H_{i}^{\pm}\\ H_{j}^{\pm} & H_{i}^{\pm} & H_{\gamma}^{\pm}\end{bmatrix}+\begin{bmatrix}p_{\alpha}^{\pm} & kp_{k}^{\pm} & \hat{k}p_{j}^{\pm}\\ \hat{k}p_{k}^{\pm} & p_{\beta}^{\pm} & kp_{i}^{\pm}\\ kp_{j}^{\pm} & \hat{k}p_{i}^{\pm} & p_{\gamma}^{\pm}\end{bmatrix}\tag{4.3.5}$$

在主轴坐标系Crd_{123}中，$\boldsymbol{\Psi}_{123}^{\pm}$是空间微耦张量$\boldsymbol{\Phi}_{123}^{\pm}$，即

$$\boldsymbol{\Phi}_{123}^{\pm}=\begin{bmatrix}\Phi_{1}^{\pm} & \Phi_{6}^{\pm} & \Phi_{5}^{\pm}\\ \Phi_{6}^{\pm} & \Phi_{2}^{\pm} & \Phi_{4}^{\pm}\\ \Phi_{5}^{\pm} & \Phi_{4}^{\pm} & \Phi_{3}^{\pm}\end{bmatrix}=\begin{bmatrix}H_{1}^{\pm} & 0 & 0\\ 0 & H_{2}^{\pm} & 0\\ 0 & 0 & H_{3}^{\pm}\end{bmatrix}+\begin{bmatrix}p_{1}^{\pm} & kp_{6}^{\pm} & \hat{k}p_{5}^{\pm}\\ \hat{k}p_{6}^{\pm} & p_{2}^{\pm} & kp_{4}^{\pm}\\ kp_{5}^{\pm} & \hat{k}p_{4}^{\pm} & p_{3}^{\pm}\end{bmatrix}\tag{4.3.6}$$

在截面坐标系Crd_{abc}中，$\boldsymbol{\Phi}_{ab}^{\pm}$是截面微耦张量，即

$$\boldsymbol{\Phi}_{ab}^{\pm}=\begin{bmatrix}\Phi_{a}^{\pm} & \Phi_{w}^{\pm}\\ \hat{\Phi}_{w}^{\pm} & \Phi_{b}^{\pm}\end{bmatrix}=\begin{bmatrix}H_{a}^{\pm} & 0\\ 0 & H_{b}^{\pm}\end{bmatrix}+\begin{bmatrix}p_{a}^{\pm} & kp_{w}^{\pm}\\ \hat{k}p_{w}^{\pm} & p_{b}^{\pm}\end{bmatrix}\tag{4.3.7}$$

在光轴坐标系Crd_{oe}中，$\boldsymbol{\Phi}_{o}^{\pm}$也是截面微耦张量，即

$$\boldsymbol{\Phi}_{o}^{\pm}=\begin{bmatrix}\Phi_{o1}^{\pm} & \Phi_{w}^{\pm}\\ \hat{\Phi}_{w}^{\pm} & \Phi_{o2}^{\pm}\end{bmatrix}=\begin{bmatrix}H_{o}^{\pm} & 0\\ 0 & H_{o}^{\pm}\end{bmatrix}+\begin{bmatrix}p_{o1}^{\pm} & kp_{w}^{\pm}\\ \hat{k}p_{w}^{\pm} & p_{o2}^{\pm}\end{bmatrix}\tag{4.3.8}$$

微栖张量$\boldsymbol{\Psi}^{\pm}$，逆运算围绕主张量$\boldsymbol{H}^{\pm}$的逆展开，表达了固有张量$\boldsymbol{H}^{\pm}$的主导地位和对感应张量$\boldsymbol{p}^{\pm}$的承载作用。

固有张量$\boldsymbol{H}^{+}$、$\boldsymbol{H}^{-}$互逆，感应张量$\boldsymbol{p}^{+}$、$\boldsymbol{p}^{-}$却没有直接互逆关系，即

$$\boldsymbol{p}^{\pm}\neq\left(\boldsymbol{p}^{\pm}\right)^{-1}$$

感应张量$\boldsymbol{p}^{\pm}$的非奇异性没有保证。由于不会对$\boldsymbol{p}^{\pm}$直接求逆，因此无妨。不能直接互

逆，表达了感应张量 $\boldsymbol{p}^{\pm}$ 在微栖张量 $\boldsymbol{\varPsi}^{\pm}$ 中的从属和依附地位。

例 4.1 求如下张量的逆

$$\boldsymbol{\varPsi}=\begin{bmatrix}1.000002 & 0 & 0.000001\\ 0 & 3.000002 & -1\\ 0.000001 & -1 & 3.000002\end{bmatrix}$$

解：将此张量改写为

$$\boldsymbol{\varPsi}=\boldsymbol{\varPsi}^{+}=\boldsymbol{H}^{+}+\boldsymbol{p}^{+}$$

其中

$$\boldsymbol{H}^{+}=\begin{bmatrix}1 & 0 & 0\\ 0 & 3 & -1\\ 0 & -1 & 3\end{bmatrix},\quad \boldsymbol{p}^{+}=\begin{bmatrix}2 & 0 & 1\\ 0 & 2 & 0\\ 1 & 0 & 2\end{bmatrix}\times 10^{-6}$$

显然，这是个微栖张量。

主张量 $\boldsymbol{H}^{+}$ 的逆为

$$\boldsymbol{H}^{-}=\left(\boldsymbol{H}^{+}\right)^{-1}=\begin{bmatrix}1 & 0 & 0\\ 0 & 0.375 & 0.125\\ 0 & 0.125 & 0.375\end{bmatrix}$$

$\boldsymbol{p}^{\pm}$ 是微张量，因此

$$\boldsymbol{p}^{-}=\boldsymbol{H}^{-}\boldsymbol{p}^{+}\boldsymbol{H}^{-}=\begin{bmatrix}2 & 0.1250 & 0.3750\\ 0.1250 & 0.3125 & 0.1875\\ 0.3750 & 0.1875 & 0.3125\end{bmatrix}\times 10^{-6}$$

这样

$$\boldsymbol{\varPsi}^{-}=\boldsymbol{H}^{-}-\boldsymbol{p}^{-}=\begin{bmatrix}1 & 0 & 0\\ 0 & 0.375 & 0.125\\ 0 & 0.125 & 0.375\end{bmatrix}-\begin{bmatrix}2 & 0.1250 & 0.3750\\ 0.1250 & 0.3125 & 0.1875\\ 0.3750 & 0.1875 & 0.3125\end{bmatrix}\times 10^{-6}$$

例 4.2 求例 4.1 微栖张量在主轴坐标系 Crd_{123} 中的逆。

解：主张量 $\boldsymbol{H}^{+}$ 的特征值方程为

$$(\lambda-1)\left((\lambda-3)^{2}-1\right)=0$$

解得三个特征值：1、2、4，因此，主轴坐标系 Crd_{123} 的主张量为

$$\boldsymbol{H}_{123}=\mathrm{diag}(1,2,4)$$

对应的特征向量是

$$\boldsymbol{\xi}_{1}=\begin{bmatrix}1\\ 0\\ 0\end{bmatrix},\quad \boldsymbol{\xi}_{2}=\frac{\sqrt{2}}{2}\begin{bmatrix}0\\ 1\\ 1\end{bmatrix},\quad \boldsymbol{\xi}_{3}=\frac{\sqrt{2}}{2}\begin{bmatrix}0\\ -1\\ 1\end{bmatrix}$$

这样，正交矩阵为

$$\boldsymbol{P}=\begin{bmatrix}1 & 0 & 0\\ 0 & \sqrt{2}/2 & -\sqrt{2}/2\\ 0 & \sqrt{2}/2 & \sqrt{2}/2\end{bmatrix}$$

如此，主轴坐标系 Crd_{123} 下，微张量 $\boldsymbol{p}_{123}^{+}$ 为

$$\boldsymbol{p}_{123}^{+}=\boldsymbol{P}^{\mathrm{T}}\boldsymbol{p}\boldsymbol{P}=\begin{bmatrix}2 & 1 & 1\\ 1 & 2 & 0\\ 1 & 0 & 2\end{bmatrix}\times 10^{-6}$$

于是，该张量在主轴坐标系 Crd_{123} 中表达为如下的微耦形式，即

$$\boldsymbol{\Phi}_{123}^{+}=\begin{bmatrix}1 & 0 & 0\\ 0 & 2 & 0\\ 0 & 0 & 4\end{bmatrix}+\begin{bmatrix}2 & 1 & 1\\ 1 & 2 & 0\\ 1 & 0 & 2\end{bmatrix}\times 10^{-6} \tag{4.3.9}$$

主张量 $\boldsymbol{H}_{123}$ 的逆为

$$\boldsymbol{H}_{123}^{-1}=\mathrm{diag}(1,0.5,0.25)$$

根据公式

$$\boldsymbol{p}_{123}^{-}=\boldsymbol{H}_{123}^{-}\boldsymbol{p}_{123}^{+}\boldsymbol{H}_{123}^{-}$$

得到

$$\boldsymbol{p}_{123}^{-}=\begin{bmatrix}2.000 & 0.500 & 0.250\\ 0.500 & 0.500 & 0\\ 0.250 & 0 & 0.125\end{bmatrix}\times 10^{-6}$$

所以，$\boldsymbol{\Phi}_{123}^{+}$ 的逆张量为

$$\boldsymbol{\Phi}_{123}^{-}=\mathrm{diag}(1,0.5,0.25)-\begin{bmatrix}2.000 & 0.500 & 0.250\\ 0.500 & 0.500 & 0\\ 0.250 & 0 & 0.125\end{bmatrix}\times 10^{-6} \tag{4.3.10}$$

显然，这也是一个微耦张量。

4.4　逆　同　构

考察式(4.3.9)和式(4.3.10)发现，互逆的微耦张量 $\boldsymbol{\Phi}_{123}^{+}$、$\boldsymbol{\Phi}_{123}^{-}$ 具有相同的结构，这就是微耦张量的逆同构属性。

阶数相同的张量 $\boldsymbol{A}$ 和 $\boldsymbol{B}$，若相同位置的分量同有、同无，则 $\boldsymbol{A}$ 和 $\boldsymbol{B}$ 是**同构张量**。

若张量 $\boldsymbol{A}$ 与其逆 $\boldsymbol{A}^{-1}$ 结构相同，则张量 $\boldsymbol{A}$ 具有逆同构属性。

例如，若张量 $\boldsymbol{A}$ 及其逆张量 $\boldsymbol{A}^{-1}$ 的结构分别为

$$\boldsymbol{A}=\begin{bmatrix}A_1 & 0 & \hat{A}_5\\ 0 & A_2 & 0\\ A_5 & 0 & A_3\end{bmatrix},\quad \boldsymbol{A}^{-1}=\begin{bmatrix}B_1 & 0 & \hat{B}_5\\ 0 & B_2 & 0\\ B_5 & 0 & B_3\end{bmatrix}$$

那么张量 $\boldsymbol{A}$ 是逆同构张量。

无须证明，除非对角张量，一般的二阶张量不可能具备逆同构属性。同构普遍，逆同构鲜有，微耦张量是鲜有之一。这就是如下的命题。

命题 4.3(逆同构张量命题) 微耦张量 $\boldsymbol{\Phi}$ 是逆同构张量。

证明：在主轴坐标系 Crd_{123} 中

$$\boldsymbol{\Phi}_{123}^{+} = \boldsymbol{H}_{123}^{+} + \boldsymbol{p}_{123}^{+}$$

逆为

$$\boldsymbol{\Phi}_{123}^{-} = \boldsymbol{H}_{123}^{-} - \boldsymbol{p}_{123}^{-}$$

$\boldsymbol{H}_{123}^{+}$ 是满秩对角张量，而

$$\boldsymbol{H}_{123}^{-} = \left(\boldsymbol{H}_{123}^{+}\right)^{-1}$$

因此，$\boldsymbol{H}_{123}^{-}$ 也是满秩对角张量，即 $\boldsymbol{H}_{123}^{+}$、$\boldsymbol{H}_{123}^{-}$ 同构。

由于

$$\boldsymbol{p}_{123}^{-} = \boldsymbol{H}_{123}^{-}\boldsymbol{p}_{123}^{+}\boldsymbol{H}_{123}^{-}$$

而 $\boldsymbol{H}_{123}^{-}$ 是满秩对角张量，故 $\boldsymbol{p}_{123}^{+}$、$\boldsymbol{p}_{123}^{-}$ 同构。

综上，$\boldsymbol{\Phi}_{123}^{+}$、$\boldsymbol{\Phi}_{123}^{-}$ 同构。

在截面坐标系 Crd_{abc} 中，ab 坐标截面上的截面张量为

$$\boldsymbol{\Phi}_{ab}^{+} = \boldsymbol{H}_{ab}^{+} + \boldsymbol{p}_{ab}^{+}$$

$\boldsymbol{H}_{ab}^{+}$ 是满秩对角张量，因此 $\boldsymbol{H}_{ab}^{-}$ 也是满秩对角张量，故 $\boldsymbol{H}_{ab}^{+}$、$\boldsymbol{H}_{ab}^{-}$ 同构。由于

$$\boldsymbol{p}_{ab}^{-} = \boldsymbol{H}_{ab}^{-}\boldsymbol{p}_{ab}^{+}\boldsymbol{H}_{ab}^{-}$$

而 $\boldsymbol{H}_{ab}^{-}$ 是满秩对角张量，故 $\boldsymbol{p}_{ab}^{+}$、$\boldsymbol{p}_{ab}^{-}$ 同构。

综上，$\boldsymbol{\Phi}_{ab}^{+}$、$\boldsymbol{\Phi}_{ab}^{-}$ 同构。

光轴坐标系 Crd_{oe} 是截面坐标系 Crd_{abc} 的特例，截面张量 $\boldsymbol{\Phi}_{o}^{+}$ 与其逆张量 $\boldsymbol{\Phi}_{o}^{-}$ 必然同构。

证毕

微耦张量逆同构，是感应张量微小的产物。逆同构属性是微耦张量 $\boldsymbol{\Phi}$ 及其逆张量镜像对偶的基础。

4.5 物理场作用时的介质张量

4.5.1 相对介电张量

电场、磁场、应力场、温度场等物理场 $\boldsymbol{W}$ 影响介质的极化程度，进而改变了相对介电张量，因此，相对介电张量是物理场 $\boldsymbol{W}$ 的函数 $\boldsymbol{\mathcal{E}}(\boldsymbol{W})$。

将相对介电张量 $\boldsymbol{\mathcal{E}}(\boldsymbol{W})$ 在 $\boldsymbol{W}=0$ 处麦克劳林级数展开，有

$$\boldsymbol{\mathcal{E}}(\boldsymbol{W}) = \varepsilon_r + \sum_{k=1}^{3}\left.\frac{\partial\boldsymbol{\mathcal{E}}(\boldsymbol{W})}{\partial W_k}\right|_{W_k=0} W_k + \frac{1}{2}\sum_{k,l=1}^{3}\left.\frac{\partial^2\boldsymbol{\mathcal{E}}(\boldsymbol{W})}{\partial W_k\partial W_l}\right|_{\substack{W_k=0\\W_l=0}} W_k W_l + \boldsymbol{\zeta}(\boldsymbol{W}) \tag{4.5.1}$$

其中，$\boldsymbol{\varepsilon}_r$ 是固有介电张量，$\boldsymbol{\zeta}(\boldsymbol{W})$ 是高阶导数项，$W_k\ (k=1,2,3)$ 为物理场 $\boldsymbol{W}$ 的三个分量。

定义感应介电张量

$$\boldsymbol{\delta}(\boldsymbol{W})=\sum_{k=1}^{3}\left.\frac{\partial\boldsymbol{\mathcal{E}}(\boldsymbol{W})}{\partial W_k}\right|_{W_k=0}W_k+\frac{1}{2}\sum_{k,l=1}^{3}\left.\frac{\partial^2\boldsymbol{\mathcal{E}}(\boldsymbol{W})}{\partial W_k\partial W_l}\right|_{\substack{W_k=0\\W_l=0}}W_kW_l \tag{4.5.2}$$

于是

$$\boldsymbol{\mathcal{E}}(\boldsymbol{W})=\boldsymbol{\varepsilon}_r+\boldsymbol{\delta}(\boldsymbol{W})+\boldsymbol{\zeta}(\boldsymbol{W}) \tag{4.5.3}$$

感应介电张量$\boldsymbol{\delta}(\boldsymbol{W})$微小，高阶张量$\boldsymbol{\zeta}(\boldsymbol{W})$更小，可忽略。这样，物理场作用时，介电张量为

$$\boldsymbol{\mathcal{E}}(\boldsymbol{W})=\boldsymbol{\varepsilon}_r+\boldsymbol{\delta}(\boldsymbol{W}) \tag{4.5.4}$$

固有介电张量$\boldsymbol{\varepsilon}_r$是实对称正定张量。与固有介电张量$\boldsymbol{\varepsilon}_r$相比，感应介电张量$\boldsymbol{\delta}(\boldsymbol{W})$是微张量；感应介电张量$\boldsymbol{\delta}(\boldsymbol{W})$或者具有实对称结构，如电光效应、弹光效应(声光效应)、热光效应，或者具有共轭转置对称结构，如旋光效应。两种情况都是厄米张量。

式(4.5.2)包括一次和二次导数项。如果一次导数项的数量级为$-p$，则二次导数项的数量级是$-2p$。因此，一次导数项存在，二次导数项将被吞噬；一次导数项为零时，二次导数项的作用才显现。即

$$\boldsymbol{\delta}(\boldsymbol{W})=\begin{cases}\sum_{k=1}^{3}\left.\dfrac{\partial\boldsymbol{\mathcal{E}}(\boldsymbol{W})}{\partial W_k}\right|_{W_k=0}W_k, & 1\text{次导数非零}\\[2ex] \dfrac{1}{2}\sum_{k,l=1}^{3}\left.\dfrac{\partial^2\boldsymbol{\mathcal{E}}(\boldsymbol{W})}{\partial W_k\partial W_l}\right|_{\substack{W_k=0\\W_l=0}}W_kW_l, & 1\text{次导数为零}\end{cases} \tag{4.5.5}$$

利用厄米矩阵的共轭转置对称性，在任意直角坐标系$\mathrm{Crd}_{\alpha\beta\gamma}$中，介电张量为如下的微栖张量

$$\begin{aligned}\boldsymbol{\mathcal{E}}_{\alpha\beta\gamma}(\boldsymbol{W})&=\boldsymbol{\varepsilon}_{r\alpha\beta\gamma}+\boldsymbol{\delta}_{\alpha\beta\gamma}(\boldsymbol{W})\\&=\begin{bmatrix}\varepsilon_\alpha & \varepsilon_k & \varepsilon_j\\ \varepsilon_k & \varepsilon_\beta & \varepsilon_i\\ \varepsilon_j & \varepsilon_i & \varepsilon_\gamma\end{bmatrix}+\begin{bmatrix}\delta_\alpha(\boldsymbol{W}) & \delta_k(\boldsymbol{W}) & \hat{\delta}_j(\boldsymbol{W})\\ \hat{\delta}_k(\boldsymbol{W}) & \delta_\beta(\boldsymbol{W}) & \delta_i(\boldsymbol{W})\\ \delta_j(\boldsymbol{W}) & \hat{\delta}_i(\boldsymbol{W}) & \delta_\gamma(\boldsymbol{W})\end{bmatrix}\end{aligned} \tag{4.5.6}$$

在主轴坐标系Crd_{123}中，介电张量为微耦张量

$$\begin{aligned}\boldsymbol{\mathcal{E}}_{123}(\boldsymbol{W})&=\boldsymbol{\varepsilon}_{r123}+\boldsymbol{\delta}_{123}(\boldsymbol{W})\\&=\begin{bmatrix}\varepsilon_1 & 0 & 0\\ 0 & \varepsilon_2 & 0\\ 0 & 0 & \varepsilon_3\end{bmatrix}+\begin{bmatrix}\delta_1(\boldsymbol{W}) & \delta_6(\boldsymbol{W}) & \hat{\delta}_5(\boldsymbol{W})\\ \hat{\delta}_6(\boldsymbol{W}) & \delta_2(\boldsymbol{W}) & \delta_4(\boldsymbol{W})\\ \delta_5(\boldsymbol{W}) & \hat{\delta}_4(\boldsymbol{W}) & \delta_3(\boldsymbol{W})\end{bmatrix}\end{aligned} \tag{4.5.7}$$

在截面坐标系Crd_{abc}中，截面张量$\boldsymbol{\mathcal{E}}_{ab}(\boldsymbol{W})$是截面微耦张量

$$\boldsymbol{\mathcal{E}}_{ab}(\boldsymbol{W})=\boldsymbol{\varepsilon}_{rab}+\boldsymbol{\delta}_{ab}(\boldsymbol{W})=\begin{bmatrix}\varepsilon_a & 0\\ 0 & \varepsilon_b\end{bmatrix}+\begin{bmatrix}\delta_a(\boldsymbol{W}) & \delta_w(\boldsymbol{W})\\ \hat{\delta}_w(\boldsymbol{W}) & \delta_b(\boldsymbol{W})\end{bmatrix} \tag{4.5.8}$$

在光轴坐标系 Crd_{oe} 中，$\boldsymbol{\mathcal{E}}_o(\boldsymbol{W})$ 也是截面微耦张量

$$\boldsymbol{\mathcal{E}}_o(\boldsymbol{W})=\boldsymbol{\varepsilon}_{ro}+\boldsymbol{\delta}_o(\boldsymbol{W})=\begin{bmatrix}\varepsilon_o & 0\\ 0 & \varepsilon_o\end{bmatrix}+\begin{bmatrix}\delta_{o1}(\boldsymbol{W}) & \delta_w(\boldsymbol{W})\\ \hat{\delta}_w(\boldsymbol{W}) & \delta_{o2}(\boldsymbol{W})\end{bmatrix} \tag{4.5.9}$$

4.5.2 相对逆介电张量

相对逆介电张量为

$$\boldsymbol{N}(\boldsymbol{W})=\boldsymbol{\mathcal{E}}^{-1}(\boldsymbol{W})=\left(\boldsymbol{\varepsilon}_r+\boldsymbol{\delta}(\boldsymbol{W})\right)^{-1} \tag{4.5.10}$$

根据命题 4.2

$$\boldsymbol{N}(\boldsymbol{W})=\boldsymbol{\eta}-\boldsymbol{\sigma}(\boldsymbol{W}) \tag{4.5.11}$$

其中，$\boldsymbol{\eta}$ 为固有逆介电张量，即

$$\boldsymbol{\eta}=\boldsymbol{\varepsilon}_r^{-1} \tag{4.5.12}$$

$\boldsymbol{\sigma}(\boldsymbol{W})$ 为 $\boldsymbol{N}(\boldsymbol{W})$ 的感应张量，满足关系

$$\boldsymbol{\sigma}(\boldsymbol{W})=\boldsymbol{\varepsilon}_r^{-1}\boldsymbol{\delta}(\boldsymbol{W})\boldsymbol{\varepsilon}_r^{-1} \tag{4.5.13}$$

任意直角坐标系 $\mathrm{Crd}_{\alpha\beta\gamma}$ 时，逆介电张量为

$$\begin{aligned}\boldsymbol{N}_{\alpha\beta\gamma}(\boldsymbol{W})&=\boldsymbol{\eta}_{\alpha\beta\gamma}+\boldsymbol{\sigma}_{\alpha\beta\gamma}(\boldsymbol{W})\\&=\begin{bmatrix}\eta_\alpha & \eta_k & \eta_j\\ \eta_k & \eta_\beta & \eta_i\\ \eta_j & \eta_i & \eta_\gamma\end{bmatrix}+\begin{bmatrix}\sigma_\alpha(\boldsymbol{W}) & \sigma_k(\boldsymbol{W}) & \hat{\sigma}_j(\boldsymbol{W})\\ \hat{\sigma}_k(\boldsymbol{W}) & \sigma_\beta(\boldsymbol{W}) & \sigma_i(\boldsymbol{W})\\ \sigma_j(\boldsymbol{W}) & \hat{\sigma}_i(\boldsymbol{W}) & \sigma_\gamma(\boldsymbol{W})\end{bmatrix}\end{aligned} \tag{4.5.14}$$

主轴坐标系 Crd_{123} 时，$\boldsymbol{N}_{123}(\boldsymbol{W})$ 是空间微耦张量

$$\begin{aligned}\boldsymbol{N}_{123}(\boldsymbol{W})&=\boldsymbol{\eta}_{123}+\boldsymbol{\sigma}_{123}(\boldsymbol{W})\\&=\begin{bmatrix}\eta_1 & 0 & 0\\ 0 & \eta_2 & 0\\ 0 & 0 & \eta_3\end{bmatrix}+\begin{bmatrix}\sigma_1(\boldsymbol{W}) & \sigma_6(\boldsymbol{W}) & \hat{\sigma}_5(\boldsymbol{W})\\ \hat{\sigma}_6(\boldsymbol{W}) & \sigma_2(\boldsymbol{W}) & \sigma_4(\boldsymbol{W})\\ \sigma_5(\boldsymbol{W}) & \hat{\sigma}_4(\boldsymbol{W}) & \sigma_3(\boldsymbol{W})\end{bmatrix}\end{aligned} \tag{4.5.15}$$

截面坐标系 Crd_{abc} 时，$\boldsymbol{N}_{ab}(\boldsymbol{W})$ 是截面微耦张量

$$\boldsymbol{N}_{ab}(\boldsymbol{W})=\boldsymbol{\eta}_{ab}+\boldsymbol{\sigma}_{ab}(\boldsymbol{W})=\begin{bmatrix}\eta_a & 0\\ 0 & \eta_b\end{bmatrix}+\begin{bmatrix}\sigma_a(\boldsymbol{W}) & \sigma_w(\boldsymbol{W})\\ \hat{\sigma}_w(\boldsymbol{W}) & \sigma_b(\boldsymbol{W})\end{bmatrix} \tag{4.5.16}$$

光轴坐标系 Crd_{oe} 时，$\boldsymbol{N}_o(\boldsymbol{W})$ 也是截面微耦张量

$$\boldsymbol{N}_o(\boldsymbol{W})=\boldsymbol{\eta}_o+\boldsymbol{\sigma}_o(\boldsymbol{W})=\begin{bmatrix}\eta_o & 0\\ 0 & \eta_o\end{bmatrix}+\begin{bmatrix}\sigma_{o1}(\boldsymbol{W}) & \sigma_w(\boldsymbol{W})\\ \hat{\sigma}_w(\boldsymbol{W}) & \sigma_{o2}(\boldsymbol{W})\end{bmatrix} \tag{4.5.17}$$

4.5.3 介质张量

相对介电张量 $\boldsymbol{\mathcal{E}}(\boldsymbol{W})$、相对逆介电张量 $\boldsymbol{N}(\boldsymbol{W})$ 都是微栖张量，两种介质张量可统一表

述为

$$\boldsymbol{\Psi}^{\pm}(\boldsymbol{W})=\boldsymbol{H}^{\pm}\pm\boldsymbol{p}^{\pm}(\boldsymbol{W}) \tag{4.5.18}$$

其中，固有张量$\boldsymbol{H}^{+}$和$\boldsymbol{H}^{-}$分别对应$\boldsymbol{\varepsilon}_r$和$\boldsymbol{\eta}$，感应张量$\boldsymbol{p}^{+}(\boldsymbol{W})$和$\boldsymbol{p}^{-}(\boldsymbol{W})$分别对应$\boldsymbol{\delta}(\boldsymbol{W})$和$\boldsymbol{\sigma}(\boldsymbol{W})$，即

$$\begin{cases}\boldsymbol{\Psi}^{+}(\boldsymbol{W})=\boldsymbol{\mathcal{E}}(\boldsymbol{W})\\ \boldsymbol{H}^{+}=\boldsymbol{\varepsilon}_r\\ \boldsymbol{p}^{+}(\boldsymbol{W})=\boldsymbol{\delta}(\boldsymbol{W})\end{cases} \tag{4.5.19}$$

$$\begin{cases}\boldsymbol{\Psi}^{-}(\boldsymbol{W})=\boldsymbol{N}(\boldsymbol{W})\\ \boldsymbol{H}^{-}=\boldsymbol{\eta}\\ \boldsymbol{p}^{-}(\boldsymbol{W})=\boldsymbol{\sigma}(\boldsymbol{W})\end{cases} \tag{4.5.20}$$

为了表述简洁，省略$\boldsymbol{W}$，将介质张量$\boldsymbol{\Psi}^{\pm}(\boldsymbol{W})$简记为$\boldsymbol{\Psi}^{\pm}$，将感应张量$\boldsymbol{p}^{\pm}(\boldsymbol{W})$简记为$\boldsymbol{p}^{\pm}$，即

$$\boldsymbol{\Psi}^{\pm}=\boldsymbol{H}^{\pm}\pm\boldsymbol{p}^{\pm} \tag{4.5.21}$$

例 4.3　KDP(KH_2PO_4)是单轴晶体，两个折射率为

$$n_o=1.507,\quad n_e=1.467$$

主轴坐标系Crd_{123}中，假设物理场的作用下，KDP 晶体出现了如下的感应张量$\boldsymbol{\delta}_{123}$

$$\boldsymbol{\delta}_{123}=\begin{bmatrix}1&0&4\\0&2&0\\4&0&3\end{bmatrix}\times10^{-5}$$

试验证介电张量$\boldsymbol{\mathcal{E}}_{123}$、逆介电张量$\boldsymbol{N}_{123}$是否满足逆同构条件。

解：根据关系$n=\sqrt{\varepsilon}$，得到

$$\varepsilon_o=2.271049,\quad \varepsilon_e=2.152089$$

这样，介电张量$\boldsymbol{\mathcal{E}}_{123}$为

$$\boldsymbol{\mathcal{E}}_{123}=\begin{bmatrix}2.272049&0&0\\0&2.271049&0\\0&0&2.152089\end{bmatrix}+\begin{bmatrix}1&0&4\\0&2&0\\4&0&3\end{bmatrix}\times10^{-5}$$

由于

$$\boldsymbol{\eta}_{123}=\boldsymbol{\varepsilon}_{r123}^{-1}=\begin{bmatrix}0.440325&0&0\\0&0.440325&0\\0&0&0.464664\end{bmatrix}$$

且

$$\boldsymbol{\sigma}_{123}=\boldsymbol{\eta}_{123}\boldsymbol{\delta}_{123}\boldsymbol{\eta}_{123}=\begin{bmatrix}0.193886&0&0.818412\\0&0.387772&0\\0.818412&0&0.647737\end{bmatrix}\times10^{-5}$$

于是

$$
\begin{aligned}
\boldsymbol{N}_{123} &= \boldsymbol{\eta}_{123} - \boldsymbol{\sigma}_{123} \\
&= \begin{bmatrix} 0.440325 & 0 & 0 \\ 0 & 0.440325 & 0 \\ 0 & 0 & 0.464664 \end{bmatrix} - \begin{bmatrix} 0.193886 & 0 & 0.818412 \\ 0 & 0.387772 & 0 \\ 0.818412 & 0 & 0.647737 \end{bmatrix} \times 10^{-5}
\end{aligned}
$$

显然，$\boldsymbol{N}_{123}$与$\boldsymbol{\mathcal{E}}_{123}$的结构相同，满足逆同构条件。

4.6 小　　结

物理场引起的张量是感应张量。感应张量是微张量。介质张量是固有张量和感应张量的叠加。

“微小”的感应张量依附“强大”的固有张量，形成了微栖张量。感应张量具有微小性、依附性。

微栖张量包括实对称和共轭转置对称两种，都属于厄米对称张量。

感应张量微小，固有张量主导微栖张量的逆运算。

对角分量占优、轴间耦合微弱的介质张量是微耦张量。经坐标变换，微栖张量总可转化为微耦张量：主轴坐标系Crd_{123}中是空间微耦张量，截面坐标系Crd_{abc}和光轴坐标系Crd_{oe}中是截面微耦张量。

微耦张量及其逆张量结构相同，具有逆同构属性，因此，微耦张量及其逆张量镜像对偶。

镜像对偶是重要的对偶概念。微耦张量及其逆张量的镜像对偶特性来自感应张量的微小性，是光学效应对偶统一理论的介质张量基础。

第 5 章　光 波 模 型

波动光学[14]形成于 18 世纪，主要代表人物是杨(Thomas Young)和菲涅耳(A. J. Fresnel)[15]。在波动光学中，光波用电场强度或电位移矢量刻画，遵从麦克斯韦方程组描述的电磁场基本秩序。麦克斯韦(James Clerk Maxwell)列写的方程组不仅揭示了大自然的电磁基本秩序，而且形式对仗、简洁，被誉为世界上最美的数学公式之一。

有两种光传输模式：电位移矢量主导的波法线传输模式、电场强度主导的光线传输模式。两种传输模式作用对等，镜像对偶。

属于单色平面波的偏振光是感知光学效应的光波手段。基于麦克斯韦方程组，本章论述单色平面波模型，构建法矢量公式，形成关于光学介质的法矢量方程。法矢量方程是光学效应对偶统一理论的光波模型。

5.1　传 输 模 式

光波是电磁波，用电场矢量刻画，包括电场强度矢量 $\boldsymbol{E}$ 和电位移矢量 $\boldsymbol{D}$。各向同性介质的光传输，电场强度矢量 $\boldsymbol{E}$ 和电位移矢量 $\boldsymbol{D}$ 同向，差异是数值，可视作等价；各向异性介质的非光轴传输，两个电场矢量的方向不同，不再等价。如此，导致了平面波的两种光传输模式：电位移矢量 $\boldsymbol{D}$ 主导的波法线模式、电场强度 $\boldsymbol{E}$ 主导的光线模式。

1. 波法线模式

该模式从波法线传输的角度审视光波。

相互正交的电位移矢量 $\boldsymbol{D}$ 和磁场强度 $\boldsymbol{H}$ 构成了 $\boldsymbol{S}$ 平面，即

$$\boldsymbol{S} = \boldsymbol{D} \times \boldsymbol{H} \tag{5.1.1}$$

波法线 $\boldsymbol{s}$ 是 $\boldsymbol{S}$ 平面的法线，就是

$$\boldsymbol{s} = \frac{\boldsymbol{S}}{|\boldsymbol{S}|} \tag{5.1.2}$$

其中，$|\boldsymbol{S}|$ 是 $\boldsymbol{S}$ 的模。

波矢 $\boldsymbol{k}$ 定义为

$$\boldsymbol{k} = \frac{\omega n}{c}\boldsymbol{s} = \frac{\omega}{v}\boldsymbol{s} \tag{5.1.3}$$

因此，波法线 $\boldsymbol{s}$ 与波矢 $\boldsymbol{k}$ 同向。式中，ω 是光波的角频率，n 是介质的折射率，c 是光速，v 是光波在介质中的传输速度。

2. 光线模式

该模式从光线传输的角度审视光波。

相互正交的电场强度 $\boldsymbol{E}$ 和磁场强度 $\boldsymbol{H}$ 构成了 $\boldsymbol{T}$ 平面

$$\boldsymbol{T}=\boldsymbol{E}\times\boldsymbol{H} \tag{5.1.4}$$

光线 $\boldsymbol{t}$ 是 $\boldsymbol{T}$ 平面的法线，就是

$$\boldsymbol{t}=\frac{\boldsymbol{T}}{|\boldsymbol{T}|} \tag{5.1.5}$$

其中，$|\boldsymbol{T}|$ 是 $\boldsymbol{T}$ 的模。

如果光波沿光轴，或在各向同性介质中传输，电位移矢量 $\boldsymbol{D}$ 和电场强度 $\boldsymbol{E}$ 方向一致，$\boldsymbol{S}$ 平面与 $\boldsymbol{T}$ 平面重合，波法线模式、光线模式合二为一。

矢量 $\boldsymbol{T}$ 称为坡印亭(Poynting)矢量，矢量 $\boldsymbol{S}$ 却无此礼遇。人们似乎更偏爱电场强度 $\boldsymbol{E}$，称为光矢量。也许因为光线 $\boldsymbol{t}$ 是光能量之线，可见光情形时人们的眼睛可直接看到。波法线永伴光线，虽然肉眼看不见。看得见、看不见都是客观存在的。电位移矢量 $\boldsymbol{D}$、电场强度 $\boldsymbol{E}$ 始终是平等和对等的。现在只是本章的开始，就看到了这种平等和对等：两个不同的光传输方向，波法线 $\boldsymbol{s}$ 和光线 $\boldsymbol{t}$，电位移矢量 $\boldsymbol{D}$、电场强度 $\boldsymbol{E}$ 各领其一。

5.2 麦克斯韦方程组

5.2.1 哈密顿算符

哈密顿算符 ∇ 是微分运算的矢量表述，用以刻画微分型麦克斯韦方程组。以下针对单色平面波讨论哈密顿算符 ∇。

将两种电场矢量，即电位移矢量 $\boldsymbol{D}$ 和电场强度 $\boldsymbol{E}$，统一表达为 $\boldsymbol{X}$，就是

$$\boldsymbol{X}=X_\alpha\boldsymbol{i}+X_\beta\boldsymbol{j}+X_\gamma\boldsymbol{k},\quad \boldsymbol{X}\forall\{\boldsymbol{E},\boldsymbol{D}\} \tag{5.2.1}$$

由附录A知道，平面波情形时，电场矢量的复数形式为

$$\boldsymbol{X}=|\boldsymbol{X}|\exp\mathrm{j}(\omega t-\boldsymbol{k}\cdot\boldsymbol{r}+\varphi_0)$$

其中，ω 是单一频率；$\boldsymbol{k}$ 是波矢；$\boldsymbol{r}$ 是位矢；φ_0 是初相位；j是虚数符号。

在任意空间直角坐标系 $\mathrm{Crd}_{\alpha\beta\gamma}$ 中，电场矢量的分量为

$$X_i=|X_i|\exp\mathrm{j}(\omega t-\boldsymbol{k}\cdot\boldsymbol{r}+\varphi_{0i}),\quad i=\alpha,\beta,\gamma \tag{5.2.2}$$

设 $\boldsymbol{i},\boldsymbol{j},\boldsymbol{k}$ 是相互正交的单位矢量，表示坐标系 $\mathrm{Crd}_{\alpha\beta\gamma}$ 的三个坐标轴方位。**哈密顿算符** ∇ 定义为

$$\nabla=\frac{\partial}{\partial x_\alpha}\boldsymbol{i}+\frac{\partial}{\partial x_\beta}\boldsymbol{j}+\frac{\partial}{\partial x_\gamma}\boldsymbol{k} \tag{5.2.3}$$

命题 5.1(哈密顿算符命题) 对单色平面波，在波法线 $\boldsymbol{s}$ 与位矢 $\boldsymbol{r}$ 反向的约定条件下，哈密顿算符 ∇ 为

$$\nabla = \mathrm{j}\frac{\omega n}{c}\boldsymbol{s} \tag{5.2.4}$$

即哈密顿算符 ∇ 与波法线 $\boldsymbol{s}$ 正交。

证明：在微分型麦克斯韦方程组中，哈密顿算符 ∇ 用以表示电场矢量 $\boldsymbol{X}$ 的标量积和矢量积，就是

$$\begin{cases}\nabla\cdot\boldsymbol{X} = \mathrm{j}\dfrac{\omega n}{c}\boldsymbol{s}\cdot\boldsymbol{X}\\ \nabla\times\boldsymbol{X} = \mathrm{j}\dfrac{\omega n}{c}\boldsymbol{s}\times\boldsymbol{X}\end{cases} \tag{5.2.5}$$

首先证明矢量积。由于

$$\nabla\times\boldsymbol{X} = \left(\frac{\partial X_\gamma}{\partial x_\beta} - \frac{\partial X_\beta}{\partial x_\alpha}\right)\boldsymbol{i} + \left(\frac{\partial X_\alpha}{\partial x_\gamma} - \frac{\partial X_\gamma}{\partial x_\alpha}\right)\boldsymbol{j} + \left(\frac{\partial X_\beta}{\partial x_\alpha} - \frac{\partial X_\alpha}{\partial x_\beta}\right)\boldsymbol{k}$$

根据式(5.2.2)的分量表达式，得到

$$\frac{\partial X_i}{\partial x_k} = -\mathrm{j}\frac{\partial(\boldsymbol{k}\cdot\boldsymbol{r})}{\partial x_k}X_i,\quad i,k=\alpha,\beta,\gamma$$

再考虑式(5.1.3)的波矢，有

$$\frac{\partial X_i}{\partial x_k} = -\mathrm{j}\frac{\omega n}{c}\frac{\partial(\boldsymbol{s}\cdot\boldsymbol{r})}{\partial x_k}X_i,\quad i,k=\alpha,\beta,\gamma$$

而 $\boldsymbol{r} = \begin{bmatrix}x_\alpha & x_\beta & x_\gamma\end{bmatrix}^{\mathrm{T}}$。由于约定波法线 $\boldsymbol{s}$ 与位矢 $\boldsymbol{r}$ 反向，因此

$$\boldsymbol{s}\cdot\boldsymbol{r} = -\left(s_\alpha x_\alpha + s_\beta x_\beta + s_\gamma x_\gamma\right) = -\sum_{k=1}^{3}s_k x_k$$

于是

$$\frac{\partial X_i}{\partial x_k} = \mathrm{j}\frac{\omega n}{c}\left(\frac{\partial}{\partial x_k}\sum_{k=1}^{3}s_k x_k\right)X_i = \mathrm{j}\frac{\omega n}{c}s_k X_i,\quad i,k=\alpha,\beta,\gamma \tag{5.2.6}$$

故

$$\nabla\times\boldsymbol{X} = \mathrm{j}\frac{\omega n}{c}\left(\left(s_\beta X_\gamma - s_\gamma X_\beta\right)\boldsymbol{i} + \left(s_\gamma X_\alpha - s_\alpha X_\gamma\right)\boldsymbol{j} + \left(s_\alpha X_\beta - s_\beta X_\alpha\right)\boldsymbol{k}\right)$$

注意到，波法线 $\boldsymbol{s}$ 与电场矢量 $\boldsymbol{X}$ 的矢量积为

$$\boldsymbol{s}\times\boldsymbol{X} = \left(s_\beta X_\gamma - s_\gamma X_\beta\right)\boldsymbol{i} + \left(s_\gamma X_\alpha - s_\alpha X_\gamma\right)\boldsymbol{j} + \left(s_\alpha X_\beta - s_\beta X_\alpha\right)\boldsymbol{k}$$

从而

$$\nabla\times\boldsymbol{X} = \mathrm{j}\frac{\omega n}{c}\boldsymbol{s}\times\boldsymbol{X}$$

再来证明标量积。由于

$$\nabla\cdot\boldsymbol{X} = \frac{\partial X_\alpha}{\partial x_\alpha} + \frac{\partial X_\beta}{\partial x_\beta} + \frac{\partial X_\gamma}{\partial x_\gamma}$$

考虑式(5.2.6)，得到

$$\nabla\cdot\boldsymbol{X}=\mathrm{j}\frac{\omega n}{c}\left(s_\alpha X_\alpha+s_\beta X_\beta+s_\gamma X_\gamma\right)=\mathrm{j}\frac{\omega n}{c}\boldsymbol{s}\cdot\boldsymbol{X}$$

综上，命题成立。

证毕

5.2.2 对偶麦克斯韦方程组

以下论述这样的事实：单色平面波时，麦克斯韦方程组可表达为波法线、光线两种形式，且互通、对偶。

命题 5.2(波法线麦克斯韦方程命题) 设 $\boldsymbol{J}$ 为电流密度矢量，ρ 为电荷密度。如果

$$\begin{cases}\boldsymbol{J}=0\\ \rho=0\end{cases}\tag{5.2.7}$$

那么单色平面波麦克斯韦方程组可简化为如下的波法线形式

$$\begin{cases}\boldsymbol{s}\times\boldsymbol{E}=\dfrac{1}{\varepsilon_0 nc}\boldsymbol{H}\\ \boldsymbol{s}\times\boldsymbol{H}=-\dfrac{c}{n}\boldsymbol{D}\end{cases}\tag{5.2.8}$$

证明：根据附录 A，微分型麦克斯韦方程组的四个方程为

$$\begin{cases}\nabla\times\boldsymbol{E}=-\dfrac{\partial\boldsymbol{B}}{\partial t}\\ \nabla\times\boldsymbol{H}=\boldsymbol{J}+\dfrac{\partial\boldsymbol{D}}{\partial t}\\ \nabla\cdot\boldsymbol{D}=\rho\\ \nabla\cdot\boldsymbol{B}=0\end{cases}$$

先考虑麦克斯韦方程组的前两个方程。

电位移矢量 $\boldsymbol{D}$、磁场强度 $\boldsymbol{H}$ 仅通过时谐因子 $\exp(-\mathrm{j}\omega t)$ 与时间 t 关联，因此

$$\begin{cases}\dfrac{\partial\boldsymbol{B}}{\partial t}=-\mathrm{j}\omega\boldsymbol{B}\\ \dfrac{\partial\boldsymbol{D}}{\partial t}=-\mathrm{j}\omega\boldsymbol{D}\end{cases}$$

根据哈密顿算符命题

$$\begin{cases}\nabla\times\boldsymbol{E}=\mathrm{j}\dfrac{\omega n}{c}\boldsymbol{s}\times\boldsymbol{E}\\ \nabla\times\boldsymbol{H}=\mathrm{j}\dfrac{\omega n}{c}\boldsymbol{s}\times\boldsymbol{H}\end{cases}$$

并考虑 $\boldsymbol{J}=0$，得到

$$\begin{cases}\boldsymbol{s}\times\boldsymbol{E}=\dfrac{c}{n}\boldsymbol{B}=\dfrac{\mu c}{n}\boldsymbol{H}\\ \boldsymbol{s}\times\boldsymbol{H}=-\dfrac{c}{n}\boldsymbol{D}\end{cases}$$

由于

$$\frac{1}{\mu c^2} \approx \frac{1}{\mu_0 c^2} = \varepsilon_0$$

因此

$$\begin{cases} \boldsymbol{s} \times \boldsymbol{E} = \dfrac{1}{\varepsilon_0 nc} \boldsymbol{H} \\ \boldsymbol{s} \times \boldsymbol{H} = -\dfrac{c}{n} \boldsymbol{D} \end{cases}$$

这就是式(5.2.8)，表明磁场强度 $\boldsymbol{H}$ 与波法线 $\boldsymbol{s}$ 正交，电位移矢量 $\boldsymbol{D}$ 也与波法线 $\boldsymbol{s}$ 正交。

再考虑麦克斯韦方程组的后两个方程。

由于 $\rho=0$，所以 $\nabla \cdot \boldsymbol{D}=0$；由于 $\nabla \cdot \boldsymbol{B}=0$，所以 $\nabla \cdot \boldsymbol{H}=0$。再次根据哈密顿算符命题，有

$$\begin{cases} \nabla \cdot \boldsymbol{D} = \mathrm{j}\dfrac{\omega n}{c} \boldsymbol{s} \cdot \boldsymbol{D} = 0 \\ \nabla \cdot \boldsymbol{H} = \mathrm{j}\dfrac{\omega n}{c} \boldsymbol{s} \cdot \boldsymbol{H} = 0 \end{cases}$$

即

$$\begin{cases} \boldsymbol{s} \cdot \boldsymbol{D} = 0 \\ \boldsymbol{s} \cdot \boldsymbol{H} = 0 \end{cases}$$

这两个式子，第一个即电位移矢量 $\boldsymbol{D}$ 与波法线 $\boldsymbol{s}$ 正交，后一个即磁场强度 $\boldsymbol{H}$ 与波法线 $\boldsymbol{s}$ 正交。式(5.2.8)的两个矢量积已描述了这样的事实，再说多余，可弃掉。

证毕

命题 5.3(光线麦克斯韦方程命题)　在式(5.2.7)约定下，单色平面波的麦克斯韦方程组可表达为如下的光线形式：

$$\begin{cases} \boldsymbol{t} \times \boldsymbol{D} = \dfrac{n_t}{c} \boldsymbol{H} \\ \boldsymbol{t} \times \boldsymbol{H} = -c\varepsilon_0 n_t \boldsymbol{E} \end{cases} \tag{5.2.9}$$

其中，n_t 是关于光线的折射率，即

$$n_t = n\cos\alpha \tag{5.2.10}$$

这里，α 为光线 $\boldsymbol{t}$ 、波法线 $\boldsymbol{s}$ 间的夹角，就是

$$\cos\alpha = \boldsymbol{t} \cdot \boldsymbol{s} \tag{5.2.11}$$

证明：对式(5.2.8)第一式实施矢量积运算

$$\boldsymbol{t} \times \boldsymbol{s} \times \boldsymbol{E} = \frac{1}{\varepsilon_0 nc} \boldsymbol{t} \times \boldsymbol{H}$$

利用矢量积恒等式

$$\boldsymbol{a} \times \boldsymbol{b} \times \boldsymbol{c} = (\boldsymbol{a} \cdot \boldsymbol{c})\boldsymbol{b} - (\boldsymbol{a} \cdot \boldsymbol{b})\boldsymbol{c} \tag{5.2.12}$$

得到

$$(\boldsymbol{t}\cdot\boldsymbol{E})\boldsymbol{s}-(\boldsymbol{t}\cdot\boldsymbol{s})\boldsymbol{E}=\frac{1}{\varepsilon_0 nc}\boldsymbol{t}\times\boldsymbol{H}$$

电场强度 $\boldsymbol{E}$ 与光线 $\boldsymbol{t}$ 垂直，$\boldsymbol{t}\cdot\boldsymbol{E}=0$，考虑式(5.2.11)，有

$$-\cos\alpha\boldsymbol{E}=\frac{1}{\varepsilon_0 nc}\boldsymbol{t}\times\boldsymbol{H}$$

即

$$\boldsymbol{t}\times\boldsymbol{H}=-\varepsilon_0 nc\cos\alpha\boldsymbol{E}=-\varepsilon_0 cn_t\boldsymbol{E}$$

此乃式(5.2.9)第二式。

对式(5.2.8)第二式实施矢量积运算

$$\boldsymbol{t}\times\boldsymbol{s}\times\boldsymbol{H}=-\frac{c}{n}\boldsymbol{t}\times\boldsymbol{D}$$

根据式(5.2.12)的矢量积恒等式，得到

$$(\boldsymbol{t}\cdot\boldsymbol{H})\boldsymbol{s}-(\boldsymbol{t}\cdot\boldsymbol{s})\boldsymbol{H}=-\frac{c}{n}\boldsymbol{t}\times\boldsymbol{D}$$

磁场强度 $\boldsymbol{H}$ 和光线 $\boldsymbol{t}$ 垂直，$\boldsymbol{t}\cdot\boldsymbol{H}=0$，再次考虑式(5.2.11)，有

$$\cos\alpha\boldsymbol{H}=\frac{c}{n}\boldsymbol{t}\times\boldsymbol{D}$$

就是

$$\boldsymbol{t}\times\boldsymbol{D}=\frac{n_t}{c}\boldsymbol{H}$$

此乃式(5.2.9)的第一式。

证毕

本章有意基于波法线麦克斯韦方程命题证明光线麦克斯韦方程命题，目的是表明这两种麦克斯韦方程是可相互转换的。

命题 5.4(波法线、光线夹角命题)　波法线 $\boldsymbol{s}$ 与光线 $\boldsymbol{t}$ 的夹角等于电位移矢量 $\boldsymbol{D}$ 与电场强度 $\boldsymbol{E}$ 的夹角，即

$$\alpha(\boldsymbol{s},\boldsymbol{t})=\alpha(\boldsymbol{D},\boldsymbol{E})=\alpha \tag{5.2.13}$$

证明：由式(5.2.8)第二式、式(5.2.9)第二式，得到

$$\begin{cases}\boldsymbol{D}=-\dfrac{n}{c}\boldsymbol{s}\times\boldsymbol{H}\\[2ex]\boldsymbol{E}=-\dfrac{1}{c\varepsilon_0 n_t}\boldsymbol{t}\times\boldsymbol{H}\end{cases}$$

因此

$$\boldsymbol{D}\cdot\boldsymbol{E}=\frac{n}{c^2\varepsilon_0 n_t}(\boldsymbol{s}\times\boldsymbol{H})\cdot(\boldsymbol{t}\times\boldsymbol{H})$$

根据矢量运算法则，有

$$(\boldsymbol{s}\times\boldsymbol{H})\cdot(\boldsymbol{t}\times\boldsymbol{H})=(\boldsymbol{s}\cdot\boldsymbol{t})(\boldsymbol{H}\cdot\boldsymbol{H})-(\boldsymbol{H}\cdot\boldsymbol{t})(\boldsymbol{s}\cdot\boldsymbol{H})$$

磁场强度 $\boldsymbol{H}$ 与 $\boldsymbol{s}$ 、$\boldsymbol{t}$ 正交，因此

$$(\boldsymbol{H}\cdot\boldsymbol{t})(\boldsymbol{s}\cdot\boldsymbol{H})=0$$

从而

$$(\boldsymbol{s}\times\boldsymbol{H})\cdot(\boldsymbol{t}\times\boldsymbol{H})=|\boldsymbol{H}|^2\,\boldsymbol{s}\cdot\boldsymbol{t}$$

其中，$|\boldsymbol{H}|$ 是 $\boldsymbol{H}$ 的模。故

$$\boldsymbol{D}\cdot\boldsymbol{E}=\frac{n}{c^2\varepsilon_0 n_t}|\boldsymbol{H}|^2\,\boldsymbol{s}\cdot\boldsymbol{t}$$

所以

$$\alpha(\boldsymbol{s},\boldsymbol{t})=\alpha(\boldsymbol{D},\boldsymbol{E})$$

证毕

命题 5.2 和命题 5.3 分别描述单色平面波的波法线形式、光线形式，两者对偶。命题 5.4 给出了波法线、光线的夹角关系，将波法线和光线两种形式联系了起来。

以下的讨论表明，各向同性介质时，麦克斯韦方程组的波法线、光线形式完全一致、合二为一。

单色平面波在各向同性介质传输时，电位移矢量 $\boldsymbol{D}$ 与电场强度 $\boldsymbol{E}$ 方向一致，数值不同，即

$$\boldsymbol{D}=\varepsilon_0 n^2\boldsymbol{E}$$

因此，电位移矢量 $\boldsymbol{D}$ 与电场强度 $\boldsymbol{E}$ 的夹角 $\alpha(\boldsymbol{D},\boldsymbol{E})$ 为零，就是

$$n_t=n\cos\alpha=n$$

这样，波法线麦克斯韦方程为

$$\begin{cases}\boldsymbol{s}\times\boldsymbol{E}=\dfrac{1}{\varepsilon_0 nc}\boldsymbol{H}\\ \boldsymbol{s}\times\boldsymbol{H}=-\varepsilon_0 nc\boldsymbol{E}\end{cases}\Leftrightarrow\begin{cases}\boldsymbol{s}\times\boldsymbol{D}=\dfrac{n}{c}\boldsymbol{H}\\ \boldsymbol{s}\times\boldsymbol{H}=-\dfrac{c}{n}\boldsymbol{D}\end{cases}\tag{5.2.14}$$

光线麦克斯韦方程为

$$\begin{cases}\boldsymbol{t}\times\boldsymbol{E}=\dfrac{1}{\varepsilon_0 nc}\boldsymbol{H}\\ \boldsymbol{t}\times\boldsymbol{H}=-\varepsilon_0 nc\boldsymbol{E}\end{cases}\Leftrightarrow\begin{cases}\boldsymbol{t}\times\boldsymbol{D}=\dfrac{n}{c}\boldsymbol{H}\\ \boldsymbol{t}\times\boldsymbol{H}=-\dfrac{c}{n}\boldsymbol{D}\end{cases}\tag{5.2.15}$$

上述两式表明，波法线 $\boldsymbol{s}$ 和光线 $\boldsymbol{t}$ 完全等价，即 $\boldsymbol{s}=\boldsymbol{t}$ 。

5.2.3　统一麦克斯韦方程组

波法线、光线形式的麦克斯韦方程组形式对偶，定然存在统一表达形式。记

$$\tilde{\boldsymbol{D}}=\varepsilon_0\boldsymbol{E}\tag{5.2.16}$$

很明显，$\tilde{\boldsymbol{D}}$ 是与电场强度 $\boldsymbol{E}$ 同向的电位移矢量。于是，麦克斯韦方程组的波法线、光线形式可分别变换为

$$\begin{cases} \boldsymbol{s}\times\tilde{\boldsymbol{D}}=\dfrac{1}{cn}\boldsymbol{H} \\ \boldsymbol{s}\times\boldsymbol{H}=-\dfrac{c}{n}\boldsymbol{D} \end{cases} \tag{5.2.17}$$

$$\begin{cases} \boldsymbol{t}\times\boldsymbol{D}=\dfrac{n_t}{c}\boldsymbol{H} \\ \boldsymbol{t}\times\boldsymbol{H}=-cn_t\tilde{\boldsymbol{D}} \end{cases} \tag{5.2.18}$$

波法线 $\boldsymbol{s}$ 、光线 $\boldsymbol{t}$ 统称为光波的法矢量，记为 $\boldsymbol{m}\left(\boldsymbol{m}=\boldsymbol{s},\boldsymbol{t}\right)$ 。将两种光传输模式的折射率统一记为

$$\lambda_m \Leftrightarrow \begin{cases} \lambda_s=n^{-2} \\ \lambda_t=n_t^2 \end{cases} \tag{5.2.19}$$

将电场矢量统一记为

$$\boldsymbol{X}_m^{\pm}\left(m=s,t\right) \Leftrightarrow \begin{cases} \boldsymbol{X}_s^+=\boldsymbol{D}, & \boldsymbol{X}_s^-=\tilde{\boldsymbol{D}} \\ \boldsymbol{X}_t^+=\tilde{\boldsymbol{D}}, & \boldsymbol{X}_t^-=\boldsymbol{D} \end{cases} \tag{5.2.20}$$

这样，单色平面波麦克斯韦方程组的波法线、光线两种形式可概括为如下的统一模型

$$\begin{cases} \boldsymbol{m}\times\boldsymbol{X}_m^-=\dfrac{\sqrt{\lambda_m}}{c}\boldsymbol{H} \\ \boldsymbol{m}\times\boldsymbol{H}=-c\sqrt{\lambda_m}\boldsymbol{X}_m^+ \end{cases} \tag{5.2.21}$$

5.2.4　方位关系

单色平面波的波法线、光线形式确定了电场矢量、磁场矢量、法矢量之间的方位关系，如图 5.1 所示，具体如下。

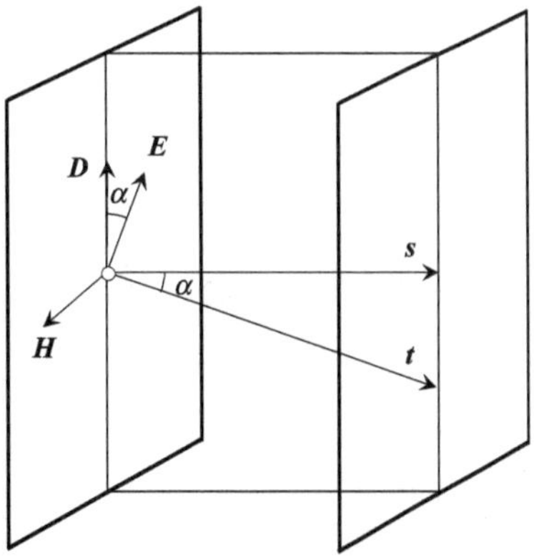

图 5.1　电场强度、电位移矢量、磁场强度和法矢量的方位关系

(1) 正交性：统一模型的第二式表明，磁场矢量 $\boldsymbol{H}$ 与电场矢量 $\boldsymbol{X}_m^+$ 正交，即与电场强度 $\boldsymbol{E}$ 、电位移矢量 $\boldsymbol{D}$ 正交。

(2) 横波性：统一模型的第一式表明，磁场矢量 $\boldsymbol{H}$ 与法矢量 $\boldsymbol{m}$ 正交；第二式表明，电场矢量 $\boldsymbol{X}_m^+$ 与相应的法矢量 $\boldsymbol{m}$ 正交(电位移矢量 $\boldsymbol{D}$ 与波法线 $\boldsymbol{s}$ 正交，电场强度 $\boldsymbol{E}$ 与光线 $\boldsymbol{t}$ 正交)；因此，法矢量 $\boldsymbol{m}$ 、电场矢量 $\boldsymbol{X}_m^+$ 以及磁场矢量 $\boldsymbol{H}$ 构成了相互正交关系，表明单色平面波是横波。

(3) 共面性：由于电场矢量 $\boldsymbol{X}_m^+$ 与磁场矢量 $\boldsymbol{H}$ 相互垂直，因此电场强度 $\boldsymbol{E}$ 、电位移矢量 $\boldsymbol{D}$ 共面；由于法矢量 $\boldsymbol{m}$ 与磁场矢量 $\boldsymbol{H}$ 正交，因此法矢量 $\boldsymbol{s}$ 、 $\boldsymbol{t}$ 共面。

5.3　法矢量公式

观察式(5.2.21)的单色平面波麦克斯韦方程组统一模型，两个公式除 $\boldsymbol{X}_m^+$、$\boldsymbol{X}_m^-$ 两个矢量不同外，其他因素共同拥有。由此断定两式可以合并，结果是法矢量公式。

命题 5.5(法矢量公式命题)　单色平面波的统一麦克斯韦方程组可简化为如下的**法矢量公式**

$$\lambda_m \boldsymbol{X}_m^+ = \boldsymbol{X}_m^- - \left(\boldsymbol{m}\cdot\boldsymbol{X}_m^-\right)\boldsymbol{m} \tag{5.3.1}$$

证明：将统一麦克斯韦方程组的第一式变形为

$$\boldsymbol{H} = \frac{c}{\sqrt{\lambda_m}}\boldsymbol{m}\times\boldsymbol{X}_m^-$$

代入第二式，有

$$\lambda_m \boldsymbol{X}_m^+ = -\boldsymbol{m}\times\boldsymbol{m}\times\boldsymbol{X}_m^-$$

利用式(5.2.12)的矢量积恒等式，得到

$$\boldsymbol{m}\times\boldsymbol{m}\times\boldsymbol{X}_m^- = \left(\boldsymbol{m}\cdot\boldsymbol{X}_m^-\right)\boldsymbol{m} - \left(\boldsymbol{m}\cdot\boldsymbol{m}\right)\boldsymbol{X}_m^- = \left(\boldsymbol{m}\cdot\boldsymbol{X}_m^-\right)\boldsymbol{m} - \boldsymbol{X}_m^-$$

于是

$$\lambda_m \boldsymbol{X}_m^+ = \boldsymbol{X}_m^- - \left(\boldsymbol{m}\cdot\boldsymbol{X}_m^-\right)\boldsymbol{m}$$

证毕

波法线传输模式时，$\boldsymbol{m}=\boldsymbol{s}$。根据式(5.2.19)和式(5.2.20)的对应关系，式(5.3.1)的法矢量公式被具体化为如下的**波法线公式**

$$\boldsymbol{D} = n^2\left(\tilde{\boldsymbol{D}} - \left(\boldsymbol{s}\cdot\tilde{\boldsymbol{D}}\right)\boldsymbol{s}\right) \tag{5.3.2}$$

即

$$\boldsymbol{D} = \varepsilon_0 n^2\left(\boldsymbol{E} - \left(\boldsymbol{s}\cdot\boldsymbol{E}\right)\boldsymbol{s}\right) \tag{5.3.3}$$

光线传输模式时，$\boldsymbol{m}=\boldsymbol{t}$。法矢量公式被具体化为如下的**光线公式**

$$\tilde{\boldsymbol{D}} = \frac{1}{n_t^2}\left(\boldsymbol{D} - \left(\boldsymbol{t}\cdot\boldsymbol{D}\right)\boldsymbol{t}\right) \tag{5.3.4}$$

即

$$\boldsymbol{E} = \frac{1}{\varepsilon_0 n_t^2}\left(\boldsymbol{D} - \left(\boldsymbol{t}\cdot\boldsymbol{D}\right)\boldsymbol{t}\right) \tag{5.3.5}$$

波法线和光线公式，数学逻辑一致，表明电位移矢量 $\boldsymbol{D}$ 和电场强度 $\boldsymbol{E}$ 平等、对等，镜像对偶。

推论 5.1　若 $\boldsymbol{s}=\boldsymbol{t}$，各向同性介质时，法矢量公式简化为一个，就是

$$\boldsymbol{D} = \varepsilon_0 n^2 \boldsymbol{E} \tag{5.3.6}$$

证明：因为 $\boldsymbol{s}=\boldsymbol{t}$，所以

$$\boldsymbol{s}\cdot\boldsymbol{E}=\boldsymbol{t}\cdot\boldsymbol{D}=0$$

且 $n_t=n$，这样

$$\boldsymbol{D}=\varepsilon_0 n^2\left(\boldsymbol{E}-\left(\boldsymbol{s}\cdot\boldsymbol{E}\right)\boldsymbol{s}\right)=\varepsilon_0 n^2\boldsymbol{E}$$

$$\boldsymbol{E}=\frac{1}{\varepsilon_0 n_t^2}\left(\boldsymbol{D}-\left(\boldsymbol{t}\cdot\boldsymbol{D}\right)\boldsymbol{t}\right)=\frac{1}{\varepsilon_0 n^2}\boldsymbol{D}$$

显然，两个表达一致。

证毕

5.4　法矢量方程及其形式

法矢量公式是个二元公式，既包含矢量 $\boldsymbol{X}_m^+$，又包含矢量 $\boldsymbol{X}_m^-$。若能简化为一元方程就更好了，法矢量方程正是这样的一元方程。

5.4.1　介质方程

由第 4 章知道，符号 $\boldsymbol{\varPsi}_m^{\pm}$ 表示物理场作用时的介质张量，波法线、光线两种传输模式时分别为

$$\begin{cases}\boldsymbol{\varPsi}_s^+=\boldsymbol{\mathcal{E}}, & \boldsymbol{\varPsi}_s^-=\boldsymbol{N}\\ \boldsymbol{\varPsi}_t^+=\boldsymbol{N}, & \boldsymbol{\varPsi}_t^-=\boldsymbol{\mathcal{E}}\end{cases}\tag{5.4.1}$$

其中，$\boldsymbol{\mathcal{E}}$、$\boldsymbol{N}$ 分别是物理场作用时的相对介电张量、相对逆介电张量。

注意到电位移矢量 $\boldsymbol{D}$ 和电场强度 $\boldsymbol{E}$ 之间满足关系

$$\boldsymbol{D}=\varepsilon_0\boldsymbol{\mathcal{E}}\boldsymbol{E}=\boldsymbol{\mathcal{E}}\tilde{\boldsymbol{D}}\tag{5.4.2}$$

于是，单色平面波的介质方程为

$$\boldsymbol{X}_m^{\pm}=\boldsymbol{\varPsi}_m^{\pm}\boldsymbol{X}_m^{\mp}\tag{5.4.3}$$

其中，$\boldsymbol{X}_m^{\pm}$ 的含义同式(5.2.20)。

5.4.2　法矢量方程

在任意空间直角坐标系 $\mathrm{Crd}_{\alpha\beta\gamma}$ 中，法矢量 $\boldsymbol{m}$ 为

$$\boldsymbol{m}\in\mathbb{R}^{3\times1}=\begin{bmatrix}m_\alpha & m_\beta & m_\gamma\end{bmatrix}^{\mathrm{T}}\tag{5.4.4}$$

其中

$$m_\alpha^2+m_\beta^2+m_\gamma^2=1\tag{5.4.5}$$

定义关于法矢量 $\boldsymbol{m}$ 的方位矩阵

$$\boldsymbol{M}_m\in\mathbb{R}^{3\times3}=\boldsymbol{m}^{\mathrm{T}}\boldsymbol{m}=\begin{bmatrix}m_\alpha^2 & m_\alpha m_\beta & m_\alpha m_\gamma\\ m_\alpha m_\beta & m_\beta^2 & m_\beta m_\gamma\\ m_\alpha m_\gamma & m_\beta m_\gamma & m_\gamma^2\end{bmatrix},\quad m=s,t\tag{5.4.6}$$

具体地，法矢量 $\boldsymbol{m}$ 为波法线 $\boldsymbol{s}$ 时的方位矩阵为

$$\boldsymbol{M}_s = \boldsymbol{s}^{\mathrm{T}}\boldsymbol{s} = \begin{bmatrix} s_\alpha^2 & s_\alpha s_\beta & s_\alpha s_\gamma \\ s_\alpha s_\beta & s_\beta^2 & s_\beta s_\gamma \\ s_\alpha s_\gamma & s_\beta s_\gamma & s_\gamma^2 \end{bmatrix} \tag{5.4.7}$$

法矢量$\boldsymbol{m}$为光线$\boldsymbol{t}$时的方位矩阵为

$$\boldsymbol{M}_t = \boldsymbol{t}^{\mathrm{T}}\boldsymbol{t} = \begin{bmatrix} t_\alpha^2 & t_\alpha t_\beta & t_\alpha t_\gamma \\ t_\alpha t_\beta & t_\beta^2 & t_\beta t_\gamma \\ t_\alpha t_\gamma & t_\beta t_\gamma & t_\gamma^2 \end{bmatrix} \tag{5.4.8}$$

由于

$$\boldsymbol{m} \cdot \boldsymbol{X}_m^- = \sum_{i=\alpha,\beta,\gamma} m_i X_i^-$$

因此

$$\left(\boldsymbol{m} \cdot \boldsymbol{X}_m^-\right)\boldsymbol{m} = \sum_{i=\alpha,\beta,\gamma} m_i X_i^- \begin{bmatrix} m_\alpha \\ m_\beta \\ m_\gamma \end{bmatrix}$$

即

$$\left(\boldsymbol{m} \cdot \boldsymbol{X}_m^-\right)\boldsymbol{m} = \begin{bmatrix} m_\alpha^2 & m_\alpha m_\beta & m_\alpha m_\gamma \\ m_\alpha m_\beta & m_\beta^2 & m_\beta m_\gamma \\ m_\alpha m_\gamma & m_\beta m_\gamma & m_\gamma^2 \end{bmatrix} \begin{bmatrix} X_{m\alpha}^- \\ X_{m\beta}^- \\ X_{m\gamma}^- \end{bmatrix}$$

所以

$$\left(\boldsymbol{m} \cdot \boldsymbol{X}_m^-\right)\boldsymbol{m} = \boldsymbol{M}_m \boldsymbol{X}_m^- \tag{5.4.9}$$

这样，式(5.3.1)的法矢量公式，即

$$\lambda_m \boldsymbol{X}_m^+ = \boldsymbol{X}_m^- - \left(\boldsymbol{m} \cdot \boldsymbol{X}_m^-\right)\boldsymbol{m}$$

变形为

$$\lambda_m \boldsymbol{X}_m^+ = \left(\boldsymbol{I} - \boldsymbol{M}_m\right)\boldsymbol{X}_m^-$$

将式(5.4.3)的介质方程代入上式，得到**法矢量方程**

$$\left(\lambda_m \boldsymbol{I} - \left(\boldsymbol{I} - \boldsymbol{M}_m\right)\boldsymbol{\Psi}_m^-\right)\boldsymbol{X}_m^+ = 0 \tag{5.4.10}$$

定义**传输张量**

$$\boldsymbol{\Omega}_m = \left(\boldsymbol{I} - \boldsymbol{M}_m\right)\boldsymbol{\Psi}_m^- \tag{5.4.11}$$

于是，法矢量方程简化为

$$\left(\lambda_m \boldsymbol{I} - \boldsymbol{\Omega}_m\right)\boldsymbol{X}_m^+ = 0 \tag{5.4.12}$$

显然，λ_m是传输张量$\boldsymbol{\Omega}_m$的**本征值**。

传输张量$\boldsymbol{\Omega}_m$是介质张量和法矢量共同形成的张量，刻画了传输方向，也刻画了传输方向上的介质属性。

由于

$$\boldsymbol{\Psi}_m^- = \begin{bmatrix} \Psi_{m\alpha}^- & \Psi_{mk}^- & \Psi_{mj}^- \\ \Psi_{mk}^- & \Psi_{m\beta}^- & \Psi_{mi}^- \\ \Psi_{mj}^- & \Psi_{mi}^- & \Psi_{m\gamma}^- \end{bmatrix} \tag{5.4.13}$$

因此，传输张量的形式为

$$\boldsymbol{\Omega}_m = \begin{bmatrix} 1-m_\alpha^2 & -m_\alpha m_\beta & -m_\alpha m_\gamma \\ -m_\alpha m_\beta & 1-m_\beta^2 & -m_\beta m_\gamma \\ -m_\alpha m_\gamma & -m_\beta m_\gamma & 1-m_\gamma^2 \end{bmatrix} \begin{bmatrix} \Psi_{m\alpha}^- & \Psi_{mk}^- & \Psi_{mj}^- \\ \Psi_{mk}^- & \Psi_{m\beta}^- & \Psi_{mi}^- \\ \Psi_{mj}^- & \Psi_{mi}^- & \Psi_{m\gamma}^- \end{bmatrix} \tag{5.4.14}$$

命题 5.6(传输张量命题)　传输张量 $\boldsymbol{\Omega}_m$ 是奇异张量。

证明：传输张量 $\boldsymbol{\Omega}_m$ 的行列式为

$$\det\left(\boldsymbol{\Omega}_m\right) = \det\left(\boldsymbol{I} - \boldsymbol{M}_m\right)\det\boldsymbol{\Psi}_m^-$$

由于

$$\det\left(\boldsymbol{I} - \boldsymbol{M}_m\right) = 1 - \left(m_\alpha^2 + m_\beta^2 + m_\gamma^2\right)$$

而

$$m_\alpha^2 + m_\beta^2 + m_\gamma^2 = 1$$

故 $\det\left(\boldsymbol{I} - \boldsymbol{M}_m\right) = 0$，因此

$$\det\left(\boldsymbol{\Omega}_m\right) = 0$$

即传输张量 $\boldsymbol{\Omega}_m$ 奇异。

证毕

本命题表明，法矢量方程是存有冗余的方程。

5.4.3　具体形式

波法线传输模式时，法矢量方程具体化为**波法线方程**。考虑式(5.2.19)和式(5.2.20)，波法线方程为

$$\left(\frac{1}{n^2}\boldsymbol{I} - \boldsymbol{\Omega}_s\right)\boldsymbol{D} = 0 \tag{5.4.15}$$

其中

$$\boldsymbol{\Omega}_s = \left(\boldsymbol{I} - \boldsymbol{M}_s\right)\boldsymbol{N} \tag{5.4.16}$$

波法线方程的具体形式为

$$\begin{bmatrix} \frac{1}{n^2} - \left(1 - s_\alpha^2\right)N_\alpha & s_\alpha s_\beta N_k & s_\alpha s_\gamma \hat{N}_j \\ s_\alpha s_\beta \hat{N}_k & \frac{1}{n^2} - \left(1 - s_\beta^2\right)N_\beta & s_\beta s_\gamma N_i \\ s_\alpha s_\gamma N_j & s_\beta s_\gamma \hat{N}_i & \frac{1}{n^2} - \left(1 - s_\gamma^2\right)N_\gamma \end{bmatrix} \begin{bmatrix} D_\alpha \\ D_\beta \\ D_\gamma \end{bmatrix} = 0 \tag{5.4.17}$$

其中

$$s_\alpha^2 + s_\beta^2 + s_\gamma^2 = 1 \tag{5.4.18}$$

光线传输模式时，法矢量方程称为**光线方程**，即

$$\left(n_t^2 \boldsymbol{I} - \boldsymbol{\Omega}_t\right)\boldsymbol{E} = 0 \tag{5.4.19}$$

其中

$$\boldsymbol{\Omega}_t = \left(\boldsymbol{I} - \boldsymbol{M}_t\right)\boldsymbol{\Psi}_{s\alpha\beta}^- = \boldsymbol{N}_{\alpha\beta} \tag{5.4.20}$$

具体地，光线方程为

$$\begin{bmatrix} n_t^2 - \left(1 - t_\alpha^2\right)\mathcal{E}_\alpha & t_\alpha t_\beta \mathcal{E}_k & t_\alpha t_\gamma \hat{\mathcal{E}}_j \\ t_\alpha t_\beta \hat{\mathcal{E}}_k & n_t^2 - \left(1 - t_\beta^2\right)\mathcal{E}_\beta & t_\beta t_\gamma \mathcal{E}_i \\ t_\alpha t_\gamma \mathcal{E}_j & t_\beta t_\gamma \hat{\mathcal{E}}_i & n_t^2 - \left(1 - t_\gamma^2\right)N_\gamma \end{bmatrix} \begin{bmatrix} E_\alpha \\ E_\beta \\ E_\gamma \end{bmatrix} = 0 \tag{5.4.21}$$

其中

$$t_\alpha^2 + t_\beta^2 + t_\gamma^2 = 1 \tag{5.4.22}$$

5.4.4　各向同性介质情形

将波法线方程变形为

$$\left(\frac{1}{n^2}\boldsymbol{I} - \boldsymbol{\Omega}_s\right)\boldsymbol{D} = \left(\frac{1}{n^2}\boldsymbol{I} - \left(\boldsymbol{I} - \boldsymbol{M}_s\right)\boldsymbol{N}\right)\boldsymbol{D} = 0$$

即

$$\left(\frac{1}{n^2}\boldsymbol{I} - \boldsymbol{N}\right)\boldsymbol{D} + \boldsymbol{M}_s \boldsymbol{E} = 0$$

各向同性介质时，波法线 $\boldsymbol{s}$ 、电场强度 $\boldsymbol{E}$ 相互正交，即 $\boldsymbol{s} \cdot \boldsymbol{E} = 0$ 。因此，根据式(5.4.9)得到

$$\boldsymbol{M}_s \boldsymbol{E} = \left(\boldsymbol{s} \cdot \boldsymbol{E}\right)\boldsymbol{s} = 0$$

这样

$$\left(\frac{1}{n^2}\boldsymbol{I} - \boldsymbol{N}\right)\boldsymbol{D} = 0$$

等价为

$$\left(n^2 \boldsymbol{I} - \boldsymbol{\mathcal{E}}\right)\boldsymbol{E} = 0 \tag{5.4.23}$$

对偶地，由光线方程可以得到

$$\left(n_t^2 \boldsymbol{I} - \boldsymbol{\mathcal{E}}\right)\boldsymbol{E} + \boldsymbol{M}_t \boldsymbol{D} = 0$$

各向同性介质时

$$\boldsymbol{M}_t \boldsymbol{D} = \left(\boldsymbol{t} \cdot \boldsymbol{D}\right)\boldsymbol{t} = 0$$

并且 $n_t = n$，于是

$$\left(n^2\boldsymbol{I}-\boldsymbol{\mathcal{E}}\right)\boldsymbol{E}=0$$

此为式(5.4.23)。

综上，各向同性介质(包括各向异性介质光轴传输)时，波法线方程与光线方程合二为一。

5.5　菲涅耳公式

在波动光学中，有关于反射和折射的菲涅耳公式；还有关于介质光传输的菲涅耳公式。后者是法矢量公式之特例。

菲涅耳公式不考虑物理场作用，是针对固有张量 $\boldsymbol{H}_m^{\pm}$ 的。此时，$\boldsymbol{\Psi}_m^{\pm}=\boldsymbol{H}_m^{\pm}$。

令

$$n_m^{-2}=\lambda_m$$

这样，式(5.3.1)的法矢量公式变形为

$$\boldsymbol{X}_m^{-}-n_m^{-2}\boldsymbol{X}_m^{+}=\boldsymbol{m}\left(\boldsymbol{m}\cdot\boldsymbol{X}_m^{-}\right)$$

由于

$$\boldsymbol{X}_m^{-}=\boldsymbol{\Psi}_m^{-}\boldsymbol{X}_m^{+}=\boldsymbol{H}_m^{-}\boldsymbol{X}_m^{+}$$

因此

$$\left(\boldsymbol{H}_m^{-}-n_m^{-2}\boldsymbol{I}\right)\boldsymbol{X}_m^{+}=\boldsymbol{m}\left(\boldsymbol{m}\cdot\boldsymbol{X}_m^{-}\right)$$

在主轴坐标系 Crd_{123} 中

$$\boldsymbol{H}_m^{-}=\mathrm{diag}\left(H_{m1}^{-},H_{m2}^{-},H_{m3}^{-}\right)$$

于是

$$\boldsymbol{X}_m^{+}=\mathrm{diag}\left(\frac{1}{H_{m1}^{-}-n_m^{-2}},\frac{1}{H_{m2}^{-}-n_m^{-2}},\frac{1}{H_{m3}^{-}-n_m^{-2}}\right)\boldsymbol{m}\left(\boldsymbol{m}\cdot\boldsymbol{X}_m^{-}\right)$$

即

$$\boldsymbol{X}_m^{+}=\left(\boldsymbol{m}\cdot\boldsymbol{X}_m^{-}\right)\boldsymbol{z}$$

其中

$$\boldsymbol{z}=\begin{bmatrix}\dfrac{m_1}{H_{m1}^{-}-n_m^{-2}}\\ \dfrac{m_2}{H_{m2}^{-}-n_m^{-2}}\\ \dfrac{m_3}{H_{m3}^{-}-n_m^{-2}}\end{bmatrix}$$

这样

$$\boldsymbol{X}_m^+ \cdot \boldsymbol{m} = \left(\boldsymbol{m} \cdot \boldsymbol{X}_m^-\right)\left(\boldsymbol{z} \cdot \boldsymbol{m}\right) = \left(\boldsymbol{m} \cdot \boldsymbol{X}_m^-\right)\sum_{i=1}^{3}\frac{m_i^2}{H_{mi}^- - n_m^2}$$

注意到 $\boldsymbol{X}_m^+ \cdot \boldsymbol{m} = 0$，因此

$$\left(\boldsymbol{m} \cdot \boldsymbol{X}_m^-\right)\sum_{i=1}^{3}\frac{m_i^2}{H_{mi}^- - n_m^{-2}} = 0$$

各向同性介质，$\boldsymbol{X}_m^+ \cdot \boldsymbol{m} = 0$ 与 $\boldsymbol{m} \cdot \boldsymbol{X}_m^- = 0$ 等价(如 $\boldsymbol{D} \cdot \boldsymbol{s} = 0$ 时 $\boldsymbol{s} \cdot \boldsymbol{E} = 0$)，各向异性介质，$\boldsymbol{X}_m^+ \cdot \boldsymbol{m} = 0$ 不意味着 $\boldsymbol{m} \cdot \boldsymbol{X}_m^- = 0$ (如 $\boldsymbol{D} \cdot \boldsymbol{s} = 0$ 时 $\boldsymbol{s} \cdot \boldsymbol{E} \neq 0$)。因此，上式恒定成立，只有

$$\sum_{i=1}^{3}\frac{m_i^2}{H_{mi}^- - n_m^{-2}} = 0 \tag{5.5.1}$$

这就是关于法矢量的**菲涅耳公式**。

光的传输模式不同，菲涅耳公式的形式不同。

波法线传输时

$$H_{si}^- = \frac{1}{\varepsilon_i}, \quad m_i^2 = s_i^2, \quad n_m^{-2} = \frac{1}{n^2}$$

得到关于波法线的菲涅耳公式

$$\sum_{i=1}^{3}\frac{s_i^2}{\dfrac{1}{\varepsilon_i} - \dfrac{1}{n^2}} = 0 \tag{5.5.2}$$

光线传输时

$$H_{ti}^- = \varepsilon_i, \quad m_i^2 = t_i^2, \quad n_m^{-2} = n_t^2$$

得到关于光线的菲涅耳公式

$$\sum_{i=1}^{3}\frac{t_i^2}{\varepsilon_i - n_t^2} = 0 \tag{5.5.3}$$

5.6 小　　结

麦克斯韦方程是波动光学的基础，自然也是介质光学效应理论的基石。本章建立了单色平面波在介质中传输的对偶统一模型，要点有以下三个。

(1) 单色平面波，麦克斯韦方程有波法线、光线两种对偶形式。

(2) 单色平面波麦克斯韦方程的两个公式合二为一为法矢量公式。

(3) 将对偶的电场矢量合二为一，得到单一电场矢量形式的法矢量方程。

法矢量方程是冗余方程。具体形式是波法线方程和光线方程。法矢量方程是构建本征方程(第 6 章)的基础。

菲涅耳公式是法矢量公式的特例和变相。

第6章　本征方程

穿越介质的光波在与法矢量(波法线、光线)正交的介质截面上振动。明晰光波穿越介质的光学效应机理，须清楚光波在介质截面上所发生的事情。第3～5章分别论述了介质张量以及描述光波的电场矢量，本章将两者结合起来，论述光波通过介质截面的数学模型：本征方程。

本征方程嵌含着关于介质截面的两个本征量：刻画光波振动模式的本征矢量和刻画折射率的本征值；前者由感应角决定，后者与感应双折射等价。感应角和感应双折射表达物理场对介质作用的结果，是重要的光学效应物理量。

“本征”的数学名称是“特征”，汉语相异，英文相同(eigen)。本征方程、本征值和本征向量分别对应矩阵理论的特征方程、特征值和特征向量。尊重物理学习惯，本书沿袭“本征”这个称谓。

6.1　本征方程及其形式

第5章的法矢量方程刻画了单色平面波的两种对偶传输模式：波法线模式和光线模式。虽然完备，却不精炼。电磁波是横波，电场矢量振动于平面，此二维物理本性预示着三维的法矢量方程存有冗余。冗余，矩阵语言是奇异。离别奇异，必须降阶。降阶后的法矢量方程即介质截面的本征方程。

6.1.1　传输张量的秩

命题5.6证明了传输张量 $\boldsymbol{\Omega}_m$ 的奇异性，表明传输张量 $\boldsymbol{\Omega}_m$ 冗余。下面的命题明确传输张量 $\boldsymbol{\Omega}_m$ 的秩。

命题6.1(传输张量命题)　传输张量 $\boldsymbol{\Omega}_m$ 的秩为2，即

$$\operatorname{rank}\left(\boldsymbol{\Omega}_m\right)=2 \tag{6.1.1}$$

证明：在任意直角坐标系 $\mathrm{Crd}_{\alpha\beta\gamma}$ 中，方位矩阵 $\boldsymbol{M}_m$ 的特征值方程为

$$\lambda^3-\left(m_\alpha^2+m_\beta^2+m_\gamma^2\right)\lambda^2=0$$

其中，m_α、m_β、m_γ 是法矢量 $\boldsymbol{m}$ 的3个分量；λ 是方位矩阵 $\boldsymbol{M}_m$ 的特征值。

由于

$$m_\alpha^2+m_\beta^2+m_\gamma^2=1$$

因此

$$\lambda^2\left(\lambda-1\right)=0$$

故方位矩阵 $\boldsymbol{M}_m$ 的三个特征值是0,0,1；所以矩阵 $\boldsymbol{I}-\boldsymbol{M}_m$ 的三个特征值为1,1,0。表明

$$\operatorname{rank}(\boldsymbol{I}-\boldsymbol{M}_m)=2$$

考虑传输张量 $\boldsymbol{\Omega}_m$ 的关系

$$\boldsymbol{\Omega}_m\boldsymbol{\Psi}_m^+=\boldsymbol{I}-\boldsymbol{M}_m$$

得到

$$\operatorname{rank}(\boldsymbol{\Omega}_m\boldsymbol{\Psi}_m^+)=\operatorname{rank}(\boldsymbol{I}-\boldsymbol{M}_m)=2$$

由矩阵理论[16]知道，矩阵 $\boldsymbol{A}$ 与可逆矩阵乘积的秩等于矩阵 $\boldsymbol{A}$ 的秩。张量 $\boldsymbol{\Psi}_m^+$ 满秩可逆，即 $\operatorname{rank}(\boldsymbol{\Psi}_m^+)=3$。因此

$$\operatorname{rank}(\boldsymbol{\Omega}_m)=\operatorname{rank}(\boldsymbol{I}-\boldsymbol{M}_m)=2$$

命题成立。

证毕

6.1.2 法矢量本征方程

传输张量 $\boldsymbol{\Omega}_m$ 的秩为 2，说明法矢量方程，即

$$(\lambda_m\boldsymbol{I}-\boldsymbol{\Omega}_m)\boldsymbol{X}_m^+=0 \tag{6.1.2}$$

存在冗余，必须裁剪。

不失一般性，设法矢量 $\boldsymbol{m}$ 沿直角坐标系 $\mathrm{Crd}_{\alpha\beta\gamma}$ 的 γ 轴，这样

$$\boldsymbol{m}=[0\quad 0\quad 1]^{\mathrm{T}}$$

于是

$$\boldsymbol{M}_m=\boldsymbol{m}^{\mathrm{T}}\boldsymbol{m}=\operatorname{diag}(0,0,1)$$

所以

$$\boldsymbol{I}-\boldsymbol{M}_m=\operatorname{diag}(1,1,0)$$

由于

$$\boldsymbol{\Psi}_m^-=\begin{bmatrix}\Psi_{m\alpha}^- & \Psi_{mk}^- & \Psi_{mj}^- \\ \Psi_{mk}^- & \Psi_{m\beta}^- & \Psi_{mi}^- \\ \Psi_{mj}^- & \Psi_{mi}^- & \Psi_{m\gamma}^-\end{bmatrix}$$

因此，根据关系

$$\boldsymbol{\Omega}_m=(\boldsymbol{I}-\boldsymbol{M}_m)\boldsymbol{\Psi}_m^-$$

得到

$$\boldsymbol{\Omega}_m=(\boldsymbol{I}-\boldsymbol{M}_m)\begin{bmatrix}\Psi_{m\alpha}^- & \Psi_{mk}^- & \Psi_{mj}^- \\ \Psi_{mk}^- & \Psi_{m\beta}^- & \Psi_{mi}^- \\ \Psi_{mj}^- & \Psi_{mi}^- & \Psi_{m\gamma}^-\end{bmatrix}=\begin{bmatrix}\Psi_{m\alpha}^- & \Psi_{mk}^- & \Psi_{mj}^- \\ \Psi_{mk}^- & \Psi_{m\beta}^- & \Psi_{mi}^- \\ 0 & 0 & 0\end{bmatrix}$$

如此，法矢量方程变形为

$$\begin{bmatrix} \lambda_m - \Psi^-_{m\alpha} & -\Psi^-_{mk} & -\Psi^-_{mj} \\ -\Psi^-_{mk} & \lambda_m - \Psi^-_{m\beta} & -\Psi^-_{mi} \\ 0 & 0 & \lambda_m \end{bmatrix} \begin{bmatrix} X^+_{m\alpha} \\ X^+_{m\beta} \\ X^+_{m\gamma} \end{bmatrix} = 0 \tag{6.1.3}$$

式(6.1.3)系数矩阵的第3行是多余的，剔除之。于是，关于$\alpha\beta$截面的**法矢量本征方程**为

$$\left(\lambda_m \boldsymbol{I} - \boldsymbol{\Psi}^-_{m\alpha\beta}\right)\boldsymbol{X}^+_{m\alpha\beta} = 0 \tag{6.1.4}$$

其中

$$\begin{cases} \boldsymbol{\Psi}^-_{m\alpha\beta} = \begin{bmatrix} \Psi^-_{m\alpha} & \Psi^-_{mk} \\ \hat{\Psi}^-_{mk} & \Psi^-_{m\beta} \end{bmatrix} \\ \boldsymbol{X}^+_{m\alpha\beta} = \begin{bmatrix} X^+_{m\alpha} \\ X^+_{m\beta} \end{bmatrix} \end{cases} \tag{6.1.5}$$

$\boldsymbol{\Psi}^-_{m\alpha\beta}$是截面微栖张量；$\boldsymbol{X}^+_{m\alpha\beta}$是$\alpha\beta$截面上的电场矢量。

$\boldsymbol{\Psi}^-_{m\alpha\beta}$非奇异，法矢量本征方程没有冗余。

由式(6.1.3)知道$X^+_{m\gamma}=0$，这陈述了横波性的光波事实，同时表明电场矢量在$\alpha\beta$平面振动。

利用关系

$$\boldsymbol{\Psi}^+_{m\alpha\beta} = \left(\boldsymbol{\Psi}^-_{m\alpha\beta}\right)^{-1}$$

将式(6.1.4)变形为

$$\left(\lambda_m \boldsymbol{\Psi}^+_{m\alpha\beta} - \boldsymbol{I}\right)\boldsymbol{\Psi}^-_{m\alpha\beta}\boldsymbol{X}^+_{m\alpha\beta} = 0$$

注意到

$$\boldsymbol{X}^-_{m\alpha\beta} = \boldsymbol{\Psi}^-_{m\alpha\beta}\boldsymbol{X}^+_{m\alpha\beta}$$

于是得到法矢量本征方程的另一种形式

$$\left(\lambda_m^{-1} \boldsymbol{I} - \boldsymbol{\Psi}^+_{m\alpha\beta}\right)\boldsymbol{X}^-_{m\alpha\beta} = 0 \tag{6.1.6}$$

其中

$$\begin{cases} \boldsymbol{\Psi}^+_{m\alpha\beta} = \begin{bmatrix} \Psi^+_{m\alpha} & \Psi^+_{mk} \\ \hat{\Psi}^+_{mk} & \Psi^+_{m\beta} \end{bmatrix} \\ \boldsymbol{X}^-_{m\alpha\beta} = \begin{bmatrix} X^-_{m\alpha} \\ X^-_{m\beta} \end{bmatrix} \end{cases} \tag{6.1.7}$$

式(6.1.6)和式(6.1.4)本质相同、形式对偶。式(6.1.4)称为法矢量本征方程的“+”形式，式(6.1.6)称为法矢量方程的“–”形式。

利用“+”和“–”两种形式的模型一致性，可得到法矢量本征方程的一般表达式，即

$$\left(\lambda_m^{\pm} \boldsymbol{I} - \boldsymbol{\Psi}^{\mp}_{m\alpha\beta}\right)\boldsymbol{X}^{\pm}_{m\alpha\beta} = 0 \tag{6.1.8}$$

法矢量本征方程刻画了以下本征量关系。

(1)截面张量$\boldsymbol{\Psi}^{\mp}_{m\alpha\beta}$：刻画与法矢量$\boldsymbol{m}$正交的介质截面的物理属性。

(2) 本征矢量 $\boldsymbol{X}_{m\alpha\beta}^{\pm}$：对应电场矢量，描述光波在截面上的振动模式。

(3) 本征值 $\lambda_m^{\pm}$：对应折射率，描述介质截面的光学效应。

6.1.3 微耦法矢量本征方程

式(6.1.8)的法矢量本征方程针对任意直角坐标系 $\text{Crd}_{\alpha\beta\gamma}$，介质张量 $\boldsymbol{\Psi}_{m\alpha\beta}^{\mp}$ 是截面微栖张量。选择截面坐标系 Crd_{abc}，截面固有张量轴间解耦，$\boldsymbol{\Psi}_{m\alpha\beta}^{\mp}$ 被简化为微耦张量 $\boldsymbol{\Phi}_{mab}^{\mp}$。这样，法矢量本征方程为

$$\left(\lambda_m^{\pm}\boldsymbol{I}-\boldsymbol{\Phi}_{mab}^{\mp}\right)\boldsymbol{X}_{mab}^{\pm}=0 \tag{6.1.9}$$

光轴坐标系 Crd_{oe} 是截面坐标系 Crd_{abc} 的特例，法矢量本征方程为

$$\left(\lambda_m^{\pm}\boldsymbol{I}-\boldsymbol{\Phi}_{mo}^{\mp}\right)\boldsymbol{X}_{mo}^{\pm}=0 \tag{6.1.10}$$

6.2 对偶本征方程

6.2.1 波法线本征方程

波法线传输时，$m=s$。依据式(5.2.19)和式(5.2.20)，有

$$\begin{cases}\boldsymbol{\Psi}_{s\alpha\beta}^{-}=\boldsymbol{N}_{\alpha\beta}, & \boldsymbol{\Psi}_{s\alpha\beta}^{+}=\boldsymbol{\mathcal{E}}_{\alpha\beta}\\ \boldsymbol{X}_{s\alpha\beta}^{+}=\boldsymbol{D}_{\alpha\beta}, & \boldsymbol{X}_{s\alpha\beta}^{-}=\tilde{\boldsymbol{D}}_{\alpha\beta}=\varepsilon_0\boldsymbol{E}\\ \lambda_s^{+}=n^{-2}, & \lambda_s^{-}=n^{2}\end{cases}$$

这样，得到波法线本征方程的 $\boldsymbol{D}$ 形式，即

$$\left(\frac{1}{n^2}\boldsymbol{I}-\boldsymbol{N}_{\alpha\beta}\right)\boldsymbol{D}_{\alpha\beta}=0 \tag{6.2.1}$$

其中

$$\begin{cases}\boldsymbol{N}_{\alpha\beta}=\begin{bmatrix}N_\alpha & N_k\\ \hat{N}_k & N_\beta\end{bmatrix}=\begin{bmatrix}\eta_\alpha & \eta_k\\ \eta_k & \eta_\beta\end{bmatrix}-\begin{bmatrix}\sigma_\alpha & \sigma_k\\ \hat{\sigma}_k & \sigma_\beta\end{bmatrix}\\ \boldsymbol{D}_{\alpha\beta}=\begin{bmatrix}D_\alpha\\ D_\beta\end{bmatrix}\end{cases} \tag{6.2.2}$$

同样，波法线本征方程的 $\boldsymbol{E}$ 形式为

$$\left(n^2\boldsymbol{I}-\boldsymbol{\mathcal{E}}_{\alpha\beta}\right)\boldsymbol{E}_{\alpha\beta}=0 \tag{6.2.3}$$

其中

$$\begin{cases}\boldsymbol{\mathcal{E}}_{\alpha\beta}=\begin{bmatrix}\mathcal{E}_\alpha & \mathcal{E}_k\\ \hat{\mathcal{E}}_k & \mathcal{E}_\beta\end{bmatrix}=\begin{bmatrix}\varepsilon_\alpha & \varepsilon_k\\ \varepsilon_k & \varepsilon_\beta\end{bmatrix}-\begin{bmatrix}\delta_\alpha & \delta_k\\ \hat{\delta}_k & \delta_\beta\end{bmatrix}\\ \boldsymbol{E}_{\alpha\beta}=\begin{bmatrix}E_\alpha\\ E_\beta\end{bmatrix}\end{cases} \tag{6.2.4}$$

式(6.2.1)的 $\boldsymbol{N}_{\alpha\beta}$ 、式(6.2.3)的 $\boldsymbol{\mathcal{E}}_{\alpha\beta}$ 都是截面微栖张量。选择截面坐标系 Crd_{abc} 或光轴坐标系 Crd_{oe} 可简化为截面微耦张量。以下给出截面坐标系 Crd_{abc} 的情况。光轴坐标系 Crd_{abc} 与之类似，此处不表。

在截面坐标系 Crd_{abc} 中，波法线本征方程的 $\boldsymbol{D}$ 形式为

$$\left(\frac{1}{n^2}\boldsymbol{I}-\boldsymbol{N}_{ab}\right)\boldsymbol{D}_{ab}=0 \tag{6.2.5}$$

其中

$$\begin{cases}\boldsymbol{N}_{ab}=\begin{bmatrix}N_a & N_w\\ \hat{N}_w & N_b\end{bmatrix}=\begin{bmatrix}\eta_a & 0\\ 0 & \eta_b\end{bmatrix}-\begin{bmatrix}\sigma_a & \sigma_w\\ \hat{\sigma}_w & \sigma_b\end{bmatrix}\\ \boldsymbol{D}_{ab}=\begin{bmatrix}D_a\\ D_b\end{bmatrix}\end{cases} \tag{6.2.6}$$

$\boldsymbol{E}$ 形式为

$$\left(n^2\boldsymbol{I}-\boldsymbol{\mathcal{E}}_{ab}\right)\boldsymbol{E}_{ab}=0 \tag{6.2.7}$$

其中

$$\begin{cases}\boldsymbol{\mathcal{E}}_{ab}=\begin{bmatrix}\mathcal{E}_a & \mathcal{E}_w\\ \hat{\mathcal{E}}_w & \mathcal{E}_b\end{bmatrix}=\begin{bmatrix}\varepsilon_a & 0\\ 0 & \varepsilon_b\end{bmatrix}-\begin{bmatrix}\delta_a & \delta_w\\ \hat{\delta}_w & \delta_b\end{bmatrix}\\ \boldsymbol{E}_{ab}=\begin{bmatrix}E_a\\ E_b\end{bmatrix}\end{cases} \tag{6.2.8}$$

6.2.2 光线本征方程

光线传输时，$m=t$，此时

$$\begin{cases}\boldsymbol{\varPsi}_{t\alpha\beta}^{-}=\boldsymbol{\mathcal{E}}_{\alpha\beta},\ \boldsymbol{\varPsi}_{t\alpha\beta}^{+}=\boldsymbol{N}_{\alpha\beta}\\ \boldsymbol{X}_{t\alpha\beta}^{+}=\tilde{\boldsymbol{D}}_{\alpha\beta}=\varepsilon_0\boldsymbol{E},\ \boldsymbol{X}_{t\alpha\beta}^{-}=\boldsymbol{D}_{\alpha\beta}\\ \lambda_t^{+}=n_t^2,\ \lambda_s^{-}=n_t^{-2}\end{cases}$$

这样，光线本征方程的 $\boldsymbol{E}$ 形式和 $\boldsymbol{D}$ 形式分别为

$$\left(n_t^2\boldsymbol{I}-\boldsymbol{\mathcal{E}}_{\alpha\beta}\right)\boldsymbol{E}_{\alpha\beta}=0 \tag{6.2.9}$$

$$\left(\frac{1}{n_t^2}\boldsymbol{I}-\boldsymbol{N}_{\alpha\beta}\right)\boldsymbol{D}_{\alpha\beta}=0 \tag{6.2.10}$$

其中，$\boldsymbol{\mathcal{E}}_{\alpha\beta}$ 和 $\boldsymbol{E}_{\alpha\beta}$ 同式(6.2.4)，$\boldsymbol{N}_{\alpha\beta}$ 和 $\boldsymbol{D}_{\alpha\beta}$ 同式(6.2.2)。

截面坐标系 Crd_{abc} 时，光线本征方程的 $\boldsymbol{E}$ 形式和 $\boldsymbol{D}$ 形式分别为

$$\left(n_t^2\boldsymbol{I}-\boldsymbol{\mathcal{E}}_{ab}\right)\boldsymbol{E}_{ab}=0 \tag{6.2.11}$$

$$\left(\frac{1}{n_t^2}\boldsymbol{I}-\boldsymbol{N}_{ab}\right)\boldsymbol{D}_{ab}=0 \tag{6.2.12}$$

其中，$\boldsymbol{\mathcal{E}}_{ab}$ 和 $\boldsymbol{E}_{ab}$ 同式(6.2.8)，$\boldsymbol{N}_{ab}$ 和 $\boldsymbol{D}_{ab}$ 同式(6.2.6)。

6.2.3　本征方程对偶体系

介质的光传输有两种对偶：

(1) 波法线、光线的法矢量对偶。

(2) 截面张量及其逆张量对偶。

两种对偶必然交叉，自然诞生本征方程的四元对偶体系。表 6.1 是截面坐标系 Crd_{abc} 时的本征方程对偶体系。

表 6.1　本征方程对偶体系

对偶张量 \ 对偶法矢量	波法线 $\boldsymbol{s}$	光线 $\boldsymbol{t}$
截面介电张量 $\boldsymbol{\mathcal{E}}_{ab}$	$\left(n^2\boldsymbol{I}-\boldsymbol{\mathcal{E}}_{ab}\right)\boldsymbol{E}_{ab}=0$	$\left(n_t^2\boldsymbol{I}-\boldsymbol{\mathcal{E}}_{ab}\right)\boldsymbol{E}_{ab}=0$
截面逆介电张量 $\boldsymbol{N}_{ab}$	$\left(\dfrac{1}{n^2}\boldsymbol{I}-\boldsymbol{N}_{ab}\right)\boldsymbol{D}_{ab}=0$	$\left(\dfrac{1}{n_t^2}\boldsymbol{I}-\boldsymbol{N}_{ab}\right)\boldsymbol{D}_{ab}=0$

光轴传输时，波法线与光线重合，法矢量对偶隐去，四元对偶蜕化为二元对偶：关于逆张量的 $\boldsymbol{D}$ 形式和关于张量的 $\boldsymbol{E}$ 形式。

非光轴传输会出现固有双折射，将淹没感应双折射。从应用的角度看，应该选择光轴传输。

6.2.4　电场矢量的完备性

波法线本征方程的 $\boldsymbol{D}$ 形式、$\boldsymbol{E}$ 形式互逆，本质相同。差异是 $\boldsymbol{D}$ 形式完备表达了电位移矢量 $\boldsymbol{D}$，$\boldsymbol{E}$ 形式描述了电场强度 $\boldsymbol{E}$ 在 $\boldsymbol{D}$ 振动面上的投影。这很自然，因为波法线传输在本质上属于电位移矢量 $\boldsymbol{D}$ 。

光线本征方程的 $\boldsymbol{E}$ 形式和 $\boldsymbol{D}$ 形式也是互逆关系。差异是 $\boldsymbol{E}$ 形式完备刻画了电场强度 $\boldsymbol{E}$，$\boldsymbol{D}$ 形式描述了电位移矢量 $\boldsymbol{D}$ 在 $\boldsymbol{E}$ 振动面上的投影。根由是光线传输由电场强度 $\boldsymbol{E}$ 主导。

光轴传输时，波法线与光线吻合，电位移矢量 $\boldsymbol{D}$ 和电场强度 $\boldsymbol{E}$ 的方位一致，差异是数值。此时，波法线本征方程与光线本征方程一致，都能完备表达电位移矢量 $\boldsymbol{D}$ 和电场强度 $\boldsymbol{E}$ 。

下面以波法线本征方程为例进行具体的分析。

在任意坐标系 $\mathrm{Crd}_{\alpha\beta\gamma}$ 中，波法线传输时，电位移矢量 $\boldsymbol{D}$ 与 γ 轴正交，$D_\gamma=0$，于是

$$D_\alpha^2+D_\beta^2+D_\gamma^2=D_\alpha^2+D_\beta^2=\left|\boldsymbol{D}_{\alpha\beta}\right|^2=\left|\boldsymbol{D}\right|^2$$

即处于 $\alpha\beta$ 平面的电位移矢量分量 $\boldsymbol{D}_{\alpha\beta}$ 具有描述电位移矢量 $\boldsymbol{D}$ 的完备性。

$\boldsymbol{D}_{\alpha\beta}$ 完备刻画了电位移矢量 $\boldsymbol{D}$，自然使电场强度分量 $\boldsymbol{E}_{\alpha\beta}$ 丧失了完备刻画 $\boldsymbol{E}$ 的能力。由于

$$\begin{bmatrix} E_\alpha \\ E_\beta \\ E_\gamma \end{bmatrix} = \begin{bmatrix} N_\alpha & N_k & \hat{N}_j \\ \hat{N}_k & N_\beta & N_i \\ N_j & \hat{N}_i & N_\gamma \end{bmatrix} \begin{bmatrix} D_\alpha \\ D_\beta \\ 0 \end{bmatrix}$$

于是

$$\begin{cases} \boldsymbol{E}_{\alpha\beta} = \begin{bmatrix} N_\alpha & N_k \\ \hat{N}_k & N_\beta \end{bmatrix} \begin{bmatrix} D_\alpha \\ D_\beta \end{bmatrix} \\ E_\gamma = N_j D_\alpha + \hat{N}_i D_\beta \end{cases}$$

显然，$E_\gamma \neq 0$。因此，处于$\alpha\beta$平面的电场强度分量$\boldsymbol{E}_{\alpha\beta}$不能完整刻画电场强度$\boldsymbol{E}$。$\boldsymbol{E}_{\alpha\beta}$是准确的，却是不完备的，如图 6.1 所示。

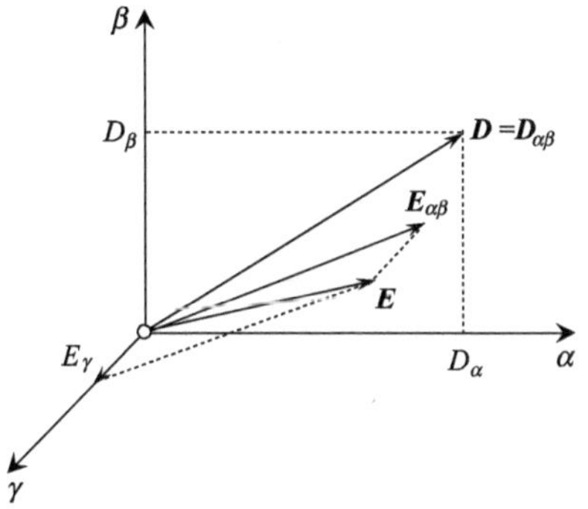

图 6.1 $\alpha\beta$ 平面上的 $\boldsymbol{D}$ 矢量和 $\boldsymbol{E}$ 矢量

综上，不同的本征方程属于不同的电场矢量，即

(1) 波法线传输时，本征方程属于电位移矢量$\boldsymbol{D}$，电场强度$\boldsymbol{E}_{\alpha\beta}$准确但不完备。

(2) 光线传输时，本征方程属于电场强度$\boldsymbol{E}$，电位移矢量$\boldsymbol{D}_{\alpha\beta}$准确但不完备。

(3) 光轴传输时，本征方程既属于电场强度$\boldsymbol{E}$也属于电位移矢量$\boldsymbol{D}$。

6.3 本征坐标系

本征坐标系是截面微耦张量对角化时的坐标系。以本征坐标系为题，以下推演截面微耦张量的本征值、本征矢量和本征矩阵。

本章采用波法线本征方程的$\boldsymbol{D}$形式和光线本征方程的$\boldsymbol{E}$形式。波法线本征方程的$\boldsymbol{E}$形式和光线本征方程的$\boldsymbol{D}$形式分别与它们对偶，不再重复。

6.3.1 波法线传输情形

1. 本征值

在截面ab上，波法线本征方程为

$$\left(\frac{1}{n}\boldsymbol{I}-\boldsymbol{N}_{ab}\right)\boldsymbol{D}_{ab}=0 \tag{6.3.1}$$

对应的本征值方程是

$$\det\left(\frac{1}{n}\boldsymbol{I}-\boldsymbol{N}_{ab}\right)=0 \tag{6.3.2}$$

即

$$\frac{1}{n^4}-\left(N_a+N_b\right)\frac{1}{n^2}+N_aN_b-N_w^2=0$$

将如下关系代入

$$\begin{cases}N_a=\eta_a-\sigma_a\\ N_b=\eta_b-\sigma_b\\ N_w=-k\sigma_w\end{cases}$$

解得本征值

$$\frac{1}{n^2}=\eta_\nabla-\sigma_\nabla\pm\sqrt{\left(\eta_\Delta-\sigma_\Delta\right)^2+\sigma_w^2} \tag{6.3.3}$$

其中，下标“∇”表示张量对角分量的**和均值**

$$\begin{cases}\eta_\nabla=\dfrac{\eta_a+\eta_b}{2}\\ \sigma_\nabla=\dfrac{\sigma_a+\sigma_b}{2}\end{cases} \tag{6.3.4}$$

下标“Δ”表示张量对角分量的**差均值**

$$\begin{cases}\eta_\Delta=\dfrac{\eta_a-\eta_b}{2}\\ \sigma_\Delta=\dfrac{\sigma_a-\sigma_b}{2}\end{cases} \tag{6.3.5}$$

2. 本征矩阵

将本征值代入本征方程，得

$$\begin{bmatrix}-\left(\eta_\Delta-\delta_\Delta\right)\pm\sqrt{\left(\eta_\Delta-\sigma_\Delta\right)^2+\sigma_w^2} & k\sigma_w\\ \hat{k}\sigma_w & \eta_\Delta-\sigma_\Delta\pm\sqrt{\left(\eta_\Delta-\sigma_\Delta\right)^2+\sigma_w^2}\end{bmatrix}\begin{bmatrix}D_a\\ D_b\end{bmatrix}=0 \tag{6.3.6}$$

定义波法线**感应角** α_s

$$\alpha_s=\arctan\frac{\sigma_w}{\eta_\Delta-\sigma_\Delta} \tag{6.3.7}$$

于是

$$\begin{cases}\sin\alpha_s=\dfrac{\sigma_w}{\sqrt{(\eta_\Delta-\sigma_\Delta)^2+\sigma_w^2}}\\ \cos\alpha_s=\dfrac{\eta_\Delta-\sigma_\Delta}{\sqrt{(\eta_\Delta-\sigma_\Delta)^2+\sigma_w^2}}\end{cases}$$

这样，式(6.3.6)简化为

$$\begin{bmatrix}-\cos\alpha_s\pm1 & k\delta_w\sin\alpha_s\\ \hat{k}\sin\alpha_s & \cos\alpha_s\pm1\end{bmatrix}\begin{bmatrix}D_a\\ D_b\end{bmatrix}=0$$

求解上式，得到两个归一化的**本征矢量**

$$\begin{bmatrix}D_a\\ D_b\end{bmatrix}^{(1)}=\begin{bmatrix}k\cos\dfrac{\alpha_s}{2}\\ \sin\dfrac{\alpha_s}{2}\end{bmatrix},\quad \begin{bmatrix}D_a\\ D_b\end{bmatrix}^{(2)}=\begin{bmatrix}-k\sin\dfrac{\alpha_s}{2}\\ \cos\dfrac{\alpha_s}{2}\end{bmatrix} \tag{6.3.8}$$

合并这两个本征矢量，得到波法线本征方程的**本征矩阵**

$$\boldsymbol{U}_s=\begin{bmatrix}k\cos\dfrac{\alpha_s}{2} & k\sin\dfrac{\alpha_s}{2}\\ -\sin\dfrac{\alpha_s}{2} & \cos\dfrac{\alpha_s}{2}\end{bmatrix} \tag{6.3.9}$$

6.3.2 光线传输情形

1. 本征值

在截面 ab 上，光线本征方程为

$$\left(n_t^2\boldsymbol{I}-\boldsymbol{\mathcal{E}}_{ab}\right)\boldsymbol{E}_{ab}=0 \tag{6.3.10}$$

对应的本征值方程是

$$\det\left(n_t^2\boldsymbol{I}-\boldsymbol{\mathcal{E}}_{ab}\right)=0 \tag{6.3.11}$$

由于与波法线情形雷同，因此略去演算过程，直接给出结果。

本征值为

$$n_t^2=\varepsilon_\nabla+\delta_\nabla\pm\sqrt{(\varepsilon_\Delta+\delta_\Delta)^2+\delta_w^2} \tag{6.3.12}$$

其中，ε_∇ 和 δ_∇ 是如下的和均值

$$\begin{cases}\varepsilon_\nabla=\dfrac{\varepsilon_a+\varepsilon_b}{2}\\ \delta_\nabla=\dfrac{\delta_a+\delta_b}{2}\end{cases} \tag{6.3.13}$$

ε_Δ 和 δ_Δ 是如下的差均值

$$\begin{cases}\varepsilon_\Delta = \dfrac{\varepsilon_a - \varepsilon_b}{2} \\ \delta_\Delta = \dfrac{\delta_a - \delta_b}{2}\end{cases} \tag{6.3.14}$$

2. 本征矩阵

由于与波法线情形雷同，也直接给出结果。

光线感应角 α_t 定义为

$$\alpha_t = \arctan\frac{\delta_w}{\varepsilon_\Delta + \delta_\Delta} \tag{6.3.15}$$

两个归一化的本征矢量为

$$\begin{bmatrix} E_a \\ E_b \end{bmatrix}^{(1)} = \begin{bmatrix} k\cos\dfrac{\alpha_t}{2} \\ \sin\dfrac{\alpha_t}{2} \end{bmatrix}, \quad \begin{bmatrix} E_a \\ E_b \end{bmatrix}^{(2)} = \begin{bmatrix} -k\sin\dfrac{\alpha_t}{2} \\ \cos\dfrac{\alpha_t}{2} \end{bmatrix} \tag{6.3.16}$$

本征矩阵为

$$\boldsymbol{U}_t = \begin{bmatrix} k\cos\dfrac{\alpha_t}{2} & -k\sin\dfrac{\alpha_t}{2} \\ \sin\dfrac{\alpha_t}{2} & \cos\dfrac{\alpha_t}{2} \end{bmatrix} \tag{6.3.17}$$

6.3.3 光轴传输情形

1. 光轴传输时的折射率

此时，逆介电张量的对角分量相等，即

$$\eta_a = \eta_b = \eta_o$$

波法线本征值简化为

$$\frac{1}{n^2} = \eta_o - \sigma_\nabla \pm \sqrt{\sigma_\Delta^2 + \sigma_w^2} \tag{6.3.18}$$

由于介电张量的对角分量相等，即

$$\varepsilon_a = \alpha_b = \alpha_o$$

光线本征值简化为

$$n_t^2 = \varepsilon_o + \delta_\nabla \pm \sqrt{\delta_\Delta^2 + \delta_w^2} \tag{6.3.19}$$

将式(6.3.18)改写为

$$n^2 = \frac{1}{\eta_o - \sigma_\nabla \pm \sqrt{\sigma_\Delta^2 + \sigma_w^2}} = \frac{1}{\eta_o\left(1 - \dfrac{1}{\eta_o}\left(\sigma_\nabla \mp \sqrt{\sigma_\Delta^2 + \sigma_w^2}\right)\right)}$$

η_o 是正常数，$\frac{1}{\eta_o}\left(\sigma_\nabla \mp \sqrt{\sigma_\Delta^2+\sigma_w^2}\right)$ 是微小数，因此

$$n^2 = \frac{1}{\eta_o} + \frac{1}{\eta_o^2}\left(\sigma_\nabla \mp \sqrt{\sigma_\Delta^2+\sigma_w^2}\right)$$

光轴传输时，电场强度 $\boldsymbol{E}$ 和电位移矢量 $\boldsymbol{D}$ 的振动面一致，波法线本征方程中的 $\boldsymbol{N}_{ab}$ 与光线本征方程中 $\boldsymbol{\varepsilon}_{ab}$ 的互逆，于是

$$\begin{cases} \eta_o = \dfrac{1}{\varepsilon_o} \\ \sigma_\Delta = \dfrac{1}{\varepsilon_o^2}\delta_\Delta, \quad \sigma_w = \dfrac{1}{\varepsilon_o^2}\delta_w \end{cases} \tag{6.3.20}$$

故

$$n^2 = \varepsilon_o + \delta_\nabla \pm \sqrt{\delta_\Delta^2+\delta_w^2} \tag{6.3.21}$$

此式与式(6.3.19)是一致的。即光轴传输时，波法线折射率与光线折射率相同，就是 $n = n_t$ 。

2. 光轴传输时的感应角

由于光轴传输，$\varepsilon_\Delta = 0$，$\eta_\Delta = 0$，于是

$$\begin{cases} \alpha_s = \arctan\dfrac{\sigma_w}{\sigma_\Delta} \\ \alpha_t = \arctan\dfrac{\delta_w}{\delta_\Delta} \end{cases}$$

将式(6.3.20)代入式(6.3.15)，有

$$\arctan\frac{\delta_w}{\delta_\Delta} = \arctan\frac{\sigma_w}{\sigma_\Delta}$$

故光线感应角 α_t 与波法线感应角 α_s 相同，即

$$\alpha_s = \alpha_t = \alpha \tag{6.3.22}$$

3. 光轴传输时的本征矩阵

考虑式(6.3.22)的关系，光轴传输时，关于波法线和光线的本征矩阵是一致的，即

$$\boldsymbol{U}_t = \boldsymbol{U}_s = \boldsymbol{U} = \begin{bmatrix} k\cos\dfrac{\alpha}{2} & -k\sin\dfrac{\alpha}{2} \\ \sin\dfrac{\alpha}{2} & \cos\dfrac{\alpha}{2} \end{bmatrix}$$

6.3.4 本征矩阵的特质

以光线传输为例讨论，波法线传输与之雷同。

首先，本征矩阵刻画电场矢量的振动模式。

如果 $k=1$，即微耦张量 $\boldsymbol{\varepsilon}_{ab}$ 定义于实数域，则

$$\begin{bmatrix} E_a \\ E_b \end{bmatrix}^{(1)} = \begin{bmatrix} \cos\dfrac{\alpha}{2} \\ \sin\dfrac{\alpha}{2} \end{bmatrix}, \quad \begin{bmatrix} E_a \\ E_b \end{bmatrix}^{(2)} = \begin{bmatrix} -\sin\dfrac{\alpha}{2} \\ \cos\dfrac{\alpha}{2} \end{bmatrix} \tag{6.3.23}$$

此时，两个本征矢量是相互正交的线偏振光，表明是线偏振光振动模式。

如果 $k = j$，即微耦张量 $\boldsymbol{\mathcal{E}}_{ab}$ 定义于复数域，则

$$\begin{bmatrix} E_a \\ E_b \end{bmatrix}^{(1)} = \begin{bmatrix} \mathrm{j}\cos\dfrac{\alpha}{2} \\ \sin\dfrac{\alpha}{2} \end{bmatrix}, \quad \begin{bmatrix} E_a \\ E_b \end{bmatrix}^{(2)} = \begin{bmatrix} -\mathrm{j}\sin\dfrac{\alpha}{2} \\ \cos\dfrac{\alpha}{2} \end{bmatrix} \tag{6.3.24}$$

此时，两个本征矢量刻画两个旋转相反、振动方向垂直的椭圆偏振光，两个本征矢量分别表征左旋和右旋椭圆偏振光。表明是椭圆偏振光振动模式。

其次，本征矩阵是酉矩阵，具备对角化坐标变换的功能。

容易验证，本征矩阵 $\boldsymbol{U}$ 是酉矩阵，即

$$\boldsymbol{U}\boldsymbol{U}^{\mathrm{H}} = \boldsymbol{I} \tag{6.3.25}$$

本征矩阵 $\boldsymbol{U}$ 即坐标变换矩阵，可实现微耦张量 $\boldsymbol{\mathcal{E}}_{ab}$ 的对角化。对角分量即本征值，就是

$$\boldsymbol{\Lambda} = \boldsymbol{U}^{\mathrm{H}}\boldsymbol{\mathcal{E}}_{ab}\boldsymbol{U} \tag{6.3.26}$$

其中，$\boldsymbol{\Lambda}$ 是两个本征值构成的对角矩阵。

6.3.5　本征坐标系的定义

截面微耦张量对角化对应的平面直角坐标系是截面本征坐标系，记作 Crd_{xyz}，即

$$\mathrm{Crd}_{xyz} = \left(\boldsymbol{\xi}_x, \boldsymbol{\xi}_y, \boldsymbol{\xi}_z\right) \tag{6.3.27}$$

其中，$\boldsymbol{\xi}_x, \boldsymbol{\xi}_y, \boldsymbol{\xi}_z$ 是三维线性空间 V^3 关于坐标系 Crd_{xyz} 的基。

本征坐标系的属性如下。

1. 感应角决定性

本征矩阵(本征矢量)依赖且仅依赖截面感应角 α 。截面感应角 α 来自截面感应张量。光轴传输时，有以下三种情况。

(1) $\alpha = 0°$，即 $\delta_w = 0$：本征坐标系 Crd_{xyz} 与光轴坐标系 Crd_{oe} 一致。

(2) $\alpha = \pm 90°$，即 $\delta_\Delta = 0$：本征坐标系 Crd_{xyz} 与光轴坐标系 Crd_{oe} 相差 $\pm 45°$ 。

(3) $\delta_w \neq 0$，$\delta_\Delta \neq 0$：本征坐标系 Crd_{xyz} 与光轴坐标系 Crd_{oe} 相差角度 $\dfrac{\alpha}{2}$ 。

2. 时间变化性

固有张量定常，截面坐标系 Crd_{abc}、光轴坐标系 Crd_{oe} 固定不变。

物理场往往时变，相应的感应张量分量随之时变，因此本征坐标系 Crd_{xyz} 往往时变，除非 $\alpha = 0°$ 或 $\alpha = \pm 90°$ 。

3. 空间变化性

固有张量均匀。

感应张量在整个光程上难以处处相同，往往不均匀。不均匀感应张量对应的本征坐标系 Crd_{xyz} 也许处处相同，也许不是。如果不是，本征坐标系 Crd_{xyz} 有关于位置的空间变化性。

本征坐标系 Crd_{xyz} 是截面感应张量对角化的产物。截面感应张量微小，感应角 α 却不一定微小，本征坐标系 Crd_{xyz} 与截面坐标系 Crd_{abc} 或光轴坐标系 Crd_{oe} 的夹角不一定微小。

6.4　折射率和双折射

6.4.1　光轴传输情形

光轴传输时，无所谓波法线和光线，折射率统一为式(6.3.21)，即

$$n^2 = \varepsilon_o + \delta_\nabla \pm \sqrt{\delta_\Delta^2 + \delta_w^2}$$

与 ε_o 相比，δ_∇ 甚小，可忽略。于是

$$n = \sqrt{\varepsilon_o \pm \sqrt{\delta_\Delta^2 + \delta_w^2}} = \sqrt{\varepsilon_o}\sqrt{1 \pm \frac{1}{\varepsilon_o}\sqrt{\delta_\Delta^2 + \delta_w^2}}$$

考虑关系 $n_o = \sqrt{\varepsilon_o}$，并基于微小数运算方法，得到两个折射率

$$n_\pm = n_o \pm \frac{1}{2n_o}\sqrt{\delta_\Delta^2 + \delta_w^2} \tag{6.4.1}$$

于是，双折射为

$$\Delta n = \frac{1}{n_o}\sqrt{\delta_\Delta^2 + \delta_w^2} \tag{6.4.2}$$

显然，上式的双折射与固有张量分量无关，是纯粹的感应双折射。

6.4.2　非光轴传输情形

非光轴传输时，电位移矢量 $\boldsymbol{D}$ 与电场强度 $\boldsymbol{E}$ 的振动面不同，光线折射率 n_t 与波法线折射率 n 也不一样。

虽然不一样，但关于折射率的模型及推演过程是一致的。本节以波法线折射率为背景推导折射率及双折射公式。对于光线传输，只需将结果中的波法线折射率 n 替换为光线折射率 n_t 即可。

替代归替代，本质上是不一样的。由于电位移矢量 $\boldsymbol{D}$ 与电场强度 $\boldsymbol{E}$ 的振动面不同，对应的截面张量也不同。即模型相同，截面张量分量的数值不同。

式(6.3.3)的波法线折射率等价为

$$n^2 = \varepsilon_\nabla + \delta_\nabla \pm \sqrt{\left(\varepsilon_\Delta + \delta_\Delta\right)^2 + \delta_w^2} \tag{6.4.3}$$

这是依据波法线本征方程 $\boldsymbol{E}$ 形式的直接结果。也可以基于微小数运算方法，由式(6.3.3)仔细推导得到。

非光轴传输时，考察$\sqrt{(\varepsilon_\Delta+\delta_\Delta)^2+\delta_w^2}$。$\varepsilon_\Delta+\delta_\Delta$是正常数，$\delta_w$是微小数。根据微小数运算方法，有

$$\sqrt{(\varepsilon_\Delta+\delta_\Delta)^2+\delta_w^2}=\varepsilon_\Delta+\delta_\Delta+\frac{\delta_w^2}{2(\varepsilon_\Delta+\delta_\Delta)}=\varepsilon_\Delta+\delta_\Delta+\frac{\delta_w^2}{2\varepsilon_\Delta}$$

这样，根据式(6.3.4)，有

$$n^2=\varepsilon_\nabla\pm\varepsilon_\Delta+\delta_\nabla\pm\delta_\Delta\pm\frac{\delta_w^2}{2\varepsilon_\Delta}$$

即

$$\begin{cases}n_+=\sqrt{\varepsilon_a+\delta_a+\dfrac{\delta_w^2}{2\varepsilon_\Delta}}\\ n_-=\sqrt{\varepsilon_b+\delta_b-\dfrac{\delta_w^2}{2\varepsilon_\Delta}}\end{cases}$$

就是

$$\begin{cases}n_+=n_a+\dfrac{\delta_a}{2n_a}+\dfrac{\delta_w^2}{4n_a\left(n_a^2-n_b^2\right)}\\ n_-=n_b+\dfrac{\delta_b}{2n_b}+\dfrac{\delta_w^2}{4n_b\left(n_a^2-n_b^2\right)}\end{cases}\tag{6.4.4}$$

根据双折射关系$\Delta n=n_+-n_-$，双折射为

$$\Delta n=\Delta n_{ab}+\frac{n_b\delta_a-n_a\delta_b}{2n_an_b}+\frac{\delta_w^2}{4n_an_b\Delta n_{ab}}\tag{6.4.5}$$

其中

$$\Delta n_{ab}=n_a-n_b\tag{6.4.6}$$

是与光学效应无关的固有双折射。

固有双折射Δn_{ab}是正常数，感应双折射是微小数，固有双折射Δn_{ab}将吞噬掉感应双折射。除非找到剔除固有双折射的有效方法，否则各向异性介质的非光轴传输，光学效应仅有理论意义。

6.5 物理场的感知

非光轴传输存在固有双折射，丧失了感知物理场的能力。本节的叙述针对光轴传输。

光波沿光轴时，感应角α为

$$\alpha=\arctan\frac{\delta_w}{\delta_\Delta}\tag{6.5.1}$$

因此，式(6.4.3)的感应双折射 Δn 对应直角三角形，称为**感应三角形**，如图6.2所示。

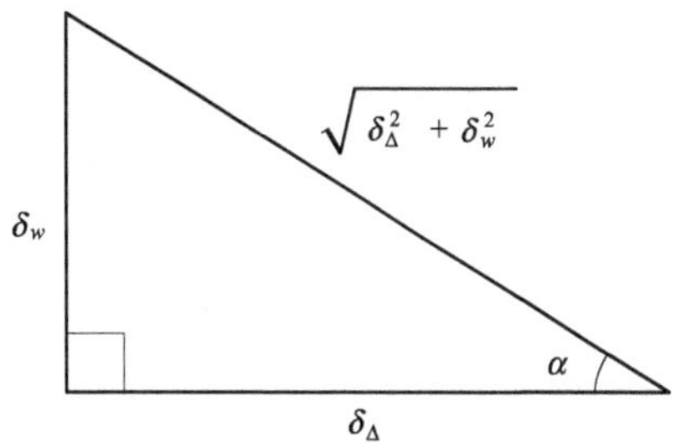

图6.2 感应三角形

感应三角形的斜边为 $\sqrt{\delta_\Delta^2+\delta_w^2}$，对应感应双折射 Δn；感应角 α 的邻边为感应张量对角分量的差均值 δ_Δ；对边为感应张量的非对角分量 δ_w。

物理场的大小和方向无法左右，δ_Δ 和 δ_w 可非零，也可为零。因此感应角 α 的取值有所不同。具体如下：

(1) $\delta_\Delta \neq 0, \delta_w \neq 0$ 时，$\alpha \in (0°, 90°)$。

(2) $\delta_\Delta = 0, \delta_w \neq 0$ 时，$\alpha = \pm 90°$，感应三角形收缩于纵轴，蜕化为直线。

(3) $\delta_\Delta \neq 0, \delta_w = 0$ 时，$\alpha = 0°$，感应三角形收缩于横轴，也蜕化为直线。

(4) $\delta_\Delta = 0, \delta_w = 0$ 时，感应三角形收缩于坐标原点，表明没有物理场作用。

感应三角形收缩到坐标轴时，感应角 α 为常数，不具备感知物理场的能力，处于感知死区。注意到此时

$$\Delta n = \begin{cases} \dfrac{1}{n_o}\delta_\Delta, & \alpha = 0° \\ \dfrac{1}{n_o}\delta_w, & \alpha = 90° \end{cases}$$

因此，感应双折射 Δn 具备感知物理场的能力。

$\delta_\Delta \neq 0, \delta_w \neq 0$ 时，感应双折射 Δn 恒大于零，不具备甄别物理场方向的能力，处于感知死区。此时，感应角 α 具备感知物理场的能力。

上述讨论表明：光波沿光轴时，无论什么情况，感应双折射 Δn 和感应角 α 总有其一可以感知物理场。

6.6 非垂直入射

若光学介质有两个不同的折射率，则光波分离为两束光波。具体包括以下两种情况。

(1)入射波垂直介质界面，入射波以及两束折射波的法矢量相同，折射波的差异只是相位。

(2)入射波非垂直入射，即与介质界面法线存有夹角。此时，两束折射波不仅相位不同，几何上也相互分离。分离的程度取决于折射率之差(双折射)和光程的长度。

具体分析如下。

如图6.3所示，设 $\boldsymbol{r}$ 为介质界面 $\boldsymbol{\Sigma}$ 上的单位位矢，$\boldsymbol{k}_i, \boldsymbol{k}_t$ 分别是入射波、折射波的波矢。

在界面 $\boldsymbol{\Sigma}$ 上，入射波和折射波遵守切向分量守恒关系

$$\boldsymbol{k}_i \cdot \boldsymbol{r} = \boldsymbol{k}_t \cdot \boldsymbol{r}$$

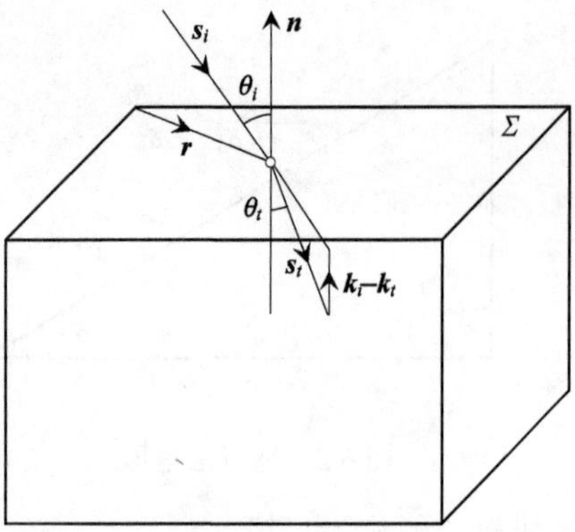

图 6.3　入射、折射的波法线关系

即

$$(\boldsymbol{k}_i - \boldsymbol{k}_t) \cdot \boldsymbol{r} = 0 \tag{6.6.1}$$

波矢可表达为波法线形式，就是

$$\boldsymbol{k}_i = \frac{\omega}{c}\boldsymbol{s}_i, \quad \boldsymbol{k}_t = \frac{\omega}{v}\boldsymbol{s}_t$$

其中，ω 是角频率，c 是真空光速，v 是介质光速，$\boldsymbol{s}_i$ 和 $\boldsymbol{s}_t$ 分别是入射波和折射波的波法线。于是

$$\left(\frac{1}{c}\boldsymbol{s}_i - \frac{1}{v}\boldsymbol{s}_t\right) \cdot \boldsymbol{r} = 0 \tag{6.6.2}$$

存在双折射时，介质中有两束折射波，因此

$$\left(\frac{1}{c}\boldsymbol{s}_i - \frac{1}{v}\boldsymbol{s}_t^{(k)}\right) \cdot \boldsymbol{r} = 0, \quad k = 1,2 \tag{6.6.3}$$

这里，$k = 1,2$ 对应两个折射波。

设 $\boldsymbol{n}$ 为介质界面的法线。$\boldsymbol{n}$ 与 $\boldsymbol{r}$ 正交，因此式(6.6.3)等价为矢量积

$$\left(\frac{1}{c}\boldsymbol{s}_i - \frac{1}{v}\boldsymbol{s}_t^{(k)}\right) \times \boldsymbol{n} = 0, \quad k = 1,2$$

就是

$$\frac{1}{c}\boldsymbol{s}_i \times \boldsymbol{n} = \frac{1}{v}\boldsymbol{s}_t^{(k)} \times \boldsymbol{n}, \quad k = 1,2 \tag{6.6.4}$$

记

$$\begin{cases} \sin\theta_i = \boldsymbol{s}_i \times \boldsymbol{n} \\ \sin\theta_t^{(k)} = \boldsymbol{s}_t^{(k)} \times \boldsymbol{n}, \quad k = 1,2 \end{cases} \tag{6.6.5}$$

其中，θ_i 是入射角，$\theta_t^{(k)}$ 是两个折射角。于是得到

$$\frac{1}{c}\sin\theta_i = \frac{1}{v}\sin\theta_t^{(k)}, \quad k = 1,2 \tag{6.6.6}$$

垂直入射时

$$\sin\theta_i = \sin\theta_t^{(k)} = 0, \quad k = 1,2$$

入射波与两个折射波的波法线一致。

非垂直入射时，注意到

$$\frac{1}{v_k} = \frac{n_k}{c}, \quad k = 1,2$$

因此

$$n_1 \sin\theta_t^{(1)} = n_2 \sin\theta_t^{(2)}$$

即

$$\frac{\sin\theta_t^{(1)}}{\sin\theta_t^{(2)}}=\frac{n_2}{n_1} \tag{6.6.7}$$

于是，两束折射波的波法线角度关系为

$$\frac{\sin\theta_t^{(1)}-\sin\theta_t^{(2)}}{\sin\theta_t^{(2)}}=\frac{n_2-n_1}{n_1}=\frac{\Delta n}{n_1} \tag{6.6.8}$$

式(6.6.8)表明，折射率不同的折射波，非垂直入射时的波法线方位不同，差异程度取决于双折射 Δn 。

如果是光轴传输，双折射 Δn 是感应双折射。感应双折射微小，因此

$$\frac{\sin\theta_t^{(1)}-\sin\theta_t^{(2)}}{\sin\theta_t^{(2)}}\approx 0$$

所以

$$\sin\theta_t^{(1)}\approx\sin\theta_t^{(2)} \tag{6.6.9}$$

表明光轴传输时，即使非垂直入射，两束折射光在几何上也几乎重合，差异只是相位。

如果是非光轴传输，双折射 Δn 含有固有双折射 Δn_{ab}，即

$$\frac{\sin\theta_t^{(1)}-\sin\theta_t^{(2)}}{\sin\theta_t^{(2)}}=\frac{\Delta n}{n_1}\approx\frac{\Delta n_{ab}}{n_1}$$

固有双折射 Δn_{ab} 不可忽略，因此

$$\sin\theta_t^{(1)}\neq\sin\theta_t^{(2)} \tag{6.6.10}$$

表明如果非垂直入射，两束折射波的几何方位是不同的。

6.7　小　　结

平面波在三维空间中传输，却不具备三维感知的能力。在平面波穿越介质过程中的任意时刻，电场振动面都与某个确定的介质截面吻合。此时，光波感受且仅能感受该介质截面的物理属性。

本征方程是法矢量方程的深入，丢弃了冗余部分，收缩到了介质截面，精准表达了平面波感受介质截面物理属性的事实。

法矢量本征方程存在两种对偶形式。

基于法矢量本征方程，可得到波法线本征方程，包括 ***D*** 形式和 ***E*** 形式，刻画关于波法线的平面波传输情况；可得到光线本征方程，包括 ***E*** 形式和 ***D*** 形式，刻画关于光线的平面波传输情况。

本征方程统辖的四个方程构成了对偶的本征方程体系。

本征量，包括本征值、本征矢量、本征矩阵，是属于介质截面的物理量。本征值刻画

折射率，本征矢量刻画电场矢量的振动情况，本征矩阵刻画坐标变换关系。

光学介质的截面无数，每个截面都拥有自己的本征量。如果介质均匀，本征值唯一，否则不然。

光轴传输时，双折射即感应双折射；非光轴传输时，双折射由固有双折射和感应双折射叠加而成。

固有双折射是准确获取感应双折射的障碍。实际的光学效应光路应选择光轴传输方式。

截面微耦张量对角化对应的平面直角坐标系是本征坐标系。

光学效应感知物理场，渠道是感应双折射 Δn 、感应角 α 之一。两个渠道不并存。当感应张量对角分量差均值及非对角分量同时存在时，感应角感知物理场；否则，感应双折射感知物理场。

第 7 章　介 质 模 型

本章将视角从介质截面转移到介质整体，讨论光学介质的光路模型。

在偏振光学中，光学元件输入输出模型是二阶矩阵，在元件坐标系中是对角矩阵。构成光路的光学元件各异，元件坐标系不尽相同。为建立光路的输入输出关系，须将元件模型迁徙到统一的光路坐标系中。此项工作是由琼斯(R.C.Jones)在 1941 年左右完成的[17-20]。因此，迁徙的过程称为琼斯变换，迁徙的结果称为琼斯矩阵。

偏振光在介质截面上振动，借此感受物理场的作用。穿越介质后的偏振光累积了在所有截面上的感受。属于光路坐标系的介质琼斯矩阵是刻画偏振光这种整体感受的介质模型。

随着偏振光学理论和技术的发展，新材料之光学元件、新需求之光学应用不断出现，都需构建相应的琼斯矩阵。对琼斯矩阵的研究从未中断[21-27]。本章聚焦光学效应光路的介质模型，即光学介质的琼斯矩阵。偏振元件的琼斯矩阵，请阅读有关光学书籍或参见附录 B，本章不予叙述。

非光轴传输时固有双折射将淹没感应双折射。本章选择光轴传输方式，或选用各向同性介质。

7.1　背　　景

以往，对光学效应介质模型的论述一般以介质均匀为前提。此时，光学介质琼斯矩阵的非对角元素或是纯实数(磁致旋光效应)，或是纯虚数(电光效应、弹光效应、声光效应、热光效应等)，不会是实部、虚部兼有的完备复数。

在光学电流传感技术的研究中，作者所在团队注意到，不均匀磁场作用下的磁光玻璃具有感应不均匀性。在合理近似下，张国庆推导了关于感应不均匀磁光玻璃的琼斯矩阵[28]，陈嵩等将此矩阵拓展到了磁光光纤[29]。这种琼斯矩阵的物理含义清晰，但其近似性改变了琼斯矩阵的酉矩阵属性。此后，肖智宏对感应不均匀磁光玻璃进行了针对性的物理实验，表明在非对称不均匀磁场作用下，磁光玻璃琼斯矩阵的非对角元素是实部、虚部兼有的完备复数[30]。

异曲同工，20 世纪末和 21 世纪初，扭转向列液晶材料的研究涉及了介质的感应不均匀性，值得关注[31-34]。当液晶材料外施电压较大时，基于均匀介质琼斯矩阵计算的相移差明显偏离实验结果[33]。文献[34]的研究表明，此时液晶材料琼斯矩阵的非对角元素不再是实数，而是完备复数。原因是较大的外施电压使液晶材料沿光程不再均匀。文献基于三层模型推演出扭转向列液晶材料的微分模型，由此计算得到的相移差与实验结果接近。

上述工作表明，光学介质的琼斯矩阵与其均匀性有关。可以认为截面固有张量均匀，但物理场产生的截面感应张量却不一定均匀。若截面感应张量均匀，截面感应角定然均匀；否则，截面感应角或许均匀，或许不均匀。本书称截面感应角不均匀的介质为感应不均匀介质，其截面本征坐标系不守恒。此时琼斯矩阵的形式如何？由几个独立物理量决定？物理量与分布在光程上的感应张量是什么关系？这些都是有实际应用背景的光学理论问题，值得研究。

本章利用琼斯矩阵幺行列式属性，从微元级联琼斯矩阵入手，采用酉变换方法，推演感应不均匀介质三元物理量琼斯矩阵。基于微元级联琼斯矩阵之极限，推演物理量的光程积分公式[35]。推演过程严格准确，具有各种光学效应的普适性，具有均匀、感应不均匀情况的一般性。

7.2　连续性和均匀性

7.2.1　连续性

物理属性不突变的介质是连续介质。介质的连续性可以关于时间，也可以关于空间，这里特指空间。

如果介质在空间上连续，那么

$$\lim_{\Delta \boldsymbol{r}\to 0}\boldsymbol{\mathcal{E}}(\boldsymbol{r}+\Delta\boldsymbol{r})=\boldsymbol{\mathcal{E}}(\boldsymbol{r}) \tag{7.2.1}$$

式中，$\boldsymbol{\mathcal{E}}$ 是介质微栖张量，$\boldsymbol{r}$ 是任意空间矢量。

本章关注感应张量的连续性，约定固有张量连续。设波法线沿 z 轴。任意截面的微栖张量为

$$\boldsymbol{\mathcal{E}}(z)\in\mathbb{F}^{2\times 2}=\boldsymbol{\varepsilon}_{ro}+\boldsymbol{\delta}_o(z),\quad z\in[0,L] \tag{7.2.2}$$

式中，L 是介质光程长度，$\boldsymbol{\varepsilon}_{ro}$ 是截面固有张量，即

$$\boldsymbol{\varepsilon}_{ro}\in\mathbb{R}^{2\times 2}=\mathrm{diag}(\varepsilon_o,\varepsilon_o) \tag{7.2.3}$$

$\boldsymbol{\delta}_o(z)$ 是截面感应张量，即

$$\boldsymbol{\delta}_o(z)\in\mathbb{F}^{2\times 2}=\begin{bmatrix}\delta_{o1}(z) & k\delta_w(z)\\ \hat{k}\delta_w(z) & \delta_{o2}(z)\end{bmatrix},\quad z\in[0,L] \tag{7.2.4}$$

式中，k 是与感应张量类型有关的常系数。如第 4 章，若张量实对称，$k=1$；若共轭转置对称，$k=j$。

坐标 z 处的截面感应角 $\alpha(z)$ 为

$$\alpha(z)=\arctan\frac{\delta_w(z)}{\delta_\Delta(z)} \tag{7.2.5}$$

式中，$\delta_\Delta(z)$ 是感应张量对角分量的差均值，即

$$\delta_\Delta(z)=\frac{1}{2}\left(\delta_{o1}(z)-\delta_{o2}(z)\right) \tag{7.2.6}$$

可用截面感应角 $\alpha(z)$ 表征感应张量的连续性。如果感应张量空间连续，那么必有

$$\lim_{\Delta z\to 0}\alpha(z+\Delta z)=\alpha(z) \tag{7.2.7}$$

感应张量来自物理场。电场、磁场、应力场和温度场等都是连续物理场，本身不会空间突变。感应张量突变的原因是光路的突然变向。

图7.1是一种磁致旋光效应光路的示意图。光路由一块各向同性的磁光材料切挖而成，构成了四个传感臂和三个反射面。产生磁场的载流导体位于孔洞中。磁场是连续的，但在反射点上，光波方向却发生了90°的改变。

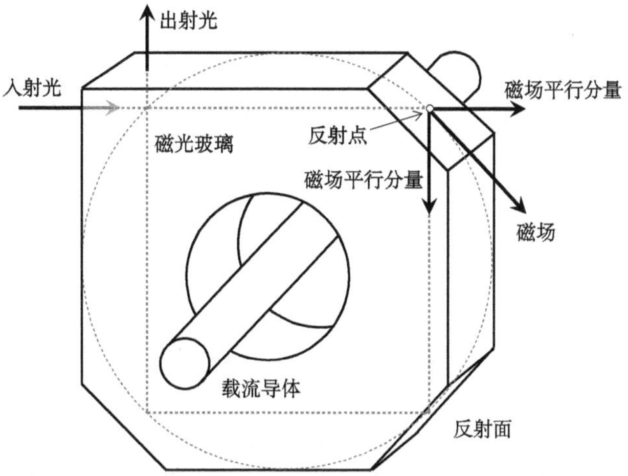

图7.1　光程突变引起的感应张量不连续

法拉第磁致旋光效应，截面感应角$\alpha(z)$是磁感应强度平行分量(平行于光传输方向)$B(z)$的函数。光轴传输(或各向同性介质)时，截面感应角为

$$\alpha(z)=\arctan\frac{\beta_c B(z)}{\delta_l(z)}$$

式中，β_c是磁场系数，δ_l是线性双折射。

如果载流导体严格位于孔洞中心，且磁光材料严格正方，反射点上的两个磁场平行分量相同，截面感应角$\alpha(z)$连续；否则，磁场的平行分量将突变，会出现截面感应角不连续的情况。

如果出现介质不连续情况，可视为连续介质的组合。不失一般性，本书假定介质均为连续介质。

7.2.2　均匀性

如果光波穿越的全部截面张量都一致，即

$$\boldsymbol{\mathcal{E}}(z_i)=\boldsymbol{\mathcal{E}}(z_j),\quad \forall z_i,z_j\in[0.L],\ z_i\neq z_j \tag{7.2.8}$$

则是**均匀介质**。

不失一般性，约定截面固有张量守恒。这样，如果截面感应张量的分量沿光程不变，则是均匀介质。此时，截面感应角$\alpha(z)$均匀，即

$$\alpha(z)=\arctan\frac{\delta_w(z)}{\delta_\Delta(z)}=\text{const}$$

即介质的截面本征坐标系守恒。

由于固有张量均匀，若式(7.2.8)不成立，感应张量必不均匀。此时，截面本征坐标系也许守恒，也许不守恒，视截面感应角$\alpha(z)$的情况而定。

截面感应张量不均匀时，若截面感应角$\alpha(z)$均匀，介质是**似均匀介质**，否则是**感应不均匀介质**。

似均匀介质包含以下两种情况。

(1)截面感应张量对角分量差均值$\delta_{\Delta}(z)$恒零，无论截面感应张量非对角分量$\delta_{w}(z)$取值如何，截面感应角$\alpha(z)$必均匀，因为

$$\alpha(z) \equiv 90°$$

(2)截面感应张量非对角分量$\delta_{w}(z)$恒零，无论截面感应张量对角分量差均值$\delta_{\Delta}(z)$取值如何，截面感应角$\alpha(z)$必均匀，因为

$$\alpha(z) \equiv 0°$$

表 7.1 对均匀、似均匀和感应不均匀三种介质进行了概括。

表 7.1 介质的均匀性分类

类别	均匀介质	似均匀介质	感应不均匀介质
截面感应角	均匀	均匀	不均匀
物理场	均匀	不均匀	不均匀

均匀介质和似均匀介质，截面感应角均匀，截面本征矩阵$\boldsymbol{U}(z)$守恒，即介质的截面本征坐标系Crd_{xyz}守恒；感应不均匀介质，截面本征坐标系Crd_{xyz}沿光程变化，如图 7.2 所示。

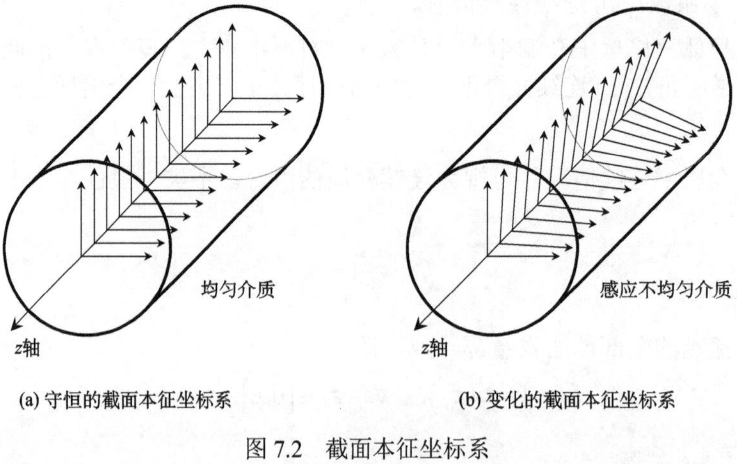

(a) 守恒的截面本征坐标系　　(b) 变化的截面本征坐标系

图 7.2 截面本征坐标系

7.3 微元琼斯矩阵

约定光学介质的光传输无损。这样，在物理场作用下，电场强度幅值守恒、相位移动。

光学效应关注电场强度两个正交分量间的相对相位移动，即相移差。描述相移差的介质模型，在本征坐标系 Crd_{xyz} 中称为相移差矩阵，在光路坐标系 Crd_{abc} 中称为琼斯矩阵。

7.3.1　微元相移

可将感应不均匀介质视作介质微元的组合。

介质微元充分小，可按均匀介质构建其相移模型。如图 7.3 所示，设介质光程始于 s 点，止于 e 点。

设光波垂直入射。约定波矢 $\boldsymbol{k}$ 与 z 轴反向，位矢 $\boldsymbol{r}$ 与 z 轴同向。这样，关于微元 dz 的标量积为

$$\boldsymbol{k}(z)\cdot \mathrm{d}\boldsymbol{r} = -k(z)\mathrm{d}z = -\frac{\omega}{c}n(z)\mathrm{d}z \qquad (7.3.1)$$

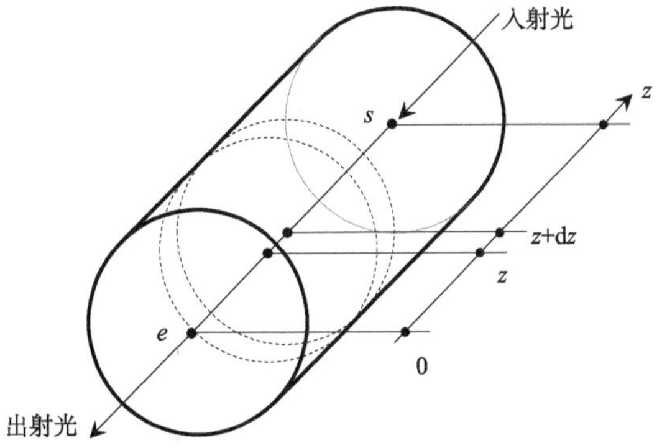

图 7.3　介质微元示意

其中

$$\omega = \frac{2\pi}{\lambda}v$$

式中，ω 是单色平面波的角频率，λ 是光波的波长，v 是波速，c 是光速，n 是折射率。

利用近似关系 $v \approx c$，式(7.3.1)变形为

$$\boldsymbol{k}(z)\cdot \mathrm{d}\boldsymbol{r} = -\frac{2\pi}{\lambda}n(z)\mathrm{d}z \qquad (7.3.2)$$

根据单色平面波理论，微元 dz 的输出电场强度 $\boldsymbol{E}(z)$ 为

$$\boldsymbol{E}(z) = E\cos(\omega t - \boldsymbol{k}\cdot \mathrm{d}\boldsymbol{r} + \theta) \qquad (7.3.3)$$

式中，E 和 θ 分别是 $\boldsymbol{E}(z)$ 的幅值和初相位。由于假设光传输无损，E 是常数。

将式(7.3.2)代入式(7.3.3)，得

$$\boldsymbol{E}(z) = E\cos\left(\omega t + \frac{2\pi}{\lambda}n(z)\mathrm{d}z + \theta\right)$$

记

$$\mathrm{d}\phi = \frac{2\pi}{\lambda}n(z)\mathrm{d}z \qquad (7.3.4)$$

并称为微元的**相位移动**，简称微元相移。于是，电场强度 $\boldsymbol{E}(z)$ 为

$$\boldsymbol{E}(z) = E\cos(\omega t + \mathrm{d}\phi(z) + \theta) \qquad (7.3.5)$$

7.3.2　微元相移差矩阵

在本征坐标系 Crd_{xyz} 中，电场强度 $\boldsymbol{E}(z)$ 的分量形式为

$$\begin{cases} \boldsymbol{E}_x(z) = E_x\cos(\omega t + \mathrm{d}\phi_x(z) + \theta_x) \\ \boldsymbol{E}_y(z) = E_y\cos(\omega t + \mathrm{d}\phi_y(z) + \theta_y) \end{cases} \qquad (7.3.6)$$

其中

$$d\phi_k = \frac{2\pi}{\lambda} n_k(z) dz, \quad k = x, y \tag{7.3.7}$$

将式(7.3.6)表达为复数形式，即

$$\begin{cases} \boldsymbol{E}_x(z) = E_x \exp\left(j\left(\omega t + d\phi_x(z) + \theta_x\right)\right) \\ \boldsymbol{E}_y(z) = E_y \exp\left(j\left(\omega t + d\phi_y(z) + \theta_y\right)\right) \end{cases}$$

丢弃模为 1 的 $\exp(j\omega t)$，并提取和丢弃公因子

$$\exp\left(j\frac{d\phi_x(z) + d\phi_x(z)}{2}\right)$$

得到

$$\begin{bmatrix} \boldsymbol{E}_x(z) \\ \boldsymbol{E}_y(z) \end{bmatrix} = \operatorname{diag}\left(\exp\left(j\frac{d\varphi(z)}{2}\right), \exp\left(-j\frac{d\varphi(z)}{2}\right)\right) \begin{bmatrix} E_x \exp(j\theta_x) \\ E_y \exp(j\theta_y) \end{bmatrix} \tag{7.3.8}$$

式中，$d\varphi(z)$ 是微元**相移差**

$$d\varphi(z) = d\left(\phi_x(z) - \phi_y(z)\right) \tag{7.3.9}$$

即

$$d\varphi(z) = \frac{2\pi}{\lambda} \Delta n(z) dz \tag{7.3.10}$$

记

$$\begin{cases} \boldsymbol{E}_o^{xy}(z) = \begin{bmatrix} \boldsymbol{E}_x(z) \\ \boldsymbol{E}_y(z) \end{bmatrix} \\ \boldsymbol{E}_i^{xy}(z) = \begin{bmatrix} E_x \exp(j\theta_x) \\ E_y \exp(j\theta_y) \end{bmatrix} \end{cases} \tag{7.3.11}$$

并记

$$\boldsymbol{\Lambda}(z) = \operatorname{diag}\left(\exp\left(j\frac{d\varphi(z)}{2}\right), \exp\left(-j\frac{d\varphi(z)}{2}\right)\right) \tag{7.3.12}$$

于是，关于本征坐标系 Crd_{xyz} 的微元光路方程为

$$\boldsymbol{E}_o^{xy}(z) = \boldsymbol{\Lambda}(z) \boldsymbol{E}_i^{xy}(z) \tag{7.3.13}$$

并称 $\boldsymbol{\Lambda}(z)$ 为微元**相移差矩阵**。

7.3.3　微元琼斯矩阵的形成

光学介质的固有张量恒定。在一般情况下，选择固有张量的某种坐标系为光路坐标系①。为避免出现固有双折射，光路坐标系 Crd_{abc} 选择光轴坐标系 Crd_{oe}，或选择各向同性介质。

实施坐标变换，将微元 dz 的光路方程从本征坐标系 Crd_{xyz} 转换到光路坐标系 Crd_{abc}，即

① 也不一定如此。例如，磁致旋光效应的光路坐标系应该选择应力场的本征坐标系。

$$\boldsymbol{U}(z)\boldsymbol{E}_o^{xy}(z)=\boldsymbol{U}(z)\boldsymbol{\varLambda}(z)\boldsymbol{U}^{\mathrm{H}}(z)\boldsymbol{U}(z)\boldsymbol{E}_i^{xy}(z)$$

式中，$\boldsymbol{U}(z)$是坐标 z 处的截面本征矩阵

$$\boldsymbol{U}(z)=\begin{bmatrix} k\cos\dfrac{\alpha}{2}(z) & -k\sin\dfrac{\alpha}{2}(z) \\ \sin\dfrac{\alpha}{2}(z) & \cos\dfrac{\alpha}{2}(z) \end{bmatrix} \tag{7.3.14}$$

式中，$\alpha(z)$是 z 处的截面感应角；k 与截面感应张量所在的数域有关，实数域时 $k=1$，复数域时 $k=\mathrm{j}$。

于是，微元的光路方程为

$$\boldsymbol{E}_o(z)=\boldsymbol{J}(z)\boldsymbol{E}_i(z) \tag{7.3.15}$$

此处，$\boldsymbol{E}_o(z)$和$\boldsymbol{E}_i(z)$分别是光路坐标系 $\mathrm{Crd}_{a\beta c}$ 的输出、输出电场矢量，即

$$\begin{cases} \boldsymbol{E}_o(z)=\boldsymbol{U}(z)\boldsymbol{E}_o^{xy}(z) \\ \boldsymbol{E}_i(z)=\boldsymbol{U}(z)\boldsymbol{E}_i^{xy}(z) \end{cases} \tag{7.3.16}$$

$\boldsymbol{J}(z)$为微元**琼斯矩阵**

$$\boldsymbol{J}(z)=\boldsymbol{U}(z)\boldsymbol{\varLambda}(z)\boldsymbol{U}^{\mathrm{H}}(z) \tag{7.3.17}$$

具体为

$$\boldsymbol{J}(z)=\begin{bmatrix} \cos\dfrac{\mathrm{d}\varphi(z)}{2}+\mathrm{j}\cos\alpha(z)\sin\dfrac{\mathrm{d}\varphi(z)}{2} & k\mathrm{j}\sin\alpha(z)\sin\dfrac{\mathrm{d}\varphi(z)}{2} \\ \hat{k}\mathrm{j}\sin\alpha(z)\sin\dfrac{\mathrm{d}\varphi(z)}{2} & \cos\dfrac{\mathrm{d}\varphi(z)}{2}-\mathrm{j}\cos\alpha(z)\sin\dfrac{\mathrm{d}\varphi(z)}{2} \end{bmatrix} \tag{7.3.18}$$

7.4　四元琼斯矩阵

7.4.1　级联模型

逆光波方向，连乘全部微元琼斯矩阵，得到关于光路坐标系 $\mathrm{Crd}_{a\beta c}$ 的感应不均匀介质的级联琼斯矩阵，即

$$\boldsymbol{J}=\sum_{i=1}^{\infty}\boldsymbol{J}(z_i)=\sum_{i=1}^{\infty}\boldsymbol{U}(z_i)\boldsymbol{\varLambda}(z_i)\boldsymbol{U}^{\mathrm{H}}(z_i) \tag{7.4.1}$$

如果介质均匀、似均匀，本征矩阵为常矩阵，即

$$\boldsymbol{U}(z_i)=\boldsymbol{U}$$

于是

$$\boldsymbol{J}=\boldsymbol{U}\boldsymbol{\varLambda}\boldsymbol{U}^{\mathrm{H}} \tag{7.4.2}$$

其中

$$\boldsymbol{\varLambda}=\prod_{i=1}^{\infty}\boldsymbol{\varLambda}(z_i)=\mathrm{diag}\left[\exp\left(\mathrm{j}\frac{\varphi}{2}\right),\exp\left(-\mathrm{j}\frac{\varphi}{2}\right)\right] \tag{7.4.3}$$

式中，φ是介质相移差

$$\varphi=\sum_{i=1}^{\infty}\mathrm{d}\varphi_i \tag{7.4.4}$$

考虑式(7.3.10)，介质相移差φ为

$$\varphi=\sum_{i=1}^{\infty}\mathrm{d}\varphi_i=\frac{2\pi}{\lambda}\sum_{i=1}^{\infty}\Delta n(z_i)\mathrm{d}z=\frac{2\pi}{\lambda}\int_{z_s}^{z_e}\Delta n(z)\mathrm{d}z$$

由于介质均匀，因此

$$\varphi=\frac{2\pi}{\lambda}\Delta n\int_{z_s}^{z_e}\mathrm{d}z=\frac{2\pi}{\lambda}\Delta n(z_e-z_s)$$

设光程长度为L，即$L=z_e-z_s$，则

$$\varphi=\frac{2\pi L}{\lambda}\Delta n \tag{7.4.5}$$

如果介质感应不均匀，上述简化不能成立。

均匀介质的琼斯矩阵具有酉矩阵属性和幺行列式属性。与均匀介质一样，感应不均匀介质的琼斯矩阵依然拥有这两个属性。

(1) **酉矩阵性质**。与均匀与否无关，光学介质的琼斯矩阵是酉矩阵，即

$$\boldsymbol{J}^{\mathrm{H}}\boldsymbol{J}=\boldsymbol{I} \tag{7.4.6}$$

证明：对任意微元琼斯矩阵，有

$$\boldsymbol{J}^{\mathrm{H}}(z_i)\boldsymbol{J}(z_i)=\boldsymbol{U}(z_i)\boldsymbol{\Lambda}^{\mathrm{H}}(z_i)\boldsymbol{U}^{\mathrm{H}}(z_i)\boldsymbol{U}(z_i)\boldsymbol{\Lambda}(z_i)\boldsymbol{U}^{\mathrm{H}}(z_i)$$

注意到

$$\begin{cases}\boldsymbol{U}^{\mathrm{H}}(z_i)\boldsymbol{U}(z_i)=\boldsymbol{I}\\ \boldsymbol{\Lambda}^{\mathrm{H}}(z_i)\boldsymbol{\Lambda}(z_i)=\boldsymbol{I}\end{cases}$$

故

$$\boldsymbol{J}^{\mathrm{H}}(z_i)\boldsymbol{J}(z_i)=\boldsymbol{I}$$

即微元琼斯矩阵$\boldsymbol{J}(z_i)$是酉矩阵。

介质琼斯矩阵$\boldsymbol{J}$是微元琼斯矩阵连乘之极限，酉矩阵的连乘必是酉矩阵。

证毕

(2) **幺行列式性质**。与均匀性与否无关，光学介质琼斯矩阵的行列式为1。即

$$\det(\boldsymbol{J})=1 \tag{7.4.7}$$

证明：任意微元琼斯矩阵的行列式为

$$\det(\boldsymbol{J}(z_i))=\det(\boldsymbol{U}(z_i))\det(\boldsymbol{\Lambda}(z_i))\det(\boldsymbol{U}^{\mathrm{H}}(z_i))$$

而

$$\det(\boldsymbol{U}(z_i))=k,\quad \det(\boldsymbol{\Lambda}(z_i))=1,\quad \det(\boldsymbol{U}^{\mathrm{H}}(z_i))=\hat{k}$$

故

$$\det\left(\boldsymbol{J}\left(z_i\right)\right)=k\times1\times\hat{k}=1$$

矩阵乘积的行列式等于行列式的乘积。介质琼斯矩阵 $\boldsymbol{J}$ 是微元琼斯矩阵连乘之极限，因此光学介质琼斯矩阵的行列式等于 1。

证毕

7.4.2　四元琼斯矩阵的形成

根据式(7.3.18)，将微元琼斯矩阵 $\boldsymbol{J}\left(z_i\right)$ 表达为

$$\boldsymbol{J}\left(z_i\right)=\begin{bmatrix} A_i & k\mathrm{j}C_i \\ \hat{k}\mathrm{j}C_i & \hat{A}_i \end{bmatrix} \tag{7.4.8}$$

其中，对角元素 A_i 是复数，即 $A_i\in\mathbb{C}$；非对角元素 C_i 是实数，即 $C_i\in\mathbb{R}$。

任意两个相邻微元的组合微元琼斯矩阵为

$$\boldsymbol{J}\left(z_i\right)\boldsymbol{J}\left(z_{i+1}\right)=\begin{bmatrix} A\big|_i^{i+1} & k\mathrm{j}C\big|_i^{i+1} \\ \hat{k}\mathrm{j}\hat{C}\big|_i^{i+1} & \hat{A}\big|_i^{i+1} \end{bmatrix} \tag{7.4.9}$$

其中

$$\begin{cases} A\big|_i^{i+1}=A_iA_{i+1}-C_iC_{i+1} \\ C\big|_i^{i+1}=A_iC_{i+1}+C_i\hat{A}_{i+1} \end{cases} \tag{7.4.10}$$

容易验证，如果是均匀、似均匀介质，$A\big|_i^{i+1}$ 属于复数域，即 $A\big|_i^{i+1}\in\mathbb{C}$；$C\big|_i^{i+1}$ 属于实数域，即 $C\big|_i^{i+1}\in\mathbb{R}$；如果是感应不均匀介质，$A\big|_i^{i+1}$ 和 $C\big|_i^{i+1}$ 都属于复数域，即 $A\big|_i^{i+1},C\big|_i^{i+1}\in\mathbb{C}$。

琼斯矩阵 $\boldsymbol{J}$ 是微元琼斯矩阵连乘的极限，形式必为

$$\boldsymbol{J}=\begin{bmatrix} A & k\mathrm{j}C \\ \hat{k}\mathrm{j}\hat{C} & \hat{A} \end{bmatrix} \tag{7.4.11}$$

与式(7.4.9)一样，如果是均匀介质、似均匀介质，$A\in\mathbb{C}$，$C\in\mathbb{R}$；如果是感应不均匀介质，$A,C\in\mathbb{C}$。即均匀介质的琼斯矩阵由一个复数、一个实数构成，对应三个实数，琼斯矩阵是**三元模型**。感应不均匀介质的琼斯矩阵由两个复数构成，对应四个实数，琼斯矩阵是**四元模型**。

式(7.4.11)可变形为

$$\boldsymbol{J}=\begin{bmatrix} A & k\mathrm{j}|C|\exp(\mathrm{j}\sigma) \\ \hat{k}\mathrm{j}|C|\exp(-\mathrm{j}\sigma) & \hat{A} \end{bmatrix} \tag{7.4.12}$$

其中

$$\sigma=\arctan\frac{\mathrm{Im}(C)}{\mathrm{Re}(C)} \tag{7.4.13}$$

显然，$\sigma=0$ 时 $C\in\mathbb{R}$，此时的介质均匀或似均匀；$\sigma\neq0$ 时 $C\in\mathbb{C}$，此时的介质感应不均匀。因此，物理参量 σ 刻画了介质整体的感应不均匀情况，本书称为**介质不均匀角**。

7.5　三元琼斯矩阵

幺行列式性质表明，如果是均匀介质，式(7.4.11)的三个实数不独立，琼斯矩阵应该用二元模型刻画；如果是感应不均匀介质，式(7.4.11)的四个实数不独立，琼斯矩阵应该用三元模型表达。

本节以命题形式推演感应不均匀介质琼斯矩阵的三元模型，均匀介质琼斯矩阵的二元模型是其特例。

7.5.1　介质相移差矩阵命题

命题 7.1(介质相移差矩阵命题)　感应不均匀介质，琼斯矩阵 $\boldsymbol{J}$ 与如下的介质相移差矩阵 $\boldsymbol{\Lambda}$ 相似，即

$$\boldsymbol{J} \sim \boldsymbol{\Lambda} = \operatorname{diag}\left[\exp\left(\mathrm{j}\frac{\varphi}{2}\right), \exp\left(-\mathrm{j}\frac{\varphi}{2}\right)\right] \tag{7.5.1}$$

其中，φ是如下的**介质相移差**

$$\varphi = 2\arctan\frac{\sqrt{1-\mathrm{Re}^2(A)}}{\mathrm{Re}(A)} \tag{7.5.2}$$

证明：式(7.4.11)的琼斯矩阵 $\boldsymbol{J}$ ，本征值方程为

$$\det(\lambda\boldsymbol{I}-\boldsymbol{J}) = \lambda^2 - 2\lambda\,\mathrm{Re}(A) + |A|^2 + |C|^2 = 0$$

幺行列式属性意味着

$$|A|^2 + |C|^2 = 1$$

于是

$$\lambda^2 - 2\lambda\,\mathrm{Re}(A) + 1 = 0$$

解得

$$\lambda_\pm = \mathrm{Re}(A) \pm \sqrt{\mathrm{Re}^2(A) - 1}$$

幺行列式属性还意味着

$$\mathrm{Re}^2(A) < 1$$

因此

$$\lambda_\pm = \mathrm{Re}(A) \pm \mathrm{j}\sqrt{1-\mathrm{Re}^2(A)}$$

考虑式(7.5.2)，得到

$$\lambda_\pm = \exp\left(\pm\mathrm{j}\frac{\varphi}{2}\right)$$

根据相似矩阵的理论，命题成立。

证毕

推论 7.1 介质相移差等价为

$$\varphi = 2\arctan\frac{\sqrt{\mathrm{Im}^2(A)+|C|^2}}{\mathrm{Re}(A)} \tag{7.5.3}$$

证明：由于

$$\mathrm{Re}^2(A)+\mathrm{Im}^2(A)+|C|^2=1$$

故式(7.5.3)成立。

证毕

7.5.2 介质本征矩阵命题

命题 7.2(介质本征矩阵命题) 感应不均匀介质的**介质本征矩阵** $\boldsymbol{U}$ 为

$$\boldsymbol{U}=\begin{bmatrix} k\cos\dfrac{\alpha}{2}\exp(\mathrm{j}\sigma) & -k\sin\dfrac{\alpha}{2} \\ \sin\dfrac{\alpha}{2} & \cos\dfrac{\alpha}{2}\exp(-\mathrm{j}\sigma) \end{bmatrix} \tag{7.5.4}$$

其中，α 是如下的**介质感应角**

$$\alpha = \arctan\frac{|C|}{\mathrm{Im}(A)} \tag{7.5.5}$$

介质的整体感应角与截面感应角是紧密联系的两个不同概念。为了区别，针对介质整体的感应角称为介质感应角。相应地，将介质整体的本征矩阵称为介质本征矩阵。

证明：式(7.4.11)琼斯矩阵 $\boldsymbol{J}$ 的本征方程为

$$(\lambda\boldsymbol{I}-\boldsymbol{J})\boldsymbol{E}=0$$

式中，$\boldsymbol{E}$ 是本征矢量。代入本征值，并考虑式(7.5.5)，有

$$\begin{bmatrix} -\cos\alpha\pm1 & -k\sin\alpha\exp(\mathrm{j}\sigma) \\ -\hat{k}\sin\alpha\exp(-\mathrm{j}\sigma) & \cos\alpha\pm1 \end{bmatrix}\begin{bmatrix} E_1 \\ E_2 \end{bmatrix}=0$$

求得两个本征向量

$$\begin{bmatrix} E_1 \\ E_2 \end{bmatrix}^{(+)}=\begin{bmatrix} k\sin\alpha\exp(\mathrm{j}\sigma) \\ -(\cos\alpha-1) \end{bmatrix}$$

$$\begin{bmatrix} E_1 \\ E_2 \end{bmatrix}^{(-)}=\begin{bmatrix} k(\cos\alpha-1) \\ k\sin\alpha\exp(-\mathrm{j}\sigma) \end{bmatrix}$$

注意到

$$\begin{cases} \cos\alpha-1=-2\sin^2\dfrac{\alpha}{2} \\ \sin\alpha=2\sin\dfrac{\alpha}{2}\cos\dfrac{\alpha}{2} \end{cases}$$

弃掉公因子 $\sin\frac{\alpha}{2}$，有

$$\begin{bmatrix} E_1 \\ E_2 \end{bmatrix}^{(+)} = \begin{bmatrix} k\cos\frac{\alpha}{2}\exp(\mathrm{j}\sigma) \\ \sin\frac{\alpha}{2} \end{bmatrix}$$

$$\begin{bmatrix} E_1 \\ E_2 \end{bmatrix}^{(-)} = \begin{bmatrix} -k\sin\frac{\alpha}{2} \\ k\cos\frac{\alpha}{2}\exp(-\mathrm{j}\sigma) \end{bmatrix}$$

两式合并，命题成立。

证毕

7.5.3　三元琼斯矩阵命题

命题 7.3(感应不均匀介质三元琼斯矩阵命题)　感应不均匀介质，琼斯矩阵 $\boldsymbol{J}$ 可表达为关于介质相移差 φ、介质感应角 α 和介质不均匀角 σ 的三元形式，即

$$\boldsymbol{J}\left(\frac{\varphi}{2},\alpha,\sigma\right)=\begin{bmatrix} \cos\frac{\varphi}{2}+\mathrm{j}\cos\alpha\sin\frac{\varphi}{2} & k\mathrm{j}\sin\alpha\sin\frac{\varphi}{2}\exp(\mathrm{j}\sigma) \\ \hat{k}\mathrm{j}\sin\alpha\sin\frac{\varphi}{2}\exp(-\mathrm{j}\sigma) & \cos\frac{\varphi}{2}-\mathrm{j}\cos\alpha\sin\frac{\varphi}{2} \end{bmatrix} \tag{7.5.6}$$

证明：矩阵理论表明，琼斯矩阵 $\boldsymbol{J}$ 是酉变换的结果，即

$$\boldsymbol{J}=\boldsymbol{U}\boldsymbol{\Lambda}\boldsymbol{U}^{\mathrm{H}}$$

将命题 7.1 的介质相移差矩阵 $\boldsymbol{\Lambda}$ 和命题 7.2 的介质本征矩阵 $\boldsymbol{U}$ 代入上式，得式(7.5.6)。

证毕

式(7.5.5)的琼斯矩阵 $\boldsymbol{J}$ 推演过程没有近似，准确刻画了光学介质的感应不均匀情况。

7.6　等值均匀介质

如果存在一个“均匀介质”，其截面感应双折射恒等于介质感应双折射，那么该“均匀介质”在整体输入输出关系上与感应不均匀介质等价。这样的均匀介质称为**等值均匀介质**，其截面称为**等值截面**。

设已知感应不均匀介质的琼斯矩阵。这样，根据式(7.5.2)可得到介质相移差 φ。可以认为 φ 是等值均匀介质的等值截面感应双折射 Δn 沿光程的积累。因此，可根据式(7.4.5)计算 Δn，即

$$\Delta n=\frac{\lambda}{2\pi L}\varphi \tag{7.6.1}$$

等值截面的两个折射率为

$$n = n_o \pm \frac{1}{2}\Delta n$$

根据麦克斯伟公式$\mathcal{E} = n^2$，得到

$$\mathcal{E}_\pm = \left(n_o \pm \frac{1}{2}\Delta n\right)^2 = n_o^2 \pm n_o\Delta n + \frac{1}{4}\Delta^2 n \approx \varepsilon_o \pm n_o\Delta n$$

$\mathcal{E}_\pm$位于截面本征坐标系Crd_{xyz}的xy截面。而命题7.2的本征矩阵$\boldsymbol{U}$是截面本征坐标系Crd_{xyz}与光轴坐标系Crd_{oe}的变换矩阵。这样，如下的坐标变换

$$\boldsymbol{\mathcal{E}}_o = \boldsymbol{U}\mathrm{diag}(\mathcal{E}_+, \mathcal{E}_-)\boldsymbol{U}^{\mathrm{H}}$$

可将$\mathrm{diag}(\mathcal{E}_+, \mathcal{E}_-)$变换为位于光轴坐标系$\mathrm{Crd}_{oe}$的等值截面张量$\boldsymbol{\mathcal{E}}_o$。

略去推演过程，等值截面张量$\boldsymbol{\mathcal{E}}_o$为

$$\boldsymbol{\mathcal{E}}_o = \boldsymbol{\varepsilon}_{ro} + \boldsymbol{\delta}_o \tag{7.6.2}$$

其中，$\boldsymbol{\varepsilon}_{ro}$是截面固有张量

$$\boldsymbol{\varepsilon}_{ro} = \mathrm{diag}(\varepsilon_o, \varepsilon_o) \tag{7.6.3}$$

$\boldsymbol{\delta}_o$是等值截面感应张量

$$\boldsymbol{\delta}_o = \begin{bmatrix} \delta_{o1} & k\delta_w \exp(\mathrm{j}\sigma) \\ \hat{k}\delta_w \exp(-\mathrm{j}\sigma) & \delta_{o2} \end{bmatrix} \tag{7.6.4}$$

式中

$$\begin{cases} \delta_{o1} = \delta_{o2} = \dfrac{1}{2} n_o \Delta n \cos\alpha \\ \delta_w = n_o \Delta n \sin\alpha \end{cases} \tag{7.6.5}$$

与均匀介质明显不同，等值均匀介质的感应张量$\boldsymbol{\delta}_o$，非对角分量是完备复数，刻画了介质整体上的不均匀性。

7.7　模型演换

感应不均匀介质琼斯矩阵具有普适性和一般性，适合于实对称、复对称两种截面张量的情况；也适合均匀、似均匀、感应不均匀三种介质均匀性情况。

1. 对称性演换

截面张量实对称时，如电光效应、声光效应、弹光效应等，截面感应张量属于实数域。感应不均匀介质的琼斯矩阵被具体化为

$$\boldsymbol{J}\left(\frac{\varphi}{2}, \alpha, \sigma\right) = \begin{bmatrix} \cos\dfrac{\varphi}{2} + \mathrm{j}\cos\alpha\sin\dfrac{\varphi}{2} & \mathrm{j}\sin\alpha\sin\dfrac{\varphi}{2}\exp(\mathrm{j}\sigma) \\ \mathrm{j}\sin\alpha\sin\dfrac{\varphi}{2}\exp(-\mathrm{j}\sigma) & \cos\dfrac{\varphi}{2} - \mathrm{j}\cos\alpha\sin\dfrac{\varphi}{2} \end{bmatrix} \tag{7.7.1}$$

截面张量复对称时，即磁致旋光效应，截面感应张量属于复数域。感应不均匀介质的琼斯矩阵被具体化为

$$\boldsymbol{J}\left(\frac{\varphi}{2},\alpha,\sigma\right)=\begin{bmatrix}\cos\frac{\varphi}{2}+\mathrm{j}\cos\alpha\sin\frac{\varphi}{2} & -\sin\alpha\sin\frac{\varphi}{2}\exp(\mathrm{j}\sigma)\\ \sin\alpha\sin\frac{\varphi}{2}\exp(-\mathrm{j}\sigma) & \cos\frac{\varphi}{2}-\mathrm{j}\cos\alpha\sin\frac{\varphi}{2}\end{bmatrix} \tag{7.7.2}$$

注意到，如果截面感应张量属于实数域，琼斯矩阵的非对角元素有虚数符号 j，如果截面感应张量属于复数域，虚数符号反而消失了。

2. *似均匀性演换*

对于似均匀情况，如果截面感应角 $\alpha(z)$ 恒零，琼斯矩阵退化为

$$\boldsymbol{J}\left(\frac{\varphi}{2}\right)=\mathrm{diag}\left(\exp\left(\mathrm{j}\frac{\varphi}{2}\right),\exp\left(-\mathrm{j}\frac{\varphi}{2}\right)\right) \tag{7.7.3}$$

如果截面感应角 $\alpha(z)$ 恒直角，介质不均匀角 σ 为零，琼斯矩阵退化为

$$\boldsymbol{J}\left(\frac{\varphi}{2},\alpha,\sigma\right)=\begin{bmatrix}\cos\frac{\varphi}{2} & k\mathrm{j}\sin\frac{\varphi}{2}\\ \hat{k}\mathrm{j}\sin\frac{\varphi}{2} & \cos\frac{\varphi}{2}\end{bmatrix} \tag{7.7.4}$$

上述两式表明，如果是似均匀介质，介质感应角 α 与截面感应角 $\alpha(z)$ 一致，或 $\alpha=0°$ 或 $\alpha=90°$，琼斯矩阵 $\boldsymbol{J}$ 只与介质相移差 φ 有关。

3. *均匀性演换*

如果物理场的分布均匀，$\sigma=0$，琼斯矩阵简化为二元形式

$$\boldsymbol{J}\left(\frac{\varphi}{2},\alpha\right)=\begin{bmatrix}\cos\frac{\varphi}{2}+\mathrm{j}\cos\alpha\sin\frac{\varphi}{2} & k\mathrm{j}\sin\alpha\sin\frac{\varphi}{2}\\ \hat{k}\mathrm{j}\sin\alpha\sin\frac{\varphi}{2} & \cos\frac{\varphi}{2}-\mathrm{j}\cos\alpha\sin\frac{\varphi}{2}\end{bmatrix} \tag{7.7.5}$$

式(7.7.5)是普遍采用的光学介质琼斯矩阵，隐含的前提是物理场对介质的作用沿光程均匀。如果介质不均匀角 σ 很小，即感应不均匀情况不严重，可用式(7.7.5)表达，否则应采用感应不均匀介质的琼斯矩阵。

7.8　介质物理量光程积分

7.5 节明确了感应不均匀介质琼斯矩阵的形式，但介质整体物理量(相移差、感应角和不均匀角)的光程关系尚不清楚。琼斯矩阵元素是介质物理量的函数，介质物理量是截面感应张量的函数，因此感应不均匀介质的琼斯矩阵是个泛函数。介质物理量的光程关系不明晰，意味着琼斯矩阵的泛函数问题还没彻底解决，需开展进一步的研究工作。

探讨介质物理量与截面感应张量的解析关系应着眼介质微元。携带截面感应张量分量信息的微元琼斯矩阵全部级联起来，极限是介质整体的琼斯矩阵。本节从微元级联琼斯矩阵入手，探究介质物理量的光程积分关系。

7.8.1 级联琼斯矩阵元素递推式

将感应不均匀介质划分为若干微元。任意微元 $\mathrm{d}z_i$ 的琼斯矩阵为

$$\boldsymbol{J}\left(A_i, C_i\right)=\begin{bmatrix} A_i & k\mathrm{j}C_i \\ \hat{k}\mathrm{j}\hat{C}_i & \hat{A}_i \end{bmatrix} \tag{7.8.1}$$

其中，j是虚数符号；k 是数域系数，截面感应张量属于实数域时 $k=1$，属于复数域时 $k=\mathrm{j}$。

微元琼斯矩阵的元素为

$$\begin{cases} A_i=\cos\mathrm{d}\phi_i+\mathrm{j}\cos\alpha_i\sin\mathrm{d}\phi_i \\ C_i=\sin\alpha_i\sin\mathrm{d}\phi_i \end{cases} \tag{7.8.2}$$

式中，α_i 是微元感应角；$\mathrm{d}\phi_i$ 是二分之一微元相移差，即

$$\mathrm{d}\phi_i=\frac{1}{2}\mathrm{d}\varphi_i \tag{7.8.3}$$

$\mathrm{d}\phi_i$ 甚微，微元琼斯矩阵元素等价为

$$\begin{cases} A_i=1+\mathrm{j}\mathrm{d}\phi_i\cos\alpha_i \\ C_i=\mathrm{d}\phi_i\sin\alpha_i \end{cases} \tag{7.8.4}$$

m 阶微元级联琼斯矩阵为

$$\boldsymbol{J}\left(A\big|_1^m, C\big|_1^m\right)=\prod_{i=1}^{m}\boldsymbol{J}\left(A_i, C_i\right)=\begin{bmatrix} A\big|_1^m & k\mathrm{j}C\big|_1^m \\ \hat{k}\mathrm{j}\hat{C}\big|_1^m & \hat{A}\big|_1^m \end{bmatrix},\quad m\geqslant 1 \tag{7.8.5}$$

根据关系

$$\boldsymbol{J}\left(A\big|_1^m, C\big|_1^m\right)=\boldsymbol{J}\left(A\big|_1^{m-1}, C\big|_1^{m-1}\right)\boldsymbol{J}\left(A_m, C_m\right) \tag{7.8.6}$$

得到微元级联琼斯矩阵元素的递推式

$$\begin{cases} A\big|_1^m=A\big|_1^{m-1}A_m-C\big|_1^{m-1}C_m \\ C\big|_1^m=A\big|_1^{m-1}C_m+C\big|_1^{m-1}\hat{A}_m \end{cases} \tag{7.8.7}$$

容易验证，递推式等价为

$$\begin{bmatrix} A\big|_1^m \\ C\big|_1^m \end{bmatrix}=\begin{bmatrix} A\big|_1^{m-1} \\ C\big|_1^{m-1} \end{bmatrix}+\mathrm{d}\phi_m\boldsymbol{M}_m\begin{bmatrix} A\big|_1^{m-1} \\ C\big|_1^{m-1} \end{bmatrix} \tag{7.8.8}$$

这里

$$\boldsymbol{M}_m=\begin{bmatrix} j^1\cos\alpha_m & -j^0\sin\alpha_m \\ j^0\sin\alpha_{im} & j^{-1}\cos\alpha_m \end{bmatrix} \tag{7.8.9}$$

且

$$\begin{bmatrix} A\big|_1^0 \\ C\big|_1^0 \end{bmatrix}=\begin{bmatrix} 1 \\ 0 \end{bmatrix} \tag{7.8.10}$$

7.8.2 级联琼斯矩阵元素级数

根据式(7.8.8)的递推式，可得到级联琼斯矩阵的元素级数，就是

$$\begin{bmatrix} A|_1^m \\ C|_1^m \end{bmatrix} = \begin{bmatrix} 1 \\ 0 \end{bmatrix} + \sum_{i=1}^{m} \mathrm{d}\phi_i \boldsymbol{M}_i \begin{bmatrix} 1 \\ 0 \end{bmatrix} + \sum_{i=1}^{m}\sum_{j=i+1}^{m} \mathrm{d}\phi_i \mathrm{d}\phi_j \boldsymbol{M}_i \boldsymbol{M}_j \begin{bmatrix} 1 \\ 0 \end{bmatrix} + \cdots + \sum_{i=1}^{m}\sum_{j=i+1}^{m}\cdots\sum_{l=s+1}^{m} \overbrace{\mathrm{d}\phi_i \mathrm{d}\phi_j \cdots \mathrm{d}\phi_l}^{m\text{个}} \overbrace{\boldsymbol{M}_i \boldsymbol{M}_j \cdots \boldsymbol{M}_l}^{m\text{个}} \begin{bmatrix} 1 \\ 0 \end{bmatrix} \tag{7.8.11}$$

注意到

$$\boldsymbol{M}_i = \begin{bmatrix} j^1 \cos\alpha_i & -j^0 \sin\alpha_i \\ j^0 \sin\alpha_i & j^{-1} \cos\alpha_i \end{bmatrix}$$

$$\boldsymbol{M}_i \boldsymbol{M}_j = \begin{bmatrix} j^2 \cos(\alpha_i - \alpha_j) & -j^{-1} \sin(\alpha_i - \alpha_j) \\ j^1 \sin(\alpha_i - \alpha_j) & j^{-2} \cos(\alpha_i - \alpha_j) \end{bmatrix}$$

$$\boldsymbol{M}_i \boldsymbol{M}_j \boldsymbol{M}_k = \begin{bmatrix} j^3 \cos(\alpha_i - \alpha_j + \alpha_k) & -j^{-2} \sin(\alpha_i - \alpha_j + \alpha_k) \\ j^2 \sin(\alpha_i - \alpha_j + \alpha_k) & j^{-3} \cos(\alpha_i - \alpha_j + \alpha_k) \end{bmatrix}$$

一般地

$$\overbrace{\boldsymbol{M}_i \boldsymbol{M}_j \cdots \boldsymbol{M}_l}^{p\text{项}} = \begin{bmatrix} j^p \cos\left(\overbrace{\alpha_i - \alpha_j + \cdots - \alpha_l}^{p\text{项}}\right) & -j^{-(p-1)} \sin\left(\overbrace{\alpha_i - \alpha_j + \cdots - \alpha_l}^{p\text{项}}\right) \\ j^{(p-1)} \sin\left(\overbrace{\alpha_i - \alpha_j + \cdots - \alpha_l}^{p\text{项}}\right) & j^{-p} \cos\left(\overbrace{\alpha_i - \alpha_j + \cdots - \alpha_l}^{p\text{项}}\right) \end{bmatrix} \tag{7.8.12}$$

根据式(7.8.12)，有

$$\mathrm{d}\phi_i \boldsymbol{M}_i \begin{bmatrix} 1 \\ 0 \end{bmatrix} = \mathrm{d}\phi_i \begin{bmatrix} j^1 \cos\alpha_i \\ j^0 \sin\alpha_i \end{bmatrix}$$

$$\mathrm{d}\phi_i \mathrm{d}\phi_j \boldsymbol{M}_i \boldsymbol{M}_j \begin{bmatrix} 1 \\ 0 \end{bmatrix} = \mathrm{d}\phi_i \mathrm{d}\phi_j \begin{bmatrix} j^2 \cos(\alpha_i - \alpha_j) \\ j^1 \sin(\alpha_i - \alpha_j) \end{bmatrix}$$

$$\mathrm{d}\phi_i \mathrm{d}\phi_j \mathrm{d}\phi_k \boldsymbol{M}_i \boldsymbol{M}_j \boldsymbol{M}_l \begin{bmatrix} 1 \\ 0 \end{bmatrix} = \mathrm{d}\phi_i \mathrm{d}\phi_j \mathrm{d}\phi_k \begin{bmatrix} j^3 \cos(\alpha_i - \alpha_j + \alpha_k) \\ j^2 \sin(\alpha_i - \alpha_j + \alpha_k) \end{bmatrix}$$

一般地

$$\overbrace{\mathrm{d}\phi_i \mathrm{d}\phi_j \cdots \mathrm{d}\phi_l}^{p\text{项}} \overbrace{\boldsymbol{M}_i \boldsymbol{M}_j \cdots \boldsymbol{M}_l}^{p\text{项}} \begin{bmatrix} 1 \\ 0 \end{bmatrix} = \overbrace{\mathrm{d}\phi_i \mathrm{d}\phi_j \cdots \mathrm{d}\phi_l}^{p\text{项}} \begin{bmatrix} j^p \cos\left(\overbrace{\alpha_i - \alpha_j + \cdots - \alpha_l}^{p\text{项}}\right) \\ j^{p-1} \sin\left(\overbrace{\alpha_i - \alpha_j + \cdots - \alpha_l}^{p\text{项}}\right) \end{bmatrix} \tag{7.8.13}$$

记

$$\begin{bmatrix} a_m^p \\ c_m^p \end{bmatrix} = \overbrace{\sum_{i=1}^{m}\sum_{j=i+1}^{m}\cdots\sum_{j=s+1}^{m}}^{p\text{项}} \overbrace{\mathrm{d}\phi_i \mathrm{d}\phi_j \cdots \mathrm{d}\phi_l}^{p\text{项}} \begin{bmatrix} j^p \cos\left(\overbrace{\alpha_i - \alpha_j + \cdots - \alpha_l}^{p\text{项}}\right) \\ j^{p-1} \sin\left(\overbrace{\alpha_i - \alpha_j + \cdots - \alpha_l}^{p\text{项}}\right) \end{bmatrix} \tag{7.8.14}$$

于是，级联琼斯矩阵的元素级数表达为

$$\begin{bmatrix} A\big|_1^m \\ C\big|_1^m \end{bmatrix} = \begin{bmatrix} 1 \\ 0 \end{bmatrix} + \begin{bmatrix} a_m^1 \\ c_m^1 \end{bmatrix} + \begin{bmatrix} a_m^2 \\ c_m^2 \end{bmatrix} + \cdots + \begin{bmatrix} a_m^m \\ c_m^m \end{bmatrix} = \begin{bmatrix} 1 \\ 0 \end{bmatrix} + \sum_{p=1}^{m} \begin{bmatrix} a_m^p \\ c_m^p \end{bmatrix} \tag{7.8.15}$$

7.8.3　琼斯矩阵元素积分级数

介质琼斯矩阵是级联琼斯矩阵之极限。当 $m \to \infty$ 时，式(7.8.14)的级数项变形为如下的积分

$$\begin{bmatrix} a^p \\ c^p \end{bmatrix} = \lim_{m\to\infty} \begin{bmatrix} a_m^p \\ c_m^p \end{bmatrix} = \overbrace{\int_0^{\phi}\int_{\phi_1}^{\phi}\cdots\int_{\phi_{p-1}}^{\phi}}^{p\text{项}} \begin{bmatrix} j^p \cos\left(\overbrace{\alpha(z_1) - \alpha(z_2) + \cdots - \alpha(z_p)}^{p\text{项}}\right) \\ j^{p-1} \sin\left(\overbrace{\alpha(z_1) - \alpha(z_2) + \cdots - \alpha(z_p)}^{p\text{项}}\right) \end{bmatrix} \overbrace{\mathrm{d}\phi_1 \mathrm{d}\phi_2 \cdots \mathrm{d}\phi_p}^{p\text{项}} \tag{7.8.16}$$

式(7.8.16)过于烦琐，不利于元素级数的书写。为了表述简洁，约定 3 个简记符号

$$\begin{cases} \alpha_{\pm}^p = \overbrace{\alpha(z_1) - \alpha(z_2) + \cdots - \alpha(z_p)}^{p\text{项}} \\ \mathrm{d}_{\Pi}^p \phi = \overbrace{\mathrm{d}\phi_1 \mathrm{d}\phi_2 \cdots \mathrm{d}\phi_p}^{p\text{项}} \\ \int_{\Pi}^{p} = \overbrace{\int_0^{\phi}\int_{\phi_1}^{\phi}\cdots\int_{\phi_{p-1}}^{\phi}}^{p\text{项}} \end{cases} \tag{7.8.17}$$

这样，式(7.8.16)的级数项简化为

$$\begin{bmatrix} a^p \\ c^p \end{bmatrix} = \int_{\Pi}^{p} \begin{bmatrix} j^p \cos\left(\alpha_{\pm}^p\right) \\ j^{p-1} \sin\left(\alpha_{\pm}^p\right) \end{bmatrix} \mathrm{d}_{\Pi}^p \phi \tag{7.8.18}$$

因此，感应不均匀介质琼斯矩阵可表达为积分形式

$$\begin{bmatrix} A \\ C \end{bmatrix} = \lim_{m\to\infty} \begin{bmatrix} A\big|_1^m \\ C\big|_1^m \end{bmatrix} = \begin{bmatrix} 1 \\ 0 \end{bmatrix} + \sum_{p=1}^{\infty} \int_{\Pi}^{p} \begin{bmatrix} j^p \cos\left(\alpha_{\pm}^p\right) \\ j^{p-1} \sin\left(\alpha_{\pm}^p\right) \end{bmatrix} \mathrm{d}_{\Pi}^p \phi \tag{7.8.19}$$

其实部、虚部分解形式是

$$\begin{cases} 1+\sum\limits_{p=1}^{\infty}(-1)^{p}\int_{\Pi}^{2p}\cos\left(\alpha_{\pm}^{2p}\right)\mathrm{d}_{\Pi}^{2p}\phi+\mathrm{j}\sum\limits_{p=1}^{\infty}(-1)^{p-1}\int_{\Pi}^{2p-1}\cos\left(\alpha_{\pm}^{2p-1}\right)\mathrm{d}_{\Pi}^{2p-1}\phi \\ \sum\limits_{p=1}^{\infty}(-1)^{p-1}\int_{\Pi}^{2p-1}\sin\left(\alpha_{\pm}^{2p-1}\right)\mathrm{d}_{\Pi}^{2p-1}\phi+\mathrm{j}\sum\limits_{p=1}^{\infty}(-1)^{p}\int_{\Pi}^{2p}\sin\left(\alpha_{\pm}^{2p}\right)\mathrm{d}_{\Pi}^{2p}\phi \end{cases} \tag{7.8.20}$$

7.8.4　同幂项相等关系

由 7.5 节知道，感应不均匀介质琼斯矩阵元素是

$$\begin{cases} A=\cos\phi+\mathrm{j}\cos\alpha\sin\phi \\ C=\sin\alpha\sin\phi\exp(\mathrm{j}\sigma) \end{cases}$$

其中，ϕ是介质相移差；α 是介质感应角；σ 是介质不均匀角。因此

$$\begin{cases} \mathrm{Re}(A)=\cos\phi=1+\sum\limits_{p=1}^{\infty}(-1)^{p}\int_{\Pi}^{2p}\cos\left(\alpha_{\pm}^{2p}\right)\mathrm{d}_{\Pi}^{2p}\phi \\ \mathrm{Im}(A)=\cos\alpha\sin\phi=\sum\limits_{p=1}^{\infty}(-1)^{p-1}\int_{\Pi}^{2p-1}\cos\left(\alpha_{\pm}^{2p-1}\right)\mathrm{d}_{\Pi}^{2p-1}\phi \\ \mathrm{Re}(C)=\sin\alpha\sin\phi\cos\sigma=\sum\limits_{p=1}^{\infty}(-1)^{p-1}\int_{\Pi}^{2p-1}\sin\left(\alpha_{\pm}^{2p-1}\right)\mathrm{d}_{\Pi}^{2p-1}\phi \\ \mathrm{Im}(C)=\sin\alpha\sin\phi\sin\sigma=\sum\limits_{p=1}^{\infty}(-1)^{p}\int_{\Pi}^{2p}\sin\left(\alpha_{\pm}^{2p}\right)\mathrm{d}_{\Pi}^{2p}\phi \end{cases} \tag{7.8.21}$$

注意到

$$\int_{0}^{\phi_{\Pi}^{p}}\mathrm{d}\phi_{\Pi}^{p}=\frac{1}{p!}\phi^{p} \tag{7.8.22}$$

由积分中值定理，并考虑上式，式(7.8.21)第 1 式等价为

$$\cos\phi=1+\sum_{p=1}^{\infty}(-1)^{p}\cos\left(\bar{\alpha}_{\pm}^{2p}\right)\frac{1}{(2p)!}\phi^{2p}$$

其中，$\cos\left(\bar{\alpha}_{\pm}^{2p}\right)$是积分中值。显然

$$1+\sum_{p=1}^{\infty}(-1)^{p}\frac{1}{(2p)!}\phi^{2p}=1+\sum_{p=1}^{\infty}(-1)^{p}\cos\left(\bar{\alpha}_{\pm}^{2p}\right)\frac{1}{(2p)!}\phi^{2p}$$

由待定系数法，得

$$\cos\left(\bar{\alpha}_{\pm}^{2p}\right)\equiv 1,\quad p=1,2,\cdots \tag{7.8.23}$$

于是有同幂项相等关系

$$\frac{1}{(2p)!}\phi^{2p}=\int_{\Pi}^{2p}\cos\left(\alpha_{\pm}^{2p}\right)d_{\Pi}^{2p}\phi,\quad p=1,2,\cdots \tag{7.8.24}$$

当 $p=1$时

$$\phi^2 = 2\int_0^{\phi}\int_{\phi_1}^{\phi}\cos\left(\alpha(z_1)-\alpha(z_2)\right)\mathrm{d}\phi_2\mathrm{d}\phi_1 \tag{7.8.25}$$

式(7.8.21)第 2 式等价为

$$\cos\alpha\sin\phi = \sum_{p=1}^{\infty}(-1)^{p-1}\cos\left(\overline{\alpha}_{\pm}^{2p-1}\right)\frac{1}{(2p-1)!}\phi^{2p-1}$$

其中，$\cos\left(\overline{\alpha}_{\pm}^{2p-1}\right)$是积分中值。显然

$$\cos\alpha\sum_{p=1}^{\infty}(-1)^{p-1}\frac{1}{(2p-1)!}\phi^{2p-1} = \sum_{p=1}^{\infty}(-1)^{p-1}\cos\left(\overline{\alpha}_{\pm}^{2p-1}\right)\frac{1}{(2p-1)!}\phi^{2p-1}$$

由待定系数法求得

$$\cos\left(\overline{\alpha}_{\pm}^{2p-1}\right) \equiv \cos\alpha,\quad p=1,2,\cdots \tag{7.8.26}$$

因此有同次项相等关系

$$\frac{1}{(2p-1)!}\cos\alpha\phi^{2p-1} = \int_{\Pi}^{2p-1}\cos\left(\alpha_{\pm}^{2p-1}\right)\mathrm{d}_{\Pi}^{2p-1}\phi,\quad p=1,2,\cdots \tag{7.8.27}$$

当 $p=1$ 时

$$\phi\cos\alpha = \int_0^{\phi}\cos\alpha(z)\mathrm{d}\phi \tag{7.8.28}$$

同样，由(7.8.21)第 3 式和第 4 式可得到如下的同幂项相等关系

$$\begin{cases}\dfrac{1}{(2p-1)!}\phi^{2p-1}\sin\alpha\cos\sigma = \displaystyle\int_{\Pi}^{2p-1}\sin\left(\alpha_{\pm}^{2p-1}\right)\mathrm{d}_{\Pi}^{2p-1}\phi \\ \dfrac{1}{(2p-1)!}\phi^{2p-1}\sin\alpha\sin\sigma = \displaystyle\int_{\Pi}^{2p}\sin\left(\alpha_{\pm}^{2p}\right)\mathrm{d}_{\Pi}^{2p}\phi\end{cases},\quad p=1,2,\cdots \tag{7.8.29}$$

当 $p=1$ 时

$$\begin{cases}\phi\sin\alpha\cos\sigma = \displaystyle\int_0^{\phi}\sin\alpha(z)\mathrm{d}\phi \\ \phi\sin\alpha\sin\sigma = \displaystyle\int_0^{\phi}\int_{\phi_1}^{\phi}\sin\left(\alpha(z_1)-\alpha(z_2)\right)\mathrm{d}\phi_2\mathrm{d}\phi_1\end{cases} \tag{7.8.30}$$

7.8.5 物理量积分式

介质相移差为

$$\phi = \left(2\int_0^{\phi}\int_{\phi_1}^{\phi}\cos\left(\alpha(z_1)-\alpha(z_2)\right)\mathrm{d}\phi_2\mathrm{d}\phi_1\right)^{\frac{1}{2}} \tag{7.8.31}$$

由式(7.8.28)，介质感应角为

$$\cos\alpha = \frac{1}{\phi}\int_0^{\phi}\cos\alpha(z)\mathrm{d}\phi \tag{7.8.32}$$

由式(7.8.30)，介质不均匀角为

$$\tan\sigma=\frac{\int_0^{\phi}\int_{\phi_1}^{\phi}\sin\left(\alpha(z_1)-\alpha(z_2)\right)\mathrm{d}\phi_2\mathrm{d}\phi_1}{\int_0^{\phi}\sin\alpha(z)\mathrm{d}\phi} \tag{7.8.33}$$

考虑相移差关系

$$\phi=\frac{1}{2}\varphi$$

式(7.8.31)～式(7.8.33)分别变形为

$$\varphi=\left(2\int_0^{\varphi}\int_{\varphi_1}^{\varphi}\cos\left(\alpha(z_1)-\alpha(z_2)\right)\mathrm{d}\varphi_2\mathrm{d}\varphi_1\right)^{\frac{1}{2}} \tag{7.8.34}$$

$$\cos\alpha=\frac{1}{\varphi}\int_0^{\varphi}\cos\alpha(z)\mathrm{d}\varphi \tag{7.8.35}$$

$$\tan\sigma=\frac{\int_0^{\varphi}\int_{\varphi_1}^{\varphi}\sin\left(\alpha(z_1)-\alpha(z_2)\right)\mathrm{d}\varphi_2\mathrm{d}\varphi_1}{2\int_0^{\varphi}\sin\alpha(z)\mathrm{d}\varphi} \tag{7.8.36}$$

注意到

$$\begin{cases}\cos\alpha(z)\mathrm{d}\varphi=\dfrac{2\pi}{\lambda n_0}\delta_\Delta(z)\mathrm{d}z\\ \sin\alpha(z)\mathrm{d}\varphi=\dfrac{2\pi}{\lambda n_0}\delta_w(z)\mathrm{d}z\\ \cos\left(\alpha(z_1)-\alpha(z_2)\right)\mathrm{d}\varphi_1\mathrm{d}\varphi_2=\left(\dfrac{2\pi}{\lambda n_0}\right)^2\left(\delta_\Delta(z_1)\delta_\Delta(z_2)+\delta_w(z_1)\delta_w(z_2)\right)\mathrm{d}z_1\mathrm{d}z_2\\ \sin\left(\alpha(z_1)-\alpha(z_2)\right)\mathrm{d}\varphi_1\mathrm{d}\varphi_2=\left(\dfrac{2\pi}{\lambda n_0}\right)^2\left(\delta_w(z_1)\delta_\Delta(z_2)-\delta_\Delta(z_1)\delta_w(z_2)\right)\mathrm{d}z_1\mathrm{d}z_2\end{cases} \tag{7.8.37}$$

其中，λ是光波的波长；n_0是介质固有折射率；δ_w是截面感应张量的非对角分量；δ_Δ是截面感应张量对角分量的差均值。考虑式(7.8.37)，式(7.8.34)、式(7.8.35)和式(7.8.36)变形为如下的截面感应张量分量形式

$$\varphi=\frac{2\pi}{\lambda n_0}\left(2\int_{z_s}^{z_e}\int_{z_1}^{z_e}\left(\delta_\Delta(z_1)\delta_\Delta(z_2)+\delta_w(z_1)\delta_w(z_2)\right)\mathrm{d}z_2\mathrm{d}z_1\right)^{\frac{1}{2}} \tag{7.8.38}$$

$$\cos\alpha=\frac{2\pi}{\lambda n_0\varphi}\int_{z_s}^{z_e}\delta_\Delta(z)\mathrm{d}z \tag{7.8.39}$$

$$\tan\sigma=\frac{2\pi}{\lambda n_0}\frac{\int_{z_s}^{z_e}\int_{z_1}^{z_e}\left(\delta_w(z_1)\delta_\Delta(z_2)-\delta_\Delta(z_1)\delta_w(z_2)\right)\mathrm{d}z_2\mathrm{d}z_1}{\int_{z_s}^{z_e}\delta_w(z)\mathrm{d}z} \tag{7.8.40}$$

式中，z_s 和 z_e 分别是积分路径的起点和终点。

7.8.6 均匀介质情形

均匀或似均匀介质，$\alpha(z)\equiv\alpha$，于是

$$\alpha_{\pm}^{p}=\begin{cases}0, & p=2,4,6,\cdots\\ \alpha, & p=1,3,5,\cdots\end{cases}$$

因此

$$\begin{cases}\mathrm{Re}(A)=1+\sum\limits_{p=1}^{\infty}(-1)^{p}\int_{\Pi}^{2p}\cos\left(\alpha_{\pm}^{2p}\right)\mathrm{d}_{\Pi}^{2p}\phi=1+\sum\limits_{p=1}^{\infty}(-1)^{p}\int_{\Pi}^{2p}\mathrm{d}_{\Pi}^{2p}\phi\\ \mathrm{Im}(A)=\sum\limits_{p=1}^{\infty}(-1)^{p-1}\int_{\Pi}^{2p-1}\cos\left(\alpha_{\pm}^{2p-1}\right)\mathrm{d}_{\Pi}^{2p-1}\phi=\cos\alpha\sum\limits_{p=1}^{\infty}(-1)^{p-1}\int_{\Pi}^{2p-1}\mathrm{d}_{\Pi}^{2p-1}\phi\\ \mathrm{Re}(C)=\sum\limits_{p=1}^{\infty}(-1)^{p-1}\int_{\Pi}^{2p-1}\sin\left(\alpha_{\pm}^{2p-1}\right)\mathrm{d}_{\Pi}^{2p-1}\phi=\sin\alpha\sum\limits_{p=1}^{\infty}(-1)^{p-1}\int_{\Pi}^{2p-1}\mathrm{d}_{\Pi}^{2p-1}\phi\\ \mathrm{Im}(C)=\sum\limits_{p=1}^{\infty}(-1)^{p}\int_{\Pi}^{2p}\sin\left(\alpha_{\pm}^{2p}\right)\mathrm{d}_{\Pi}^{2p}\phi=0\end{cases}$$

考虑式(7.8.22)，得到

$$\begin{cases}\mathrm{Re}(A)=1+\sum\limits_{p=1}^{\infty}(-1)^{p}\dfrac{1}{(2p)!}\phi^{2p}=\cos\phi\\ \mathrm{Im}(A)=\cos\alpha\sum\limits_{p=1}^{\infty}(-1)^{p-1}\dfrac{1}{(2p-1)!}\phi^{2p-1}=\cos\alpha\sin\phi\\ \mathrm{Re}(C)=\sin\alpha\sum\limits_{p=1}^{\infty}(-1)^{p-1}\dfrac{1}{(2p-1)!}\phi^{2p-1}=\sin\alpha\sin\phi\\ \mathrm{Im}(C)=0\end{cases}\tag{7.8.41}$$

表明均匀或似均匀介质琼斯矩阵的元素为

$$\begin{cases}A=\cos\phi+\mathrm{j}\cos\alpha\sin\phi\\ C=\sin\alpha\sin\phi\end{cases}\tag{7.8.42}$$

7.8.7 酉矩阵属性的破缺及修复

式(7.8.4)微元琼斯矩阵的行列式为

$$\det\left(\boldsymbol{J}(A_i,C_i)\right)=|A_i|^2+C_i^2=1+(\mathrm{d}\phi_i)^2\tag{7.8.43}$$

式(7.8.5)微元级联琼斯矩阵的行列式为

$$\det\left(\boldsymbol{J}\left(A\big|_1^m,C\big|_1^m\right)\right)=\det\left(\prod_{i=1}^{m}\boldsymbol{J}(A_i,C_i)\right)=\prod_{i=1}^{m}\det\left(\boldsymbol{J}(A_i,C_i)\right)=1+\sum_{i=1}^{m}(\mathrm{d}\phi_i)^2+\xi\tag{7.8.44}$$

其中，ξ 是关于 $(\mathrm{d}\phi_i)$ 的 3 次及以上项。

式(7.8.43)和式(7.8.44)表明，由于行列式不为 1 但接近于 1，微元琼斯矩阵、微元级联琼斯矩阵不再是酉矩阵却都近似为酉矩阵。两种情况的酉矩阵属性都有微小的破缺。

感应不均匀介质琼斯矩阵是上式的极限，即

$$\det\left(\boldsymbol{J}\left(A,C\right)\right)=\lim_{m\to\infty}\det\left(\boldsymbol{J}\left(A\big|_1^m,C\big|_1^m\right)\right)=1+\lim_{m\to\infty}\left(\sum_{i=1}^{m}\left(\mathrm{d}\phi_i\right)^2+\xi\right)=1 \tag{7.8.45}$$

式(7.8.45)表明，基于微元级联琼斯矩阵极限获得的感应不均匀介质琼斯矩阵是酉矩阵，极限运算使酉矩阵属性的破缺得到了修复。

7.9　小　　结

感应角不均匀的介质是感应不均匀介质。本章研究表明，感应不均匀介质可以用准确、简捷、清晰的琼斯矩阵解析式表达。主要结论如下。

(1)感应不均匀介质琼斯矩阵级联式含有四个实数。由于具备幺行列式属性，构成矩阵的四个实数不独立，有冗余。

(2)基于酉变换，可将感应不均匀介质的四元琼斯矩阵表示为三元形式，介质相移差、介质感应角、介质不均匀角三个物理量属于介质整体，在数学上相互独立，没有冗余，具有光学效应的普适性，具有描述不均匀和均匀情况的一般性。

(3)均匀介质、似均匀介质时，介质不均匀角为零，介质相移差退化为均匀介质的相移差，介质感应角退化为截面感应角，琼斯矩阵退化为二元形式。

(4)感应不均匀介质可用等值截面的方式表现为均匀介质。所不同的是，等值截面张量出现了介质不均匀角。

(5)基于微元级联琼斯矩阵元素的递推关系，可得到级联琼斯矩阵元素的极限，进而可得到光学介质琼斯矩阵元素的积分级数。在此基础上，利用同幂项相等关系，可推导出介质整体物理量的光程积分表达式。光程积分关系是感应不均匀介质琼斯矩阵理论及方法不可分割的组成部分，为定量分析感应不均匀介质的光传输问题提供了解析手段。

第 8 章　标 幺 空 间

标幺值是电气工程术语[36]，是相对基准值的电气量数值。等于基准值的电气量，标幺值为 1。

与光波和物理场并列，介质是论析光学效应的三个要素之一。本章引入电气工程中的标幺值概念，以固有张量为基准张量构建标幺张量，借此形成光学效应的标幺空间。简单地说，将固有张量变换为单位张量的微栖张量即标幺张量，相应的变换称为标幺变换。

电气工程学科中的标幺值消除了电气量电压等级的差异，表述简洁。异曲同工，光学效应的标幺张量固有张量归一，消除了数值差异；感应张量唯一，与固有张量是否为逆张量无关；标幺张量自然微耦；标幺张量及逆张量只相差感应张量的符号、数值相同、镜像对偶。

8.1　标 幺 变 换

称如下的矩阵

$$\boldsymbol{T} \in \mathbb{R}^{3\times3} = \boldsymbol{P}\mathrm{diag}(n_1, n_2, n_3) \tag{8.1.1}$$

为介质张量的**标幺变换矩阵**。其中，$\boldsymbol{P} \in \mathbb{R}^{3\times3}$ 是任意坐标系 $\mathrm{Crd}_{\alpha\beta\gamma}$ 中固有张量的正交矩阵；n_1, n_2, n_3 是折射率。

$\boldsymbol{P}$ 是正交矩阵，因此 $\boldsymbol{P}^{-1} = \boldsymbol{P}^{\mathrm{T}}$。这样，标幺变换矩阵的逆为

$$\boldsymbol{T}^{-1} = \mathrm{diag}\left(\frac{1}{n_1}, \frac{1}{n_2}, \frac{1}{n_3}\right)\boldsymbol{P}^{\mathrm{T}} \tag{8.1.2}$$

由于

$$\begin{cases} \boldsymbol{T}\boldsymbol{T}^{\mathrm{T}} = \boldsymbol{P}\mathrm{diag}(n_1^2, n_2^2, n_3^2)\boldsymbol{P}^{\mathrm{T}} = \boldsymbol{P}\boldsymbol{\varepsilon}_{r123}\boldsymbol{P}^{\mathrm{T}} = \boldsymbol{\varepsilon}_{r\alpha\beta\gamma} \\ \boldsymbol{T}^{\mathrm{T}}\boldsymbol{T} = \mathrm{diag}(n_1, n_2, n_3)\boldsymbol{P}^{\mathrm{T}}\boldsymbol{P}\mathrm{diag}(n_1, n_2, n_3) = \boldsymbol{\varepsilon}_{r123} \end{cases}$$

故标幺变换矩阵 $\boldsymbol{T}$ 满足关系

$$\begin{cases} \boldsymbol{T}\boldsymbol{T}^{\mathrm{T}} = \boldsymbol{\varepsilon}_{r\alpha\beta\gamma} \\ \boldsymbol{T}^{\mathrm{T}}\boldsymbol{T} = \boldsymbol{\varepsilon}_{r123} \end{cases} \tag{8.1.3}$$

任意直角坐标系 $\mathrm{Crd}_{\alpha\beta\gamma}$ 中，微栖张量 $\boldsymbol{\mathcal{E}}_{\alpha\beta\gamma}$、微栖逆张量 $\boldsymbol{N}_{\alpha\beta\gamma}$ 的**标幺变换**为

$$\begin{cases} \tilde{\boldsymbol{\mathcal{E}}} = \boldsymbol{T}^{-1}\boldsymbol{\mathcal{E}}_{\alpha\beta\gamma}\boldsymbol{T}^{-\mathrm{T}} \\ \tilde{\boldsymbol{N}} = \boldsymbol{T}^{\mathrm{T}}\boldsymbol{N}_{\alpha\beta\gamma}\boldsymbol{T} \end{cases} \tag{8.1.4}$$

电场矢量 $\boldsymbol{E}_{\alpha\beta\gamma}$ 和 $\boldsymbol{D}_{\alpha\beta\gamma}$ 的**标幺变换**为

$$\begin{cases}\tilde{\boldsymbol{E}} = \boldsymbol{T}^{\mathrm{T}}\boldsymbol{E}_{\alpha\beta\gamma} \\ \tilde{\boldsymbol{D}} = \boldsymbol{T}^{-1}\boldsymbol{D}_{\alpha\beta\gamma}\end{cases} \tag{8.1.5}$$

并称 $\tilde{\boldsymbol{\mathcal{E}}}$ 是标幺微栖张量，$\tilde{\boldsymbol{N}}$ 是标幺微栖逆张量，$\tilde{\boldsymbol{E}}$ 是标幺电场强度，$\tilde{\boldsymbol{D}}$ 是标幺电位移矢量。其中 $\boldsymbol{T}^{-\mathrm{T}}$ 是如下的简记

$$\boldsymbol{T}^{-\mathrm{T}} = \left(\boldsymbol{T}^{-1}\right)^{\mathrm{T}}$$

对标幺微栖张量 $\tilde{\boldsymbol{\mathcal{E}}}$ 实施逆运算，有

$$\tilde{\boldsymbol{\mathcal{E}}}^{-1} = \left(\boldsymbol{T}^{-1}\boldsymbol{\mathcal{E}}_{\alpha\beta\gamma}\boldsymbol{T}^{-\mathrm{T}}\right)^{-1} = \boldsymbol{T}^{\mathrm{T}}\boldsymbol{\mathcal{E}}_{\alpha\beta\gamma}^{-1}\boldsymbol{T} = \boldsymbol{T}^{\mathrm{T}}\boldsymbol{N}_{\alpha\beta\gamma}\boldsymbol{T}$$

于是

$$\tilde{\boldsymbol{\mathcal{E}}}^{-1} = \tilde{\boldsymbol{N}} \tag{8.1.6}$$

即标幺变换不影响微栖张量与其逆张量的互逆关系。

8.2　标幺空间相关命题

8.2.1　标幺张量

命题 8.1(标幺固有张量命题)　标幺固有介电张量是单位张量，即

$$\tilde{\boldsymbol{\varepsilon}}_r = \boldsymbol{I} \tag{8.2.1}$$

证明：标幺固有介电张量是固有介电张量 $\boldsymbol{\varepsilon}_{r\alpha\beta\gamma}$ 标幺变换的结果，即

$$\tilde{\varepsilon}_r = \boldsymbol{T}^{-1}\varepsilon_{r\alpha\beta\gamma}\boldsymbol{T}^{-\mathrm{T}} = \operatorname{diag}\left(\frac{1}{n_1},\frac{1}{n_2},\frac{1}{n_3}\right)\boldsymbol{P}^{\mathrm{T}}\varepsilon_{r\alpha\beta\gamma}\boldsymbol{P}\operatorname{diag}\left(\frac{1}{n_1},\frac{1}{n_2},\frac{1}{n_3}\right)$$

由于

$$\boldsymbol{P}^{\mathrm{T}}\boldsymbol{\varepsilon}_{r\alpha\beta\gamma}\boldsymbol{P} = \boldsymbol{\varepsilon}_{r123} = \operatorname{diag}\left(n_1^2, n_2^2, n_3^2\right)$$

故 $\tilde{\boldsymbol{\varepsilon}}_r = \boldsymbol{I}$。

证毕

推论 8.1 标幺固有逆介电张量也是单位张量，即

$$\tilde{\boldsymbol{\eta}} = \boldsymbol{I} \tag{8.2.2}$$

推论显然，不证。

命题 8.2(标幺感应张量命题)　标幺微栖张量和标幺微栖逆张量中的标幺感应张量相同，即

$$\tilde{\boldsymbol{\delta}} = \tilde{\boldsymbol{\sigma}} = \boldsymbol{g} \tag{8.2.3}$$

证明：标幺微栖张量中的标幺感应张量 $\tilde{\boldsymbol{\delta}}$ 为

$$\begin{aligned}\tilde{\boldsymbol{\delta}} &= \boldsymbol{T}^{-1}\boldsymbol{\delta}_{\alpha\beta\gamma}\boldsymbol{T}^{-\mathrm{T}} = \operatorname{diag}\left(\frac{1}{n_1},\frac{1}{n_2},\frac{1}{n_3}\right)\boldsymbol{P}^{\mathrm{T}}\boldsymbol{\delta}_{\alpha\beta\gamma}\boldsymbol{P}\operatorname{diag}\left(\frac{1}{n_1},\frac{1}{n_2},\frac{1}{n_3}\right) \\ &= \operatorname{diag}\left(\frac{1}{n_1},\frac{1}{n_2},\frac{1}{n_3}\right)\boldsymbol{\delta}_{123}\operatorname{diag}\left(\frac{1}{n_1},\frac{1}{n_2},\frac{1}{n_3}\right)\end{aligned}$$

注意到

$$\boldsymbol{\delta}_{123} = \boldsymbol{\varepsilon}_{r123}\boldsymbol{\sigma}_{123}\boldsymbol{\varepsilon}_{r123}$$

于是

$$\begin{aligned}\tilde{\boldsymbol{\delta}} &= \operatorname{diag}\left(\frac{1}{n_1},\frac{1}{n_2},\frac{1}{n_3}\right)\boldsymbol{\varepsilon}_{r123}\boldsymbol{\sigma}_{123}\boldsymbol{\varepsilon}_{r123}\operatorname{diag}\left(\frac{1}{n_1},\frac{1}{n_2},\frac{1}{n_3}\right)\\ &= \operatorname{diag}(n_1,n_2,n_3)\boldsymbol{\sigma}_{123}\operatorname{diag}(n_1,n_2,n_3)\end{aligned}$$

标幺微栖逆张量中的标幺感应张量$\tilde{\boldsymbol{\sigma}}$为

$$\begin{aligned}\tilde{\boldsymbol{\sigma}} &= \boldsymbol{T}^{\mathrm{T}}\boldsymbol{\sigma}_{\alpha\beta\gamma}\boldsymbol{T} = \operatorname{diag}(n_1,n_2,n_3)\boldsymbol{P}^{\mathrm{T}}\boldsymbol{\sigma}_{\alpha\beta\gamma}\boldsymbol{P}\operatorname{diag}(n_1,n_2,n_3)\\ &= \operatorname{diag}(n_1,n_2,n_3)\boldsymbol{\sigma}_{123}\operatorname{diag}(n_1,n_2,n_3)\end{aligned}$$

显然，$\tilde{\boldsymbol{\delta}}=\tilde{\boldsymbol{\sigma}}$。

令$\boldsymbol{g}=\tilde{\boldsymbol{\delta}}=\tilde{\boldsymbol{\sigma}}$，命题成立。

证毕

根据如下的微栖关系

$$\begin{cases}\boldsymbol{\mathcal{E}}_{\alpha\beta\gamma} = \boldsymbol{\varepsilon}_{r\alpha\beta\gamma} + \boldsymbol{\delta}_{\alpha\beta\gamma}\\ \boldsymbol{N}_{\alpha\beta\gamma} = \boldsymbol{\eta}_{\alpha\beta\gamma} - \boldsymbol{\sigma}_{\alpha\beta\gamma}\end{cases} \tag{8.2.4}$$

并考虑上面两个命题，可得到如下命题。

命题 8.3(标幺张量命题) 标幺微栖张量$\tilde{\boldsymbol{\mathcal{E}}}$及其逆张量$\tilde{\boldsymbol{N}}$分别为

$$\begin{cases}\tilde{\boldsymbol{\mathcal{E}}} = \boldsymbol{I} + \boldsymbol{g}\\ \tilde{\boldsymbol{N}} = \boldsymbol{I} - \boldsymbol{g}\end{cases} \tag{8.2.5}$$

式(8.2.5)表明，标幺微栖张量恒为微耦张量。

标幺微栖张量$\tilde{\boldsymbol{\mathcal{E}}}$及其逆张量$\tilde{\boldsymbol{N}}$竟然如此相似，只差一个符号。

8.2.2 标幺电场矢量

标幺电场强度$\tilde{\boldsymbol{E}}$为

$$\tilde{\boldsymbol{E}} = \boldsymbol{T}^{\mathrm{T}}\boldsymbol{E}_{\alpha\beta\gamma} = \operatorname{diag}(n_1,n_2,n_3)\boldsymbol{P}^{\mathrm{T}}\boldsymbol{E}_{\alpha\beta\gamma}$$

而

$$\boldsymbol{P}^{\mathrm{T}}\boldsymbol{E}_{\alpha\beta\gamma} = \boldsymbol{E}_{123}$$

故

$$\tilde{\boldsymbol{E}} = \begin{bmatrix}\tilde{E}_1\\ \tilde{E}_2\\ \tilde{E}_3\end{bmatrix} = \operatorname{diag}(n_1,n_2,n_3)\boldsymbol{E}_{123} = \begin{bmatrix}n_1E_1\\ n_2E_2\\ n_3E_3\end{bmatrix} \tag{8.2.6}$$

即标幺电场强度$\tilde{\boldsymbol{E}}$属于主轴坐标系Crd_{123}；每个分量$\tilde{E}_k\ (k=1,2,3)$是电场强度对应分量的n_k倍。

标幺电位移矢量$\tilde{\boldsymbol{D}}$为

$$\tilde{\boldsymbol{D}} = \boldsymbol{T}^{-1}\boldsymbol{D}_{\alpha\beta\gamma} = \operatorname{diag}\left(\frac{1}{n_1},\frac{1}{n_2},\frac{1}{n_3}\right)\boldsymbol{P}^{\mathrm{T}}\boldsymbol{D}_{\alpha\beta\gamma}$$

而

$$\boldsymbol{P}^{\mathrm{T}}\boldsymbol{D}_{\alpha\beta\gamma} = \boldsymbol{D}_{123}$$

故

$$\tilde{\boldsymbol{D}} = \begin{bmatrix}\tilde{D}_1\\ \tilde{D}_2\\ \tilde{D}_3\end{bmatrix} = \operatorname{diag}\left(\frac{1}{n_1},\frac{1}{n_2},\frac{1}{n_3}\right)\boldsymbol{D}_{123} = \begin{bmatrix}\dfrac{D_1}{n_1}\\ \dfrac{D_2}{n_2}\\ \dfrac{D_3}{n_3}\end{bmatrix} \tag{8.2.7}$$

即标幺电位移矢量 $\tilde{\boldsymbol{D}}$ 也属于主轴坐标系 Crd_{123}；每个分量 $\tilde{D}_k\left(k=1,2,3\right)$ 是电位移矢量对应分量的 n_k^{-1} 倍。

8.2.3　标幺介质方程

任意空间直角坐标系 $\mathrm{Crd}_{\alpha\beta\gamma}$ 中，介质方程为

$$\boldsymbol{D}_{\alpha\beta\gamma} = \varepsilon_0\boldsymbol{\mathcal{E}}_{\alpha\beta\gamma}\boldsymbol{E}_{\alpha\beta\gamma} \tag{8.2.8}$$

式(8.2.8)两边同乘 $\boldsymbol{T}^{-1}$，并考虑关系

$$\left(\boldsymbol{T}\boldsymbol{T}^{-1}\right)^{\mathrm{T}} = \boldsymbol{T}^{-\mathrm{T}}\boldsymbol{T}^{\mathrm{T}} = \boldsymbol{I}$$

得到

$$\boldsymbol{T}^{-1}\boldsymbol{D}_{\alpha\beta\gamma} = \varepsilon_0\boldsymbol{T}^{-1}\boldsymbol{\mathcal{E}}_{\alpha\beta\gamma}\boldsymbol{T}^{-\mathrm{T}}\boldsymbol{T}^{\mathrm{T}}\boldsymbol{E}_{\alpha\beta\gamma}$$

比照式(8.1.4)和式(8.1.5)，得到标幺介质方程

$$\tilde{\boldsymbol{D}} = \varepsilon_0\tilde{\boldsymbol{\mathcal{E}}}\tilde{\boldsymbol{E}} \tag{8.2.9}$$

即

$$\tilde{\boldsymbol{D}} = \varepsilon_0\left(\boldsymbol{I}+\boldsymbol{g}\right)\tilde{\boldsymbol{E}} \tag{8.2.10}$$

8.3　标幺张量的性质及运算

8.3.1　标幺张量性质

标幺张量 $\tilde{\boldsymbol{\mathcal{E}}}$ 有如下四个性质。

性质 1：固有张量的单位性。

标幺张量 $\tilde{\boldsymbol{\mathcal{E}}}$ 的固有张量恒为单位张量。

如图 8.1 所示，无论介质是否各向异性，固有张量椭球都被变换为半径为 1 的圆球，表明标幺张量 $\tilde{\boldsymbol{\mathcal{E}}}$ 失去了介质固有张量色彩。

性质 2：标幺张量的微耦性。

固有张量恒为单位张量 $\boldsymbol{I}$，没有轴间耦合，表明标幺张量 $\tilde{\boldsymbol{\mathcal{E}}}$ 恒为微耦张量。

非标幺张量空间，微栖张量是否微耦取决于坐标系。主轴坐标系 Crd_{123} 时是空间微耦

张量，截面坐标系 Crd_{abc}（或光轴坐标系 Crd_{oe}）时是截面微耦张量，其他坐标系时不具微耦性。

性质 3：感应张量的唯一性。

标幺张量 $\tilde{\boldsymbol{\mathcal{E}}}$ 及其逆张量 $\tilde{\boldsymbol{N}}$ 的标幺感应张量都是 $\boldsymbol{g}$，具有唯一性。

非标幺张量空间，感应张量与固有张量的形式密切相关(是否为逆张量)，固有张量色彩浓烈。

如果认为光学效应与固有张量的形式无关，并且认为光学效应的表述应该唯一，那就应采用标幺张量的表达方式。

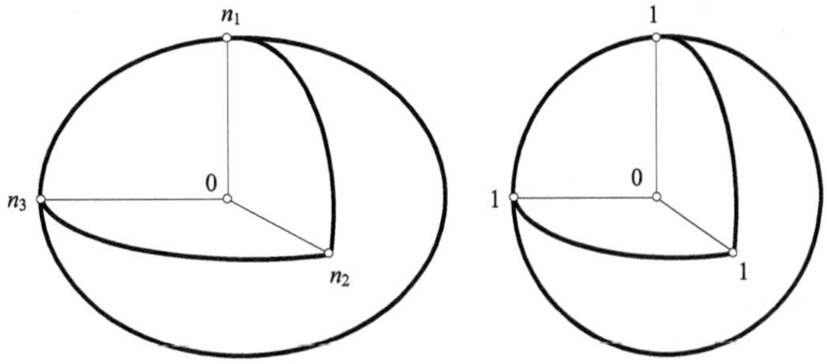

(a) 非标幺张量椭球　　(b) 标幺张量椭球

图 8.1 固有张量椭球

性质 4：同值镜像对偶性。

标幺张量 $\tilde{\boldsymbol{\mathcal{E}}}$ 及其逆张量 $\tilde{\boldsymbol{N}}$，固有张量都是单位张量，标幺感应张量完全相同，只相差一个符号，是一种数值相同的镜像对偶。

非标幺张量空间，张量及其逆张量数值不同，主轴坐标系 Crd_{123}、截面坐标系 Crd_{abc}（或光轴坐标系 Crd_{oe}）时镜像对偶，但不满足数值相同的条件。相比而言，标幺张量的镜像对偶更完美。

8.3.2 标幺张量运算

标幺张量 $\tilde{\boldsymbol{\mathcal{E}}}$ 及其逆张量 $\tilde{\boldsymbol{N}}$ 满足如下运算关系。

(1) 标幺张量 $\tilde{\boldsymbol{\mathcal{E}}}$ 及其逆张量 $\tilde{\boldsymbol{N}}$ 的乘积为

$$\tilde{\boldsymbol{\mathcal{E}}}\tilde{\boldsymbol{N}} = \boldsymbol{I} - \boldsymbol{g}^2$$

忽略二次微张量，则

$$\tilde{\boldsymbol{\mathcal{E}}}\tilde{\boldsymbol{N}} = \boldsymbol{I} \tag{8.3.1}$$

(2) 标幺张量 $\tilde{\boldsymbol{\mathcal{E}}}$ 及其逆张量 $\tilde{\boldsymbol{N}}$ 的和均值为单位张量，即

$$\frac{1}{2}\left(\tilde{\boldsymbol{\mathcal{E}}} + \tilde{\boldsymbol{N}}\right) = \boldsymbol{I} \tag{8.3.2}$$

(3) 标幺张量 $\tilde{\boldsymbol{\mathcal{E}}}$ 及其逆张量 $\tilde{\boldsymbol{N}}$ 的差均值为标幺感应张量，即

$$\frac{1}{2}\left(\tilde{\boldsymbol{\mathcal{E}}} - \tilde{\boldsymbol{N}}\right) = \boldsymbol{g} \tag{8.3.3}$$

(4)标幺张量 $\tilde{\boldsymbol{\mathcal{E}}}$ 的乘幂为

$$\tilde{\boldsymbol{\mathcal{E}}}^n = \boldsymbol{I} + n\boldsymbol{g} \tag{8.3.4}$$

主轴坐标系 Crd_{123} 很重要，光学介质的折射率就属于这个坐标系。在主轴坐标系中，标幺感应张量 $\boldsymbol{g}$ 与感应张量 $\boldsymbol{\delta}$、$\boldsymbol{\sigma}$ 的关系分别为

$$\boldsymbol{g} = \mathrm{diag}\left(\frac{1}{n_1},\frac{1}{n_2},\frac{1}{n_3}\right)\boldsymbol{\delta}_{123}\mathrm{diag}\left(\frac{1}{n_1},\frac{1}{n_2},\frac{1}{n_3}\right) = \begin{bmatrix} \dfrac{1}{n_1^2}\delta_1 & \dfrac{1}{n_1n_2}k\delta_w & \dfrac{1}{n_1n_3}\hat{k}\delta_v \\ \dfrac{1}{n_2n_1}\hat{k}\delta_w & \dfrac{1}{n_2^2}\delta_2 & \dfrac{1}{n_2n_3}k\delta_u \\ \dfrac{1}{n_3n_1}k\delta_v & \dfrac{1}{n_3n_2}\hat{k}\delta_u & \dfrac{1}{n_3^2}\delta_3 \end{bmatrix} \tag{8.3.5}$$

$$\boldsymbol{g} = \mathrm{diag}(n_1,n_2,n_3)\boldsymbol{\sigma}_{123}\mathrm{diag}(n_1,n_2,n_3) = \begin{bmatrix} n_1^2\sigma_1 & n_1n_2k\sigma_w & n_1n_3\hat{k}\sigma_v \\ n_2n_1\hat{k}\sigma_w & n_2^2\sigma_2 & n_2n_3k\sigma_u \\ n_3n_1k\sigma_v & n_3n_2\hat{k}\sigma_u & n_3^2\sigma_3 \end{bmatrix} \tag{8.3.6}$$

上述两式意味着存在如下的两个逆变换关系

$$\boldsymbol{\delta}_{123} = \mathrm{diag}(n_1,n_2,n_3)\boldsymbol{g}\mathrm{diag}(n_1,n_2,n_3) = \begin{bmatrix} n_1^2g_1 & n_1n_2kg_w & n_1n_3\hat{k}g_v \\ n_2n_1\hat{k}g_w & n_2^2g_2 & n_2n_3kg_u \\ n_3n_1kg_v & n_3n_2\hat{k}g_u & n_3^2g_3 \end{bmatrix} \tag{8.3.7}$$

$$\boldsymbol{\sigma}_{123} = \mathrm{diag}\left(\frac{1}{n_1},\frac{1}{n_2},\frac{1}{n_3}\right)\boldsymbol{g}\mathrm{diag}\left(\frac{1}{n_1},\frac{1}{n_2},\frac{1}{n_3}\right) = \begin{bmatrix} \dfrac{1}{n_1^2}g_1 & \dfrac{1}{n_1n_2}kg_w & \dfrac{1}{n_1n_3}\hat{k}g_v \\ \dfrac{1}{n_2n_1}\hat{k}g_w & \dfrac{1}{n_2^2}g_2 & \dfrac{1}{n_2n_3}kg_u \\ \dfrac{1}{n_3n_1}kg_v & \dfrac{1}{n_3n_2}\hat{k}g_u & \dfrac{1}{n_3^2}g_3 \end{bmatrix} \tag{8.3.8}$$

8.4　标幺感应双折射和感应角

8.4.1　标幺本征方程

关于截面微耦张量 $\boldsymbol{\mathcal{E}}_{ab}$ 的本征方程是

$$\left(n^2\boldsymbol{I} - \boldsymbol{\mathcal{E}}_{ab}\right)\boldsymbol{E}_{ab} = 0 \tag{8.4.1}$$

其中

$$\boldsymbol{\mathcal{E}}_{ab} = \boldsymbol{\varepsilon}_{rab} + \boldsymbol{\delta}_{ab} = \mathrm{diag}(\varepsilon_a,\varepsilon_b) + \boldsymbol{\delta}_{ab} \tag{8.4.2}$$

$\boldsymbol{E}_{ab}$ 的标幺变换为

$$\tilde{\boldsymbol{E}}_{ab} = \mathrm{diag}(n_a,n_b)\boldsymbol{E}_{ab} \tag{8.4.3}$$

$\boldsymbol{\mathcal{E}}_{ab}$ 的标幺变换为

$$\tilde{\boldsymbol{\mathcal{E}}}_{ab}=\operatorname{diag}(n_a,n_b)\boldsymbol{\mathcal{E}}_{ab}\operatorname{diag}\left(\frac{1}{n_a},\frac{1}{n_b}\right) \tag{8.4.4}$$

对式(8.4.1)实施标幺变换

$$\operatorname{diag}\left(\frac{1}{n_a},\frac{1}{n_b}\right)(n^2\boldsymbol{I}-\boldsymbol{\mathcal{E}}_{ab})\operatorname{diag}\left(\frac{1}{n_a},\frac{1}{n_b}\right)\operatorname{diag}(n_a,n_b)\boldsymbol{E}_{ab}=0$$

得到如下的标幺本征方程

$$\left(n^2\operatorname{diag}\left(\frac{1}{n_a^2},\frac{1}{n_b^2}\right)-(\boldsymbol{I}\pm\boldsymbol{g}_{ab})\right)\tilde{\boldsymbol{E}}_{ab}=0 \tag{8.4.5}$$

其中，标幺截面感应张量为

$$\boldsymbol{g}_{ab}=\operatorname{diag}\left(\frac{1}{n_a},\frac{1}{n_b}\right)\boldsymbol{\delta}_{ab}\operatorname{diag}\left(\frac{1}{n_a},\frac{1}{n_b}\right) \tag{8.4.6}$$

8.4.2 标幺感应双折射和标幺感应角的推导

非光轴传输时，由于$n_a\neq n_b$，式(8.4.5)不能直接求解。不去讨论。

光轴传输时，$n_a=n_b=n_o$，式(8.4.5)变形为

$$\left(\tilde{n}^2\boldsymbol{I}-(\boldsymbol{I}\pm\boldsymbol{g}_o)\right)\tilde{\boldsymbol{E}}=0 \tag{8.4.7}$$

其中，$\tilde{n}$是标幺折射率，即

$$\tilde{n}=\frac{n}{n_o} \tag{8.4.8}$$

$\boldsymbol{g}_o$是标幺截面感应张量，即

$$\boldsymbol{g}_o=\frac{1}{n_o^2}\boldsymbol{\delta}_o=\begin{bmatrix} g_{o1} & kg_w \\ \hat{k}g_w & g_{o2}\end{bmatrix} \tag{8.4.9}$$

式中，k是与标幺截面感应张量$\boldsymbol{g}_o$类型有关的系数，$\boldsymbol{g}_o\in\mathbb{R}^{2\times2}$时，$k=1$，$\boldsymbol{g}_o\in\mathbb{C}^{2\times2}$时，$k=j$；$\boldsymbol{\delta}_o$是光轴坐标系$\mathrm{Crd}_{oe}$中的截面感应张量，即

$$\boldsymbol{\delta}_o=\begin{bmatrix} \delta_{o1} & k\delta_w \\ \hat{k}\delta_w & \delta_{o2}\end{bmatrix} \tag{8.4.10}$$

标幺截面感应角为

$$\tilde{\alpha}=\arctan\frac{g_w}{g_\Delta} \tag{8.4.11}$$

其中

$$g_\Delta=\frac{1}{2}(g_{o1}-g_{o2}) \tag{8.4.12}$$

非标幺截面感应角为

$$\alpha = \arctan\frac{\delta_w}{\delta_\Delta} = \arctan\frac{\frac{1}{n_o^2}\delta_w}{\frac{1}{n_o^2}\delta_\Delta} = \arctan\frac{g_w}{g_\Delta} \tag{8.4.13}$$

故标幺截面感应角与截面感应角相等，即 $\tilde{\alpha} = \alpha$ 。这里

$$\delta_\Delta = \frac{1}{2}(\delta_{o1} - \delta_{o2}) \tag{8.4.14}$$

标幺折射率为

$$\tilde{n}_\pm = 1 \pm \frac{1}{2}\sqrt{g_\Delta^2 + g_w^2} \tag{8.4.15}$$

标幺折射率之差为标幺双折射，即

$$\Delta\tilde{n} = \sqrt{g_\Delta^2 + g_w^2} \tag{8.4.16}$$

根据式(8.4.8)知道，标幺感应双折射 $\Delta\tilde{n}$ 与非标幺感应双折射 Δn 满足如下的关系

$$\Delta\tilde{n} = \frac{1}{n_o}\Delta n \tag{8.4.17}$$

即

$$\Delta n = n_o \Delta\tilde{n} \tag{8.4.18}$$

以上表明，对光轴传输情况，标幺截面感应角与非标幺空间的相等，标幺感应双折射与非标幺空间的等价。

8.5　小　　结

标幺张量是以固有张量为基准张量的介质张量，是微栖张量经数学变换的结果。

标幺张量有如下四个基本特点。

(1)固有张量的单位性：无论介质是否各向同性，标幺固有张量都是单位张量。

(2)感应张量的唯一性：标幺感应张量唯一，与张量、逆张量无关。

(3)介质张量的微耦性：标幺张量恒为微耦张量。

(4)同值镜像的对偶性：互逆的标幺张量，固有张量都是单位张量，感应张量相同，只相差一个符号，是一种数值相同的镜像对偶。

上述特点使标幺张量的表述唯一、简洁。

第9章 电光效应

电场改变晶体内部束缚电荷空间分布的物理现象称为电光效应。张量语言是晶体出现了受控于外部电场的感应张量。此种物理现象其实与光波没有必然联系。即使没有光波，外部电场对晶体的作用也是如此。之所以称为电光效应，是因为光波具备感知此种物理现象的能力。

具备电光效应本领的晶体是电光晶体。如果电光晶体的感应张量与电场呈线性函数关系，则是一次电光效应；如果呈二次函数关系，则是二次电光效应。相比而言，二次电光效应比线性电光效应微弱许多。

相对微弱的二次电光效应却于1875年先被发现，发现者是英国物理学家克尔(J. Kerr)，称为克尔电光效应[38]。1893年，德国物理学家泡克耳斯(F. Pockels)又发现了线性电光效应，称为泡克耳斯电光效应[39]。电光晶体的感应张量实对称。电光效应服从光学效应对偶统一论的基本规律。

以往，有关文献和书籍大都习惯基于固有逆介电张量 $\boldsymbol{\eta}$ 叙述电场 $\boldsymbol{E}$ 对电光晶体的作用，形式语言为

$$电光效应 \leftrightarrow f\left(\boldsymbol{E}, \boldsymbol{\eta}\right)$$

其实，电光效应也可等价地基于固有介电张量 ε_r 表达，即

$$电光效应 \leftrightarrow f\left(\boldsymbol{E}, \varepsilon_r\right)$$

图9.1 哈尔滨工业大学研制的光学电压互感器(左边设备)

固有张量或其逆张量是电光效应的载体，电光感应张量是电光效应的本质。电光效应的表述形式可独立于固有张量，形式语言为

$$\text{电光效应} \leftrightarrow f(\boldsymbol{E})$$

此种叙述形式存在于标幺张量空间。赵一男采用标幺张量描述电光效应，旨在形成电光效应的唯一性表述方法[39]。

互感器是电网测量电流、电压的电力装备。电子式互感器[40]是具备物联能力的互感器。基于泡克耳斯电光效应的光学电压互感器[41]测量精度高、测量频带宽、响应速度快，是品质良好的电子式电压互感器，在世界范围内受到了学术界和电力工程界的重视，目前正向产品化的方向发展。图 9.1 为哈尔滨工业大学研制的光学电压互感器。

9.1 电 光 张 量

9.1.1 介电张量空间的电光张量

电光晶体的介质张量称为**电光张量**。在介电张量空间，电光张量由固有介电张量 $\boldsymbol{\varepsilon}_r \in \mathbb{R}^{3\times3}$ 和电光感应张量 $\boldsymbol{\delta}(\boldsymbol{E}) \in \mathbb{R}^{3\times3}$ 组成，就是

$$\boldsymbol{\mathcal{E}}(\boldsymbol{E}) \in \mathbb{R}^{3\times3} = \boldsymbol{\varepsilon}_r + \boldsymbol{\delta}(\boldsymbol{E}) \tag{9.1.1}$$

电光晶体没有旋光性，电光张量实对称。

将电光感应张量 $\boldsymbol{\delta}(\boldsymbol{E})$ 展开为关于电场 $\boldsymbol{E}$ 的泰勒级数。忽略数值甚小的 3 阶及以上导数项，得到

$$\boldsymbol{\delta}(\boldsymbol{E}) = \sum_{k=1}^{3} \left.\frac{\partial \boldsymbol{\mathcal{E}}(\boldsymbol{E})}{\partial E_k}\right|_{\boldsymbol{E}=0} E_k + \frac{1}{2}\sum_{k,l=1}^{3} \left.\frac{\partial^2 \boldsymbol{\mathcal{E}}(\boldsymbol{E})}{\partial E_k E_l}\right|_{\boldsymbol{E}=0} E_k E_l \tag{9.1.2}$$

其中，$E_k, E_l\,(k,l=1,2,3)$ 是电场 $\boldsymbol{E}$ 的分量。

记

$$\begin{cases} \boldsymbol{\beta}_k = \left(\beta_{ij}^{(k)}\right)_{3\times3} = \left.\dfrac{\partial \boldsymbol{\mathcal{E}}(\boldsymbol{E})}{\partial E_k}\right|_{\boldsymbol{E}=0} \\ \boldsymbol{R}_{kl} = \left(R_{ij}^{(kl)}\right)_{3\times3} = \left.\dfrac{1}{2}\dfrac{\partial^2 \boldsymbol{\mathcal{E}}(\boldsymbol{E})}{\partial E_k E_l}\right|_{\boldsymbol{E}=0} \end{cases} \tag{9.1.3}$$

于是

$$\boldsymbol{\delta}(\boldsymbol{E}) = \sum_{k=1}^{3} \boldsymbol{\beta}_k E_k + \sum_{k,l=1}^{3} \boldsymbol{R}_{kl} E_k E_l \tag{9.1.4}$$

式中，$\boldsymbol{\beta}_k$ 是线性电光系数矩阵，其元素 $\beta_{ij}^{(k)}$ 是线性电光系数；$\boldsymbol{R}_{kl}$ 是二次电光系数矩阵，其元素 $R_{ij}^{(kl)}$ 是二次电光系数。

晶体结构决定了电光效应的类型。依据张量反演变换得到的结论是：中心对称结构的晶体不存在线性电光系数，只有二次电光系数[10]。此时，电光感应张量为

$$\boldsymbol{\delta}(\boldsymbol{E})=\sum_{k,l=1}^{3}\boldsymbol{R}_{kl}E_kE_l \tag{9.1.5}$$

非中心对称结构的晶体同时存在线性电光效应和二次电光效应。但二次电光效应很小，只表现出线性电光效应。电光感应张量为

$$\boldsymbol{\delta}(\boldsymbol{E})=\sum_{k=1}^{3}\boldsymbol{\beta}_kE_k \tag{9.1.6}$$

9.1.2　逆介电张量空间电光张量

对式(9.1.1)的电光张量$\boldsymbol{\mathcal{E}}(\boldsymbol{E})$求逆，得到逆电光张量，即

$$\boldsymbol{N}(\boldsymbol{E})=\boldsymbol{\eta}-\boldsymbol{\sigma}(\boldsymbol{E}) \tag{9.1.7}$$

其中，$\boldsymbol{\eta}$ 是固有逆介电张量，$\boldsymbol{\sigma}(\boldsymbol{E})$是属于逆电光张量$\boldsymbol{N}(\boldsymbol{E})$的电光感应张量。

由第 4 章知道

$$\boldsymbol{\sigma}(\boldsymbol{E})=\boldsymbol{\eta}\boldsymbol{\delta}(\boldsymbol{E})\boldsymbol{\eta}$$

故

$$\boldsymbol{\sigma}(\boldsymbol{E})=\sum_{k=1}^{3}\boldsymbol{\eta}\boldsymbol{\beta}_k\boldsymbol{\eta}E_k+\sum_{k,l=1}^{3}\boldsymbol{\eta}\boldsymbol{R}_{kl}\boldsymbol{\eta}E_kE_l$$

记

$$\begin{cases}\boldsymbol{\gamma}_k=\left(\gamma_{ij}^{(k)}\right)=\boldsymbol{\eta}\boldsymbol{\beta}_k\boldsymbol{\eta}\\ \boldsymbol{S}_{kl}=\left(S_{ij}^{(k)}\right)=\boldsymbol{\eta}\boldsymbol{R}_{kl}\boldsymbol{\eta}\end{cases} \tag{9.1.8}$$

于是

$$\boldsymbol{\sigma}(\boldsymbol{E})=\sum_{k=1}^{3}\boldsymbol{\gamma}_kE_k+\sum_{k,l=1}^{3}\boldsymbol{S}_{kl}E_kE_l \tag{9.1.9}$$

式中，$\boldsymbol{\gamma}_k$ 是逆电光张量的线性电光系数矩阵，其 $\gamma_{ij}^{(k)}$ 是线性电光系数；$\boldsymbol{S}_{kl}$ 是逆电光张量的二次电光系数矩阵，其元素 $S_{ij}^{(k)}$ 是二次电光系数。

同样，线性电光效应时

$$\boldsymbol{\sigma}(\boldsymbol{E})=\sum_{k=1}^{3}\boldsymbol{\gamma}_kE_k \tag{9.1.10}$$

二次电光效应时

$$\boldsymbol{\sigma}(\boldsymbol{E})=\sum_{k,l=1}^{3}\boldsymbol{S}_{kl}E_kE_l \tag{9.1.11}$$

9.1.3　标幺空间电光张量

对电光张量$\boldsymbol{\mathcal{E}}(\boldsymbol{E})$实施标幺变换，得到标幺电光张量，即

$$\tilde{\boldsymbol{\mathcal{E}}}(\boldsymbol{E})=\boldsymbol{I}+\boldsymbol{g}(\boldsymbol{E}) \tag{9.1.12}$$

由第 8 章知道，标幺电光感应张量为

$$\boldsymbol{g}(\boldsymbol{E})=\operatorname{diag}\left(\frac{1}{n_1},\frac{1}{n_2},\frac{1}{n_3}\right)\boldsymbol{\delta}(\boldsymbol{E})\operatorname{diag}\left(\frac{1}{n_1},\frac{1}{n_2},\frac{1}{n_3}\right)$$

故

$$\boldsymbol{g}(\boldsymbol{E})=\operatorname{diag}\left(\frac{1}{n_1},\frac{1}{n_2},\frac{1}{n_3}\right)\left(\sum_{k=1}^{3}\boldsymbol{\beta}_k E_k+\sum_{k,l=1}^{3}\boldsymbol{R}_{kl}E_k E_l\right)\operatorname{diag}\left(\frac{1}{n_1},\frac{1}{n_2},\frac{1}{n_3}\right)$$

记

$$\begin{cases}\boldsymbol{A}_k=\left(A_{ij}^{(k)}\right)=\operatorname{diag}\left(\frac{1}{n_1},\frac{1}{n_2},\frac{1}{n_3}\right)\boldsymbol{\beta}_k\operatorname{diag}\left(\frac{1}{n_1},\frac{1}{n_2},\frac{1}{n_3}\right)\\ \boldsymbol{B}_{kl}=\left(B_{ij}^{(kl)}\right)=\operatorname{diag}\left(\frac{1}{n_1},\frac{1}{n_2},\frac{1}{n_3}\right)\boldsymbol{R}_{kl}\operatorname{diag}\left(\frac{1}{n_1},\frac{1}{n_2},\frac{1}{n_3}\right)\end{cases} \tag{9.1.13}$$

于是

$$\boldsymbol{g}(\boldsymbol{E})=\sum_{k=1}^{3}\boldsymbol{A}_k E_k+\sum_{k,l=1}^{3}\boldsymbol{B}_{kl}E_k E_l \tag{9.1.14}$$

式中，$\boldsymbol{A}_k$ 是标幺线性电光系数矩阵，$A_{ij}^{(k)}$ 是其线性电光系数；$\boldsymbol{B}_{kl}$ 是标幺二次电光系数矩阵，$B_{ij}^{(kl)}$ 是其二次电光系数。

对式(9.1.12)的标幺电光张量 $\tilde{\boldsymbol{\mathcal{E}}}(\boldsymbol{E})$ 求逆，得到标幺逆电光张量，即

$$\boldsymbol{N}(\boldsymbol{E})=\boldsymbol{I}-\boldsymbol{g}(\boldsymbol{E}) \tag{9.1.15}$$

与标幺电光张量 $\tilde{\boldsymbol{\mathcal{E}}}(\boldsymbol{E})$ 对比，感应电光张量一致，都是 $\boldsymbol{g}(\boldsymbol{E})$，只相差一个符号。

容易理解，线性电光效应时，标幺电光感应张量只有 $\boldsymbol{A}_k$ 所在项；二次电光效应时，标幺电光感应张量只有 $\boldsymbol{B}_{kl}$ 所在项。

9.1.4 电光张量的讨论

无论是标幺空间还是非标幺空间，电光张量在刻画电场对电光晶体的作用上具有等价性。但在表述形式上，标幺、非标幺空间电光张量差异明显。

在标幺空间，固有张量恒为单位张量 $\boldsymbol{I}$，电光感应张量 $\boldsymbol{g}(\boldsymbol{E})$ 唯一，电光张量及其逆张量只差电光感应张量 $\boldsymbol{g}(\boldsymbol{E})$ 前的符号，无论坐标系如何选取，电光张量恒为微耦张量。

在非标幺空间，电光张量及其逆张量不仅相差符号，且数值不同；固有张量各异；电光感应张量也不一致。电光张量的微耦性与电光晶体坐标系选取有关：处于主轴坐标系或截面坐标系(含光轴坐标系)时，电光张量才具有空间或截面微耦特性。

电光张量具有对偶性。在非标幺空间，电光张量及其逆张量镜像对偶；在标幺空间，标幺电光张量及其逆张量也镜像对偶。因此存在一个关于电光张量的四元对偶体系，如表 9.1 所示。

表 9.1　电光张量四元对偶体系

	微栖张量	微栖逆张量
非标幺张量空间	$\boldsymbol{\mathcal{E}}(\boldsymbol{E})=\varepsilon_r+\boldsymbol{\delta}(\boldsymbol{E})$	$\boldsymbol{N}(\boldsymbol{E})=\boldsymbol{\eta}-\boldsymbol{\sigma}(\boldsymbol{E})$
标幺张量空间	$\tilde{\boldsymbol{\mathcal{E}}}(\boldsymbol{E})=\boldsymbol{I}+\boldsymbol{g}(\boldsymbol{E})$	$\boldsymbol{N}(\boldsymbol{E})=\boldsymbol{I}-\boldsymbol{g}(\boldsymbol{E})$

对电光效应而言，固有张量是载体，电光感应张量是本质。电光张量及其逆张量的电光感应张量依附固有张量，数值不同，构成了两种电光效应的表述形式。标幺电光张量固有张量单位化，电光感应张量唯一，具有表述电光效应的唯一性。相比而言，用标幺电光张量表述电光效应更加合理。

9.2 电 光 系 数

9.2.1 电光系数关系

线性、二次电光系数矩阵分别刻画电光晶体的线性、二次电光效应本领。为了避免坐标系不同引起的电光系数差异，采用主轴坐标系 Crd_{123} 的电光系数表达方式。

标幺线性、二次电光系数矩阵可来自电光张量，如式(9.1.13)；也可来自逆电光张量，就是

$$\begin{cases}\boldsymbol{A}_k=\left(A_{ij}^{(k)}\right)=\mathrm{diag}\left(n_1,n_2,n_3\right)\boldsymbol{\gamma}_k\mathrm{diag}\left(n_1,n_2,n_3\right)\\ \boldsymbol{B}_{kl}=\left(B_{ij}^{(kl)}\right)=\mathrm{diag}\left(n_1,n_2,n_3\right)\boldsymbol{S}_{kl}\mathrm{diag}\left(n_1,n_2,n_3\right)\end{cases}\tag{9.2.1}$$

根据式(9.2.1)和式(9.1.13)，标幺线性电光系数 $A_{ij}^{(k)}$ 与非标幺空间的两种线性电光系数 $\beta_{ij}^{(k)}$、$\gamma_{ij}^{(k)}$ 关系为

$$A_{ij}^{(k)}=\frac{1}{n_in_j}\beta_{ij}^{(k)}=n_in_j\gamma_{ij}^{(k)}\tag{9.2.2}$$

标幺二次电光系数 $B_{ij}^{(kl)}$ 与非标幺空间的两种二次电光系数 $R_{ij}^{(kl)}$、$S_{ij}^{(kl)}$ 关系为

$$B_{ij}^{(kl)}=\frac{1}{n_in_j}R_{ij}^{(kl)}=n_in_jS_{ij}^{(kl)}\tag{9.2.3}$$

上述两式表明，只要知道一种线性电光系数，另外两种也就知道了。二次电光系数也是如此。

由上述两式可得

$$\begin{cases}A_{ij}^{(k)}=\sqrt{\beta_{ij}^{(k)}\gamma_{ij}^{(k)}}\\ B_{ij}^{(kl)}=\sqrt{R_{ij}^{(kl)}S_{ij}^{(kl)}}\end{cases}\tag{9.2.4}$$

表明在数值上，$A_{ij}^{(k)}$ 处于 $\beta_{ij}^{(k)}$ 和 $\gamma_{ij}^{(k)}$ 之间；$B_{ij}^{(kl)}$ 处于 $R_{ij}^{(kl)}$ 和 $S_{ij}^{(kl)}$ 之间。

9.2.2 电光系数表

标幺线性电光系数矩阵 $\boldsymbol{A}_k$ 是如下的实对称矩阵

$$\boldsymbol{A}_k=\left(A_{ij}^{(k)}\right)=\begin{bmatrix} A_{11}^{(k)} & A_{12}^{(k)} & A_{13}^{(k)} \\ A_{12}^{(k)} & A_{22}^{(k)} & A_{23}^{(k)} \\ A_{13}^{(k)} & A_{23}^{(k)} & A_{33}^{(k)} \end{bmatrix},\quad k=1,2,3 \tag{9.2.5}$$

其独立元素(即线性电光系数)是 6 个，可变形为如下的六元形式

$$\boldsymbol{A}_k=\begin{bmatrix} A_{1}^{(k)} & A_{6}^{(k)} & A_{5}^{(k)} \\ A_{6}^{(k)} & A_{2}^{(k)} & A_{4}^{(k)} \\ A_{5}^{(k)} & A_{4}^{(k)} & A_{3}^{(k)} \end{bmatrix},\quad k=1,2,3 \tag{9.2.6}$$

6 个独立元素 $A_i^{(k)}$，每个都对应 3 个电场分量 $E_k\left(k=1,2,3\right)$ 决定的数值，总计 18 个标幺线性电光系数。

将 18 个标幺线性电光系数放在一个 6 行 3 列的标幺线性电光系数表中，称为 A 表。其 6 个行依次对应式(9.2.6)的 6 个独立元素；3 个列依次对应电场的 3 个分量，即

$$A=\left(A_{ik}\right)_{6\times 3}=\begin{bmatrix} A_{11} & A_{12} & A_{13} \\ A_{21} & A_{22} & A_{23} \\ A_{31} & A_{32} & A_{33} \\ A_{41} & A_{42} & A_{43} \\ A_{51} & A_{52} & A_{53} \\ A_{61} & A_{62} & A_{63} \end{bmatrix}=\begin{bmatrix} A_{1}^{(1)} & A_{1}^{(2)} & A_{1}^{(3)} \\ A_{2}^{(1)} & A_{2}^{(2)} & A_{2}^{(3)} \\ A_{3}^{(1)} & A_{3}^{(2)} & A_{3}^{(3)} \\ A_{4}^{(1)} & A_{4}^{(2)} & A_{4}^{(3)} \\ A_{5}^{(1)} & A_{5}^{(2)} & A_{5}^{(3)} \\ A_{6}^{(1)} & A_{6}^{(2)} & A_{6}^{(3)} \end{bmatrix} \tag{9.2.7}$$

标幺二次电光系数矩阵 $\boldsymbol{B}_{kl}$ 也是实对称矩阵，独立元素(即线性电光系数)也是 6 个，也可表达为六元形式，即

$$\boldsymbol{B}_{kl}=\begin{bmatrix} B_{1}^{(kl)} & B_{6}^{(kl)} & B_{5}^{(kl)} \\ B_{6}^{(kl)} & B_{2}^{(kl)} & B_{4}^{(kl)} \\ B_{5}^{(kl)} & B_{4}^{(kl)} & B_{3}^{(kl)} \end{bmatrix},\quad k,l=1,2,3 \tag{9.2.8}$$

6 个独立元素 $B_i^{(kl)}$，每一个都对应 6 个电场二次项，总计 36 个标幺二次电光系数。6 个电场二次项为

$$E_kE_j=\left\{E_1^2,E_2^2,E_3^2,E_1E_2,E_1E_3,E_2E_3\right\} \tag{9.2.9}$$

将 36 个标幺二次电光系数放在一个 6 行 6 列的标幺二次电光系数表中，称为 B 表。其 6 个行依次对应式(9.2.8)的 6 个独立元素；6 个列依次对应式(9.2.9)的 6 个电场分量乘积项，即

$$B=\left(B_{ik}\right)_{6\times6}=\begin{bmatrix} B_{11} & B_{12} & B_{13} & B_{14} & B_{15} & B_{16} \\ B_{21} & B_{22} & B_{23} & B_{24} & B_{25} & B_{26} \\ B_{31} & B_{32} & B_{33} & B_{34} & B_{35} & B_{36} \\ B_{41} & B_{42} & B_{43} & B_{44} & B_{45} & B_{46} \\ B_{51} & B_{52} & B_{53} & B_{54} & B_{55} & B_{56} \\ B_{61} & B_{62} & B_{63} & B_{64} & B_{65} & B_{66} \end{bmatrix}$$

$$=\begin{bmatrix} B_1^{(1)} & B_1^{(2)} & B_1^{(3)} & B_1^{(4)} & B_1^{(5)} & B_1^{(6)} \\ B_2^{(1)} & B_2^{(2)} & B_2^{(3)} & B_2^{(4)} & B_2^{(5)} & B_2^{(6)} \\ B_3^{(1)} & B_3^{(2)} & B_3^{(3)} & B_3^{(4)} & B_3^{(5)} & B_3^{(6)} \\ B_4^{(1)} & B_4^{(2)} & B_4^{(3)} & B_4^{(4)} & B_4^{(5)} & B_4^{(6)} \\ B_5^{(1)} & B_5^{(2)} & B_5^{(3)} & B_5^{(4)} & B_5^{(5)} & B_5^{(6)} \\ B_6^{(1)} & B_6^{(2)} & B_6^{(3)} & B_6^{(4)} & B_6^{(5)} & B_6^{(6)} \end{bmatrix} \tag{9.2.10}$$

与标幺空间一样，非标幺空间中的电光张量、逆电光张量也都有各自的电光系数表，且结构与标幺空间一样。

在电光张量空间，线性电光系数放置于 β 表，即 $\beta=\left(\beta_{ik}\right)_{6\times3}$；二次电光系数放置于 R 表，即 $R=\left(R_{ik}\right)_{6\times6}$。

在逆电光张量空间，线性电光系数放置于 γ 表，即 $\gamma=\left(\gamma_{ik}\right)_{6\times3}$；二次电光系数放置于 S 表，即 $S=\left(S_{ik}\right)_{6\times6}$。表 9.2 为几种晶体的线性电光系数。表 9.3 为几种晶体的二次电光系数。

表 9.2　几种晶体的线性电光系数$\left(10^{-12}\text{m/V}\right)$

晶体	折射率	波长/nm	非标幺空间		标幺空间
			介电张量空间	逆介电张量空间	
ADP $(NH_4H_2PO_4)$	$n_o=1.530$ $n_e=1.483$	546.1	$\beta_{41}=126.133$ $\beta_{63}=46.578$	$\gamma_{41}=24.5$ $\gamma_{63}=8.5$	$A_{41}=55.59$ $A_{63}=19.898$
KH_2PO_4	$n_o=1.514$ $n_e=1.472$	546.1	$\beta_{41}=44.335$ $\beta_{63}=55.169$	$\gamma_{41}=8.77$ $\gamma_{63}=10.5$	$A_{41}=19.893$ $A_{63}=24.068$
KD_2PO_4	$n_o=1.508$ $n_e=1.468$	546.1	$\beta_{41}=43.126$ $\beta_{63}=136.524$	$\gamma_{41}=8.8$ $\gamma_{63}=26.4$	$A_{41}=19.481$ $A_{63}=60.035$
铌酸锂 $(LiNbO_3)$	$n_o=2.341$ $n_e=2.2457$	500.0	$\beta_{13}=288.321$ $\beta_{22}=204.228$ $\beta_{33}=785.897$ $\beta_{43}=900.998$	$\gamma_{13}=9.6$ $\gamma_{22}=6.8$ $\gamma_{33}=30.9$ $\gamma_{43}=32.6$	$A_{13}=52.611$ $A_{22}=37.266$ $A_{33}=155.834$ $A_{43}=171.384$
钽酸锂 $(LiTaO_3)$	$n_o=2.176$ $n_e=2.180$	633.0	$\beta_{13}=188.328$ $\beta_{22}=-4.484$ $\beta_{33}=688.852$ $\beta_{51}=450.050$	$\gamma_{13}=8.4$ $\gamma_{22}=-0.2$ $\gamma_{33}=30.5$ $\gamma_{51}=20.0$	$A_{13}=39.774$ $A_{22}=-0.947$ $A_{33}=144.949$ $A_{51}=94.874$
钛酸钡 $(BaTiO_3)$	$n_o=2.488$ $n_e=2.424$	514.0	$\beta_{13}=747.199$ $\beta_{33}=3348.900$ $\beta_{42}=59649.915$	$\gamma_{13}=19.5$ $\gamma_{33}=97$ $\gamma_{42}=1640$	$A_{13}=120.708$ $A_{33}=569.950$ $A_{42}=9890.696$

续表

晶体	折射率	波长/nm	非标幺空间		标幺空间
			介电张量空间	逆介电张量空间	
铌酸锶钡($Sr_{0.6}Ba_{0.4}Nb_2O_6$)	$n_o=2.367$ $n_e=2.337$	514.0	$\beta_{13}=1726.457$ $\beta_{33}=6681.637$ $\beta_{42}=2447.958$	$\gamma_{13}=55$ $\gamma_{33}=224$ $\gamma_{42}=80$	$A_{13}=308.148$ $A_{33}=1223.391$ $A_{42}=442.534$

表 9.3　几种晶体的二次电光系数$\left(10^{-18}\text{m}^2/\text{V}^2, \lambda=0.633\mu\text{m}\right)$

晶体	折射率	非标幺空间		标幺空间
		介电张量空间	逆介电张量空间	
$BaTiO_3$	$n=2.42$	$R_{11}-R_{12}=78541.094$	$S_{11}-S_{12}=2290$	$B_{11}-B_{12}=13411.156$
$KTaO_3$	$n=2.24$	$R_{11}-R_{12}=251.763$	$S_{11}-S_{12}=10$	$B_{11}-B_{12}=50.176$
$SiTiO_3$	$n=2.38$	$R_{11}-R_{12}=944.648$	$S_{11}-S_{12}=31$	$B_{11}-B_{12}=175.597$

例 9.1　基于逆电光张量线性电光系数，求取 ADP 晶体的标幺线性电光系数和电光张量线性电光系数。

解： ADP 晶体是单轴晶体，两个主折射率为

$$\begin{cases} n_o = 1.53 \\ n_e = 1.483 \end{cases}$$

逆电光张量形式的线性电光系数为

$$\begin{cases} \gamma_{41} = 24.6\times10^{-12}\,\text{m/V} \\ \gamma_{63} = 8.5\times10^{-12}\,\text{m/V} \end{cases}$$

根据式(9.2.2)，标幺线性电光系数为

$$\begin{cases} A_{41} = n_o n_e \gamma_{41} = 55.59\times10^{-12}\,\text{m/V} \\ A_{63} = n_o^2 \gamma_{63} = 19.898\times10^{-12}\,\text{m/V} \end{cases}$$

电光张量线性电光系数为

$$\begin{cases} \beta_{41} = n_o n_e A_{41} = 126.133\times10^{-12}\,\text{m/V} \\ \beta_{63} = n_o^2 A_{63} = 46.578\times10^{-12}\,\text{m/V} \end{cases}$$

很明显，线性电光系数的数值，逆介电张量空间最小，介电张量空间最大，标幺空间居中。

9.3　电场的感知

9.3.1　光轴传输

1. 非标幺空间

光轴传输，波法线折射率等于光线折射率，均为n。波法线感应角等于光线感应角，均为α。

根据第6章，感应角α为

$$\alpha = \arctan\frac{\delta_w}{\delta_\Delta} \tag{9.3.1}$$

式中

$$\delta_\Delta = \frac{1}{2}\left(\delta_{o1} - \delta_{o2}\right) \tag{9.3.2}$$

其中，δ_{o1},δ_{o2}和δ_w是电光感应张量$\boldsymbol{\delta}$的分量。

双折射为

$$\Delta n = \frac{1}{n_o}\sqrt{\delta_\Delta^2 + \delta_w^2} \tag{9.3.3}$$

显然，Δn与固有折射率n_o无关，是纯粹的感应双折射。

如果$\delta_w = 0$，则$\alpha = 0°$；如果$\delta_\Delta = 0$，则$\alpha = 90°$。这两种情况感应角α都不具备感知电场的能力。此时，感应双折射Δn可承担感知电场的任务，即

$$\Delta n = \begin{cases} \dfrac{1}{n_o}\delta_\Delta, & \delta_w = 0 \\ \dfrac{1}{n_o}\delta_w, & \delta_\Delta = 0 \end{cases} \tag{9.3.4}$$

$\delta_w \neq 0, \delta_\Delta \neq 0$时感应双折射$\Delta n$恒大于零，失去了感知电场方向的能力。此时，感应角$\alpha$承担起感知电场的任务。

2. 标幺张量空间

光轴传输时，可在标幺空间计算感应角和感应双折射。

标幺空间的本征方程为

$$\left(\tilde{n}^2\boldsymbol{I} - \tilde{\boldsymbol{\mathcal{E}}}_o\right)\tilde{\boldsymbol{E}} = 0 \tag{9.3.5}$$

其中，$\tilde{\boldsymbol{E}}$是o_1o_2截面的标幺电场强度；$\tilde{\boldsymbol{\mathcal{E}}}_o$是$o_1o_2$截面的标幺电光张量，由单位截面张量$\boldsymbol{I}$和标幺截面感应张量$\boldsymbol{g}_o$构成，即

$$\tilde{\boldsymbol{\mathcal{E}}}_o = \boldsymbol{I} \pm \boldsymbol{g} = \begin{bmatrix} 1 \pm g_{o1} & \pm g_w \\ \pm g_w & 1 \pm g_{o2} \end{bmatrix} \tag{9.3.6}$$

标幺感应角$\tilde{\alpha}$为

$$\tilde{\alpha} = \arctan\frac{g_w}{g_\Delta} \tag{9.3.7}$$

式中

$$g_\Delta = \frac{1}{2}\left(g_{o1} - g_{o2}\right) \tag{9.3.8}$$

标幺双折射为

$$\Delta\tilde{n} = \sqrt{g_\Delta^2 + g_w^2} \tag{9.3.9}$$

3. 相互关系

标幺感应张量 $\boldsymbol{g}$ 与主轴坐标系 Crd_{123} 电光感应张量 $\boldsymbol{\delta}$ 满足关系

$$\boldsymbol{g} = \mathrm{diag}\left(\frac{1}{n_1},\frac{1}{n_2},\frac{1}{n_3}\right)\boldsymbol{\delta}\mathrm{diag}\left(\frac{1}{n_1},\frac{1}{n_2},\frac{1}{n_3}\right)$$

光轴传输时，上式简化为

$$\boldsymbol{g} = \frac{1}{n_o^2}\boldsymbol{\delta}$$

由于

$$\begin{cases}\tilde{\alpha} = \arctan\dfrac{g_w}{g_\Delta} = \arctan\dfrac{\delta_w}{\delta_\Delta} \\ \Delta\tilde{n} = \sqrt{g_\Delta^2 + g_w^2} = \dfrac{1}{n_o^2}\sqrt{\delta_\Delta^2 + \delta_w^2}\end{cases}$$

因此

$$\begin{cases}\tilde{\alpha} = \alpha \\ \Delta\tilde{n} = \dfrac{1}{n_o}\Delta n\end{cases} \tag{9.3.10}$$

9.3.2 非光轴传输

根据第 6 章的有关内容，非光轴传输时感应角 α 为

$$\alpha = \arctan\frac{\delta_w}{\varepsilon_\Delta + \delta_\Delta} \tag{9.3.11}$$

式中

$$\begin{cases}\varepsilon_\Delta = \dfrac{1}{2}(\varepsilon_a - \varepsilon_b) \\ \delta_\Delta = \dfrac{1}{2}(\delta_a - \delta_b)\end{cases} \tag{9.3.12}$$

需要指出的是，波法线传输与光线传输的感应角是不同的，除非两条线吻合。

双折射 n_Δ 为

$$n_\Delta = \Delta n_{ab} + \Delta n \tag{9.3.13}$$

其中，固有双折射为

$$\Delta n_{ab} = n_a - n_b \tag{9.3.14}$$

感应双折射为

$$\Delta n = \frac{n_b\delta_a - n_a\delta_b}{2n_a n_b} + \frac{\delta_w^2}{4n_a n_b \Delta n_{ab}} \tag{9.3.15}$$

式(9.3.13)表明，非光轴传输时，电光晶体的双折射 n_Δ 是固有双折射 Δn_{ab} 和感应双折射 Δn 的叠加。固有双折射 Δn_{ab} 远大于感应双折射 Δn，如果不采取有效的数据处理手段，Δn 将被 Δn_{ab} 吞噬。

9.4　电光效应的例

例 9.2　设光波和外施电压均沿 KDP 晶体光轴。试给出感应双折射计算式。

解： KDP 晶体即磷酸二氢钾晶体 KH_2PO_4，是负单轴晶体。

如图 9.2 所示，光波沿单轴晶体光轴，即沿主轴坐标系 Crd_{123} 的 x_3 轴。将与光轴同向的外施电压记为 E_3。

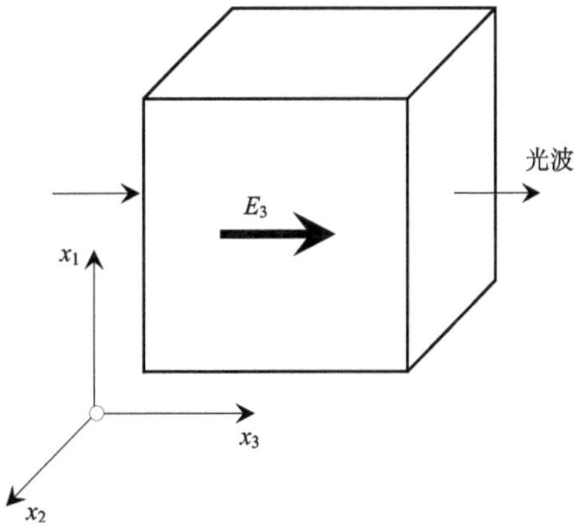

图 9.2　KDP 晶体电光效应(光轴传输)

标幺线性电光系数表为

$$A=\begin{bmatrix}0&0&0\\0&0&0\\0&0&0\\A_{41}&0&0\\0&A_{41}&0\\0&0&A_{63}\end{bmatrix}$$

该表对应的感应张量为

$$\boldsymbol{g}=\begin{bmatrix}0&A_{63}E_3&A_{41}E_2\\A_{63}E_3&0&A_{41}E_1\\A_{41}E_2&A_{41}E_1&0\end{bmatrix}$$

由于光波沿 x_3 轴，光波在 x_1x_2 截面振动。该截面上的标幺线性电光系数只有 A_{63}。这样，x_1x_2 截面的标幺感应张量为

$$\boldsymbol{g}_o=\begin{bmatrix}0&A_{63}E_3\\A_{63}E_3&0\end{bmatrix}$$

标幺感应双折射为

$$\Delta\tilde{n}=\sqrt{g_\Delta^2+g_w^2}=g_w=A_{63}E_3$$

因此

$$\Delta n=n_o\Delta\tilde{n}=n_oA_{63}E_3 \tag{9.4.1}$$

上式的 γ 系数形式是

$$\Delta n=n_o^3A_{63}E_3 \tag{9.4.2}$$

β 系数形式是

$$\Delta n=\frac{1}{n_o}A_{63}E_3 \tag{9.4.3}$$

设电场 E_3 的单位为 V 。查表 9.2。根据 KDP 晶体的 A_{63} 值，由式(9.4.1)得到

$$\Delta n = 1.514 \times 24.068 E_3 \times 10^{-12} = 36.439 E_3 \times 10^{-12}$$

根据 KDP 晶体的 γ_{63} 值，由式(9.4.2)得到

$$\Delta n = 1.514^3 \times 10.5 E_3 \times 10^{-12} = 36.439 E_3 \times 10^{-12}$$

根据 KDP 晶体的 β_{63} 值，由式(9.4.3)得到

$$\Delta n = \frac{55.169}{1.514} E_3 \times 10^{-12} = 36.439 E_3 \times 10^{-12}$$

上述三个感应双折射计算结果一致，表明标幺空间、介电张量空间和逆介电张量空间的线性电光系数完全等价。

例 9.3　设光波沿铌酸锂($LiNbO_3$)晶体主轴坐标系 Crd_{123} 的 x_2 轴，在 x_2 轴和 x_3 轴方向外施电压，如图 9.3 所示。试求感应双折射和感应角的计算式。

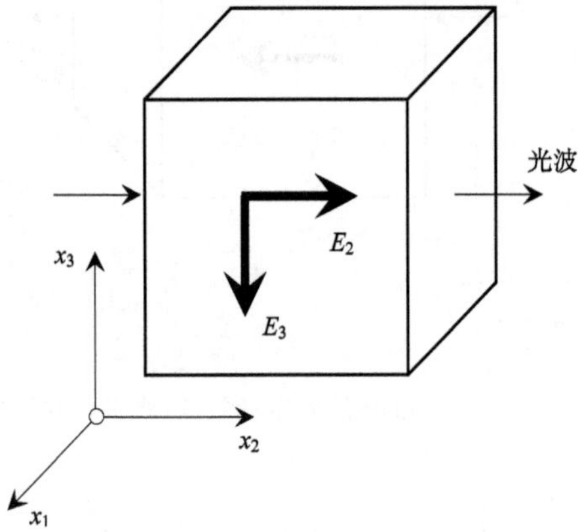

图 9.3　铌酸锂晶体的电光效应(非光轴传输)

解：铌酸锂晶体是负单轴晶体。光波沿 x_2 轴，是非光轴传输。

铌酸锂晶体的线性电光系数有 8 个，标幺线性电光系数表为

$$\boldsymbol{A} = \begin{bmatrix} 0 & -A_{22} & A_{13} \\ 0 & A_{22} & A_{13} \\ 0 & 0 & A_{33} \\ 0 & A_{51} & 0 \\ A_{51} & 0 & 0 \\ -A_{22} & 0 & 0 \end{bmatrix}$$

此标幺线性电光系数表对应的标幺感应张量为

$$\boldsymbol{g} = \begin{bmatrix} -A_{22}E_2 + A_{13}E_3 & -A_{22}E_2 & A_{51}E_1 \\ -A_{22}E_2 & A_{22}E_2 + A_{13}E_3 & A_{51}E_2 \\ A_{51}E_1 & A_{51}E_2 & A_{33}E_3 \end{bmatrix}$$

光波沿 x_2 轴，因此在 x_1x_3 截面上振动。x_1x_3 截面上的标幺线性电光系数共有 4 个，即

$$\boldsymbol{g}_{13} = \begin{bmatrix} -A_{22}E_2 + A_{13}E_3 & A_{51}E_1 \\ A_{51}E_1 & A_{33}E_3 \end{bmatrix}$$

由于 $E_1 = 0$，上式简化为

$$\boldsymbol{g}_{13} = \begin{bmatrix} -A_{22}E_2 + A_{13}E_3 & 0 \\ 0 & A_{33}E_3 \end{bmatrix}$$

将 $\boldsymbol{g}_{13}$ 变换到介电张量空间，有

$$\boldsymbol{\delta}_{13} = \begin{bmatrix} -n_o^2 A_{22}E_2 + n_o^2 A_{13}E_3 & 0 \\ 0 & n_e^2 A_{33}E_3 \end{bmatrix}$$

这样，感应双折射为

$$\Delta n = \frac{n_b\delta_a - n_a\delta_b}{2n_a n_b} = \frac{1}{2}\left(\left(n_o A_{13} - n_e A_{33}\right)E_3 - n_o A_{22} E_2\right)$$

由于是非光轴传输，因此存在固有双折射，即

$$\Delta n_{13} = n_o - n_e$$

于是，晶体的双折射为

$$n_\Delta = n_o - n_e + \frac{1}{2}\left(\left(n_o A_{13} - n_e A_{33}\right)E_3 - n_o A_{22} E_2\right)$$

铌酸锂晶体的折射率为

$$\begin{cases} n_o = 2.341 \\ n_e = 2.2457 \end{cases}$$

根据表 9.3 中铌酸锂晶体的 A_{13}, A_{22}, A_{33} 取值，有

$$n_\Delta = 0.0953 - 105.6143 \times 10^{-12} E_3 - 20.87 \times 10^{-12} E_2$$

人为调整电场方向的做法称为电场调制。电场方向为光波方向，则是纵向调制，电场方向为光波的垂直方向，则是横向调制。

本例，如果 $E_2 = 0, E_3 \neq 0$，为横向调制，此时

$$n_\Delta = 0.0953 - 105.6143 \times 10^{-12} E_3$$

如果 $E_2 \neq 0, E_3 = 0$，为纵向调制，此时

$$n_\Delta = 0.0953 - 20.87 \times 10^{-12} E_2$$

例 9.4　钛酸钡$\left(BaTiO_3\right)$晶体是一种铁电晶体。相变温度为120℃。相变温度以下钛酸钡没有对称中心，是双轴晶体；在相变温度以上，钛酸钡转变为立方晶体，线性电光效应不复存在，取而代之的是二次电光效应。设光波沿主轴坐标系 Crd_{123} 的 x_3 轴，并在 x_2 轴方向施加电压。试给出钛酸钡在大于相变温度时的感应双折射。

解：立方晶体各向同性，自然是光轴传输，可用标幺张量讨论。

钛酸钡晶体的标幺二次电光系数表为

$$B = \begin{bmatrix} B_{11} & B_{12} & B_{12} & 0 & 0 & 0 \\ B_{12} & B_{11} & B_{12} & 0 & 0 & 0 \\ B_{12} & B_{12} & B_{11} & 0 & 0 & 0 \\ 0 & 0 & 0 & B_{44} & 0 & 0 \\ 0 & 0 & 0 & 0 & B_{44} & 0 \\ 0 & 0 & 0 & 0 & 0 & B_{44} \end{bmatrix}$$

由于只有 x_2 轴方向存在电场，因此

$$E_1^2 = E_3^2 = E_1E_2 = E_1E_3 = E_2E_3 = 0$$

故标幺二次电光系数表 B 只有第 2 列起作用。由于光波沿 x_3 轴，标幺二次电光系数表 B 的 $\left(3,2\right)$ 位置上的二次电光系数 B_{12} 也失去了作用。剩下的两个二次电光系数对应的标幺感应张量为

$$\boldsymbol{g}_{12} = E_2^2 \begin{bmatrix} B_{12} & 0 \\ 0 & B_{11} \end{bmatrix}$$

这样，标幺感应双折射为

$$\Delta\tilde{n} = \sqrt{g_\Delta^2 + g_w^2} = g_\Delta = \frac{1}{2}\left(B_{12} - B_{11}\right)E_2^2$$

根据表 9.4 中钛酸钡的 $B_{12} - B_{11}$ 取值，上式具体化为

$$\Delta\tilde{n} = \frac{1}{2} \times 13411 E_2^2 = 6706 \times 10^{-18} E_2^2$$

钛酸钡晶体的折射率为 $n = 2.42$，这样，感应双折射为

$$\Delta n = n_o \Delta\tilde{n} = 2.42 \times 6706 \times 10^{-18} E_2^2 = 16227 \times 10^{-18} E_2^2$$

9.5　小　　结

电光效应时的介质张量称为电光张量，包括标幺空间和非标幺空间两种表述形式。每种形式又都存在逆电光张量和电光张量两种类型。通过标幺变换和标幺逆变换，两种张量形式的电光张量可以相互转换。

标幺张量的电光张量与固有张量无关，直接地、纯粹地描述电场对介质的电光作用，具有唯一性。

线性电光效应与二次电光效应不并存。如果存在线性电光效应，二次电光效应将被吞噬；只有在线性电光效应不存在的时候，二次电光效应才凸显。

与线性、二次电光效应对应，有线性、二次电光系数。非标幺张量空间，有四种电光系数；标幺张量空间，只有两种电光系数。标幺空间的电光系数表达方法更为简洁。

感应双折射和感应角反映电场作用。非光轴传输时，存在固有双折射，除非有效剔除，否则难以实用；光轴传输时，没有固有双折射。任何介质都存在光轴，为躲避固有双折射，应选择光轴传输方式。

光波沿光轴时，标幺感应角与非标幺空间的相同，标幺感应双折射乘以折射率等于非标幺空间的感应双折射。光波沿光轴时，标幺空间的电光效应计算和分析与非标幺空间的等价。

第10章 旋光效应

线偏振光通过某些介质后，振动面将发生一定角度的偏转，此即旋光现象。旋光效应可能是介质自身的造化，称为自然旋光；也可能是外部磁场作用的结果，称为磁致旋光。

自然旋光也好，磁致旋光也罢，旋光现象都源于圆双折射，区别是圆双折射的磁场来源。磁场产生回旋张量，回旋张量导致圆双折射。回旋张量是旋光效应的张量成因。固有张量和回旋张量叠加而成的旋光张量具有共轭转置对称性，属厄米微栖张量。旋光效应遵循光学效应对偶统一论的基本规律。

本章阐述旋光效应的现象、机理和成因。借此讨论法拉第磁致旋光效应。

法拉第磁致旋光也许是最具实用价值的磁致旋光效应了，在磁光隔离器、磁光调制器、磁场及电流测量等方面应用广泛。电流互感器是高压电网电流测量设备。基于法拉第磁致旋光效应，光学电流互感器[28,42-44]没有磁路饱和现象和原理上的测量频带问题，暂态测量准确；完全由绝缘材料制成，绝缘安全性好；体积小重量轻，易于集成安装。由于上述优点，光学电流互感器是公认的品质最好的电子式电流互感器。经过世界范围半个世纪的努力，光学电流互感器已经解决了测量精度的温度漂移和长期运行可靠性两个难问题，进入了产业化阶段。图10.1为哈尔滨工业大学研制的外卡式光学电流互感器。

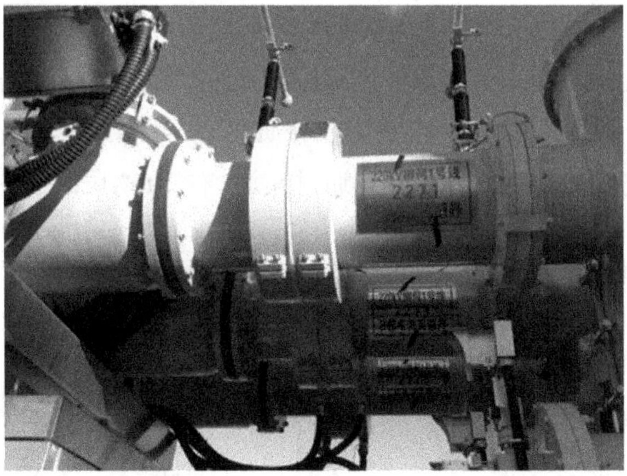

图10.1　哈尔滨工业大学研制的外卡式光学电流互感器

10.1 旋光现象

10.1.1 自然旋光

线偏振光通过某些介质后，电场矢量的振动面将产生正比介质光程长度的偏转，此种物理现象是**自然旋光**，偏转的角度称为**旋光角**。

1811 年，法国物理学家阿拉戈(F.J.D.Arago)发现石英具有自然旋光能力[45]。此后，大量自然旋光物质被发现。自然旋光物质很多，有固体、液体还有气体。如水晶、石英、朱砂、氯化钠、糖、松节油、硫酸、马钱子碱、硫代钾酸银等。

下面举一个自然旋光物质的例子。如图 10.2 所示，线偏振光通过长度为 15mm 的水晶之后，出射光振动面将发生 325°的偏转。表明水晶具有很强的自然旋光能力。

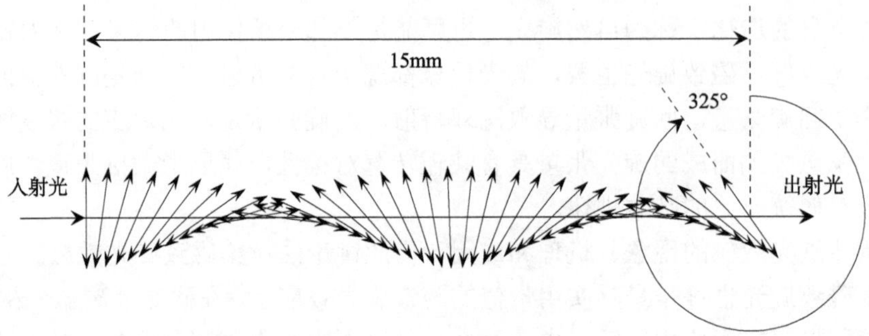

图 10.2　水晶的自然旋光

自然旋光具备三个基本特点。

(1) 旋光角 φ_c 与介质光程长度 L 成正比，即

$$\varphi_c = \rho L \tag{10.1.1}$$

其中，ρ 是单位长度的旋转角，称为**旋光率**。旋光率与光波波长、介质属性和环境温度等因素有关。

(2) 有左、右旋之分。迎着出射光，振动面左转的是左旋介质，旋光率是 ρ_L；右转的是右旋介质，旋光率是 ρ_R。同一种自然旋光介质，$\rho_L = \rho_R$。

(3) 左、右旋与光波方向的关系恒定。通过左旋(右旋)物质的线偏振光，反射回去后依然左旋(右旋)。

图 10.3 为左旋和右旋介质示意。

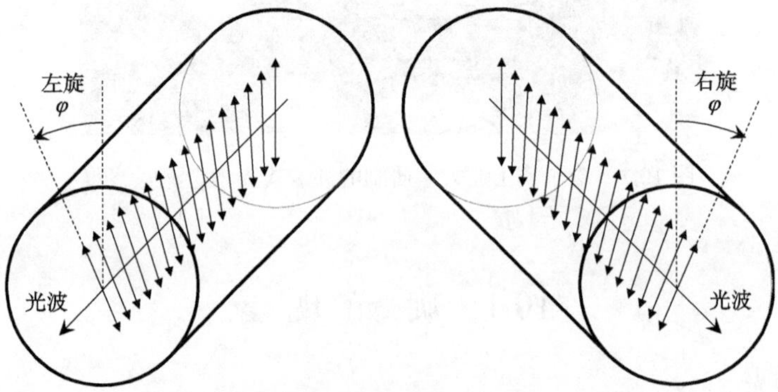

图 10.3　左旋和右旋介质

10.1.2　磁致旋光

1845 年，英国物理学家法拉第(M.Faraday)发现了一种不同于自然旋光的旋光现象：原本不具备自然旋光能力的重玻璃(硅酸硼铅)在外部磁场的作用下出现了旋光现象。这种外磁场导致的旋光现象称为**磁致旋光**[46]。法拉第发现的旋光现象称为法拉第磁致旋光效应。图 10.4 为法拉第磁致旋光效应示意。

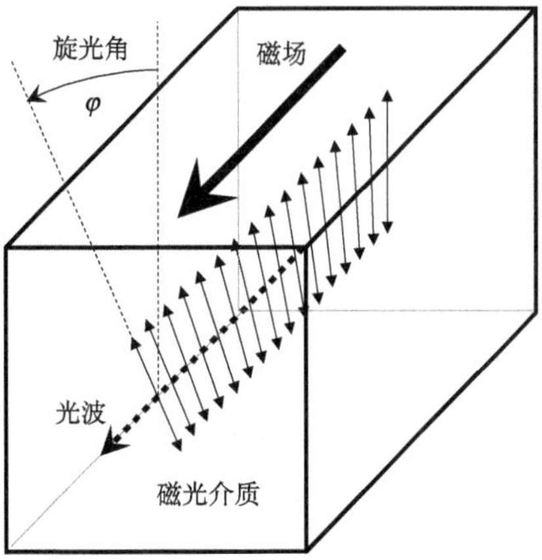

图 10.4　法拉第磁致旋光效应示意

具有磁致旋光能力的物质称为**磁光介质**。磁光介质的种类很多，差异只是旋光的程度。

与光传输方向平行的磁场分量是磁场与波法线的标量积，称为**磁场平行分量**。法拉第磁致旋光效应的旋光角 φ_c 与磁感应强度平行分量 B 成正比，即

$$\varphi_c = VBL \tag{10.1.2}$$

其中，V 是韦尔代(Verdet)常数。

韦尔代常数 V 刻画磁光介质的旋光能力，不仅取决于介质的物理属性，而且与光波频率(波长)及环境温度等因素有关。表 10.1 是几种磁光介质的韦尔代常数。

表 10.1　几种磁光介质的韦尔代常数

介质	温度/℃	波长/nm	韦尔代常数/((°)/(G·mm))
锗酸铋(BGO)	室温	632.8	1.797×10^{-5}
磁光玻璃 SF-57	室温	632.8	1.115×10^{-5}
磁光玻璃 SF-6	室温	632.8	1.017×10^{-5}
轻火石玻璃	18	589.3	5.28×10^{-5}
重火石玻璃	18	589.3	$8\times10^{-5}\sim10\times10^{-5}$
YIG	18	830.0	2.4×10^{-1}
石英	20	589.3	2.77×10^{-5}
二硫化碳	20	589.3	7.05×10^{-5}
水	33	589.3	2.18×10^{-5}
食盐	16	589.3	5.98×10^{-5}

在法拉第发现磁致旋光现象后，其他两类磁致旋光效应[47]陆续被发现。

第 1 类：光波方向与磁场垂直的磁致旋光效应。

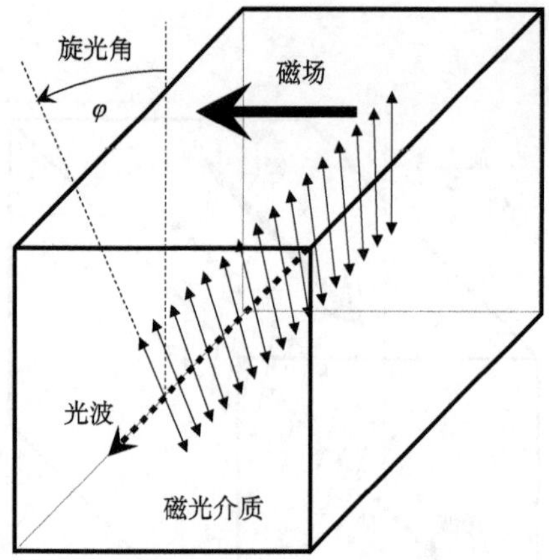

图 10.5　沃伊特、科顿-穆顿磁致旋光效应示意

这类磁致旋光效应包括沃伊特(W. Voigt)磁致旋光效应(1899 年)和科顿-穆顿(A. Cotton and H. Mouton)磁致旋光效应(1907 年)，如图 10.5 所示。

沃伊特磁致旋光效应的磁光介质是气体；科顿-穆顿磁致旋光效应的磁光介质是液体。相比而言，前者的旋光率比后者大许多。

从光波方向与磁场方向的关系角度看，这类磁致旋光效应与法拉第磁致旋光效应相互对偶。

第 2 类：反射光的磁致旋光效应。

在磁场作用下，磁光介质将使反射光的振动面发生旋转，这就是克尔磁致旋光效应，如图 10.6 所示。在 20 年的时间内，克尔(J. Kerr)、塞曼(Zeeman)先后发现了三种反射光的磁致旋光效应。

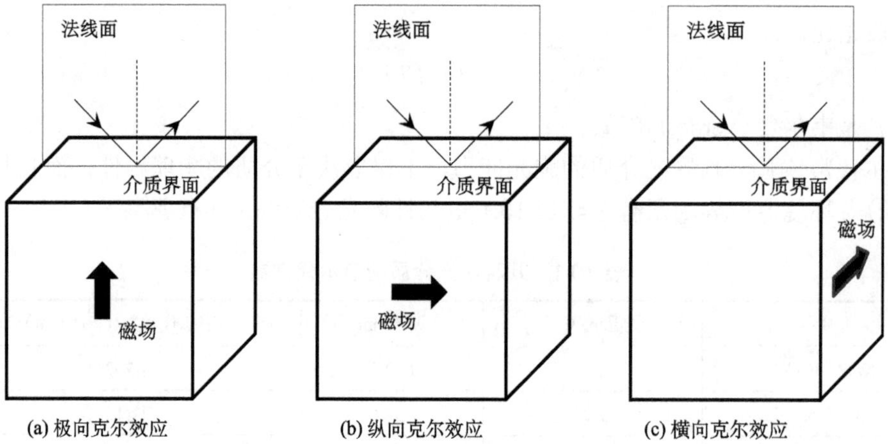

图 10.6　克尔磁旋光效应

极向克尔磁致旋光效应(1876 年)：磁场 B 与介质表面垂直，与入射光法线面平行，如图 10.6(a)所示。

纵向克尔磁致旋光效应(1878 年)：磁场与介质表面平行，与入射光法线面平行，如图 10.6(b)所示。

横向克尔磁致旋光效应(1896 年)：磁场 B 与介质表面平行，与入射光法线面垂直，如图 10.6(c)所示。

一般而言，极向克尔效应最强，纵向次之，横向最弱。

法拉第磁致旋光以及沃伊特磁致旋光和科顿-穆顿磁致旋光针对折射波，克尔磁致旋光针对反射波，也呈对偶关系。表 10.2 为磁致旋光效应类别。

表 10.2 磁致旋光效应类别

光波	磁场分量		旋光效应
折射波	与光波法矢量平行的分量		法拉第磁致旋光效应
	与光波法矢量垂直的分量		沃伊特磁致旋光效应
			科顿-穆顿磁致旋光效应
反射波	与介质表面垂直的分量		极向克尔磁致旋光效应
	与介质表面平行的分量	与入射面平行	纵向克尔磁致旋光效应
		与入射面垂直	横向克尔磁致旋光效应

10.2 旋 光 机 理

10.2.1 旋光现象的菲涅耳解释

阿拉戈发现自然旋光 14 年之后的 1825 年，法国物理学家菲涅耳解释了自然旋光现象的原因[48]。这是法拉第发现磁致旋光现象之前的事情。在法拉第发现磁致旋光现象之后人们认识到，菲涅耳的解释不仅适合自然旋光，而且同样适合磁致旋光。

线偏振光可认为是旋转方向相反、振动频率相同的两个圆偏振光的合成，如图 10.7 所示。菲涅耳的直觉认为，旋光效应是双折射使然。两个相异的折射率将使两个圆偏振光的振动面以不同的速度旋转，合成后的线偏振光，振动面将发生一定角度的偏转。

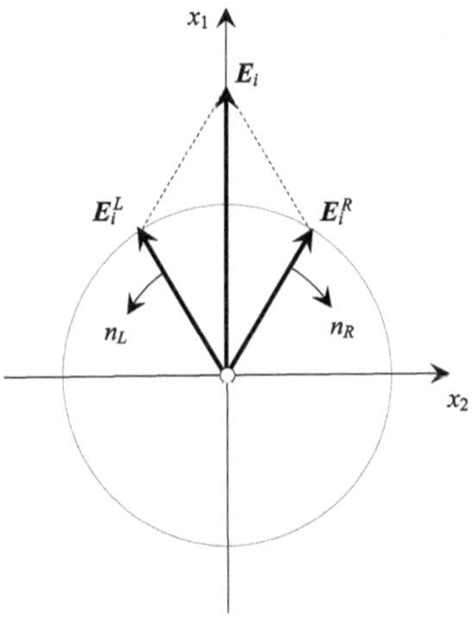

图 10.7 线偏振光的圆偏振光合成

将入射线偏振光 $\boldsymbol{E}_i$ 分解为左旋、右旋圆偏振光 $\boldsymbol{E}_i^L$ 和 $\boldsymbol{E}_i^R$，即

$$\boldsymbol{E}_i=\begin{bmatrix}1\\0\end{bmatrix}=\boldsymbol{E}_i^L+\boldsymbol{E}_i^R=\frac{1}{2}\begin{bmatrix}1\\\mathrm{j}\end{bmatrix}+\frac{1}{2}\begin{bmatrix}1\\-\mathrm{j}\end{bmatrix} \tag{10.2.1}$$

设 $\boldsymbol{E}_i^L$ 和 $\boldsymbol{E}_i^R$ 的折射率分别为 n_L,n_R，且 $n_L\neq n_R$。这样，旋光介质的出射光为

$$\begin{aligned}\boldsymbol{E}_o=\boldsymbol{E}_o^L+\boldsymbol{E}_o^R&=\frac{1}{2}\begin{bmatrix}1\\\mathrm{j}\end{bmatrix}\exp\left(\mathrm{j}\frac{2\pi n_L}{\lambda}L\right)+\frac{1}{2}\begin{bmatrix}1\\-\mathrm{j}\end{bmatrix}\exp\left(\mathrm{j}\frac{2\pi n_R}{\lambda}L\right)\\&=\begin{bmatrix}\frac{1}{2}\left(\exp\left(\mathrm{j}\frac{2\pi n_L}{\lambda}L\right)+\exp\left(\mathrm{j}\frac{2\pi n_R}{\lambda}L\right)\right)\\\mathrm{j}\frac{1}{2}\left(\exp\left(\mathrm{j}\frac{2\pi n_L}{\lambda}L\right)-\exp\left(\mathrm{j}\frac{2\pi n_R}{\lambda}L\right)\right)\end{bmatrix}\end{aligned} \tag{10.2.2}$$

其中，λ 是单色平面波的波长，L 是旋光介质的光程长度。

注意到

$$\begin{cases}\dfrac{1}{2}\left(\exp\left(\mathrm{j}\dfrac{2\pi n_L}{\lambda}L\right)+\exp\left(\mathrm{j}\dfrac{2\pi n_R}{\lambda}L\right)\right)=\cos\left(\dfrac{2\pi L}{\lambda}\Delta n\right)\exp\left(\mathrm{j}\dfrac{2\pi L}{\lambda}(n_R+n_L)\right)\\ \dfrac{1}{2}\left(\exp\left(\mathrm{j}\dfrac{2\pi n_L}{\lambda}L\right)-\exp\left(\mathrm{j}\dfrac{2\pi n_R}{\lambda}L\right)\right)=\mathrm{j}\sin\left(\dfrac{2\pi L}{\lambda}\Delta n\right)\exp\left(\mathrm{j}\dfrac{2\pi L}{\lambda}(n_R+n_L)\right)\end{cases}$$

其中，Δn 是如下的圆双折射

$$\Delta n = n_R - n_L \tag{10.2.3}$$

公因子 $\mathrm{j}\exp\left(\mathrm{j}\dfrac{2\pi L}{\lambda}(n_R+n_L)\right)$ 不影响偏振状态，弃之。于是

$$\boldsymbol{E}_o=\begin{bmatrix}\cos\left(\dfrac{2\pi L}{\lambda}\Delta n\right)\\ \sin\left(\dfrac{2\pi L}{\lambda}\Delta n\right)\end{bmatrix}=\begin{bmatrix}\cos\varphi_c\\ \sin\varphi_c\end{bmatrix} \tag{10.2.4}$$

其中，φ_c 是如下的旋光角

$$\varphi_c=\frac{2\pi L}{\lambda}\Delta n \tag{10.2.5}$$

显然，与入射光 $\boldsymbol{E}_i$ 相比，出射光 $\boldsymbol{E}_o$ 的偏振面旋转了角度 φ_c。

式(10.2.5)中，若 $\Delta n>0$，是右旋偏振光，若 $\Delta n<0$，是左旋偏振光。

综上，菲涅耳解释有两个要点。

(1)线偏振光是两个旋转相反的圆偏振光的合成。

(2)两个圆偏振光的折射率不同，产生了圆双折射 Δn，导致了旋光效应。

菲涅耳本打算用单一的石英棱镜来验证他的解释。由于折射率 n_L,n_R 过于接近，双折射 Δn 太小没有成功。于是，他将左旋石英、右旋石英晶体制成若干棱镜，将两种棱镜交替排列，形成了复合棱镜，称为菲涅耳棱镜。如图 10.8 所示，符号 R 表示右旋石英，L 表示左旋石英。

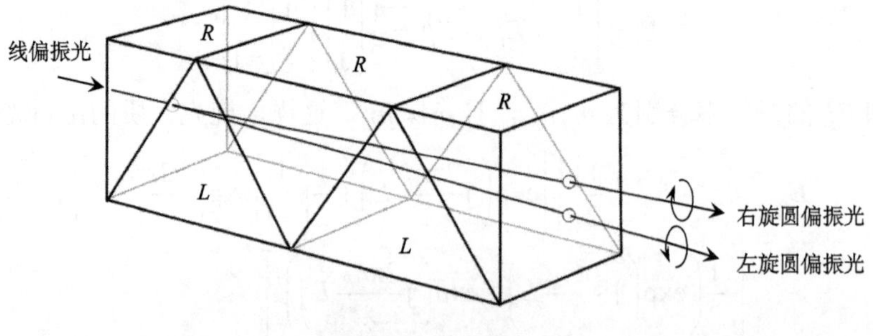

图 10.8　菲涅耳棱镜

由于折射的原因，每当光波通过倾斜的棱镜界面时，L 光和 R 光的距离就进一步增大，最终，出射的 L 光和 R 光明显分开了。

菲涅耳实验表明，线偏振光确实可被物理地分解为左旋、右旋圆偏振光，两个旋转相

反的圆偏振光通过自然旋光物质后的折射率确实不同。

10.2.2 旋光现象的张量机制

介质的数学模型是张量。本节的讨论表明，感应张量为回旋张量的介质将产生旋光现象。

如下的反对称张量$\boldsymbol{\gamma}$称为**回旋张量**

$$\boldsymbol{\gamma} \in \mathbb{C}^{3\times 3} = \begin{bmatrix} 0 & -\mathrm{j}\gamma_3 & \mathrm{j}\gamma_2 \\ \mathrm{j}\gamma_3 & 0 & -\mathrm{j}\gamma_1 \\ -\mathrm{j}\gamma_2 & \mathrm{j}\gamma_1 & 0 \end{bmatrix} \tag{10.2.6}$$

回旋张量$\boldsymbol{\gamma}$共轭转置对称，即$\boldsymbol{\gamma} = \boldsymbol{\gamma}^{\mathrm{H}}$，是厄米张量。

感应张量为回旋张量$\boldsymbol{\gamma}$的相对介电张量$\boldsymbol{\mathcal{E}}$称为**旋光张量**，即

$$\boldsymbol{\mathcal{E}} = \varepsilon_r + \mathrm{j}\boldsymbol{\gamma} \tag{10.2.7}$$

旋光张量$\boldsymbol{\mathcal{E}}$满足关系$\boldsymbol{\mathcal{E}} = \boldsymbol{\mathcal{E}}^{\mathrm{H}}$，是厄米张量。

旋光张量的偏振模式是左旋、右旋圆偏振光，论述如下。

为避免固有双折射对旋光现象的吞噬，使光波沿光轴。光轴坐标系Crd_{oe}中，旋光张量$\boldsymbol{\mathcal{E}}$为

$$\boldsymbol{\mathcal{E}} = \varepsilon_r + \boldsymbol{\gamma} = \begin{bmatrix} \varepsilon_o & -\mathrm{j}\gamma_3 & \mathrm{j}\gamma_2 \\ \mathrm{j}\gamma_3 & \varepsilon_o & -\mathrm{j}\gamma_1 \\ -\mathrm{j}\gamma_2 & \mathrm{j}\gamma_1 & \varepsilon_e \end{bmatrix} \tag{10.2.8}$$

截面张量$\boldsymbol{\mathcal{E}}_o$为

$$\boldsymbol{\mathcal{E}}_o = \begin{bmatrix} \varepsilon_o & -\mathrm{j}\gamma_3 \\ \mathrm{j}\gamma_3 & \varepsilon_o \end{bmatrix} \tag{10.2.9}$$

截面张量$\boldsymbol{\mathcal{E}}_o$的本征值为

$$\lambda_{R,L} = \varepsilon_o \pm \gamma_3 \tag{10.2.10}$$

根据两个本征值，得到本征方程

$$\begin{bmatrix} \pm 1 & \mathrm{j} \\ -\mathrm{j} & \pm 1 \end{bmatrix} \begin{bmatrix} E_1 \\ E_2 \end{bmatrix}_{R,L} = 0$$

解之，得到两个归一化的、相互正交的本征矢量

$$\boldsymbol{E}_R = \frac{1}{\sqrt{2}} \begin{bmatrix} 1 \\ -\mathrm{j} \end{bmatrix}, \quad \boldsymbol{E}_L = \frac{1}{\sqrt{2}} \begin{bmatrix} 1 \\ \mathrm{j} \end{bmatrix} \tag{10.2.11}$$

式(10.2.11)的两个本征矢量刻画圆偏振模式，$\boldsymbol{E}_R$是右旋圆偏振模式，$\boldsymbol{E}_L$是左旋圆偏振模式。不考虑与偏振态无关的幅值，这两个本征矢量与式(10.2.1)相同。根据菲涅耳解释知道，定然会出现旋光效应。就是说，式(10.2.9)的旋光张量$\boldsymbol{\mathcal{E}}$是旋光现象的张量成因。

10.3　旋光现象物理成因

10.3.1　自然旋光的物质成因

菲涅耳认定了圆双折射的存在，却没有解释为什么会出现圆双折射。也就是没有说明有些物质具备自然旋光的属性，有些却不具备的原因。

1848 年，法国年轻科学家巴斯德(L. Pasteu)在自然旋光介质机理方面取得了重要的研究成果。他的实验表明，线偏振光通过螺旋分子结构的物质后，将出现旋光现象。他把实验结果展示给了前辈毕奥(J. B. Biot)。出于谨慎，毕奥重复了巴斯德的实验。面对完全一致的实验结果，他对巴斯德说："孩子，你的结果撼动了我的心。"

以下结合图 10.9 讨论自然旋光的螺旋分子结构机理。

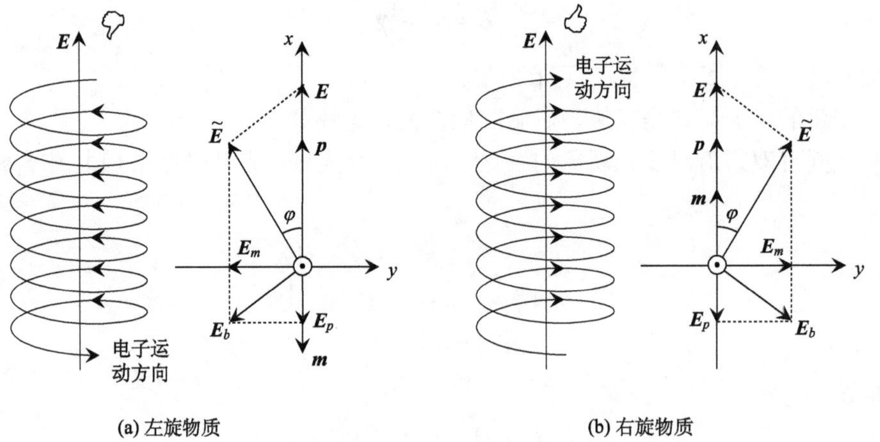

图 10.9　自然旋光机理图

单色平面波的磁感应强度 $\boldsymbol{B}$ 仅通过时谐因子 $\exp(-\mathrm{j}\omega t)$ 与时间 t 关联，其时间导数为

$$\frac{\partial \boldsymbol{B}}{\partial t}=-\mathrm{j}\omega\boldsymbol{B} \tag{10.3.1}$$

表明 $\boldsymbol{B}$ 、$\dfrac{\partial \boldsymbol{B}}{\partial t}$ 正交。即 $\dfrac{\partial \boldsymbol{B}}{\partial t}$ 与单色平面波的电场强度 $\boldsymbol{E}$ 平行。

旋光物质内部的运动分子，一方面在时变磁场 $\dfrac{\partial \boldsymbol{B}}{\partial t}$ 的驱使下做围绕光波电场 $\boldsymbol{E}$ 的圆周运动；另一方面在光波电场 $\boldsymbol{E}$ 的驱使下做与光波电场 $\boldsymbol{E}$ 同向的直线运动。圆周与直线运动合成为螺旋运动。由于这个原因，自然旋光物质的运动分子称为螺旋分子。

螺旋分子的直线运动感应出与 $\boldsymbol{E}$ 轴同向的电偶极矩 $\boldsymbol{p}$ 。电磁场理论表明，$\boldsymbol{p}$ 辐射产生的次级波电场强度 $\boldsymbol{E}_p$ 与 x 轴反向。

依据楞次定律，螺旋分子的圆周运动产生抵抗性的磁偶极矩 $\boldsymbol{m}$ 。磁偶极矩 $\boldsymbol{m}$ 满足关于电流的右手定则(图中的手型符号)。电流与电子运动方向相反，故磁偶极矩 $\boldsymbol{m}$ 满足关于螺旋分子运动方向的左手定则。因此

(1)左旋物质，磁偶极矩 $\boldsymbol{m}$ 沿 $-x$ 方向，辐射的次级波电场强度 $\boldsymbol{E}_m$ 与 y 轴反向。

(2)右旋物质，磁偶极矩 $\boldsymbol{m}$ 沿 x 方向，辐射的次级波电场强度 $\boldsymbol{E}_m$ 与 y 轴同向。

电场强度 $\boldsymbol{E}_p$ 和 $\boldsymbol{E}_m$ 合成为 $\boldsymbol{E}_b$； $\boldsymbol{E}_b$ 与光波电场 $\boldsymbol{E}$ 又合成为电场强度 $\widehat{\boldsymbol{E}}$ 。相对光波电场强度 $\boldsymbol{E}$ ，对于左、右旋物质， $\widehat{\boldsymbol{E}}$ 分别向左、右旋转了一个角度 φ，这个角度即旋光角。

光波磁场的变化 $\dfrac{\partial \boldsymbol{B}}{\partial t}$ 产生磁偶极矩 $\boldsymbol{m}$ ，导致了自然旋光现象。

光波磁场变化率 $\dfrac{\partial \boldsymbol{B}}{\partial t}$ 引起的电子圆周运动是螺旋分子结构物质特有的。自然旋光依赖特定的分子结构，也依赖光波的变化磁场。自然旋光现象是物质内因和光波电磁场外因合作的产物。

在巴斯德之后，大量的、不同角度的研究不断证实，螺旋分子结构是自然旋光的物质内因。

10.3.2 矢量积命题

为便于论述旋光张量的物理成因，先给出如下的矢量积命题。

命题 10.1(矢量积命题) 矢量 $\boldsymbol{A}$ 和 $\boldsymbol{B}$ 的矢量积可表示为

$$\boldsymbol{A}\times\boldsymbol{B}=[\boldsymbol{A}]\boldsymbol{B}=-[\boldsymbol{B}]\boldsymbol{A} \tag{10.3.2}$$

其中，$[\boldsymbol{A}]$ 和 $[\boldsymbol{B}]$ 是反对称张量，即

$$[\boldsymbol{A}]=\begin{bmatrix}0 & -A_3 & A_2\\ A_3 & 0 & -A_1\\ -A_2 & A_1 & 0\end{bmatrix},\quad [\boldsymbol{B}]=\begin{bmatrix}0 & -B_3 & B_2\\ B_3 & 0 & -B_1\\ -B_2 & B_1 & 0\end{bmatrix} \tag{10.3.3}$$

式中，A_1,A_2,A_3 和 B_1,B_2,B_3 分别是矢量 $\boldsymbol{A}$ 和 $\boldsymbol{B}$ 的三个分量。

证明： 将 $\boldsymbol{A}\times\boldsymbol{B}$ 写成分量形式

$$\boldsymbol{A}\times\boldsymbol{B}=\begin{bmatrix}A_2B_3-A_3B_2\\ A_3B_1-A_1B_3\\ A_1B_2-A_2B_1\end{bmatrix}$$

即

$$\boldsymbol{A}\times\boldsymbol{B}=[\boldsymbol{A}]\boldsymbol{B}$$

或

$$\boldsymbol{A}\times\boldsymbol{B}=-[\boldsymbol{B}]\boldsymbol{A}$$

命题成立。

证毕

10.3.3 旋光张量物理成因(自然旋光)

自然旋光源自光波磁场变化率 $\dfrac{\partial \boldsymbol{B}}{\partial t}$ 对螺旋分子结构物质的作用。德国物理学家玻恩

(M.Born)和康顿(F.Condon)提出了计及$\dfrac{\partial \boldsymbol{B}}{\partial t}$作用的极化强度$\boldsymbol{P}$公式

$$\boldsymbol{P}=\varepsilon_0\boldsymbol{\chi}_e\boldsymbol{E}-\rho\frac{\partial \boldsymbol{B}}{\partial t} \tag{10.3.4}$$

式中，ρ是磁场变化率$\dfrac{\partial \boldsymbol{B}}{\partial t}$对螺旋分子结构物质的作用系数。

基于上式，自然旋光物质的电位移矢量$\boldsymbol{D}$为

$$\boldsymbol{D}=\varepsilon_0\boldsymbol{E}+\boldsymbol{P}=\varepsilon_0\varepsilon_r\boldsymbol{E}-\rho\frac{\partial \boldsymbol{B}}{\partial t} \tag{10.3.5}$$

根据第5章哈密顿算符命题，对单色平面波，麦克斯韦方程组第1式等价为

$$\frac{\mathrm{j}\omega n}{c}\boldsymbol{s}\times\boldsymbol{E}=-\frac{\partial \boldsymbol{B}}{\partial t}$$

式中，$\boldsymbol{s}$是波法线，ω是光波频率，n是折射率。

上式两边同乘系数ρ，有

$$\frac{\mathrm{j}\omega n\rho}{c}\boldsymbol{s}\times\boldsymbol{E}=-\rho\frac{\partial \boldsymbol{B}}{\partial t} \tag{10.3.6}$$

令

$$\boldsymbol{\Gamma}=\frac{\omega n\rho}{c\varepsilon_0}\boldsymbol{s}=\frac{\omega n\rho}{c\varepsilon_0}\begin{bmatrix}s_1\\s_2\\s_3\end{bmatrix} \tag{10.3.7}$$

式(10.3.6)变形为

$$-\rho\frac{\partial \boldsymbol{B}}{\partial t}=\mathrm{j}\varepsilon_0\boldsymbol{\Gamma}\times\boldsymbol{E}$$

将之代入式(10.3.5)，并考虑矢量积命题，得

$$\boldsymbol{D}=\varepsilon_0\left(\boldsymbol{\varepsilon}_r+\mathrm{j}\boldsymbol{\gamma}\right)\boldsymbol{E} \tag{10.3.8}$$

式中，$\boldsymbol{\gamma}$是回旋张量(反对称张量)

$$\boldsymbol{\gamma}=\left[\boldsymbol{\Gamma}\right] \tag{10.3.9}$$

显然，介电张量$\boldsymbol{\varepsilon}_r+\mathrm{j}\boldsymbol{\gamma}$是旋光张量，即

$$\boldsymbol{\mathcal{E}}=\boldsymbol{\varepsilon}_r+\mathrm{j}\boldsymbol{\gamma}=\begin{bmatrix}\varepsilon_1 & -\mathrm{j}\gamma_3 & \mathrm{j}\gamma_2\\ \mathrm{j}\gamma_3 & \varepsilon_2 & -\mathrm{j}\gamma_1\\ -\mathrm{j}\gamma_2 & \mathrm{j}\gamma_1 & \varepsilon_3\end{bmatrix} \tag{10.3.10}$$

其中

$$\gamma_i=\frac{\omega n\rho}{c\varepsilon_0}s_i,\quad i=1,2,3 \tag{10.3.11}$$

介电张量$\boldsymbol{\mathcal{E}}$是旋光张量，所以定会出现旋光现象。

回旋张量 γ 有如下三个属性。

(1) 光波方向的服从性。由式(10.3.11)知道，回旋张量 $\boldsymbol{\gamma}$ 分量的符号与波法线 $\boldsymbol{s}$ 分量的相同。

本属性表明，自然旋光的旋光方向服从光波方向。如果正向传输时旋光方向为左旋/右旋，那么反向传输时旋光方向不会改变，依然左旋/右旋。

(2) 光波磁场依赖性。系数 ρ 表达自然旋光对光波磁场变化率 $\dfrac{\partial \boldsymbol{B}}{\partial t}$ 的依赖。这种依赖性与物质的分子结构有关。非螺旋分子结构的物质 $\rho = 0$，不会出现自然旋光现象。

(3) 回旋张量 $\boldsymbol{\gamma}$ 具有关于分量平方和的守恒性。由于

$$\sum_{i=1}^{3} s_i^2 = 1$$

故回旋张量 $\boldsymbol{\gamma}$ 的分量满足关系

$$\sum_{i=1}^{3} \gamma_i^2 = \left(\frac{\omega n \rho}{c\varepsilon_0}\right)^2 \tag{10.3.12}$$

10.3.4　旋光张量物理成因(法拉第磁致旋光)

荷兰物理学家洛伦兹(H.A. Lorentz)在 1881 年对法拉第磁致旋光效应旋光张量的物理成因进行了理论探讨。

在光波电场 $\boldsymbol{E}$ 和外施磁场 $\boldsymbol{B}$ 作用下，磁光介质将出现洛伦兹力，束缚电子运动方程为

$$\frac{\mathrm{d}^2 \boldsymbol{r}}{\mathrm{d}t^2} + \frac{e}{m}\frac{\mathrm{d}\boldsymbol{r}}{\mathrm{d}t} \times \boldsymbol{B} + \omega_0^2 \boldsymbol{r} + \frac{e}{m}\boldsymbol{E} = 0 \tag{10.3.13}$$

式中，$\boldsymbol{r}$ 是束缚电子离开平衡位置的位移；e 是电子电量；m 是电子的质量；ω_0 是电子固有振动频率。

单色平面波时，位移 $\boldsymbol{r}$ 仅通过时谐因子 $\exp(-\mathrm{j}\omega t)$ 与时间 t 关联。于是

$$\begin{cases} \dfrac{\mathrm{d}\boldsymbol{r}}{\mathrm{d}t} = -\mathrm{j}\omega \boldsymbol{r} \\ \dfrac{\mathrm{d}^2 \boldsymbol{r}}{\mathrm{d}t^2} = -\omega^2 \boldsymbol{r} \end{cases}$$

代入式(10.3.13)，得到

$$-\mathrm{j}e\omega \boldsymbol{r} \times \boldsymbol{B} + m\left(\omega_0^2 - \omega^2\right)\boldsymbol{r} + e\boldsymbol{E} = 0 \tag{10.3.14}$$

设单位体积含有 N 个束缚电子。这样，介质的极化强度为

$$\boldsymbol{P} = -eN\boldsymbol{r}$$

于是

$$\boldsymbol{r} = -\frac{\boldsymbol{P}}{eN}$$

代入式(10.3.14)，得到

$$m\left(\omega_0^2-\omega^2\right)\boldsymbol{P}-\mathrm{j}e\omega\boldsymbol{P}\times\boldsymbol{B}=e^2N\boldsymbol{E}$$

根据矢量积命题，上式变形为

$$\boldsymbol{E}=\frac{1}{e^2N}\left(m\left(\omega_0^2-\omega^2\right)+\mathrm{j}e\omega[\boldsymbol{B}]\right)\boldsymbol{P} \tag{10.3.15}$$

其中，$[\boldsymbol{B}]$是关于磁感应强度$\boldsymbol{B}$的反对称张量。

与公式$\boldsymbol{P}=\varepsilon_0\boldsymbol{\chi}_e\boldsymbol{E}$比照，极化率张量为

$$\boldsymbol{\chi}_e=\frac{e^2N}{\varepsilon_0}\left(m\left(\omega_0^2-\omega^2\right)+\mathrm{j}e\omega[\boldsymbol{B}]\right)^{-1} \tag{10.3.16}$$

略去推导，$\boldsymbol{\chi}_e$的对角元素为

$$\chi_{ii}=\frac{e^2\left(Nm^2\left(\omega_0^2-\omega^2\right)^2-\omega e^2B_i^2\right)}{\varepsilon_0 m\left(\omega_0^2-\omega^2\right)\left(m^2\left(\omega_0^2-\omega^2\right)^2+\omega^2e^2\sum_{k=1}^{3}B_k^2\right)},\quad i=1,2,3$$

利用电子电量e的微小性，得到

$$\chi_{ii}=\frac{e^2N}{\varepsilon_0 m\left(\omega_0^2-\omega^2\right)},\quad i=1,2,3 \tag{10.3.17}$$

非对角元素为

$$\chi_{ij}=\frac{e^3\left(Nm^2eB_iB_j+\mathrm{j}\delta_{ij}Nm\omega\left(\omega_0^2-\omega^2\right)B_k\right)}{\varepsilon_0 m\left(\omega_0^2-\omega^2\right)\left(m^2\left(\omega_0^2-\omega^2\right)^2+\omega^2e^2\sum_{k=1}^{3}B_k^2\right)},\quad i,j,k=1,2,3;\ i\neq j\neq k$$

利用电子电量e的微小性，得到

$$\chi_{ij}=\frac{\mathrm{j}\delta_{ij}N\omega e^3B_k}{\varepsilon_0 m^2\left(\omega_0^2-\omega^2\right)^2},\quad i,j,k=1,2,3;\ i\neq j\neq k \tag{10.3.18}$$

其中

$$\begin{cases}\delta_{12}=\delta_{23}=\delta_{31}=-1\\ \delta_{21}=\delta_{32}=\delta_{13}=1\end{cases} \tag{10.3.19}$$

记

$$\begin{cases}\varepsilon'=\chi_{ii}=\dfrac{e^2N}{\varepsilon_0 m\left(\omega_0^2-\omega^2\right)}\\[2ex] \gamma_k=\dfrac{N\omega e^3B_k}{\varepsilon_0 m^2\left(\omega_0^2-\omega^2\right)^2},\quad k=1,2,3\end{cases} \tag{10.3.20}$$

并考虑δ_{ij}的取值，有

$$\boldsymbol{\chi}_e = \begin{bmatrix} \varepsilon' & -\mathrm{j}\gamma_3 & \mathrm{j}\gamma_2 \\ \mathrm{j}\gamma_3 & \varepsilon' & -\mathrm{j}\gamma_1 \\ -\mathrm{j}\gamma_2 & \mathrm{j}\gamma_1 & \varepsilon' \end{bmatrix} \tag{10.3.21}$$

将上式的极化率张量 $\boldsymbol{\chi}_e$ 代入电位移矢量公式

$$\boldsymbol{D} = \varepsilon_0\left(\boldsymbol{I} + \boldsymbol{\chi}_e\right)\boldsymbol{E} = \varepsilon_0\boldsymbol{\mathcal{E}}\boldsymbol{E}$$

可得到如下的旋光张量

$$\boldsymbol{\mathcal{E}} = \begin{bmatrix} \varepsilon & -\mathrm{j}\gamma_3 & \mathrm{j}\gamma_2 \\ \mathrm{j}\gamma_3 & \varepsilon & -\mathrm{j}\gamma_1 \\ -\mathrm{j}\gamma_2 & \mathrm{j}\gamma_1 & \varepsilon \end{bmatrix} \tag{10.3.22}$$

其中

$$\begin{cases} \varepsilon = 1 + \varepsilon' = 1 + \dfrac{e^2 N}{\varepsilon_0 m\left(\omega_0^2 - \omega^2\right)} \\ \gamma_i = \beta_c B_i, \quad i = 1,2,3 \end{cases} \tag{10.3.23}$$

式中，B_i 是磁感应强度分量；β_c 是**磁场系数**，即

$$\beta_c = \frac{N\omega e^3}{\varepsilon_0 m^2\left(\omega_0^2 - \omega^2\right)^2} \tag{10.3.24}$$

以上讨论表明，在磁场的作用下，介质张量 $\boldsymbol{\mathcal{E}}$ 是旋光张量，旋光张量 $\boldsymbol{\mathcal{E}}$ 的非对角分量 γ_i 包含磁场 B_i 的作用，因此会出现法拉第磁致旋光现象。

如果光传输沿磁光介质坐标系的第 3 轴，则截面张量为

$$\boldsymbol{\mathcal{E}}_{12} = \begin{bmatrix} \varepsilon & -\mathrm{j}\gamma_3 \\ \mathrm{j}\gamma_3 & \varepsilon \end{bmatrix} = \begin{bmatrix} \varepsilon & -\mathrm{j}\beta_c B_3 \\ \mathrm{j}\beta_c B_3 & \varepsilon \end{bmatrix} \tag{10.3.25}$$

此时，非对角分量的磁场是 B_3，与第 3 轴平行。

同样，若光波沿磁光介质坐标系的第 1、2 轴，非对角分量中的磁场将会分别与第 1、2 轴平行。因此，法拉第磁致旋光是与光波平行的磁场分量决定的。

10.4 法拉第磁致旋光效应

法拉第预言光、磁、电三者之间必有联系[51]。1831 年他发现了电磁的联系，即电磁感应定律；1845 年他又发现了磁光的联系，即法拉第磁致旋光现象。法拉第之后，二次和一次电光效应也先后被发现，法拉第的预言完全被证实。

磁场与光波同向是法拉第磁致旋光效应的特征。纯粹的法拉第磁致旋光是简洁的。实际的法拉第磁致旋光效应却是复杂的。无处不在的应力场和温度场对磁光介质的作用明显，实际的法拉第磁致旋光效应是多物理场综合作用问题。

本节聚焦均匀磁场的法拉第磁致旋光效应。10.5 节针对不均匀磁场的情况。

10.4.1　磁场单独作用的法拉第磁致旋光

首先讨论纯粹的法拉第磁致旋光效应。

设磁光介质各向同性。这样，磁光介质的截面张量$\boldsymbol{\mathcal{E}}$为

$$\boldsymbol{\mathcal{E}} = \varepsilon_r + \boldsymbol{\delta}_c \tag{10.4.1}$$

其中

$$\varepsilon_r = \mathrm{diag}(\varepsilon_o, \varepsilon_o) \tag{10.4.2}$$

$$\boldsymbol{\delta}_c = \begin{bmatrix} 0 & \mathrm{j}\delta_c \\ -\mathrm{j}\delta_c & 0 \end{bmatrix} \tag{10.4.3}$$

这里

$$\delta_c = \beta_c B \tag{10.4.4}$$

并且，B是平行于光波的磁感应强度分量，磁场系数β_c由式(10.3.24)确定。

先求截面张量$\boldsymbol{\mathcal{E}}$的本征值，再求两个折射率，进而得到磁光介质的圆双折射，就是

$$\Delta n = \frac{1}{n_o}\delta_c = \frac{1}{n_o}\beta_c B \tag{10.4.5}$$

如果磁光介质光程长度为L，那么旋光角φ_c为

$$\varphi_c = \frac{2\pi L}{\lambda}\Delta n = \frac{2\pi\beta_c}{\lambda n_o}BL$$

即

$$\varphi_c = VBL \tag{10.4.6}$$

其中，V是韦尔代常数

$$V = \frac{2\pi\beta_c}{\lambda n_o} \tag{10.4.7}$$

10.4.2　应力场的线性双折射

可恢复的形变是弹性形变。在应力场作用下介质产生弹性形变的物理现象称为**弹光效应**。

假设磁光介质各向同性。应力场单独作用时，磁光介质的截面张量$\boldsymbol{\mathcal{E}}$是截面弹光张量，即

$$\boldsymbol{\mathcal{E}} = \varepsilon_r + \boldsymbol{\delta}_l \tag{10.4.8}$$

其中，$\boldsymbol{\varepsilon}_r$是式(10.4.2)的截面固有张量，$\boldsymbol{\delta}_l$是截面弹光张量，即

$$\boldsymbol{\delta}_l = \begin{bmatrix} \delta_o & \delta_c \\ \delta_c & \delta_o \end{bmatrix} \tag{10.4.9}$$

截面弹光张量$\boldsymbol{\mathcal{E}}$的本征值是

$$\lambda = \varepsilon_o + \delta_o \pm \delta_l \tag{10.4.10}$$

根据本征值，得到本征方程

$$\begin{bmatrix} \pm 1 & -1 \\ -1 & \pm 1 \end{bmatrix}\begin{bmatrix} E_1 \\ E_2 \end{bmatrix} = 0$$

求解本征方程，得到如下两个本征矢量

$$\boldsymbol{E}_1 = \frac{1}{\sqrt{2}}\begin{bmatrix} 1 \\ 1 \end{bmatrix}, \quad \boldsymbol{E}_2 = \frac{1}{\sqrt{2}}\begin{bmatrix} -1 \\ 1 \end{bmatrix} \tag{10.4.11}$$

很显然，这两个本征矢量刻画线偏振模式。

根据微小数运算法则，两个折射率为

$$n_{1,2} = n_o \pm \frac{1}{2n_o}\delta_l \tag{10.4.12}$$

于是，应力双折射为

$$\Delta n = \frac{1}{n_o}\delta_l \tag{10.4.13}$$

应力双折射 Δn 是线偏振模式下的双折射，由截面弹光张量的非对角分量 δ_l 引起。习惯上称 δ_l 为线性双折射。

10.4.3　磁场和应力场共同作用时的法拉第磁致旋光

1. 弹光效应本征坐标系中的磁光介质模型

假设磁光介质各向同性。存在应力场时，磁光介质的截面张量为

$$\boldsymbol{\mathcal{E}} = \boldsymbol{\varepsilon}_r + \boldsymbol{\delta}_c + \boldsymbol{\delta}_l \tag{10.4.14}$$

弹光效应的截面张量 $\boldsymbol{\mathcal{E}}_l$ 为

$$\boldsymbol{\mathcal{E}}_l = \boldsymbol{\varepsilon}_r + \boldsymbol{\delta}_l \tag{10.4.15}$$

其截面感应角 α_l 是

$$\alpha_l = \arctan\frac{\delta_l}{\delta_o - \delta_o} \equiv 90° \tag{10.4.16}$$

即弹光效应的本征坐标系 Crd_{xyz}^l 与光轴坐标系 Crd_{oe} 的夹角恒 45°。

弹光效应的本征矩阵是如下的常数矩阵

$$\boldsymbol{U}_l = \begin{bmatrix} \cos\dfrac{\alpha_l}{2} & -\sin\dfrac{\alpha_l}{2} \\ \sin\dfrac{\alpha_l}{2} & \cos\dfrac{\alpha_l}{2} \end{bmatrix} = \frac{1}{\sqrt{2}}\begin{bmatrix} 1 & -1 \\ 1 & 1 \end{bmatrix} \tag{10.4.17}$$

用该本征矩阵对磁光介质的截面张量 $\boldsymbol{\mathcal{E}}$ 进行坐标变换，得到

$$\begin{cases} \boldsymbol{U}_l^{\mathrm{H}}\boldsymbol{\varepsilon}_r\boldsymbol{U}_l = \boldsymbol{\varepsilon}_r \\ \boldsymbol{U}_l^{\mathrm{H}}\boldsymbol{\delta}_c\boldsymbol{U}_l = \boldsymbol{\delta}_c \\ \boldsymbol{U}_l^{\mathrm{H}}\boldsymbol{\delta}_l\boldsymbol{U}_l = \mathrm{diag}\left(\delta_o + \delta_l, \delta_o - \delta_l\right) \end{cases}$$

这样，在弹光效应本征坐标系 Crd_{xyz}^{l} 中，磁光介质的截面张量为

$$\boldsymbol{\varepsilon} = \boldsymbol{U}_l^{\mathrm{H}} \boldsymbol{\mathcal{E}} \boldsymbol{U}_l = \mathrm{diag}\left(\varepsilon_o + \delta_o, \varepsilon_o + \delta_o\right) + \mathrm{diag}\left(\delta_l, -\delta_l\right) + \boldsymbol{\delta}_c$$

δ_o 是微小数，故

$$\mathrm{diag}\left(\varepsilon_o + \delta_o, \varepsilon_o + \delta_o\right) \approx \mathrm{diag}\left(\varepsilon_o, \varepsilon_o\right) = \boldsymbol{\varepsilon}_r$$

于是，式(10.4.14)的截面张量 $\boldsymbol{\mathcal{E}}$ 变形为

$$\boldsymbol{\varepsilon} = \boldsymbol{\varepsilon}_r + \boldsymbol{\delta} \tag{10.4.18}$$

其中

$$\boldsymbol{\delta}_l = \begin{bmatrix} \delta_l & \mathrm{j}\delta_c \\ -\mathrm{j}\delta_c & -\delta_l \end{bmatrix} \tag{10.4.19}$$

2. 截面感应双折射与介质相移差

式(10.4.18)的本征值为

$$\lambda = n^2 = \varepsilon_o \pm \sqrt{\delta_l^2 + \delta_c^2}$$

两个折射率为

$$n_{1,2} = n_o \pm \frac{1}{2n_o}\sqrt{\delta_l^2 + \delta_c^2}$$

感应双折射 Δn 为

$$\Delta n = \frac{1}{n_o}\sqrt{\delta_l^2 + \delta_c^2} \tag{10.4.20}$$

考虑式(10.4.4)，上式等价为

$$\Delta n = \frac{1}{n_o}\sqrt{\delta_l^2 + \beta_c^2 B^2} \tag{10.4.21}$$

很明显，由于应力场的存在，感应双折射 Δn 是磁场 B 的偶函数，不具备直接刻画磁场的能力。

感应双折射 Δn 对应的介质相移差 φ 为

$$\varphi = \frac{2\pi L}{\lambda n_o}\sqrt{\delta_l^2 + \beta_c^2 B^2}$$

考虑式(10.4.6)的旋光角 φ_c，并记

$$\varphi_l = \frac{2\pi L}{\lambda n_o}\delta_l \tag{10.4.22}$$

得到

$$\varphi = \sqrt{\varphi_l^2 + \varphi_c^2} \tag{10.4.23}$$

由于应力场的存在，介质相移差 φ 不是旋光角 φ_c。与感应双折射 Δn 一样，介质相移差 φ 也不具备直接刻画磁场 B 的能力。

3. 介质感应角

由于介质均匀，介质感应角即截面感应角。感应角 α 的正弦函数为

$$\sin\alpha = \frac{\delta_c}{\sqrt{\delta_l^2 + \delta_c^2}} = \frac{\beta_c B}{\sqrt{\delta_l^2 + \delta_c^2}} \tag{10.4.24}$$

上式表明，应力场在使感应双折射 Δn 丧失感知磁场能力的同时，使感应角 α 具备了感知磁场的能力。或者说，存在应力场时，磁致旋光效应是通过感应角 α 感知磁场的。

4. 琼斯矩阵

由于磁场均匀，介质不均匀角 σ 为零。磁致旋光的感应张量共轭转置，式(7.5.6)的感应不均匀介质琼斯矩阵简化为

$$\boldsymbol{J}\left(\frac{\varphi}{2},\alpha\right) = \begin{bmatrix} \cos\frac{\varphi}{2} + \mathrm{j}\cos\alpha\sin\frac{\varphi}{2} & -\sin\alpha\sin\frac{\varphi}{2} \\ \sin\alpha\sin\frac{\varphi}{2} & \cos\frac{\varphi}{2} - \mathrm{j}\cos\alpha\sin\frac{\varphi}{2} \end{bmatrix} \tag{10.4.25}$$

如果线性双折射 δ_l 很小，可以忽略，则介质感应角 α 为90°，琼斯矩阵被简化为典型的旋转变换矩阵

$$\boldsymbol{J}\left(\frac{\varphi}{2}\right) = \begin{bmatrix} \cos\frac{\varphi}{2} & -\sin\frac{\varphi}{2} \\ \sin\frac{\varphi}{2} & \cos\frac{\varphi}{2} \end{bmatrix} \tag{10.4.26}$$

上述两式的差异十分明显，说明线性双折射 δ_l 对磁光介质琼斯矩阵的影响是很大的。

10.4.4 法拉第磁致旋光与温度场

综合式(10.4.7)和式(10.3.24)，韦尔代常数 V 为

$$V = A\frac{\omega N}{\lambda\left(\omega_0^2 - \omega^2\right)^2} \tag{10.4.27}$$

其中

$$A = \frac{2\pi e^3}{n_o \varepsilon_0 m^2} \tag{10.4.28}$$

式(10.4.28)表明，韦尔代常数 V 与光波的波长 λ、电子振动频率 ω、束缚电子数量 N 等因素有关。而 ω、N 与温度有关，故韦尔代常数 V 与温度有关。温度使韦尔代常数 V 不是常数了。

温度影响韦尔代常数 V，也影响线性双折射 δ_l。相移差 φ 和感应角 α 都与温度有关。

法拉第磁致旋光效应原本单纯。应力场来了，出现了线性双折射 δ_l；接着温度场也来了，使韦尔代常数 V、线性双折射 δ_l 随温度变化了起来。解决温度对磁光介质的影响

是个世界性难问题，也是基于法拉第磁致旋光效应的光学电流互感器实用化必须解决的问题。

10.5 感应不均匀磁光介质

10.5.1 感应不均匀磁光介质琼斯矩阵

光程上感应角分布不均匀的磁光介质具有感应不均匀属性。在一般情况下，磁光介质线性双折射 δ_l 的光程分布可视作均匀。因此，感应不均匀的主要原因是光程上磁场分布的不均匀。

第 7 章推演了感应不均匀介质琼斯矩阵的一般形式，即式(7.5.6)。磁光介质的感应张量属于复数域，式(7.5.6)被具体化为

$$\boldsymbol{J}\left(\frac{\varphi}{2},\alpha,\sigma\right)=\begin{bmatrix}\cos\frac{\varphi}{2}+\mathrm{j}\cos\alpha\sin\frac{\varphi}{2} & -\sin\alpha\sin\frac{\varphi}{2}\exp(\mathrm{j}\sigma)\\ \sin\alpha\sin\frac{\varphi}{2}\exp(-\mathrm{j}\sigma) & \cos\frac{\varphi}{2}-\mathrm{j}\cos\alpha\sin\frac{\varphi}{2}\end{bmatrix} \tag{10.5.1}$$

7.8 节给出了感应不均匀介质琼斯矩阵 3 个物理量的普适性积分式。在线性双折射可近似为常数 $\boldsymbol{\delta}_l$ 的情况下，式(10.5.1)中的介质相移差 φ、介质感应角 α 和介质不均匀角 σ 分别为

$$\varphi=\frac{2\pi}{\lambda n_o}\sqrt{\delta_l^2\left(z_e-z_s\right)^2+2\int_{z_s}^{z_e}\int_{z_s}^{z_1}\delta_c\left(z_1\right)\delta_c\left(z_2\right)\mathrm{d}z_2\mathrm{d}z_1} \tag{10.5.2}$$

$$\cos\alpha=\frac{2\pi}{\lambda n_0}\frac{\delta_l\left(z_e-z_s\right)}{\varphi} \tag{10.5.3}$$

$$\tan\sigma=\frac{2\pi\delta_l}{\lambda n_o}\frac{\int_{z_s}^{z_e}\int_{z_s}^{z_1}\left(\delta_c\left(z_1\right)-\delta_c\left(z_2\right)\right)\mathrm{d}z_2\mathrm{d}z_1}{\int_{z_s}^{z_e}\delta_c(z)\mathrm{d}z} \tag{10.5.4}$$

其中，设 z_s 和 z_e 分别为积分路径的始点和终点。

10.5.2 长直载流导体磁场环境中的磁光介质

1. 物理实验

肖智宏等研究了长直载流导体磁场中的磁光介质[31,52]。在物理实验中，将一块磁光玻璃置放在图 10.10 的磁场环境中。很明显，磁光玻璃处于不均匀的空间磁场环境中。

图 10.10 中，L 是磁光玻璃的光程长度，D 是磁光玻璃的垂直距离(玻璃中轴线与载流导体横向中心线的距离)，z_m 是磁光玻璃的水平距离(玻璃平分线与载流导体纵向中心线的距离)，θ_s 和 θ_e 分别是光程的始末角度；I 是长直载流导体通过的电流；z 轴是光的波法线。

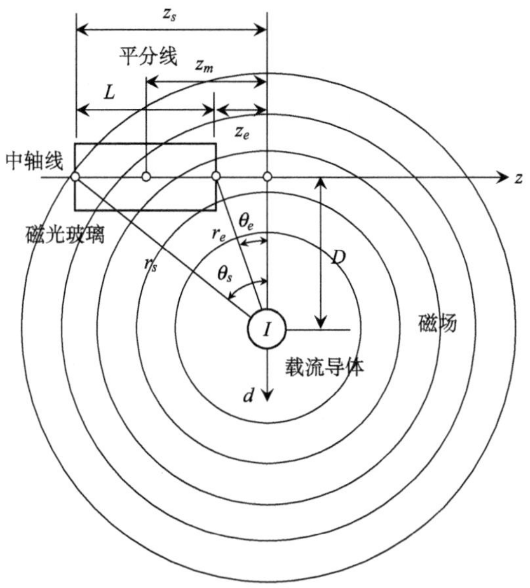

图 10.10 感应不均匀磁光介质的物理实验

采取光强法[31]测量磁光玻璃琼斯矩阵的元素。在表 10.3 的实验条件下，磁光玻璃琼斯矩阵 $\boldsymbol{J}$ 非对角元素的测量结果如图 10.11 所示。

表 10.3 实验条件

I/A	L/m	D/m	z_m/m
1000	0.05	0.02，0.03	–0.25，+0.25

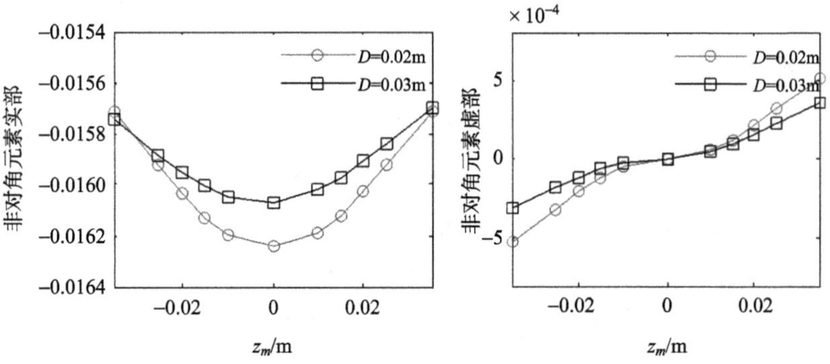

图 10.11 琼斯矩阵的非对角元素

图 10.11 表明，z_m 为零时，琼斯矩阵的非对角元素是实数。z_m 不为零时，琼斯矩阵非对角元素是复数，且其虚部的绝对值随着 z_m 增大而增大，表明磁光介质是感应不均匀的。

2. 感应不均匀磁光玻璃物理量

以下针对图 10.10 的具体场景求取磁光玻璃 3 个物理量的积分式[35]。

将图 10.10 的磁场视作无限长直载流导线产生的磁场。磁光玻璃光程上任意点 z 的圆双折射为

$$\delta_c(z)=\frac{\mu_0 I\beta_c}{2\pi}\frac{D}{D^2+z^2} \tag{10.5.5}$$

这里

$$\theta=\arctan\frac{z}{D} \tag{10.5.6}$$

其光程积分为

$$\int_{z_s}^{z_e}\delta_c(z)\mathrm{d}z=\frac{\mu_0 I\beta_c}{2\pi}(\theta_e-\theta_s) \tag{10.5.7}$$

圆双折射 $\delta_c(z)$ 乘积的双重积分为

$$\int_{z_s}^{z_e}\int_{z_s}^{z_1}\delta_c(z_1)\delta_c(z_2)\mathrm{d}z_2\mathrm{d}z_1=\frac{1}{2}\left(\frac{\mu_0 I\beta_c}{2\pi}\right)^2(\theta_e-\theta_s)^2 \tag{10.5.8}$$

圆双折射的双重积分是

$$\begin{cases}\displaystyle\int_{z_s}^{z_e}\int_{z_s}^{z_1}\delta_c(z_1)\mathrm{d}z_2\mathrm{d}z_1=\frac{\mu_0 I\beta_c}{2\pi}\left(D\ln\frac{\cos\theta_s}{\cos\theta_e}-z_s(\theta_e-\theta_s)\right)\\ \displaystyle\int_{z_s}^{z_e}\int_{z_s}^{z_1}\delta_c(z_2)\mathrm{d}z_2\mathrm{d}z_1=\frac{\mu_0 I\beta_c}{2\pi}\left(z_e(\theta_e-\theta_s)-D\ln\frac{\cos\theta_s}{\cos\theta_e}\right)\end{cases} \tag{10.5.9}$$

因此，圆双折射差值的双重积分为

$$\int_{z_s}^{z_e}\int_{z_s}^{z_1}\left(\delta_c(z_1)-\delta_c(z_2)\right)\mathrm{d}z_2\mathrm{d}z_1=\frac{\mu_0 I\beta_c}{2\pi}\left(2D\ln\frac{\cos\theta_s}{\cos\theta_e}-(z_s+z_e)(\theta_e-\theta_s)\right) \tag{10.5.10}$$

将式(10.5.8)代入式(10.5.2)，可得到介质相移差

$$\varphi=\frac{2\pi}{\lambda n_o}\sqrt{\delta_l^2L^2+\left(\frac{\mu_0 I\beta_c}{2\pi}\right)^2(\theta_e-\theta_s)^2} \tag{10.5.11}$$

将相移差代入式(10.5.3)，可得到介质感应角。将式(10.5.9)和式(10.5.7)代入式(10.5.4)，并考虑水平距离关系

$$z_m=\frac{z_s+z_e}{2} \tag{10.5.12}$$

可得到介质不均匀角

$$\tan\sigma = \frac{2\pi\delta_l}{\lambda n_o}\left(\frac{D}{\theta_e - \theta_s}\ln\frac{\cos\theta_s}{\cos\theta_e} - z_m\right) \tag{10.5.13}$$

3. 数值计算

数值计算使用的参数与物理实验吻合。韦尔代常数 V 为 80min/(T·cm)，线性双折射 δ_l 为 3min/cm，光源的波长 λ 为 830nm。磁光介质的位置参数及电流参数同表 10.3。

1) 微元级联法

将微元长度定为 1μm，长度 0.05m 的磁光玻璃被划分为 50000 个微元；全部微元琼斯矩阵级联得到整体琼斯矩阵。依据第 7 章琼斯矩阵元素与物理量的解析关系计算介质相移差 φ、介质感应角 α 和介质不均匀角 σ。

2) 解析公式法

由式(10.5.12)、式(10.5.13)和式(10.5.15)的解析式计算磁光玻璃的 3 个物理量。再依据琼斯矩阵元素与 3 个物理量的解析关系计算琼斯矩阵元素。

图 10.12 是琼斯矩阵非对角元素的计算结果，图 10.13 磁光玻璃 3 个物理量的计算结果。图中，曲线为微元级联法，圆点为解析公式法。图 10.12 与图 10.11 相比，非对角元素实部和虚部曲线的形状与数量都是一致的。

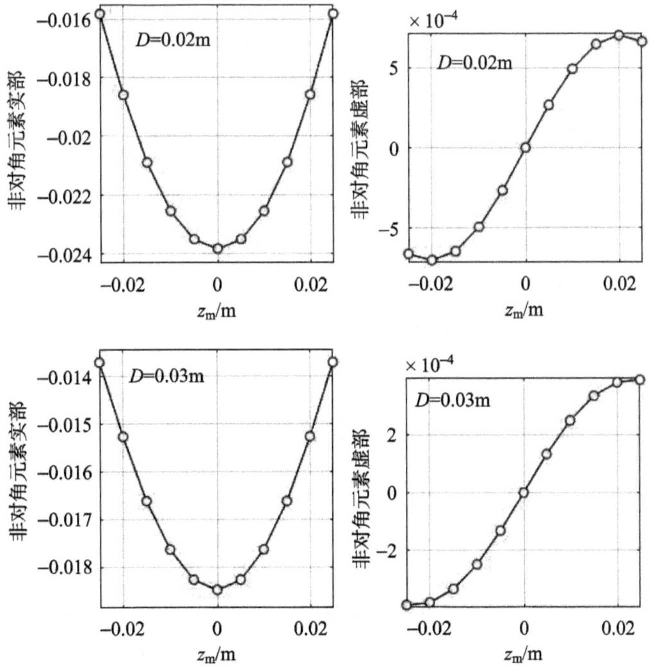

图 10.12 磁光玻璃琼斯矩阵非对角元素计算结果

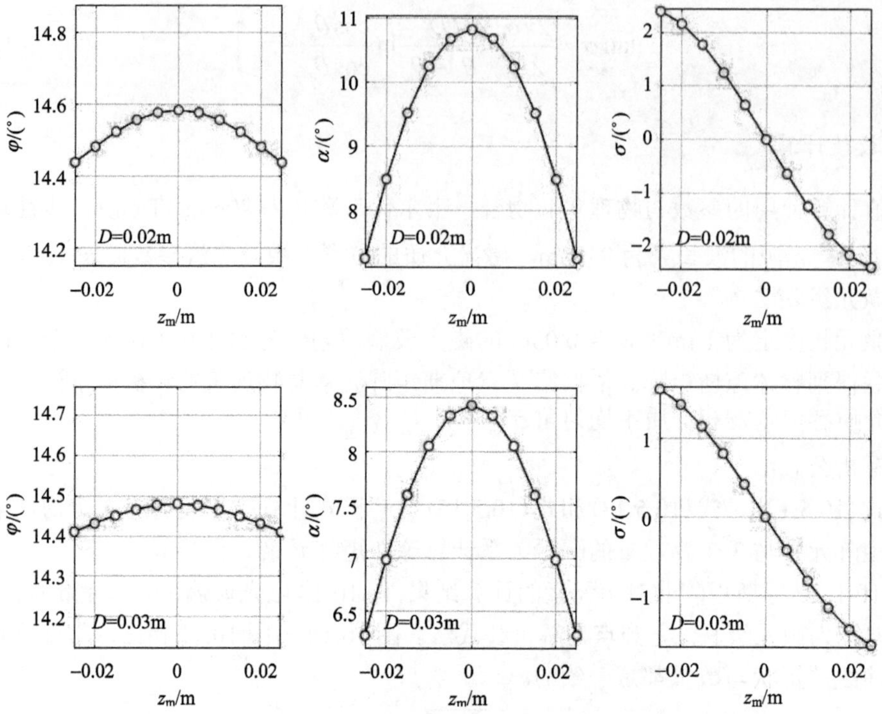

图 10.13　磁光玻璃物理量计算结果

10.5.3　等值截面和等值磁场

感应不均匀磁光介质必然对应某个特定的均匀磁光介质，两者的输入输出关系等价，琼斯矩阵一致。该“均匀”磁光介质的介质截面称为**等值截面**。

在等值截面本征坐标系中，截面张量为

$$\boldsymbol{\varepsilon} = \mathrm{diag}\left(\varepsilon_o + n_o \Delta n, \varepsilon_o - n_o \Delta n\right) \tag{10.5.14}$$

根据第 7 章，等值截面的本征矩阵为

$$\boldsymbol{U} = \begin{bmatrix} \mathrm{j}\cos\dfrac{\alpha}{2}\exp(\mathrm{j}\sigma) & -\mathrm{j}\sin\dfrac{\alpha}{2} \\ \sin\dfrac{\alpha}{2} & \cos\dfrac{\alpha}{2}\exp(-\mathrm{j}\sigma) \end{bmatrix} \tag{10.5.15}$$

这样，等值截面张量 $\boldsymbol{\varepsilon}^{\mathrm{eq}}$ 为

$$\boldsymbol{\varepsilon}^{\mathrm{eq}} = \boldsymbol{U}^{\mathrm{H}} \boldsymbol{\varepsilon} \boldsymbol{U} = \boldsymbol{\varepsilon}_o + \boldsymbol{\delta}^{\mathrm{eq}} \tag{10.5.16}$$

其中，等值截面感应张量 $\boldsymbol{\delta}^{\mathrm{eq}}$ 为

$$\boldsymbol{\delta}^{\mathrm{eq}} = \begin{bmatrix} \delta_l & \mathrm{j}\delta_c^{\mathrm{eq}} \exp(\mathrm{j}\sigma) \\ -\mathrm{j}\delta_c^{\mathrm{eq}} \exp(-\mathrm{j}\sigma) & -\delta_l \end{bmatrix} \tag{10.5.17}$$

式中，δ_l 是等值线性双折射，δ_c^{eq} 是等值圆双折射。

等值截面不是真实的介质截面，是介质整体的均匀化截面抽象。抽象的结果是非对角

分量出现了刻画介质不均匀情况的指数项 $\exp(\pm \mathrm{j}\sigma)$。

等值圆双折射 δ_c^{eq} 对应的磁场是等值磁场 B^{eq}，即

$$\delta_c^{\mathrm{eq}} = \beta_c B^{\mathrm{eq}} \tag{10.5.18}$$

命题 10.2 表明，法拉第磁致旋光效应所感知的等值磁场 B^{eq} 是光程磁场积分的结果。

命题 10.2(等值磁场命题)　等值磁场 B^{eq} 是如下形式的截面磁场 $B(z)$ 积分

$$B^{\mathrm{eq}} = \frac{1}{L\cos\sigma}\int_L B(z)\mathrm{d}z \tag{10.5.19}$$

式中，L 是磁光介质光程长度。

证明：根据第 7 章的琼斯矩阵物理量积分公式，得到

$$\sin\alpha = \frac{1}{\varphi\cos\sigma}\frac{2\pi}{\lambda n_o}\int_L \delta_c(z)\mathrm{d}z$$

介质感应角与等值磁场 B^{eq} 的关系为

$$\sin\alpha = \frac{VB^{\mathrm{eq}}L}{\varphi}$$

因此

$$B^{\mathrm{eq}} = \frac{\varphi}{VL}\sin\alpha = \frac{1}{VL\cos\sigma}\frac{2\pi\beta_c}{\lambda n_o}\int_L B(z)\mathrm{d}z$$

由于

$$V = \frac{2\pi\beta_c}{\lambda n_o}$$

故

$$B^{\mathrm{eq}} = \frac{1}{L\cos\sigma}\int_L B(z)\mathrm{d}z$$

证毕

10.6　小　结

旋光是磁场作用的结果，无论是自然旋光，还是磁致旋光。区别是磁场的来源：自然旋光，磁场来自螺旋分子结构物质带电粒子的运动，是光波变化磁场作用的结果；磁致旋光，磁场来自外部的施加。

菲涅耳的圆双折射解释不仅适用自然旋光，也适用于磁致旋光。线偏振光可分解为左旋和右旋圆偏振光分量，双折射使两个圆偏振光的折射率不同，进而旋转速度各异，导致了线偏振光振动面的旋转。

磁场导致双折射是旋光的根由，张量表现是旋光张量。

磁致旋光，光波可以是折射波，也可以是反射波；起作用的磁场可以是平行分量，也可以是垂直分量。

法拉第磁致旋光是应用最广泛的磁致旋光效应。应力场引起的线性双折射总是存在的，且往往大于圆双折射，实际的法拉第磁致旋光难以纯粹。

没有线性双折射，感知磁场的手段是感应双折射；存在线性双折射时，感知磁场的手段变成了介质感应角。线性双折射普遍存在，感知磁场的途径定然是介质感应角。

环境温度影响韦尔代常数和线性双折射，进而影响法拉第磁致旋光。温度的影响是个难问题。

磁场分布不均匀时，磁光介质感应不均匀，琼斯矩阵为三元形式。介质相移差、介质感应角、介质不均匀角与截面物理量都满足特定的光程积分关系。对无限长直载流导体的块状磁光玻璃情况，本章给出了磁光介质相移差、介质感应角、介质不均匀角的积分公式。

磁场分布不均匀时，法拉第磁致旋光感知的磁场是等值磁场。

第11章 输出光强

光学效应光路系统由单色光源、起偏器、光学介质、检偏器、光接收器等基本元件组成。根据设计的需要有时还有反射镜、耦合器、相位调制器等元件。现代光学效应光路系统往往含有电子器件，显著提升了数据处理能力，使光路系统增添了智能色彩。

起偏器把来自光源的单色光转换为线偏振光，为光路系统提供输入信号；光学介质在物理场作用下产生光学效应；检偏器将光学效应信息保真地赋予输出光。无论简单还是复杂，光学效应光路必须配备起偏器、光学介质和检偏器三种基本光学元件。

光强检测是光学效应的主要检测手段。将元件模型变换到统一的光路坐标系，以获得光学元件的琼斯矩阵；逆光波方向连乘所有光学元件的琼斯矩阵，以获得整个光路的琼斯矩阵；借此得到关于电场矢量输入、输出关系的传输模型。光路的传输模型是求取输出光强的基础。

光学效应光路是多样化的。由于光学效应的不同或设计目标的不同，元件选择及光路结构有所不同，输出光强形式也有差异。按照先元件模型、再光路模型，先输出电场矢量、再输出光强的步骤，可推演出任意光路系统的输出光强。

本章讨论电光、磁光两类光学效应光路的输出光强。由于电光感应张量实对称，原则上电光效应光路的构建方法也适用于弹光、声光、热光等实对称感应张量类型的光学效应。

线偏振光和圆偏振光是两种基本的入射光方式。本章的电光效应和磁致旋光效应光路都分别采用了这两种入射光方式。本章的一些元件琼斯矩阵，如线偏振器、波片、反射镜等，请参阅附录B的有关内容。

11.1 基本光路光强公式

推演光学效应光路输出光强是一件比较烦琐的事情，除非介质感应角等于0或90°。如果计及介质的感应不均匀性，则更需要细心推演。稍有不慎，就会出错。为了避免推演过程的复杂性，本节给出了光学效应基本光路的光强公式。公式兼容实对称、共轭转置对称两种基本的感应张量模型；兼容线偏振光和圆偏振光两种基本的入射光形式。

本节针对图11.1的光学效应基本光路。基本光路由入射光 $\boldsymbol{E}_i$、光学介质 M 和检偏器 A 三部分组成。如果包含其他光学元件，本节公式不再适用。

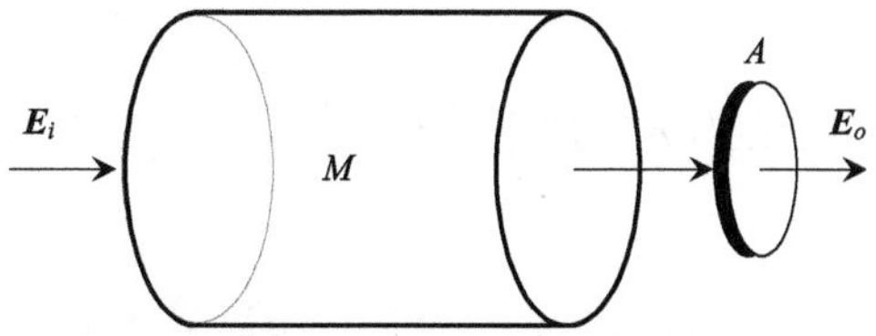

图11.1 光学效应基本光路

光学效应光路的入射光 $\boldsymbol{E}_i$ 有两种基本形式。一种是来自线起偏器 P 的线偏振光。根据附录 B，起偏器 P 输出的线偏振光为

$$\boldsymbol{E}_i = \boldsymbol{E}_P = \frac{1}{\sqrt{2}}\left|\boldsymbol{E}_0\right|\begin{bmatrix}\cos\theta \\ \sin\theta\end{bmatrix} \tag{11.1.1}$$

另一种是来自圆偏振器 C 的圆偏振光。根据附录 B，圆偏振器 C 输出的左/右旋圆偏振光为

$$\boldsymbol{E}_i = \boldsymbol{E}_W = \frac{1}{\sqrt{2}}\left|\boldsymbol{E}_0\right|\begin{bmatrix}1 \\ \pm\mathrm{j}\end{bmatrix} \tag{11.1.2}$$

式中，θ 是起偏器 P 透光角；$\left|\boldsymbol{E}_0\right|$ 是单色光源出射光幅值。

均匀是感应不均匀的特例。计及介质不均匀角 σ，感应不均匀光学介质 M 的琼斯矩阵为

$$\boldsymbol{J}_M = \begin{bmatrix} A_R + \mathrm{j}A_I & k\mathrm{j}\left|C\right|\exp(\mathrm{j}\sigma) \\ \hat{k}\mathrm{j}\left|C\right|\exp(-\mathrm{j}\sigma) & A_R - \mathrm{j}A_I \end{bmatrix} \tag{11.1.3}$$

式中，A_R 和 A_I 是对角元素的实部和虚部；$\left|C\right|$ 是非对角元素的模；k 是介质模型系数。实对称感应张量，$k=1$；共轭转置对称感应张量，$k=\mathrm{j}$。

检偏器 A 的琼斯矩阵为

$$\boldsymbol{J}_A = \begin{bmatrix} \cos^2(\theta\pm\beta) & \sin(\theta\pm\beta)\cos(\theta\pm\beta) \\ \sin(\theta\pm\beta)\cos(\theta\pm\beta) & \cos^2(\theta\pm\beta) \end{bmatrix} \tag{11.1.4}$$

式中，β 是检偏器 A 透光轴与起偏器 P 透光轴的夹角，“$+$”表示检偏器 A 透光轴超前，“$-$”表示检偏器 A 透光轴滞后。

连乘检偏器和光学介质的琼斯矩阵，得到光路的琼斯矩阵

$$\boldsymbol{J} = \boldsymbol{J}_A\boldsymbol{J}_M = \begin{bmatrix} a\cos(\theta\pm\beta) & b\cos(\theta\pm\beta) \\ a\sin(\theta\pm\beta) & b\sin(\theta\pm\beta) \end{bmatrix} \tag{11.1.5}$$

其中

$$\begin{cases} a = (A_R + \mathrm{j}A_I)\cos(\theta\pm\beta) + \hat{k}\mathrm{j}\left|C\right|\exp(-\mathrm{j}\sigma)\sin(\theta\pm\beta) \\ b = (A_R - \mathrm{j}A_I)\sin(\theta\pm\beta) + k\mathrm{j}\left|C\right|\exp(\mathrm{j}\sigma)\cos(\theta\pm\beta) \end{cases} \tag{11.1.6}$$

关于光路坐标系 Crd_{abc} 的输出电场矢量为

$$\boldsymbol{E}_o = \boldsymbol{J}\boldsymbol{E}_i = \begin{bmatrix} E_o^a \\ E_o^b \end{bmatrix} = \begin{bmatrix} (aE_i^a + bE_i^b)\cos(\theta\pm\beta) \\ (aE_i^a + bE_i^b)\sin(\theta\pm\beta) \end{bmatrix} \tag{11.1.7}$$

式中，E_i^a 和 E_i^b 是入射光 $\boldsymbol{E}_i$ 的两个分量。

考虑关系

$$2\mathrm{Re}\left(a\hat{b}E_i^a\hat{E}_i^b\right) = a\hat{b}E_i^a\hat{E}_i^b + \hat{a}b\hat{E}_i^a E_i^b$$

基本光路的输出光强为

$$I_o = \left|a\right|^2\left|E_i^a\right|^2 + \left|b\right|^2\left|E_i^b\right|^2 + 2\mathrm{Re}\left(a\hat{b}E_i^a\hat{E}_i^b\right) \tag{11.1.8}$$

11.2　电光效应线偏振入射光路

线偏振入射方式的电光效应光路如图 11.2 所示。顺着光传输方向，符号 S、P、M、A 和 D 分别表示单色光源、起偏器、电光晶体、检偏器和光检测器。

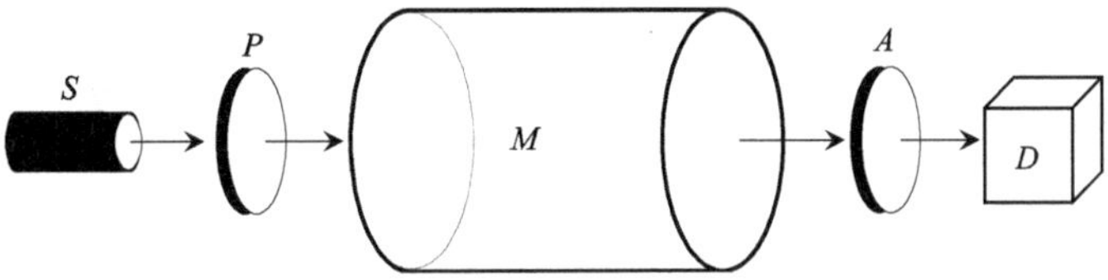

图 11.2　电光效应的线偏振入射光路

称为线偏振入射光路是因为入射到电光晶体的是线偏振光，也是为了区别圆偏振入射的电光效应观测光路。

11.2.1　基于干涉理论的光强公式

以下介绍基于干涉理论推演的光强公式[52]。

电场产生感应双折射。感应双折射将入射到电光晶体的线偏振光分解为传输方向、振动频率、振动方向、初始相位都一致的两束干涉光。根据光的干涉理论，两束光干涉后的输出光强为

$$I_o = I_1 + I_2 + 2\sqrt{I_1 I_2}\cos\varphi \tag{11.2.1}$$

式中，I_1, I_2 分别是两束干涉光的光强，φ 是两束干涉光之间的相移差。

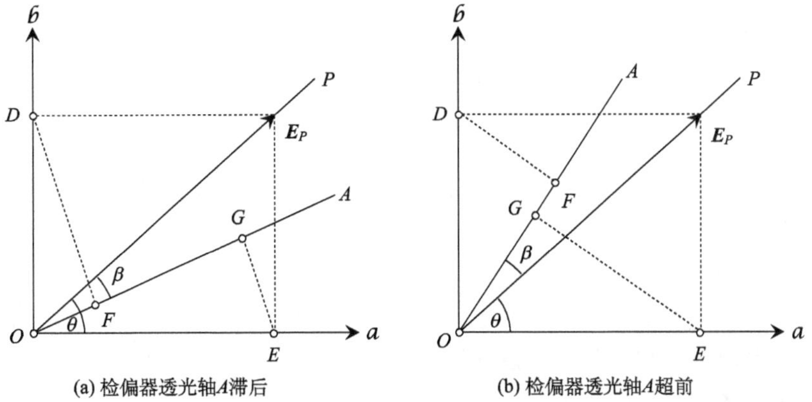

图 11.3　起偏器、检偏器透过的电场矢量

如图 11.3 所示。直线 a、$б$ 分别是光路坐标系 $\mathrm{Crd}_{aбc}$ 的两个坐标轴；P 和 A 分别是起偏器和检偏器的透光轴；$\boldsymbol{E}_P$ 是起偏器的出射光。起偏器透光角为 θ，检偏器透光轴与起偏器透光轴夹角为 β。如果检偏器滞后，其透光轴 A 与 a 轴的角是 $\theta-\beta$，如图 11.3(a) 所示；

如果检偏器超前，其透光轴 A 与 a 轴的夹角是 $\theta+\beta$，如图 11.3(b)所示；两种情况可统一记为 $\theta\pm\beta$。

起偏器 P 输出电场矢量 $\boldsymbol{E}_P$ 的两个分量 E_a、E_b 分别对应图 11.3 的线段 OE 和 OD，就是

$$\boldsymbol{E}_P=\begin{bmatrix}E_a\\E_b\end{bmatrix}=\frac{1}{\sqrt{2}}|\boldsymbol{E}_0|\begin{bmatrix}\cos\theta\\\sin\theta\end{bmatrix}=\begin{bmatrix}OE\\OD\end{bmatrix}$$

将之投影到检偏器的透光轴上，得到两束输出光，就是

$$\begin{cases}E_{A1}=OG=E_a\cos(\theta\pm\beta)=\dfrac{1}{\sqrt{2}}|\boldsymbol{E}_0|\cos\theta\cos(\theta\pm\beta)\\E_{A2}=OF=E_b\sin(\theta\pm\beta)=\dfrac{1}{\sqrt{2}}|\boldsymbol{E}_0|\sin\theta\sin(\theta\pm\beta)\end{cases}$$

两束输出光的光强为

$$\begin{cases}I_1=\dfrac{1}{2}|\boldsymbol{E}_0|^2\cos^2\theta\cos^2(\theta\pm\beta)\\I_2=\dfrac{1}{2}|\boldsymbol{E}_0|^2\sin^2\theta\sin^2(\theta\pm\beta)\end{cases}$$

于是

$$\begin{cases}I_1+I_2=\dfrac{1}{2}|\boldsymbol{E}_0|^2\left(\cos^2\theta\cos^2(\theta\pm\beta)+\sin^2\theta\sin^2(\theta\pm\beta)\right)\\2\sqrt{I_1I_2}=\dfrac{1}{4}|\boldsymbol{E}_0|^2\sin2\theta\sin2(\theta\pm\beta)\end{cases}$$

根据式(11.2.1)，输出光强为

$$I_o=\frac{1}{2}|\boldsymbol{E}_0|^2\left(\cos^2\theta\cos^2(\theta\pm\beta)+\sin^2\theta\sin^2(\theta\pm\beta)+\frac{1}{2}\sin2\theta\sin2(\theta\pm\beta)\cos\varphi\right)$$

将如下的三角函数关系代入

$$\cos\varphi=1-2\sin^2\frac{\varphi}{2}$$

得到

$$I_o=\frac{1}{2}|\boldsymbol{E}_0|^2\left(\cos^2\beta-\sin2\theta\sin2(\theta\pm\beta)\sin^2\frac{\varphi}{2}\right)\qquad(11.2.2)$$

如果满足 $\theta\neq0$ 且 $\theta\pm\beta\neq0$ 的条件，就可利用上式检测到相移差 φ。

此式简洁，却无一般性，是个特例。因为推演脱离了电光晶体的琼斯矩阵，隐含了 $\alpha=0$ 的化简条件。介质感应角 α 为零，意味着截面电光感应张量的非对角分量为零，意味着电光晶体琼斯矩阵 $\boldsymbol{J}_M$ 为如下的简单形式

$$\boldsymbol{J}_M=\mathrm{diag}\left(\cos\frac{\varphi}{2}+\mathrm{j}\sin\frac{\varphi}{2},\cos\frac{\varphi}{2}-\mathrm{j}\sin\frac{\varphi}{2}\right)\qquad(11.2.3)$$

11.2.2　基于琼斯矩阵的光强公式

以下基于琼斯矩阵推导图 11.2 光路的光强。与基于干涉理论的推导方法相比，这种方

法更具一般性。

根据第 7 章，感应不均匀电光晶体的琼斯矩阵 $\boldsymbol{J}_M$ 为

$$\boldsymbol{J}_M = \begin{bmatrix} A_R + \mathrm{j}A_I & \mathrm{j}|C|\exp(\mathrm{j}\sigma) \\ \mathrm{j}|C|\exp(-\mathrm{j}\sigma) & A_R - \mathrm{j}A_I \end{bmatrix} \tag{11.2.4}$$

其中

$$\begin{cases} A_R + \mathrm{j}A_I = \cos\dfrac{\varphi}{2} + \mathrm{j}\cos\alpha\sin\dfrac{\varphi}{2} \\ |C| = \sin\alpha\sin\dfrac{\varphi}{2} \end{cases} \tag{11.2.5}$$

式中，φ 是介质相移差，α 是介质感应角，σ 是介质不均匀角。

由于是线偏振光入射，入射光用式(11.1.1)刻画。这样，式(11.1.8)的光强公式为

$$I_o = \frac{1}{2}|\boldsymbol{E}_0|^2\left(|a|^2\cos^2\theta + |b|^2\sin^2\theta + \mathrm{Re}\left(a\hat{b}\right)\sin 2\theta\right) \tag{11.2.6}$$

其中，参数 $|a|^2$、$|b|^2$ 和 $\mathrm{Re}\left(a\hat{b}\right)$ 分别为

$$\begin{cases} |a|^2 = \left(A_R^2 + A_I^2\right)\cos^2(\theta\pm\beta) + |C|^2\sin^2(\theta\pm\beta) \\ \qquad + |C|\left(A_R\sin\sigma + A_I\cos\sigma\right)\sin 2(\theta\pm\beta) \\ |b|^2 = \left(A_R^2 + A_I^2\right)\sin^2(\theta\pm\beta) + |C|^2\cos^2(\theta\pm\beta) \\ \qquad - |C|\left(A_R\sin\sigma + A_I\cos\sigma\right)\sin 2(\theta\pm\beta) \\ \mathrm{Re}\left(a\hat{b}\right) = \dfrac{1}{2}\left(A_R^2 - A_I^2 + |C|^2\cos 2\sigma\right)\sin 2(\theta\pm\beta) \\ \qquad - |C|\left(A_R\sin\sigma - A_I\cos\sigma\right)\cos 2(\theta\pm\beta) \end{cases} \tag{11.2.7}$$

式(11.2.7)项数较多，代入式(11.2.6)后表述繁杂，物理含义不清晰。为了简洁，以 A_R, A_I 和 $|C|$ 为对象进行合并同类项处理。经过三角函数化简，得到如下的输出光强

$$\begin{aligned} I_o = \frac{1}{2}|\boldsymbol{E}_0|^2 & \left(A_R^2\cos^2\beta + A_I^2\cos^2(2\theta\pm\beta) + |C|^2\left(\sin^2(2\theta\pm\beta) - \sin^2\sigma\sin(2\theta\pm\beta)\sin 2\theta\right)\right. \\ & \left.\pm A_R|C|\sin\sigma\sin 2\beta + A_I|C|\cos\sigma\sin 2(2\theta\pm\beta)\right) \end{aligned} \tag{11.2.8}$$

考虑式(11.2.5)，得

$$\begin{aligned} I_o = \frac{1}{2}|\boldsymbol{E}_0|^2 & \left(\cos^2\beta\cos^2\frac{\varphi}{2} + \cos^2\alpha\cos^2(2\theta\pm\beta)\sin^2\frac{\varphi}{2}\right. \\ & + \sin^2\alpha\left(\sin^2(2\theta\pm\beta) - \sin^2\sigma\sin(2\theta\pm\beta)\sin 2\theta\right)\sin^2\frac{\varphi}{2} \\ & \left.\pm\frac{1}{2}\sin\alpha\sin\sigma\sin 2\beta\sin\varphi + \frac{1}{2}\sin 2\alpha\cos\sigma\sin 2(2\theta\pm\beta)\sin^2\frac{\varphi}{2}\right) \end{aligned} \tag{11.2.9}$$

介质感应角 α 和介质相移差 φ 是感知光学效应的两种基本途径。根据第 6 章的感应三角形知道，当介质相移差 φ 不具备感知电场的能力时，介质感应角 α 却具备；反之亦然。

上式同时包含介质感应角α和介质相移差φ，具有感知电光效应的完备性。

为获得介质感应角α，取$\theta=0°$，$\beta=\pm 45°$。式(11.2.9)简化为

$$I_o=\frac{1}{4}\left|\boldsymbol{E}_0\right|^2\left(1\pm\sin\alpha\sin\sigma\sin\varphi+\sin 2\alpha\cos\sigma\sin^2\frac{\varphi}{2}\right) \tag{11.2.10}$$

如果电光晶体均匀，即$\sigma=0$，式(11.2.9)简化为

$$I_o=\frac{1}{2}\left|\boldsymbol{E}_0\right|^2\left(\cos^2\beta-\sin(2\theta-\alpha)\sin\left(2(\theta\pm\beta)-\alpha\right)\sin^2\frac{\varphi}{2}\right) \tag{11.2.11}$$

若电光晶体的介质感应角α为零，式(11.2.11)进一步简化为

$$I_o=\frac{1}{2}\left|\boldsymbol{E}_0\right|^2\left(\cos^2\beta-\sin 2\theta\sin 2(\theta\pm\beta)\sin^2\frac{\varphi}{2}\right) \tag{11.2.12}$$

此式与基于光干涉理论的推导结果一致。也说明了基于光干涉理论得到的输出光强是介质感应角为零的特例。

11.3　电光效应圆偏振入射光路

图 11.4 是电光效应圆偏振入射光路，背景是基于泡克耳斯电光效应的光学电压互感器[39,41]。图中，W 是 1/4 波片，其他光学元件同图 11.2。

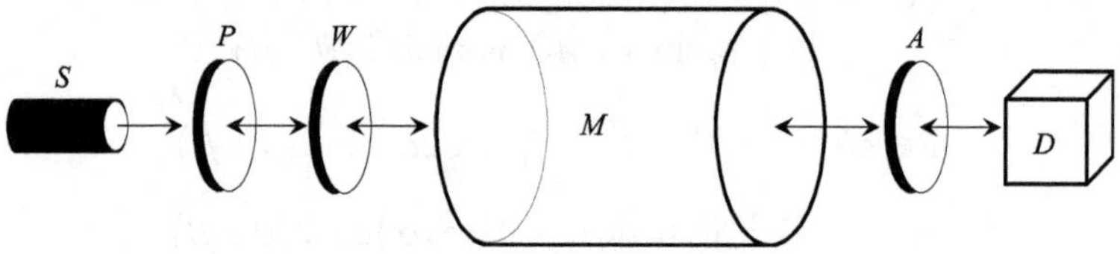

图 11.4　电光效应的圆偏振入射光路

称为圆偏振入射光路是因为线起偏器P与 1/4 波片W合成为圆偏振器，圆偏振光是电光晶体的入射光。

入射光用式(11.1.2)刻画，式(11.1.8)的光强公式变形为

$$I_o=\frac{1}{2}\left|\boldsymbol{E}_0\right|^2\left(|a|^2+|b|^2+2\mathrm{Re}\left(\mathrm{j}a\hat{b}\right)\right) \tag{11.3.1}$$

其中，参数$|a|^2$、$|b|^2$同式(11.2.7)，$\mathrm{Re}\left(\mathrm{j}a\hat{b}\right)$为

$$\mathrm{Re}\left(\mathrm{j}a\hat{b}\right)=\pm\left(\cos\frac{\varphi}{2}\cos\sigma+\cos\alpha\sin\frac{\varphi}{2}\sin\sigma\right) \tag{11.3.2}$$

将参数$|a|^2$、$|b|^2$和$\mathrm{Re}\left(\mathrm{j}a\hat{b}\right)$代入式(11.3.1)，得到输出光强

$$I_o=\frac{1}{2}\left|\boldsymbol{E}_0\right|^2\left(1\pm 2\sin\alpha\sin\frac{\varphi}{2}\left(\cos\frac{\varphi}{2}\cos\sigma-\cos\alpha\sin\frac{\varphi}{2}\sin\sigma\right)\right) \tag{11.3.3}$$

如果介质均匀，式(11.3.3)简化为

$$I_o = \frac{1}{2}\left|\boldsymbol{E}_0\right|^2 \left(1 \pm \sin\alpha \sin\varphi\right) \tag{11.3.4}$$

容易理解，如果介质感应角 $\alpha = 0°$，圆偏振光入射方式的光路将会失去感知电场的能力。

11.4　玻璃型磁致旋光效应光路

玻璃型磁致旋光效应光路，背景是磁光玻璃为传感材料的光学电流互感器[28,43,44]。磁光玻璃光学电流互感器是人类最早研制的光学电流互感器。1963 年，世界第一台光学电流互感器在美国俄亥俄州挂网试验运行，使用的传感材料就是磁光玻璃。经过半个多世纪的技术改进，磁光玻璃光学电流互感器已具备了大规模挂网运行的技术条件。

磁致旋光效应光路也有线偏振光和圆偏振光两种入射光方式。圆偏振光入射方式将在 11.6 节结合光纤型磁致旋光效应光路介绍。本节介绍线偏振光的入射方式。

11.4.1　光路坐标系

纯粹的法拉第磁致旋光效应光路，光路坐标系 Crd_{abc} 是磁光介质的光轴坐标系 Crd_{oe} (如果磁光介质各向同性，任何方向都是光轴)。如果存在应力场，且使用的磁光玻璃为逆(抗)磁材料，线性双折射将远大于圆双折射。此时，法拉第磁致旋光效应的光路坐标系 Crd_{abc} 是应力场的本征坐标系 Crd^{l}_{xyz}。

回顾第 10 章，磁场、应力场共同作用时，应力场本征坐标系 Crd^{l}_{xyz} 与光轴坐标系 Crd_{oe} 的夹角恒为 45°。即坐标系 Crd^{l}_{xyz} 是恒定的。如果应力场的感应角变动，Crd^{l}_{xyz} 将动态变化，就不能作为法拉第磁致旋光效应光路的光路坐标系。

图 11.5 描述了磁光介质光轴坐标系 Crd_{oe}、光路坐标系 Crd_{abc} (应力场本征坐标系)及起偏器 P 透光角 θ 的关系。容易看出，如果起偏器 P 的透光轴是光轴坐标系 Crd_{oe} 的一个轴，则透光角 $\theta = \pm 45°$；如果起偏器 P 的透光轴是光路坐标系 Crd_{abc} 的一个轴，则透光角 $\theta = 0°$ 或 $\theta = 90°$。

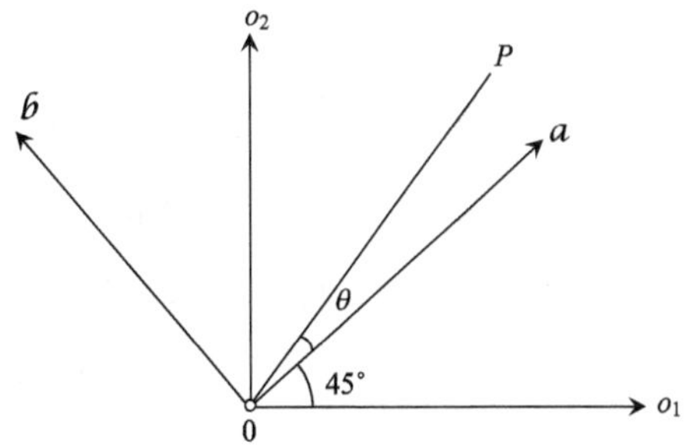

图 11.5　光轴坐标系、光路坐标系及透光角的关系

11.4.2　光路及光强公式

图 11.6 是磁光玻璃光学电流互感器的光路结构图。S 是单色光源；P 是起偏器；M 是磁光玻璃；A 是检偏器，选择有分束能力的偏振棱镜，如沃拉斯顿棱镜；D 是光检测器；$\boldsymbol{B}$ 是磁场。

磁光玻璃 M 位于载流导体旁边，与光波平行的磁场分量不均匀。由于存在线性双折射，截面感应角不可能是常数。因此，磁光玻璃需用感应不均匀磁光介质的琼斯矩阵刻画。

根据第 10 章，感应不均匀磁光介质琼斯矩阵为

$$\boldsymbol{J}_M = \begin{bmatrix} A_R + \mathrm{j}A_I & -|C|\exp(\mathrm{j}\sigma) \\ |C|\exp(-\mathrm{j}\sigma) & A_R - \mathrm{j}A_I \end{bmatrix} \tag{11.4.1}$$

式中，σ 是介质不均匀角；A_R、A_I 和 $|C|$ 的取值同式(11.2.5)。

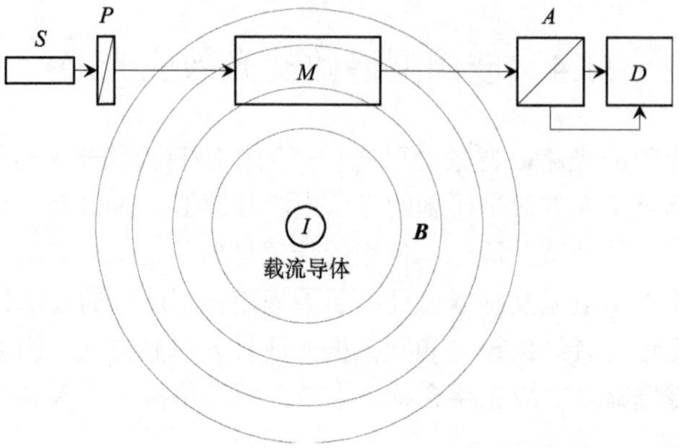

图 11.6　玻璃型磁致旋光效应光路示意图

由于是线偏振光入射方式，入射光用式(11.1.1)刻画。输出光强与电光效应光路线偏振光入射方式的形式一致，即

$$I_o = \frac{1}{2}|\boldsymbol{E}_0|^2\left(|a|^2\cos^2\theta + |b|^2\sin^2\theta + \mathrm{Re}\left(a\hat{b}\right)\sin 2\theta\right) \tag{11.4.2}$$

其中的参数 $|a|^2$、$|b|^2$ 和 $\mathrm{Re}\left(a\hat{b}\right)$ 分别为

$$\begin{cases} |a|^2 = \left(A_R^2 + A_I^2\right)\cos^2(\theta\pm\beta) + |C|^2\sin^2(\theta\pm\beta) \\ \qquad + |C|\left(A_R\cos\sigma - A_I\sin\sigma\right)\sin 2(\theta\pm\beta) \\ |b|^2 = \left(A_R^2 + A_I^2\right)\sin^2(\theta\pm\beta) + |C|^2\cos^2(\theta\pm\beta) \\ \qquad - |C|\left(A_R\cos\sigma - A_I\sin\sigma\right)\sin 2(\theta\pm\beta) \\ \mathrm{Re}\left(a\hat{b}\right) = \frac{1}{2}\left(A_R^2 - A_I^2 - |C|^2\cos 2\sigma\right)\sin 2(\theta\pm\beta) \\ \qquad - |C|\left(A_R\cos\sigma + A_I\sin\sigma\right)\cos 2(\theta\pm\beta) \end{cases} \tag{11.4.3}$$

将式(11.4.3)的参数代入式(11.4.2)，得到如下的输出光强

$$\begin{aligned} I_o = \frac{1}{2}|\boldsymbol{E}_i|^2 \Bigg(& A_R^2\cos^2\beta + \frac{1}{2}A_I^2 + |C|^2\sin^2\beta \\ & \pm A_R|C|\cos\sigma\sin 2\beta - A_I|C|\sin\sigma\sin 2(2\theta\pm\beta) \\ & + \frac{1}{2}\cos 2(2\theta\pm\beta)\left(A_I^2 - |C|^2\sin^2\sigma\right) + \frac{1}{2}\cos 2\beta\sin^2\sigma \Bigg) \end{aligned} \tag{11.4.4}$$

式(11.4.4)项多繁杂。取 $\beta = 45°$，并考虑幺行列式属性

$$A_R^2 + A_I^2 + |C|^2 = 1$$

输出光强简化为

$$I_o = \frac{1}{4}|\boldsymbol{E}_0|^2\left(1 \pm 2A_R|C|\cos\sigma \pm 2A_I|C|\sin\sigma\cos 4\theta \mp \left(A_I^2 - |C|^2\sin^2\sigma\right)\sin 4\theta\right) \tag{11.4.5}$$

即

$$\begin{aligned} I_o = \frac{1}{4}|\boldsymbol{E}_0|^2\Bigg(&1 \pm \sin\alpha\cos\sigma\sin\varphi \pm \sin 2\alpha\sin\sigma\sin^2\frac{\varphi}{2}\cos 4\theta \\ &\mp \left(\cos^2\alpha - \sin^2\alpha\sin^2\sigma\right)\sin^2\frac{\varphi}{2}\sin 4\theta\Bigg) \end{aligned} \tag{11.4.6}$$

如果磁光介质均匀，则输出光强被进一步简化为

$$I_o = \frac{1}{4}|\boldsymbol{E}_0|^2\left(1 \pm \sin\alpha\sin\varphi \mp \cos^2\alpha\sin^2\frac{\varphi}{2}\sin 4\theta\right) \tag{11.4.7}$$

起偏器 P 的透光角 θ 不同，输出光强也将不同。

如果 $\theta = \pm 45°$，式(11.4.6)为

$$I_o = \frac{1}{4}|\boldsymbol{E}_0|^2\left(1 \pm \sin\alpha\cos\sigma\sin\varphi \pm \sin 2\alpha\sin\sigma\sin^2\frac{\varphi}{2}\right) \tag{11.4.8}$$

如果 $\theta = 0°$，式(11.4.6)为

$$I_o = \frac{1}{4}|\boldsymbol{E}_0|^2\left(1 \pm \sin\alpha\cos\sigma\sin\varphi \mp \sin 2\alpha\sin\sigma\sin^2\frac{\varphi}{2}\right) \tag{11.4.9}$$

11.4.3　磁场感知机理

取 $\theta = 0°$ 或 $\theta = \pm 45°$。

称如下的 S 为输出光强 I_o 的**感应分量**

$$S = \sin\alpha\cos\sigma\sin\varphi \pm \sin 2\alpha\sin\sigma\sin^2\frac{\varphi}{2} \tag{11.4.10}$$

这样，输出光强 I_o 表达为

$$I_o = \frac{1}{4}|\boldsymbol{E}_0|^2(1 \pm S) \tag{11.4.11}$$

注意到

$$\begin{cases} \sin\alpha = \dfrac{\varphi_c}{\varphi} \\ \sin 2\alpha = \dfrac{2\varphi_c\varphi_l}{\varphi^2} \end{cases}$$

式中，φ 是介质相移差；φ_l 是线性双折射相移差；φ_c 是法拉第旋光角，且

$$\varphi_c = VB^{\text{eq}}L$$

式中，B^{eq} 是等值磁场；V 是韦尔代常数；L 是光程长度。于是

$$S = K_{\pm} V B^{\mathrm{eq}} L \tag{11.4.12}$$

其中

$$K_{\pm} = \frac{\sin\varphi}{\varphi}\cos\sigma \pm \frac{1}{2}\varphi_l \left(\frac{\sin\frac{\varphi}{2}}{\frac{\varphi}{2}} \right)^2 \sin\sigma \tag{11.4.13}$$

根据式(11.4.12)和式(11.4.13)知道：

(1)感应分量S正比于等值磁场B^{eq}，比例系数是$VK_{\pm}L$；且等值磁场B^{eq}来自介质感应角α。

(2)介质不均匀角σ通过系数$K_{\pm}$影响感应分量S。如果磁光介质均匀，则

$$K_{\pm} = \frac{\sin\varphi}{\varphi}$$

(3)介质相移差φ没有感知磁场的能力，通过系数$K_{\pm}$影响感应分量S。

(4)线性双折射δ_l通过系数$K_{\pm}$影响感应分量S。如果$\delta_l = 0$，式(11.4.10)将失去感知磁场的能力。

11.5　光纤型磁致旋光效应光路

光纤型磁致旋光效应光路的背景是磁光光纤为传感材料的光学电流互感器[55]。因传感光纤的线性双折射过大，光纤型光学电流互感器曾被宣判死刑。光学陀螺技术挽救了这种光学电流互感器的生命，使之与磁光玻璃型光学电流互感器一样，成为主流的光学电流互感器技术。

图 11.7 是光纤型磁致旋光效应光路的结构示意图。由于元件较多，本章用自然数方式表征元件。图中，11 是单色光源；8 是有分光功能的光纤耦合器；1 是光纤线偏振器，兼作起偏器和检偏器；2 是光纤熔接点；3 是相位调节器；4 是与起偏器透光轴夹 45° 角的 1/4 光纤波片；5 是圆形的磁光传感光纤；6 是全反射镜；7 是保偏延时光纤；9 是光接收器；10 是相位延迟控制电路；12 是载流导体；**B** 是磁场。

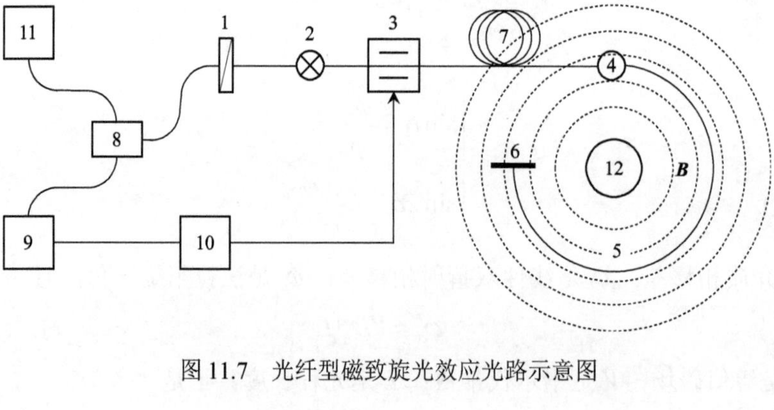

图 11.7　光纤型磁致旋光效应光路示意图

传感光纤的入射光是 1/4 波片提供的圆偏振光，属于圆偏振光入射方式。

由于载流导体位于环状磁光传感光纤中心，可认为磁光传感光纤上的磁场空间分布均匀。

本章聚焦光路，不考虑相位延迟控制电路的逻辑关系。

反射镜将光路分为入射光路、反射光路。为了区别，用顶标“ → ”表示入射光路，用顶标“ ← ”表示反射光路。

第 12 章讲述了磁致旋光效应光路正、反向传输问题的单坐标系法和双坐标系法。本节基于双坐标系法推导光纤型磁致旋光效应光路的输出光强。即入射光路采用正向坐标系 Crd_{abc}，反向光路采用反向坐标系 Crd'_{abc}。当然也可采用单坐标系法。关于单、双坐标系法的内容请阅读第 12 章。

1. 琼斯矩阵

光路系统的琼斯矩阵为

$$\boldsymbol{J}=\overleftarrow{\boldsymbol{J}}_1\overleftarrow{\boldsymbol{J}}_2\overleftarrow{\boldsymbol{J}}_3\overleftarrow{\boldsymbol{J}}_4\overleftarrow{\boldsymbol{J}}_5\boldsymbol{J}_6\overrightarrow{\boldsymbol{J}}_5\overrightarrow{\boldsymbol{J}}_4\overrightarrow{\boldsymbol{J}}_3\overrightarrow{\boldsymbol{J}}_2\overrightarrow{\boldsymbol{J}}_1 \tag{11.5.1}$$

其中，$\overleftarrow{\boldsymbol{J}}_i,\overrightarrow{\boldsymbol{J}}_i\left(i=1,2,3,4,5\right)$ 和 $\boldsymbol{J}_6$ 是各个光路元件的琼斯矩阵。

1) 入射光路各元件的琼斯矩阵

入射光路的坐标系为 Crd_{abc}，即传感光纤应力场的本征坐标系。

图 11.7 标号为“1”的元件是光纤线偏振器，入射光路中扮演起偏器 P 的角色。有意使光纤线偏振器的透光轴与坐标系 Crd_{abc} 的 a 轴同向。这样，起偏器 P 的琼斯矩阵为

$$\overrightarrow{\boldsymbol{J}}_1=\mathrm{diag}\left(1,0\right) \tag{11.5.2}$$

图 11.7 标号为“2”的元件是光纤熔接点，连接光纤线偏振器和其后的保偏光纤。熔接时，有意使光纤线偏振器透光轴与保偏光纤坐标横轴夹 $\theta=-45°$ 角。这样，入射光路熔接点的琼斯矩阵为

$$\overrightarrow{\boldsymbol{J}}_2=\begin{bmatrix}\cos\theta & -\sin\theta\\ \sin\theta & \cos\theta\end{bmatrix}=\frac{1}{\sqrt{2}}\begin{bmatrix}1 & 1\\ -1 & 1\end{bmatrix} \tag{11.5.3}$$

相位调节器的坐标系同 Crd_{abc}。设入射光路相位延迟是 δ，琼斯矩阵为

$$\overrightarrow{\boldsymbol{J}}_3=\mathrm{diag}\left(\exp\left(\mathrm{j}\frac{\delta}{2}\right),\exp\left(-\mathrm{j}\frac{\delta}{2}\right)\right) \tag{11.5.4}$$

为产生圆偏振光，1/4 波片与坐标系 Crd_{abc} 夹 ±45° 角。对入射光路，选择 –45° 角，这样，1/4 波片的琼斯矩阵为

$$\overrightarrow{\boldsymbol{J}}_4=\frac{1}{\sqrt{2}}\begin{bmatrix}1 & \mathrm{j}\\ \mathrm{j} & 1\end{bmatrix} \tag{11.5.5}$$

入射光路，传感光纤的琼斯矩阵为

$$\vec{J}_5 = \begin{bmatrix} \cos\frac{\varphi}{2} + \mathrm{j}\cos\alpha\sin\frac{\varphi}{2} & -\sin\alpha\sin\frac{\varphi}{2} \\ \sin\alpha\sin\frac{\varphi}{2} & \cos\frac{\varphi}{2} - \mathrm{j}\cos\alpha\sin\frac{\varphi}{2} \end{bmatrix} \tag{11.5.6}$$

式中，α是介质感应角，φ是介质相移差。

2) 反射光路各元件的琼斯矩阵

反射光路的坐标系为Crd'_{abc}，其c'轴方向同反射光波，其a'轴方向同坐标系Crd_{abc}的a轴，其b'轴方向与坐标系Crd_{abc}的b轴相反。

在坐标系Crd'_{abc}中，反射镜的琼斯矩阵为

$$\boldsymbol{J}_6 = \mathrm{diag}(1,1) \tag{11.5.7}$$

在坐标系Crd'_{abc}中，介质感应角a和介质相移差φ不变(参阅第 12 章)，因此反射光路传感光纤的琼斯矩阵与入射光路传感光纤的相同，即

$$\overleftarrow{J}_5 = \vec{J}_5 \tag{11.5.8}$$

在坐标系Crd'_{abc}中，反射光路 1/4 波片的相位延迟反转，与光路坐标系Crd'_{abc}夹+45°角，琼斯矩阵为

$$\overleftarrow{J}_4 = \frac{1}{\sqrt{2}}\begin{bmatrix} 1 & -\mathrm{j} \\ -\mathrm{j} & 1 \end{bmatrix} \tag{11.5.9}$$

相位调节器的相位延迟是β，琼斯矩阵为

$$\overleftarrow{J}_3 = \mathrm{diag}\left(\exp\left(\mathrm{j}\frac{\beta}{2}\right), \exp\left(-\mathrm{j}\frac{\beta}{2}\right)\right) \tag{11.5.10}$$

在坐标系Crd'_{abc}中，式(11.5.3)中的角度θ反号。因此光纤熔接点的琼斯矩阵为

$$\overleftarrow{J}_2 = \frac{1}{\sqrt{2}}\begin{bmatrix} 1 & -1 \\ 1 & 1 \end{bmatrix} \tag{11.5.11}$$

光纤线偏振器在反射光路中为检偏器。由于其透光轴与坐标系Crd_{abc}的a轴同向，而坐标系Crd'_{abc}的a'轴就是坐标系Crd_{abc}的a轴。所以检偏器的琼斯矩阵同起偏器，即

$$\overleftarrow{J}_1 = \mathrm{diag}(1,0) \tag{11.5.12}$$

3) 传感光纤组合琼斯矩阵

称如下的琼斯矩阵为组合传感光纤琼斯矩阵

$$\boldsymbol{J}_M = \overleftarrow{J}_5 \boldsymbol{J}_6 \vec{J}_5 = \overleftarrow{J}_5 \vec{J}_5 \tag{11.5.13}$$

推导得

$$\boldsymbol{J}_M = \begin{bmatrix} \cos\varphi + \mathrm{j}\cos\alpha\sin\varphi & -\sin\alpha\sin\varphi \\ \sin\alpha\sin\varphi & \cos\varphi - \mathrm{j}\cos\alpha\sin\varphi \end{bmatrix} \tag{11.5.14}$$

4) 光路的琼斯矩阵

略去推导

$$\overleftarrow{\boldsymbol{J}}_3\overleftarrow{\boldsymbol{J}}_4\boldsymbol{J}_M\overrightarrow{\boldsymbol{J}}_4\overrightarrow{\boldsymbol{J}}_3=\begin{bmatrix}A & -\hat{C}\\ C & \hat{A}\end{bmatrix} \tag{11.5.15}$$

式中

$$\begin{cases}A=(\cos\varphi-\mathrm{j}\sin\alpha\sin\varphi)\exp\left(\mathrm{j}\dfrac{\delta+\beta}{2}\right)\\ C=\cos\alpha\sin\varphi\exp\left(\mathrm{j}\dfrac{\delta+\beta}{2}\right)\end{cases} \tag{11.5.16}$$

再考虑光纤熔接点、偏振器的琼斯矩阵，整个光路的琼斯矩阵为

$$\boldsymbol{J}=\overleftarrow{\boldsymbol{J}}_1\overleftarrow{\boldsymbol{J}}_2\overleftarrow{\boldsymbol{J}}_3\overleftarrow{\boldsymbol{J}}_4\overleftarrow{\boldsymbol{J}}_5\boldsymbol{J}_6\overrightarrow{\boldsymbol{J}}_5\overrightarrow{\boldsymbol{J}}_4\overrightarrow{\boldsymbol{J}}_3\overrightarrow{\boldsymbol{J}}_2\overrightarrow{\boldsymbol{J}}_1=\begin{bmatrix}G & 0\\ 0 & 0\end{bmatrix} \tag{11.5.17}$$

其中

$$G=\cos\varphi\cos\frac{\delta+\beta}{2}+\sin\alpha\sin\varphi\sin\frac{\delta+\beta}{2}-\mathrm{j}\cos\alpha\sin\varphi\sin\frac{\delta-\beta}{2} \tag{11.5.18}$$

2. 输出光强

输出电场矢量为

$$\boldsymbol{E}_o=\frac{1}{\sqrt{2}}|\boldsymbol{E}_0|\boldsymbol{J}\begin{bmatrix}1\\0\end{bmatrix}=\begin{bmatrix}\dfrac{1}{\sqrt{2}}|\boldsymbol{E}_0|G\\ 0\end{bmatrix} \tag{11.5.19}$$

输出光强为

$$\begin{aligned}I_o=\frac{1}{2}|\boldsymbol{E}_0|^2|G|^2=\frac{1}{2}|\boldsymbol{E}_0|^2\bigg(&\cos^2\varphi\cos^2\frac{\delta+\beta}{2}+\sin^2\alpha\sin^2\varphi\sin^2\frac{\delta+\beta}{2}\\ &+\cos^2\alpha\sin^2\varphi\sin^2\frac{\delta-\beta}{2}+\frac{1}{2}\sin\alpha\sin 2\varphi\sin(\delta+\beta)\bigg)\end{aligned} \tag{11.5.20}$$

当 $\delta=0°, \beta=90°$ 时，上式简化为

$$I_o=\frac{1}{4}|\boldsymbol{E}_i|^2(1\mp\sin\alpha\sin 2\varphi) \tag{11.5.21}$$

感知分量为

$$S=\sin\alpha\sin 2\varphi=\frac{\delta_c}{\sqrt{\delta_l^2+\delta_c^2}}\sin 2\varphi$$

根据第 10 章的等值磁场命题

$$S=\frac{\sin 2\varphi}{\varphi}V\oint B(z)\mathrm{d}z$$

考虑安培环路定理

$$S=\frac{\sin 2\varphi}{\varphi}Vi_{\Sigma} \tag{11.5.22}$$

式中，i_Σ 是环路内电流之和。

11.6 小　结

按照先元件琼斯矩阵、再光路琼斯矩阵，进而输出电场矢量，最后输出光强的次序，可构建任意光学效应观测光路的光强公式。

光强公式包括两类参量，一类是光学效应参量，如介质相移差、介质感应角和介质不均匀角；一类是偏振元件参量，如起偏器透光角、波片相移移动、起偏器与检偏器夹角等。偏振参量不描述光学效应，却影响光学效应的输出表达。须选择合理的偏振元件参量，使光学效应的表达极大化。

光学效应观测光路包括两类，一类面向实对称微栖张量介质，一类面向共轭转置对称微栖张量介质，前者针对电光、弹光、声光、热光效应，后者针对磁致旋光效应。

静观其变，光路坐标系 Crd_{abc} 须是恒定的坐标系。它也许是光学介质的光轴坐标系，也许不是。共轭转置对称介质(即磁致旋光效应)时，应力场的本征坐标系为光路坐标系，它与光轴坐标系恒夹 45° 角。

为便于推演光学效应光路的输出光强，避免推导错误，本章给出了由入射光、光学介质和检偏器构成的光学效应基本光路的一般性光强公式。公式涵盖实对称、共轭转置对称两种感应张量类型，涵盖线偏振、圆偏振两种入射光模式。

本章介绍了针对电光效应的两种观测光路。其中，圆偏振入射光路的背景是基于泡克耳斯电光效应的光学电压互感器。

本章讨论了磁致旋光效应的两种观测光路。第一种光路是玻璃为传感材料的光学电流互感器，第二种光路是光纤为传感材料的光学电流互感器。

第 12 章　旋 光 互 易

互易是许多学科都有的概念，含义是物理系统的某种互换不变性。

互易是个电网络概念。互换电网络的输入、输出位置，在输入不变条件下，如果输出也不变，则电网络互易。无受控源的无源线性网络互易，因为这种网络是对称的[①]。电网络互易，指的是互换前后的数值不变性。

互易是个旋光效应概念。改变光的传输方向，如果旋光角的大小及相对光传输方向的旋光方向都不变，则旋光是互易的。如同本章将要叙述的那样，自然旋光是互易的，磁致旋光是非互易的。旋光互易，含义不仅包括互换前后的数值不变，还包括互换前后的旋光方向不变。

数值互换不变与数值、方向均互换不变不同。电网络互易与旋光效应互易在本质上是有区别的。

自然旋光互易问题比较简单。

纯粹的磁致旋光，其非互易问题也比较简单。如果应力场存在，磁致旋光将不再纯粹。如果磁光介质感应不均匀，情况将更复杂。此时磁致旋光的物理量不仅包括旋光角，还包括介质相移差、介质感应角和介质不均匀角。这些物理量有的非互易，有的互易，不尽相同，不能再笼统地说磁致旋光是非互易的了。本章以旋光互易为题，重点讨论磁致旋光的互易性问题。

磁致旋光效应的物理量，有些是有方向的，如旋光角、感应角、外磁场等；有些则没有方向，如线性双折射、相移差、感应双折射[②]等。无向物理量在光波正、反向传输时是互等的，具有数值互换不变性。从这个角度看，线性双折射、相移差、感应双折射等也是一种互易量。也许是由于这个原因，有文献认为线性双折射是互易量。需要指出的是，数值互换不变的互易与方向及数值都互换不变的互易是两种不同的互易概念，两种不同的互易概念同时出现于旋光效应，容易引起混淆，似乎不妥。

12.1　旋光互易与互等现象

旋光效应原始的互易性定义是针对旋光角的。旋光角是有方向的，其方向相对于光传输方向。旋光角大小及方向都恒定的旋光属性是**互易性**。旋光角大小恒定的旋光属性是**互等性**。

互易必互等，逆而不真。

自然旋光，正向光传输时如果左旋/右旋，那么反向传输时依然，且旋光角的大小相同。

---

① 网络方程系数矩阵对称。

② 这里，相移差和感应双折射均以线性双折射存在为前提。

如图 12.1 所示，线偏振光经过自然旋光物质后将产生一个旋光角，如果将其反射回初始位置，旋光角将会消失。

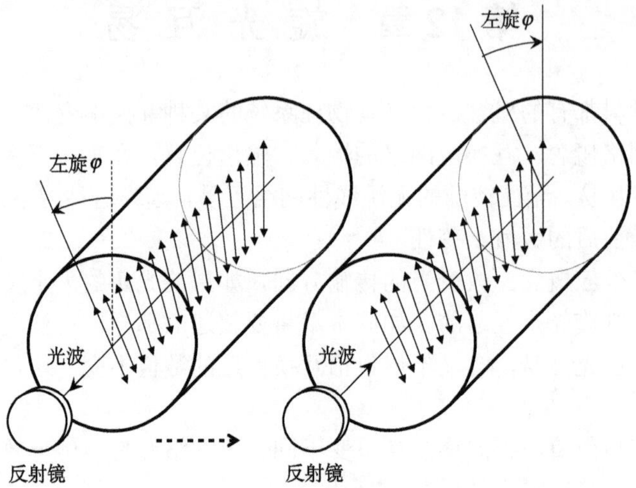

图 12.1　自然旋光的互易性

根据定义知道，自然旋光是互易的。

自然旋光之所以互易，是因为自然旋光现象是螺旋分子结构物质与光波电磁场合作的产物。由第 10 章知道，螺旋分子结构物质的极化强度 $\boldsymbol{P}$ 为

$$\boldsymbol{P}=\varepsilon_0\chi_e\boldsymbol{E}-\rho\frac{\partial\boldsymbol{B}}{\partial t} \tag{12.1.1}$$

式中，ρ 是关于光波磁场时间变化率 $\dfrac{\partial\boldsymbol{B}}{\partial t}$ 的作用系数，$\boldsymbol{\chi}_e$ 是极化张量，$\boldsymbol{E}$ 是电场强度，ε_0 是真空介电常数。

由第 10 章知道，基于上式推得的回旋张量 γ 具有光波方向的服从属性。因此自然旋光物质的左旋/右旋属性与光传输方向的关系是恒定的。

磁致旋光，光波正向传输时若是左旋/右旋，反向传输时则是右旋/左旋，且旋光角的大小相同。如图 12.2 所示，线偏振光经过磁光介质后如果被反射回初始位置，旋光角将会倍增。

根据定义知道，磁致旋光是非互易的，也是互等的。互等的非互易现象称为**等价非互易**。

磁致旋光是外部磁场作用于磁光介质的结果。外磁场与光波电磁场是相互独立的。外磁场与光波方向的无关性导致了磁致旋光的非互易性。

光隔离器是法拉第磁致旋光效应等价非互易性的典型应用，用来阻断反射光对光源的干扰，基本原理如图 12.3 所示。

在光隔离器中，将磁光介质的旋光角设计为左旋/右旋 45°。光源的单色光通过起偏器后成为线偏振光。线偏振光通过磁光介质后向左旋/右旋 45°。检偏器与起偏器透光轴夹角被设计为+45°/−45°，这样，线偏振光的振动方向恰与检偏器透光轴一致，光波全部通过检偏器。线偏振光被反射后，先是全部顺利通过检偏器。由于等价非互易性，磁光介质使偏振光右旋/左旋 45°，抵达起偏器时，偏振光振动方向与起偏器透光轴恰好夹 90° 角，光波全部被隔离，无法通过起偏器，完好实现了阻断反射光的目的。

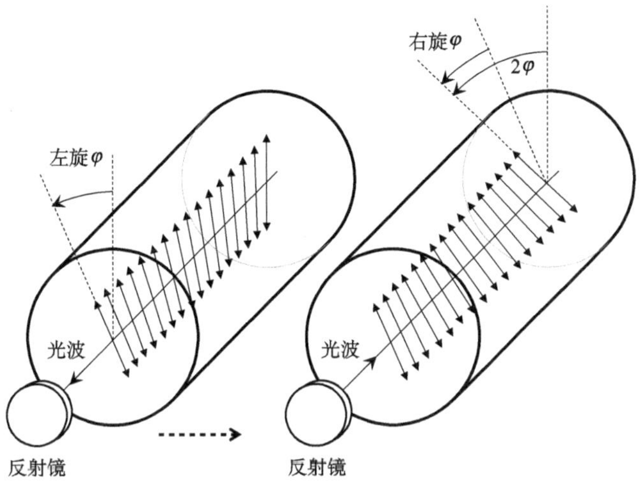

图 12.2　磁致旋光的非互易性

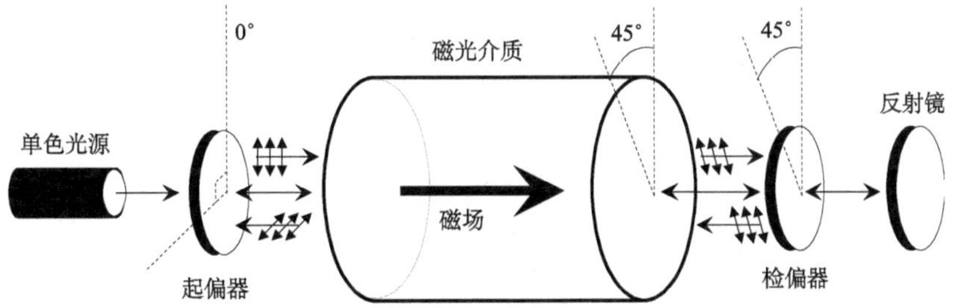

图 12.3　光隔离器原理

12.2　正反向磁场标量积及其积分

12.2.1　正反向磁场标量积及其坐标系

讨论旋光互易问题需描述光的传输方向。波法线 $\boldsymbol{s}$ 和光线 $\boldsymbol{t}$ 都可描述光传输方向。区别是 $\boldsymbol{s}$ 属于电位移矢量 $\boldsymbol{D}$ 传输模式，$\boldsymbol{t}$ 属于电场强度 $\boldsymbol{E}$ 传输模式。本章选择波法线 $\boldsymbol{s}$ 。

在光程的 x 处，关于磁感应强度 $\boldsymbol{B}(x)$ 与波法线 $\boldsymbol{s}$ 的磁场标量积为

$$B(x)=\boldsymbol{B}(x)\cdot\boldsymbol{s}=\left|\boldsymbol{B}(x)\right|\cos\theta \tag{12.2.1}$$

式中，θ 是磁感应强度 $\boldsymbol{B}(x)$ 与波法线 $\boldsymbol{s}$ 的夹角。

用顶标“$\rightarrow$”和“$\leftarrow$”表示光波的正、反向传输。设光波正向传输的波法线为 $\vec{\boldsymbol{s}}$，

反向传输的波法线为$\bar{\boldsymbol{s}}$；建立关于磁场标量积$B(x)$的两个平面直角坐标系：正向坐标系Crd_{xy}和反向坐标系Crd'_{xy}。两个平面坐标系的纵轴同向，表示磁场标量积$B(x)$；两个坐标系的横轴反向：正向坐标系Crd_{xy}的横轴与正向波法线$\vec{\boldsymbol{s}}=\boldsymbol{s}$同向，反向坐标系$\mathrm{Crd}'_{xy}$的横轴与反向波法线$\bar{\boldsymbol{s}}=-\boldsymbol{s}$同向。并约定两个坐标系的原点重合。

称正向光传输的磁场标量积是正向磁场标量积，反向光传输的磁场标量积是反向磁场标量积。

存在两种关于正、反向磁场标量积的分析方法。一是单坐标系法：正、反向光传输均采用正向坐标系Crd_{xy}；二是双坐标系法：正向光传输采用正向坐标系Crd_{xy}，反向光传输采用反向坐标系Crd'_{xy}。两种分析方法的形式不同，本质一样。

12.2.2 积分路径调转问题

微积分理论表明，单重积分满足如下的积分路径调转关系

$$\int_a^b f(x)\mathrm{d}x=-\int_b^a f(x)\mathrm{d}x \tag{12.2.2}$$

下面证明，双重积分存在如下的积分路径调转关系

$$\int_a^b\int_a^{x_1} f(x_k)\mathrm{d}x_2\mathrm{d}x_1=\int_b^a\int_b^{x_1} f(x_k)\mathrm{d}x_2\mathrm{d}x_1,\quad k=1,2 \tag{12.2.3}$$

根据双重积分的中值定理

$$\int_a^b\int_a^{x_1} f(x_k)\mathrm{d}x_2\mathrm{d}x_1=f(\xi_k)\int_a^b\int_a^{x_1}\mathrm{d}x_2\mathrm{d}x_1,\quad \xi_k\in[a,b],\quad k=1,2$$

注意到

$$\begin{cases}\displaystyle\int_a^b\int_a^{x_1}\mathrm{d}x_2\mathrm{d}x_1=\int_a^b(x_1-a)\mathrm{d}x_1=\frac{1}{2}(a-b)^2\\ \displaystyle\int_b^a\int_b^{x_1}\mathrm{d}x_2\mathrm{d}x_1=\int_b^a(x_1-b)\mathrm{d}x_1=\frac{1}{2}(a-b)^2\end{cases}$$

故

$$\int_a^b\int_a^{x_1} f(x_k)\mathrm{d}x_2\mathrm{d}x_1=f(\xi_k)\int_b^a\int_b^{x_1}\mathrm{d}x_2\mathrm{d}x_1=\int_b^a\int_b^{x_1} f(x_k)\mathrm{d}x_2\mathrm{d}x_1,\quad \xi_k\in[a,b],\quad k=1,2$$

因此，式(12.2.3)成立。

12.2.3 单坐标系法分析

在同一个坐标系Crd_{xy}中，正向磁场标量积为

$$\vec{B}(x)=\boldsymbol{B}(x)\cdot\vec{\boldsymbol{s}}=|\boldsymbol{B}(x)|\cos\theta \tag{12.2.4}$$

反向磁场标量积为

$$\bar{B}(x)=-\boldsymbol{B}(x)\cdot\bar{\boldsymbol{s}}=-|\boldsymbol{B}(x)|\cos\theta \tag{12.2.5}$$

显然，正、反向磁场标量积满足零和关系

$$\vec{B}(x)+\bar{B}(x)=0 \tag{12.2.6}$$

对上式实施如下的积分运算

$$\int_0^L \vec{B}(x)\mathrm{d}x + \int_0^L \overleftarrow{B}(x)\mathrm{d}x = 0$$

由于

$$\int_0^L \overleftarrow{B}(x)\mathrm{d}x = -\int_L^0 \overleftarrow{B}(x)\mathrm{d}x$$

故

$$\int_0^L \vec{B}(x)\,\mathrm{d}x = \int_L^0 \overleftarrow{B}(x)\,\mathrm{d}x \tag{12.2.7}$$

由图 12.4 也可以得到上述关系。坐标系 Crd_{xy} 横轴上下的积分面积相同、符号相反。即 $\vec{B}(x)$ 由 0 到 L 的正向积分与 $\overleftarrow{B}(x)$ 由 L 到 0 的反向积分相等。

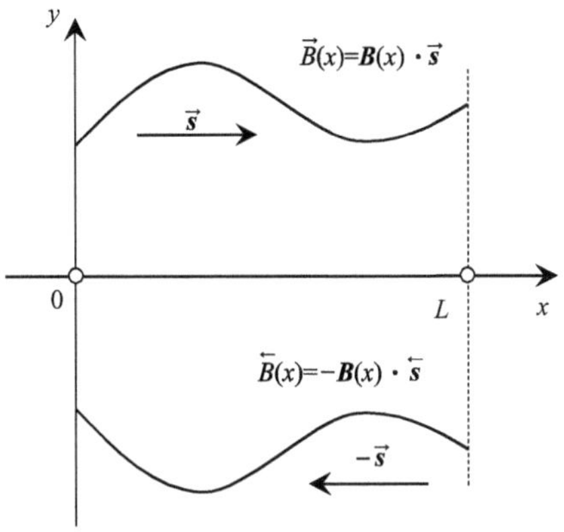

图 12.4 单坐标系法的单重积分

对式(12.2.6)实施关于光程的双重积分，就是

$$\int_0^L\int_0^{x_1} \vec{B}(x_k)\,\mathrm{d}x_2\mathrm{d}x_1 + \int_0^L\int_0^{x_1} \overleftarrow{B}(x_k)\,\mathrm{d}x_1\mathrm{d}x_2 = 0, \quad k=1,2$$

根据式(12.2.3)，上式第 2 项满足下面的积分路径反向关系

$$\int_0^L\int_0^{x_1} \overleftarrow{B}(x_k)\,\mathrm{d}x_1\mathrm{d}x_2 = \int_L^0\int_L^{x_1} \overleftarrow{B}(x_k)\,\mathrm{d}x_1\mathrm{d}x_2, \quad k=1,2 \tag{12.2.8}$$

因此，正、反向磁场标量积的双重积分满足零和关系

$$\int_0^L\int_0^{x_1} \vec{B}(x_k)\,\mathrm{d}x_2\mathrm{d}x_1 + \int_L^0\int_L^{x_1} \overleftarrow{B}(x_k)\mathrm{d}x_1\mathrm{d}x_2 = 0, \quad k=1,2 \tag{12.2.9}$$

12.2.4 双坐标系法分析

此时，反向光传输采用反向坐标系 Crd'_{xy}。反向光传输时，由于 $\overleftarrow{\boldsymbol{s}} = -\boldsymbol{s} = -\vec{\boldsymbol{s}}$，故式(12.2.5)变换为

$$-\boldsymbol{B}(x)\cdot\vec{\boldsymbol{s}} = \boldsymbol{B}(x)\cdot(-\vec{\boldsymbol{s}}) = \boldsymbol{B}(x)\cdot\overleftarrow{\boldsymbol{s}} = \left|\boldsymbol{B}(x)\right|\cos\theta \tag{12.2.10}$$

由于

$$\boldsymbol{B}'(x') = \boldsymbol{B}(x)$$

故

$$\overleftarrow{B}'(x') = \boldsymbol{B}'(x')\cdot\overleftarrow{\boldsymbol{s}} = \left|\boldsymbol{B}(x)\right|\cos\theta \tag{12.2.11}$$

比照式(12.2.4)的正向磁场标量积，得到互等关系

$$\vec{B}(x) = \overleftarrow{B}'(x') \tag{12.2.12}$$

对上式实施如下的积分运算

$$\int_0^L \vec{B}(x)\mathrm{d}x = \int_0^L \overleftarrow{B}'(x')\mathrm{d}x$$

由于 $dx=-dx'$，故

$$\int_0^L \overleftarrow{B}'(x')dx=-\int_0^L \overleftarrow{B}'(x')dx'=\int_L^0 \overleftarrow{B}'(x')dx'=-\int_{-L}^0 \overleftarrow{B}'(x')dx'$$

因此正、反向磁场标量积的光程积分满足零和关系

$$\int_0^L \vec{B}(x)dx+\int_{-L}^0 \overleftarrow{B}'(x')dx'=0 \tag{12.2.13}$$

图 12.5 是式(12.2.13)的直观解释。

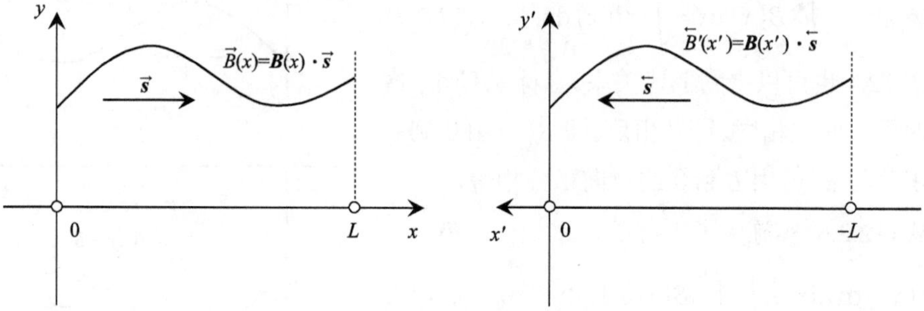

图 12.5　双坐标系法的单重积分

与单坐标系法类似，对式(12.2.12)实施关于光程的双重积分，可得到双重积分互等关系

$$\int_0^L\int_0^{x_1} \vec{B}(x_k)dx_2dx_1=\int_{-L}^0\int_{-L}^{x_1'} \overleftarrow{B}'(x_k')dx_1'dx_2',\quad k=1,2 \tag{12.2.14}$$

可以看出，单坐标系法、双坐标系法的结果形式上是相反的。这是反向光传输坐标系不同造成的，本质上是一致的。

12.3　磁致旋光效应互易问题

12.3.1　互易与等价非互易

单纯的法拉第磁致旋光效应可用感应双折射或与之等价的法拉第旋光角刻画，是单因素的问题。如果存在线性双折射，法拉第磁致旋光效应不再纯粹。磁光介质感应不均匀时其模型更加复杂。本节讨论复杂情况时法拉第磁致旋光效应的互易问题。

法拉第磁致旋光效应物理量的互易属性是磁场标量积零和、互等属性的体现。具体如下。

采用单坐标系法时，法拉第磁致旋光效应的某个物理量在正、反向光传输过程中，如果具备零和属性，则其互易；如果具备互等属性，则其等价非互易。

等价地，采用双坐标系法时，法拉第磁致旋光效应的某个物理量在正、反向光传输过程中，如果具备零和属性，则其等价非互易；如果具备互等属性，则其互易。

上述两种定义，表述相反，本质相同。

除了上述情况外，如果法拉第磁致旋光效应的某个物理量，采用单、双坐标系法时均零和，则其**恒零和**；采用单、双坐标系法时均互等，则其**恒互等**。

12.3.2 磁致旋光效应互易属性命题

命题 12.1(无向量恒互等命题) 无向物理量是恒互等量。

证明：无向物理量与光波传输方向无关，且与磁场方向无关，在正向坐标系 Crd_{xy}、反向坐标系 Crd'_{xy} 中取值相同。故采用单、双坐标系法都满足互等条件，因此是恒互等量。

证毕

线性双折射 δ_l、磁场系数 β_c 是无向物理量，因此是恒互等量。

存在线性双折射 δ_l 时，介质相移差 φ 为

$$\varphi = \frac{2\pi}{\lambda n_o}\sqrt{\delta_l^2(b-a)^2 + 2\int_a^b\int_a^{x_1}\delta_c(x_1)\delta_c(x_2)\mathrm{d}x_2\mathrm{d}x_1} \tag{12.3.1}$$

显然是恒正的无向物理量，因此是恒互等量。其中，δ_l 是线双折射，δ_c 是圆双折射，n_o 是折射率。

存在线性双折射 δ_l 时，截面感应双折射 $\Delta n(x)$ 为

$$\Delta n(x) = \sqrt{\delta_l^2 + \delta_c^2(x)} \tag{12.3.2}$$

显然也是恒正的无向物理量，因此也是恒互等量。

恒互等量具有数值互换不变性，属于数值互换不变的互易。为了区别于旋光互易，本章称为恒互等量。

命题 12.2(磁场标量积互易命题) 磁场标量积(即磁场平行分量)是互易量。

证明：采用单坐标系法时，磁场标量积具备零和属性，采用双坐标系法时，磁场标量积具备互等属性。因此互易。

证毕

命题 12.3(介质感应角互易命题) 磁光介质的线性双折射 δ_l 非零时，介质感应角 α 是互易物理量。

证明：介质感应角可表达为

$$\alpha = \arctan\frac{\beta_c B^{\mathrm{eq}}}{\delta_l} \tag{12.3.3}$$

式中，β_c 是磁场系数，B^{eq} 是磁光介质的等值磁场标量积。

等值磁场标量积 B^{eq} 是互易的；α 通过算子 arctan 传承 B^{eq} 的符号；δ_l 与 β_c 是无向常数，恒互等。因此介质感应角 α 互易。

证毕

命题 12.4(法拉第旋光角等价非互易命题) 法拉第旋光角是等价非互易量。

证明：法拉第旋光角 φ_c 是磁场标量积的光程积分。单坐标系法时，光程积分具有互等属性。双坐标系法时，光程积分具有零和属性。故法拉第旋光角 φ_c 等价非互易。

证毕

命题 12.5(介质不均匀角恒零和命题) 介质不均匀角是恒零和量。

证明：采用单坐标系法时，考察

$$\tan\vec{\sigma}+\tan\overleftarrow{\sigma}=\frac{\pi\delta_l}{\lambda n_o}\left(\frac{\int_0^L\int_0^{x_1}\left(\vec{B}(x_1)-\vec{B}(x_2)\right)\mathrm{d}x_2\mathrm{d}x_1}{\int_0^L\vec{B}(x)\mathrm{d}x}+\frac{\int_L^0\int_L^{x_1}\left(\overleftarrow{B}(x_1)-\overleftarrow{B}(x_2)\right)\mathrm{d}x_2\mathrm{d}x_1}{\int_L^0\overleftarrow{B}(x)\mathrm{d}x}\right) \tag{12.3.4}$$

此时，磁场正、反向标量积的积分具有互等属性，故两个分母相同；磁场正、反向标量积的双重积分具有零和属性，故两个分子反号。因此

$$\tan\vec{\sigma}+\tan\overleftarrow{\sigma}=0 \tag{12.3.5}$$

采用双坐标系法时，考察

$$\tan\vec{\sigma}+\tan\overleftarrow{\sigma}'=\frac{\pi\delta_l}{\lambda n_o}\left(\frac{\int_0^L\int_0^{x_1}\left(\vec{B}(x_1)-\vec{B}(x_2)\right)\mathrm{d}x_2\mathrm{d}x_1}{\int_0^L\vec{B}(x)\mathrm{d}x}+\frac{\int_L^0\int_L^{x_1'}\left(\overleftarrow{B}'(x_1')-\overleftarrow{B}'(x_2')\right)\mathrm{d}x_2'\mathrm{d}x_1'}{\int_L^0\overleftarrow{B}'(x')\mathrm{d}x'}\right) \tag{12.3.6}$$

此时，磁场正、反向标量积的积分具有零和属性，故两个分母反号；磁场正、反向标量积的双重积分具有互等属性，故两个分子相同。因此

$$\tan\vec{\sigma}+\tan\overleftarrow{\sigma}'=0 \tag{12.3.7}$$

综合式(12.3.5)和式(12.3.7)，命题成立。

证毕

表 12.1 给出了磁致旋光效应物理量的互易属性。该表针对存在线性双折射的情况。线性双折射 δ_l 对磁致旋光效应互易性有很大影响。δ_l 与磁场方向无关，与光波方向也无关，是恒互等量。如果没有线性双折射，问题将会大幅度简化。因为介质感应角为±90°，介质不均匀角恒零，介质相移差恒为法拉第旋光角。

表 12.1　磁致旋光效应物理量的互易属性

坐标系	单坐标系法	双坐标系法	属性
磁场标量积 $B(x)$	$\vec{B}(x)+\overleftarrow{B}(x)=0$	$\vec{B}(x)=\overleftarrow{B}'(x')$	互易
法拉第旋光角 φ_c	$\vec{\varphi}_c=\overleftarrow{\varphi}_c$	$\vec{\varphi}_c+\overleftarrow{\varphi}_c'=0$	等价非互易
介质感应角 α	$\vec{\alpha}+\overleftarrow{\alpha}=0$	$\vec{\alpha}=\overleftarrow{\alpha}'$	互易
介质相移差 φ	$\vec{\varphi}=\overleftarrow{\varphi}$	$\vec{\varphi}=\overleftarrow{\varphi}'$	恒互等
介质不均匀角 σ	$\vec{\sigma}+\overleftarrow{\sigma}=0$	$\vec{\sigma}+\overleftarrow{\sigma}'=0$	恒零和

12.4　磁致旋光效应光路互易问题

12.4.1　两种分析方法

光波的电场矢量 $\boldsymbol{E}$ 与波法线 $\boldsymbol{s}$ 构成了 $\boldsymbol{E}$-$\boldsymbol{s}$ 空间。在 $\boldsymbol{E}$-$\boldsymbol{s}$ 空间建立关于 $\boldsymbol{E}$ 和 $\boldsymbol{s}$ 的两个空间直角坐标系 Crd_{abc} 和 Crd_{abc}'。

(1) 正向坐标系 Crd_{abc} 的 a、b 轴分别对应正向光波的电场分量 $\vec{E}_a$、$\vec{E}_b$，c 轴对应正向光传输方向 $\vec{s}=\boldsymbol{s}$。

(2) 反向坐标系 Crd'_{abc} 的 a' 轴与正向坐标系 Crd_{abc} 的 a 轴一致，b'、c' 两轴分别与正向坐标系 Crd_{abc} 的 b、c 两轴反向。

正向、反向坐标系满足坐标变换关系

$$\boldsymbol{E}=\boldsymbol{J}_R\boldsymbol{E}' \tag{12.4.1}$$

式中，$\boldsymbol{E}$ 和 $\boldsymbol{E}'$ 分别是电场矢量在正向坐标系 Crd_{abc} 和反向坐标系 Crd'_{abc} 中的形式；$\boldsymbol{J}_R$ 是如下的坐标变换矩阵

$$\boldsymbol{J}_R=\mathrm{diag}(1,-1) \tag{12.4.2}$$

有两种分析磁致旋光效应光路互易问题的方法。如果正、反向光传输均采用正向坐标系 Crd_{abc}，则是单坐标系法；如果正向光传输采用正向坐标系 Crd_{abc}，反向光传输采用反向坐标系 Crd'_{abc}，则是双坐标系法。单、双坐标系法表现不同，本质一致。

需要提及的是，虽然这里的单、双坐标系法与 12.2 节的单、双坐标系法都针对正、反向光传输问题，但却有所不同。12.2 节的关于光传输方向和磁场标量积；这里的关于光传输方向与电场矢量。

12.4.2 磁致旋光效应光路的互易与非互易

磁致旋光效应的物理量自然也是磁致旋光效应光路的物理量。磁致旋光效应物理量的互易、等价非互易、恒互等、恒零和等属性自然会在光路的输出光强中有所体现。于是出现了磁致旋光效应光路的互易问题。

有两种本质相同的磁致旋光效应光路互易属性定义。

(1) 单坐标系法的定义：如果正向和反向光路的感应分量 $\vec{S}$、$\overleftarrow{S}$ 满足如下的零和条件

$$\vec{S}+\overleftarrow{S}=0 \tag{12.4.3}$$

则光路是互易的； 如果满足如下的互等条件

$$\vec{S}=\overleftarrow{S} \tag{12.4.4}$$

则光路是等价非互易的；如果上述两式都不满足，则光路是不等价非互易的。

(2) 双坐标系法的定义：如果正、反向光路的感应分量 $\vec{S}$、$\overleftarrow{S}'$ 满足互等条件，则光路是互易的；如果满足零和条件，则光路是等价非互易的；如果既不满足互等条件也不满足零和条件，则光路是不等价非互易的。

磁致旋光效应的物理量，反向光路的形式与坐标系选取有关，如表 12.2 所示。

设光路由入射光 $\boldsymbol{E}_i$、磁光介质 M 和检偏器 A 三部分组成。约定光波由左向右传输为正向光路，由右向左传输为反向光路，如图 12.6 所示。

设起偏器 P 的透光角 θ 为 ±45°。

首先看单坐标系法的情况。

表 12.2　反向光路基本物理量(含线性双折射 δ_l)

	介质感应角(互易)	介质相移差(恒互等)	介质不均匀角(恒零和)	起/检偏振器的透光角
正向光路	α	φ	σ	θ,β
反向光路(单坐标系法)	$-\alpha$	φ	$-\sigma$	θ,β
反向光路(双坐标系法)	α	φ	$-\sigma$	$-\theta,-\beta$

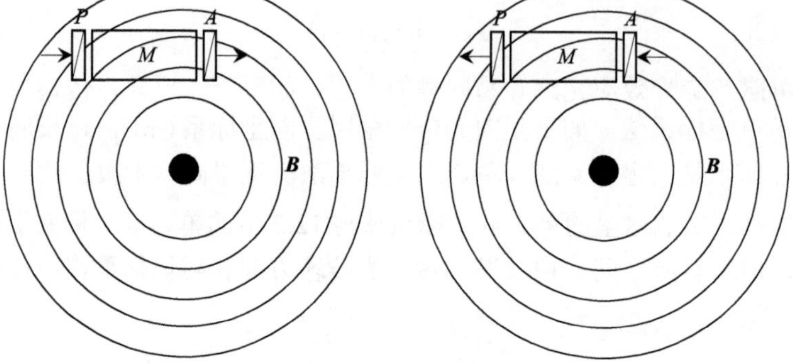

(a) 正向光路　　(b) 反向光路

图 12.6　正向与反向光路

此时介质感应角 α 零和，介质相移差 φ 互等，介质不均匀角 σ 零和。根据式(11.4.8)，正、反向光路的光强感应分量分别为

$$\begin{cases}\vec{S}=\sin\alpha\cos\sigma\sin\varphi+\sin 2\alpha\sin\sigma\sin^2\dfrac{\varphi}{2}\\ \overleftarrow{S}=-\sin\alpha\cos\sigma\sin\varphi+\sin 2\alpha\sin\sigma\sin^2\dfrac{\varphi}{2}\end{cases}\tag{12.4.5}$$

显然 $\vec{S}$ 与 $\overleftarrow{S}$ 既不互等也不零和。说明磁致旋光效应光路出现了不等价非互易的现象。

如果磁光介质均匀，则

$$\vec{S}+\overleftarrow{S}=0\tag{12.4.6}$$

即正、反向感应分量 $\vec{S}$ 和 $\overleftarrow{S}$ 满足零和条件。说明磁致旋光效应光路是互易的。

其次看双坐标系法的情况。

此时介质感应角 α 互等，介质相移差 φ 互等，介质不均匀角 σ 零和。正、反向光路的光强感应分量为

$$\begin{cases}\vec{S}=\sin\alpha\cos\sigma\sin\varphi+\sin 2\alpha\sin\sigma\sin^2\dfrac{\varphi}{2}\\ \overleftarrow{S}'=\sin\alpha\cos\sigma\sin\varphi-\sin 2\alpha\sin\sigma\sin^2\dfrac{\varphi}{2}\end{cases}\tag{12.4.7}$$

显然 $\vec{S}$ 与 $\overleftarrow{S}'$ 既不互等也不零和。同样说明光路出现了不等价非互易现象。

如果磁光介质均匀，则

$$\vec{S} = \overleftarrow{S}' \tag{12.4.8}$$

即 $\vec{S}$ 、$\overleftarrow{S}'$ 满足互等条件。也说明磁致旋光效应光路是互易的。

很明显，感应不均匀是磁致旋光效应光路出现不等价非互易现象的原因。

12.4.3　琼斯矩阵与互易属性

感应不均匀磁光介质，正向传输的琼斯矩阵为

$$\boldsymbol{J}\left(\frac{\varphi}{2},\alpha,\sigma\right)=\begin{bmatrix}\cos\frac{\varphi}{2}+\mathrm{j}\cos\alpha\sin\frac{\varphi}{2} & -\sin\alpha\sin\frac{\varphi}{2}\exp(\mathrm{j}\sigma)\\ \sin\alpha\sin\frac{\varphi}{2}\exp(-\mathrm{j}\sigma) & \cos\frac{\varphi}{2}-\mathrm{j}\cos\alpha\sin\frac{\varphi}{2}\end{bmatrix} \tag{12.4.9}$$

采用单坐标系法时，由于

$$\overleftarrow{\varphi}=\vec{\varphi},\quad \overleftarrow{\alpha}=-\vec{\alpha},\quad \overleftarrow{\sigma}=-\vec{\sigma}$$

因此，反向传输的琼斯矩阵为

$$\boldsymbol{J}\left(\frac{\varphi}{2},-\alpha,-\sigma\right)=\begin{bmatrix}\cos\frac{\varphi}{2}+\mathrm{j}\cos\alpha\sin\frac{\varphi}{2} & \sin\alpha\sin\frac{\varphi}{2}\exp(-\mathrm{j}\sigma)\\ -\sin\alpha\sin\frac{\varphi}{2}\exp(\mathrm{j}\sigma) & \cos\frac{\varphi}{2}-\mathrm{j}\cos\alpha\sin\frac{\varphi}{2}\end{bmatrix} \tag{12.4.10}$$

采用双坐标系法时，由于

$$\overleftarrow{\varphi}'=\vec{\varphi},\quad \overleftarrow{\alpha}'=\vec{\alpha},\quad \overleftarrow{\sigma}'=-\vec{\sigma}$$

因此，反向传输的琼斯矩阵为

$$\boldsymbol{J}'\left(\frac{\varphi}{2},\alpha,-\sigma\right)=\begin{bmatrix}\cos\frac{\varphi}{2}+\mathrm{j}\cos\alpha\sin\frac{\varphi}{2} & -\sin\alpha\sin\frac{\varphi}{2}\exp(-\mathrm{j}\sigma)\\ \sin\alpha\sin\frac{\varphi}{2}\exp(\mathrm{j}\sigma) & \cos\frac{\varphi}{2}-\mathrm{j}\cos\alpha\sin\frac{\varphi}{2}\end{bmatrix} \tag{12.4.11}$$

依据式(12.4.1)，对式(12.4.11)进行坐标变换，得到

$$\boldsymbol{J}\left(\frac{\varphi}{2},-\alpha,-\sigma\right)=\boldsymbol{J}_R\boldsymbol{J}'\left(\frac{\varphi}{2},\alpha,-\sigma\right)\boldsymbol{J}_R \tag{12.4.12}$$

表明式(12.4.10)与式(12.4.11)的两种反向传输琼斯矩阵的差异是反向传输坐标系不同造成的。

12.4.4　感应不均匀介质磁致旋光效应互易光路

图 12.7 是感应不均匀磁光介质与反射镜组合而成的磁致旋光效应光路。

图中，S 是单色光源；P 是起偏器；M 是磁光介质；R 是全反射镜；C 是光耦合器；A 是有分束功能的棱镜，用于检偏器；D 是光检测器；$\boldsymbol{B}$ 是不均匀磁场。反射镜 R 将光路分为入射和反射光路。

以下的分析表明，图 12.7 光路的输出光强，感应分量具有互易性。

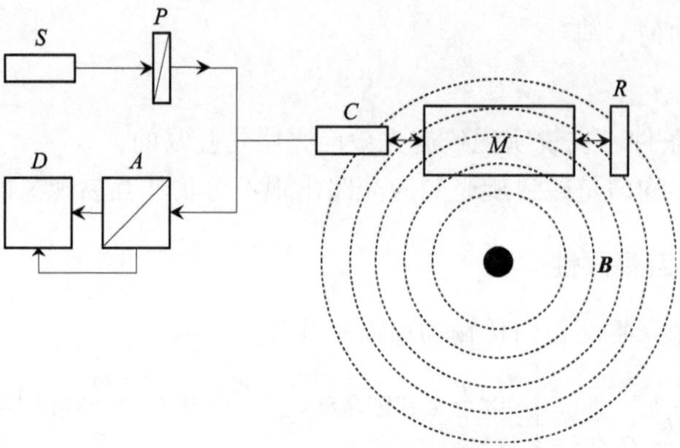

图 12.7　法拉第磁致旋光效应互易光路

1. 采用单坐标系法的输出电场矢量 $\boldsymbol{E}_o$

此时，入射和反射光路的坐标系均为 Crd_{abc}。入射光路磁光介质的琼斯矩阵如式(12.4.9)，反射光路磁光介质的琼斯矩阵如式(12.4.10)。

由附录 B 知道，正向坐标系法时反射镜 R 的琼斯矩阵同式(12.4.2)的 $\boldsymbol{J}_R$。磁光介质 M 与反射镜 R 构成的组合琼斯矩阵 $\boldsymbol{J}_{MR}$ 为

$$\boldsymbol{J}_{MR} = \bar{\boldsymbol{J}}_M \boldsymbol{J}_R \vec{\boldsymbol{J}}_M = \begin{bmatrix} \mathcal{A} & -\mathcal{C} \\ -\mathcal{C} & -\hat{\mathcal{A}} \end{bmatrix} \tag{12.4.13}$$

其中

$$\begin{cases} \mathcal{A} = \cos\varphi + \sin^2\alpha \sin^2\dfrac{\varphi}{2}(1-\cos 2\sigma) + \mathrm{j}\left(\cos\alpha\sin\varphi - \sin^2\alpha\sin^2\dfrac{\varphi}{2}\sin 2\sigma\right) \\ \mathcal{C} = \sin\alpha\cos\sigma\sin\varphi - \sin 2\alpha\sin\sigma\sin^2\dfrac{\varphi}{2} \end{cases} \tag{12.4.14}$$

输出电场矢量 $\boldsymbol{E}_o$ 为

$$\boldsymbol{E}_o = \bar{\boldsymbol{J}}_A \boldsymbol{J}_{MR} \boldsymbol{E}_P \tag{12.4.15}$$

其中，$\bar{\boldsymbol{J}}_A$ 是正向坐标系中检偏器 A 的琼斯矩阵

$$\bar{\boldsymbol{J}}_A = \begin{bmatrix} \cos^2(\theta\pm\beta) & \dfrac{1}{2}\sin 2(\theta\pm\beta) \\ \dfrac{1}{2}\sin 2(\theta\pm\beta) & -\cos^2(\theta\pm\beta) \end{bmatrix} \tag{12.4.16}$$

$\boldsymbol{E}_P$ 是起偏器 P 的输出线偏振光

$$\boldsymbol{E}_P = \frac{1}{\sqrt{2}}|\boldsymbol{E}_0|\begin{bmatrix} \cos\theta \\ \sin\theta \end{bmatrix} \tag{12.4.17}$$

2. 采用双坐标系法的输出电场矢量 $\boldsymbol{E}_o'$

此时，入射光路的坐标系为 Crd_{abc}，反射光路的坐标系为 Crd'_{abc}。入射光路磁光介质的琼斯矩阵如式(12.4.9)，反射光路磁光介质的琼斯矩阵如式(12.4.11)。

由附录 B 知道，双坐标系法时反射镜 R 的琼斯矩阵为

$$\boldsymbol{J}_R' = \mathrm{diag}(1,1)$$

于是，磁光介质与反射镜构成的组合琼斯矩阵 $\boldsymbol{J}_{MR}'$ 为

$$\boldsymbol{J}_{MR}' = \bar{\boldsymbol{J}}_M' \boldsymbol{J}_R' \vec{\boldsymbol{J}}_M = \begin{bmatrix} \mathcal{A} & -\mathcal{C} \\ \mathcal{C} & \hat{\mathcal{A}} \end{bmatrix} \tag{12.4.18}$$

其中，参数 $\mathcal{A}$ 、$\mathcal{C}$ 同式(12.4.14)。

输出电场矢量 $\boldsymbol{E}_o'$ 为

$$\boldsymbol{E}_o' = \bar{\boldsymbol{J}}_A' \boldsymbol{J}_{MR}' \boldsymbol{E}_P \tag{12.4.19}$$

式中，$\bar{\boldsymbol{J}}_A'$ 是双向坐标系中检偏器 A 的琼斯矩阵，即

$$\bar{\boldsymbol{J}}_A' = \begin{bmatrix} \cos^2(\theta \pm \beta) & -\dfrac{1}{2}\sin 2(\theta \pm \beta) \\ -\dfrac{1}{2}\sin 2(\theta \pm \beta) & -\cos^2(\theta \pm \beta) \end{bmatrix} \tag{12.4.20}$$

式(12.4.20)的非对角元素与正向坐标系法时的反号，原因是双向坐标系法反向光路采用坐标系 Crd'_{abc}，造成了 θ 和 β 的反转。

3. 组合磁光介质物理量

式(12.4.13)和式(12.4.18)表明，无论是单坐标系法还是双坐标系法，组合磁光介质琼斯矩阵的非对角元素都是实数。意味着组合磁光介质的介质不均匀角为零，整体上具有均匀磁光介质特质。

单、双坐标系法的输出电场矢量 $\boldsymbol{E}_o$ 和 $\boldsymbol{E}_o'$ 满足式(12.4.1)的坐标变换关系，本质上一样。可基于其一讨论组合磁光介质的物理量。

根据第 7 章的有关公式，可计算出组合磁光介质琼斯矩阵的等效介质相移差 $\tilde{\varphi}$ 和等效介质感应角 $\tilde{\alpha}$。等效介质相移差 $\tilde{\varphi}$ 为

$$\begin{aligned}\tilde{\varphi} &= 2\arctan\frac{\sqrt{1-\mathrm{Re}^2(\mathcal{A})}}{\mathrm{Re}(\mathcal{A})} \\ &= 2\arctan\frac{\sqrt{1-\left(\cos\varphi + \sin^2\alpha\sin^2\dfrac{\varphi}{2}(1-\cos 2\sigma)\right)^2}}{\cos\varphi + \sin^2\alpha\sin^2\dfrac{\varphi}{2}(1-\cos 2\sigma)}\end{aligned} \tag{12.4.21}$$

等效介质感应角 $\tilde{\alpha}$ 为

$$\tilde{\alpha} = \arctan\frac{\mathcal{C}}{\operatorname{Im}(\mathcal{A})} = \arctan\frac{\sin\alpha\cos\sigma\sin\varphi - \sin 2\alpha\sin\sigma\sin^2\dfrac{\varphi}{2}}{\cos\alpha\sin\varphi - \sin^2\alpha\sin^2\dfrac{\varphi}{2}\sin 2\sigma} \tag{12.4.22}$$

显然，如果$\sigma = 0$，则$\tilde{\varphi} = \varphi$，$\tilde{\alpha} = \alpha$。

4. 输出光强

将等效介质相移差$\tilde{\varphi}$和等效介质感应角$\tilde{\alpha}$代入式(11.4.7)，并考虑等效介质不均匀角为零的情况，输出光强为

$$I_o = \frac{1}{2}\left|\boldsymbol{E}_0\right|^2\left(1 \pm \sin\tilde{\alpha}\sin\tilde{\varphi} \mp \cos^2\tilde{\alpha}\sin^2\frac{\tilde{\varphi}}{2}\sin 4\theta\right) \tag{12.4.23}$$

其感应分量S为

$$S = \sin\tilde{\alpha}\sin\tilde{\varphi} - \cos^2\tilde{\alpha}\sin^2\frac{\tilde{\varphi}}{2}\sin 4\theta \tag{12.4.24}$$

为了获取互易性的光强，取$\theta = \pm 45°$或$\theta = 0°$，这样

$$S = \sin\tilde{\alpha}\sin\tilde{\varphi} \tag{12.4.25}$$

等效介质相移差$\tilde{\varphi}$恒互等；等效介质感应角$\tilde{\alpha}$互易，因此

$$\vec{S} + \overleftarrow{S} = 0$$

即感应分量S互易。

12.5 互易注记

1. 表象和原因

偏振态由电场矢量的幅值关系及相位差关系决定。从表象上看，关于光学介质正、反向传输的偏振光，如果光波偏振态不变，那么是互易的，否则是非互易的。光波偏振态不变或改变，取决于光学效应的机理。

自然旋光源自分子结构这个内因和光波电磁场这个外因。在光波电磁场作用下，螺旋分子结构物质出现了旋光现象，其方向与光传输方向关系恒定，所以是互易的。

磁致旋光源自外部磁场这个外因。外部磁场的方向不“听”光波方向的指挥，不会随光波的正向和反向而改变，所以是非互易的。当然是等价非互易。

其他类型的光学效应，如电光效应、弹光效应、热光效应等，由于没有旋光现象，不存在类似旋光效应的互易性问题。

光学效应的互易与非互易性，以偏振光的偏振态为表象，以光学效应的机理为原因。

2. 互易之辩

互易的要点是互换不变性。其关键是互换不变性所指。所指的不同导致了不同的互易性理解。

互易性也是电路理论的一个重要概念。线性电路的互易性指电路输入输出关系的互换不变性。这种互易性本质上属于矩阵理论的范畴，与旋光效应的互易性完全不同。

下面举个简单线性电路的例子，以具体说明线性电路的互易性。

图 12.8 是一个双端线性电路。节点 1 和节点 2 是输入端、输出端，节点 3 是内节点。在设置大地为参考节点后，节点电压方程非奇异。消去内节点后，节点电压方程为

$$\begin{bmatrix} Y_{11} & Y_{12} \\ Y_{21} & Y_{22} \end{bmatrix}\begin{bmatrix} V_1 \\ V_2 \end{bmatrix}=\begin{bmatrix} I_1 \\ I_2 \end{bmatrix} \tag{12.5.1}$$

其中，Y_{11} 和 Y_{22} 是节点 1 和节点 2 的自导纳，Y_{12} 是节点 1 到节点 2 的互导纳，Y_{21} 是节点 2 到节点 1 的互导纳；V_1 和 V_2 分别是节点 1 和节点 2 的电压；I_1 和 I_2 分别是位于节点 1 和节点 2 的独立电流源。

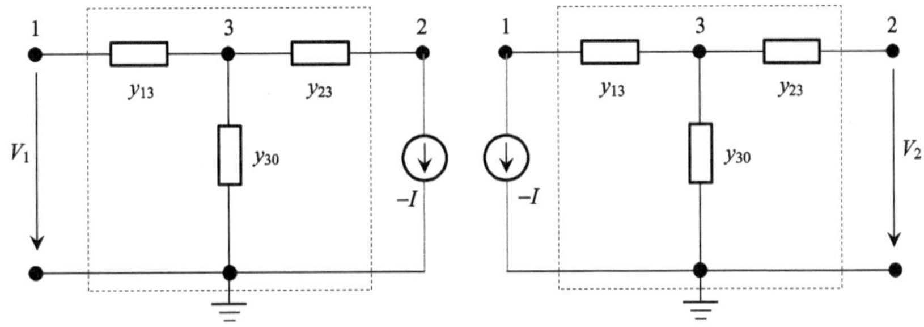

图 12.8　双端线性电路的例

如果节点 1 是电流源节点，节点 2 无源，即

$$\begin{cases} I_1=-I \\ I_2=0 \end{cases}$$

那么节点 2 为电压输出端，其节点电压为

$$V_2=\left(Y_{22}-Y_{21}Y_{11}^{-1}Y_{12}\right)^{-1}Y_{21}Y_{11}^{-1}I \tag{12.5.2}$$

如果节点 2 是电流源节点，节点 1 无源，且电流源的数值也是 $-I$，即

$$\begin{cases} I_1=0 \\ I_2=-I \end{cases}$$

那么节点 1 为电压输出端，其节点电压为

$$V_1=\left(Y_{11}-Y_{12}Y_{22}^{-1}Y_{21}\right)^{-1}Y_{12}Y_{22}^{-1}I \tag{12.5.3}$$

上述两式等价为

$$\begin{cases} V_1=\left(Y_{11}Y_{22}-Y_{12}Y_{21}\right)^{-1}Y_{12}I \\ V_2=\left(Y_{11}Y_{22}-Y_{21}Y_{12}\right)^{-1}Y_{21}I \end{cases} \tag{12.5.4}$$

不含受控电源的线性电路，节点导纳矩阵是对称的，所有节点之间的互导纳正向和反向数值一样。对于本例，$Y_{12}=Y_{21}$。将之代入上式，得到

$$V_1 = V_2 \tag{12.5.5}$$

即输入、输出对调，结果不变。此即线性电路的互易性。

简单线性电路如此，复杂线性电路亦然。线性电路具有互易性的原因是线性电阻、线性电容和线性电感等电路元件是互易的，进而节点导纳矩阵是对称的。由于非线性电路元件不具备互易性，非线性电路不是互易电路。

传输矩阵对称则互易，这是矩阵理论的互易性理解。节点导纳矩阵即传输矩阵，线性电路的互易性属于此种。

旋光效应的互易性，针对旋光角输入输出关系的互换不变。从单坐标系法角度看，这种互换不变，不是相等关系，而是零和关系(相反数关系)。这与矩阵理论的互易性是不同的。

12.6 小　　结

互易指物理系统互换不变的性质。存在互换不变现象的物理系统是互易的。

互易性与互换对象密切相关。电网络的互易性互换的是输入输出位置；旋光效应的互易性互换的是光传输方向，两者完全不同。

改变光传输方向后，旋光率、旋光方向都不变的旋光属性是互易性。自然旋光是互易的，纯粹的法拉第旋光是非互易的。

线性双折射和磁光介质的感应不均匀性使法拉第磁致旋光效应的互易性问题复杂了起来。法拉第磁致旋光效应物理量的互易属性不尽相同。法拉第旋光角等价非互易，介质感应角互易，介质相移差恒互等，介质不均匀角恒零和。

磁场标量积及其积分的零和及互等属性很好地解释了法拉第磁致旋光效应各个物理量的互易属性。

如果磁光介质感应不均匀，磁致旋光效应光路输出光强的感应分量不等价非互易；如果磁光介质均匀，感应分量互易。采取磁光介质与反射镜组合的技术手段可将不等价非互易光路转化为互易光路。

总　　结

在光学效应对偶统一理论中，对称、微栖、对偶、标幺、统一是五个关键词。

(1)对称：固有张量实对称，感应张量厄米对称，固有张量和感应张量合成的介质张量厄米对称。

(2)微栖：物理场引发的感应张量是微张量。感应张量栖身固有张量，形成微栖张量。微栖张量在主轴、截面坐标系(光轴坐标系)中表现为微耦张量。

(3)对偶：微耦张量及其逆镜像对偶，电场强度及电位移矢量镜像对偶，两种对偶交叉，构成了光学效应的四元对称体系。光轴传输时(或可相同性介质传输时)，电场强度及电位移矢量的对偶隐去，只有微耦张量及其逆张量的对偶。

(4)标幺：标幺张量是固有张量为单位张量、感应张量唯一的微栖张量。脱离了固有张量，专注物理场的作用。标幺张量使光学效应的表述具有了唯一性。

(5)统一：跨越介质属性(单轴介质、双轴介质、各向同性介质)、跨越电场矢量(电场强度、电位移矢量)，光学效应的对偶统一理论完整地表达了已发现的各种光学效应。

本书的研究表明，对光学效应而言，对偶性是统一理论的基础。

1. 镜像对偶

设 A、B 为两个酉空间，如果

① A、B 中的数学单元同构对应；

② A、B 中的数学模型完全一致；

则 A、B 两个酉空间镜像对偶。

2. 微量计算

感应张量是微张量，微量运算是介质光学效应的基础性运算。

微量运算是包含微小数学单元的、数量级相差悬殊的数学运算，包括微小数运算和微张量运算。微量运算本质是微量函数的线性化，舍弃的是 2 倍首微量数量级的微量(如首微量数量级是 $-p$，则舍弃掉的微量的数量级是 $-2p$)，具有很高的近似度。

微量运算不仅是一般意义的近似，也是物理规律的一种提炼手段。

3. 坐标系

相对固有张量，有三种基本的直角坐标系：

(1)主轴坐标系轴间解耦，描述介质的三维空间物理属性。

(2)截面坐标系截面轴间解耦，描述光波的振动情况。

(3)如果截面张量的对角分量相等，则对应光轴坐标系。

微栖张量对角化对应本征坐标系，本征坐标系中，对角张量是折射率，折射率之差是双折射。

4. 统一和对偶的张量、矢量

1) 跨越各种光学效应的厄米微栖张量统一模型

(1) 固有张量为实对称张量，属厄米张量。

(2) 感应张量或实数域中的对称，或复数域中的共轭转置对称，都属厄米张量。

(3) 物理场作用时，介质张量由固有张量与微小的感应张量叠加而成，是厄米微栖张量。

2) 跨越张量和逆张量的微栖张量对偶模型

(1) 任意直角坐标系中，微栖张量及其逆张量对偶伴随。

(2) 主轴坐标系中，微栖张量表现为空间微耦张量，截面坐标系(光轴坐标系)中，截面微栖张量表现为截面微耦张量。空间微耦张量、截面微耦张量逆同构、镜像对偶。

3) 跨越电场强度和电位移矢量的法矢量对偶模型

(1) 单色平面波情形，麦克斯韦方程组的四个方程收缩为两个，可表达为波法线传输模式，也可表达为光线传输模式。

(2) 波法线和光线都是法矢量，两种传输模式可统一为法矢量公式。

(3) 基于介质方程，法矢量公式可表达为单一电场矢量的法矢量方程。

5. 统一和对偶的本征方程体系

本征方程位于介质截面。

剔除掉冗余，统一的法矢量公式被压缩成统一的本征方程。本征方程是四元对偶体系，包括 $\boldsymbol{D}$ 形式和 $\boldsymbol{E}$ 形式的波法线本征方程、$\boldsymbol{D}$ 形式和 $\boldsymbol{E}$ 形式的光线本征方程。

6. 不变量和秩序量

1) 本征值是不变量，表达折射率。

波法线本征方程的 $\boldsymbol{D}$ 形式和 $\boldsymbol{E}$ 形式，本征值互逆；光线本征方程的 $\boldsymbol{D}$ 形式和 $\boldsymbol{E}$ 形式，本征值也互逆。

本征值决定折射率，进而决定双折射。光轴传输时，双折射仅由感应张量决定；非光轴传输时，双折射由固有张量和感应张量共同决定，存在混杂情况。非光轴传输时，固有双折射将吞噬掉感应双折射，则光学效应只有理论意义。

2) 光轴坐标系，微栖张量及其逆张量的感应角相同，感应角是秩序量。

本征矢量仅由感应角决定，刻画电场矢量的振动情况，是秩序量。

本征矩阵由本征矢量决定，用于微栖张量的坐标变换，是秩序量。

7. 标幺张量

(1) 标幺张量是数学变换的结果，是微栖张量的抽象。标幺张量的固有张量恒为单位张量，固有张量被规范唯一化，标幺感应张量唯一，以脱离介质固有张量的方式表达物理场的作用。

(2) 光轴传输时，标幺张量的感应角、本征矢量和本征矩阵与非标幺张量的一致，可完备表达光学效应。

8. 琼斯矩阵

琼斯矩阵是光路坐标系下光学元件及其组合的模型。琼斯矩阵由本征矩阵和相移差矩阵构成，是不变量和秩序量的结合。

光学介质的琼斯矩阵面向介质整体。介质的均匀性对琼斯矩阵有很大影响。本书将截面感应角不均匀的介质称为感应不均匀介质。感应不均匀介质，介质不均匀角非零。均匀介质，介质不均匀角为零。

基于琼斯矩阵的幺行列式属性可准确地构建由介质相移差、介质感应角和介质不均匀角三个物理量刻画的感应不均匀介质三元琼斯矩阵模型。在求取微元级联琼斯矩阵极限基础上，可推导出感应不均匀介质琼斯矩阵元素的积分型级数，进而得到三个物理量的光程积分公式。

感应不均匀介质可用等值截面的方式表现为均匀介质。

9. 感知物理场

感知物理场的途径有二：介质感应角和介质感应双折射(相移差)。介质感应角感知物理场时，介质感应双折射不具备感知能力；反之，介质感应双折射感知物理场时，介质感应角不具备感知能力。

10. 电光效应

电光效应是电场改变介质物理属性的物理现象。

电光效应，介质张量称为电光张量，包括标幺张量和非标幺张量两种形式。

非标幺张量空间，有介电张量、逆介电张量两种电光效应表述形式，电光感应张量不同。标幺张量空间，固有张量恒为单位张量，电光感应张量唯一，电光效应的表述唯一。唯一的物理事实应该唯一表述，用标幺张量表述电光效应更合理。

线性电光效应与二次电光效应不会并存。

感应双折射反映电场作用。非光轴传输时，存在固有双折射，除非能有效剔除，否则没有实用价值；光轴传输时，没有固有双折射。为了躲避固有双折射，应选择光波沿光轴方式。

11. 旋光效应

磁场导致旋光现象。

自然旋光的磁场是光波磁场；磁致旋光的磁场是外磁场。

圆双折射是旋光的数理解释；旋光张量是旋光的张量体现。自然旋光的圆双折射来自螺旋分子结构与光波电磁场，磁致旋光的圆双折射来自分子的洛伦兹力作用。

法拉第磁致旋光应用广泛。应力场引起的线性双折射总是存在的，且往往大于圆双折射。环境温度影响韦尔代常数、线性双折射，进而影响法拉第磁致旋光。实际的法拉第磁致旋光磁场、应力场、温度场的作用并存。

磁场分布不均匀时，磁光介质的琼斯矩阵可表示为三元形式：介质相移差、介质感应角、介质不均匀角。磁场分布均匀时，琼斯矩阵可简化为二元形式：介质相移差、介质感应角。

法拉第磁致旋光感知等值磁场。由于线性双折射普遍存在，感知等值磁场的途径是介质感应角，而不是介质相移差。

自然旋光是互易的。

磁致旋光是非互易的。旋光角是等价非互易量；介质感应角是互易量；介质不均匀角是恒零和量；介质相移差是恒互等量。

附录A 光学基础

光是特定波段的电磁波。基于电磁波理论，波动光学圆满解释了大量的光学现象。于是，光波的提法被接受并且普遍使用了起来。本章从光学效应角度阐述波动光学的基本内容。

A.1 基本方程

A.1.1 麦克斯韦方程组

电磁波有四个基本物理量。两个是电场物理量，即电场强度 $\boldsymbol{E}$ 、电位移矢量 $\boldsymbol{D}$ ；两个是磁场物理量，即磁场强度 $\boldsymbol{H}$ 、磁感应强度 $\boldsymbol{B}$ 。**麦克斯韦方程组**刻画这四个物理量所遵从的秩序。

微分型麦克斯韦方程组为

$$\begin{cases}\nabla\times\boldsymbol{E}=-\dfrac{\partial\boldsymbol{B}}{\partial t}\\ \nabla\times\boldsymbol{H}=\boldsymbol{J}+\dfrac{\partial\boldsymbol{D}}{\partial t}\\ \nabla\cdot\boldsymbol{D}=\rho\\ \nabla\cdot\boldsymbol{B}=0\end{cases}\tag{A.1.1}$$

式中，$\boldsymbol{J}$ 是电流密度矢量； ρ 是电荷密度； t 是时间； ∇ 是哈密顿算符。

在空间直角坐标系中，哈密顿算符 ∇ 是矢量形式的微分，即

$$\nabla=\boldsymbol{i}\frac{\partial}{\partial x_1}+\boldsymbol{j}\frac{\partial}{\partial x_2}+\boldsymbol{k}\frac{\partial}{\partial x_3}\tag{A.1.2}$$

其中，相互正交的矢量 $\boldsymbol{i},\boldsymbol{j}$ 和 $\boldsymbol{k}$ 表示三个坐标轴的方位。

麦克斯韦方程组，第 1 式描述时间变化磁场与空间变化电场的关系，是电磁感应定律的微分形式；第 2 式描述时间变化电场与空间变化磁场的关系，是全电流定律和安培环路定理的微分形式；第 3 式描述电荷与空间变化电场的关系，是高斯定律的微分形式；第 4 式描述空间变化磁场的规律，表达磁通的连续性(磁力线的闭合性)。

A.1.2 介质方程组

介质是电磁波的传输媒质。**介质方程组**描述电物理量之间、磁物理量之间的介质关系。即

$$\begin{cases}\boldsymbol{D}=\varepsilon\boldsymbol{E}\\ \boldsymbol{B}=\mu\boldsymbol{H}\\ \boldsymbol{J}=\sigma\boldsymbol{E}\end{cases}\tag{A.1.3}$$

式中，σ是电导率；ε是介电常数，取值是

$$\varepsilon=\varepsilon_0\varepsilon_r \tag{A.1.4}$$

式中，ε_0是真空介电常数，ε_r是相对介电常数；真空中，$\varepsilon_r=1$。μ是磁导率，取值是

$$\mu=\mu_0\mu_r \tag{A.1.5}$$

式中，μ_0是真空磁导率，μ_r是相对磁导率；真空中，$\mu_r=1$。

介质方程组的第 1 式和第 3 式描述电物理量的关系。第 1 式说明 $\boldsymbol{E}$ 和 $\boldsymbol{D}$ 之间的介电常数关系，第 3 式是欧姆定律的微分形式。第 2 式描述磁物理量关系，即 $\boldsymbol{H}$ 和 $\boldsymbol{B}$ 之间的磁导率关系。

麦克斯韦方程组和介质方程组联立可完整描述介质的电磁波过程，因为：

(1) 麦克斯韦方程组脱离介质属性抽象地描述电磁波的基本关系。电磁波是与具体介质有关的。完整刻画介质的电磁波过程需要麦克斯韦方程组，还需要介质方程组。

(2) 从数学角度看也需要考虑介质方程组。麦克斯韦方程组有四个方程，涉及 7 个变量。求解麦克斯韦方程组须补充 3 个独立方程。恰好，相互独立的介质方程是 3 个。

A.1.3　关于介质

1) 基本参数

介质方程组表明，介质基本参数有 3 个：电导率σ、介电常数ε和磁导率μ。它们各自独立，不能由其他参数派生。

2) 各向同性介质和各向异性介质

若介质基本参数，电导率σ、介电常数ε和磁导率μ，都是与方向无关的常数，则是**各向同性介质**，否则是**各向异性介质**。

光学效应，一般约定磁导率μ为常数，即介质的磁属性各向同性。这样，各向异性只针对电属性。

3) 均匀介质

物理性质处处相同的介质是**均匀介质**。

4) 透明介质

水、玻璃、晶体等视觉透明的物质是**透明介质**。理想情况下，透明介质没有光吸收现象，电导率σ为零。因此透明介质是绝缘体。

5) 光速

介质光传输速度为

$$v=\frac{1}{\sqrt{\varepsilon\mu}}=\frac{1}{\sqrt{\varepsilon_0\mu_0\varepsilon_r\mu_r}} \tag{A.1.6}$$

真空中$\varepsilon_r=1$，$\mu_r=1$，因此真空中的光速为

$$c=\frac{1}{\sqrt{\varepsilon_0\mu_0}} \tag{A.1.7}$$

6) 折射率

折射率定义为

$$n = \frac{c}{v} \tag{A.1.8}$$

真空中的折射率为$n_0 = \frac{c}{c} = 1$，根据光速公式，折射率可表达为

$$n = \frac{c}{v} = \sqrt{\varepsilon_r \mu_r} \tag{A.1.9}$$

7) 非铁磁介质

可用相对磁导率$\mu_r = 1$准确或近似刻画的介质是**非铁磁介质**。如此，非铁磁介质的折射率为

$$n \approx \sqrt{\varepsilon_r} \tag{A.1.10}$$

也称为**麦克斯韦公式**，是波动光学常用的基本近似公式。

8) 极化介质

无论是否受电场作用，如果物质内部的正、负电荷中心发生相对位移，出现了宏观电偶极矩，则是**极化介质**。极化介质是各向异性介质。

9) 线性介质和非线性介质

若电极化强度$\boldsymbol{P}$与宏观电场$\boldsymbol{E}$呈线性关系

$$\boldsymbol{P} = \varepsilon_0 \chi_e \boldsymbol{E} \tag{A.1.11}$$

则是**线性介质**，否则是非线性介质。其中，χ_e是极化率。

本书在线性介质范围内讨论光学效应。

A.2　波 动 方 程

A.2.1　波动方程的推导

约定：

(1) 介质是电荷密度ρ为零的透明物质。

(2) 介质的介电常数ε和磁导率μ可空间变化，但不随时间变化。

这样，联立麦克斯韦方程组和介质方程组，可得到如下的**波动方程**

$$\nabla^2 \boldsymbol{E} - \frac{1}{v^2}\frac{\partial^2 \boldsymbol{E}}{\partial t^2} + \left(\nabla(\ln\mu)\right)\times\left(\nabla\times\boldsymbol{E}\right) + \nabla\left(\boldsymbol{E}\cdot\nabla(\ln\varepsilon)\right) = 0 \tag{A.2.1}$$

进一步，约定介质为非铁磁材料。这样$\mu = \mu_0$，故$\nabla(\ln\mu) = 0$；约定介质是均匀介质，这样ε是与空间坐标无关的常数，故$\nabla(\ln\varepsilon) = 0$。于是得到如下的**齐次波动方程**

$$\nabla^2 \boldsymbol{E} - \frac{1}{v^2}\frac{\partial^2 \boldsymbol{E}}{\partial t^2} = 0 \tag{A.2.2}$$

将介质方程组的第1式代入，有

$$\nabla^2\left(\frac{1}{\varepsilon}\boldsymbol{D}\right) - \frac{1}{v^2}\frac{\partial^2}{\partial t^2}\left(\frac{1}{\varepsilon}\boldsymbol{D}\right) = 0$$

介电常数ε不随时间变化，因此

$$\nabla^2 \boldsymbol{D} - \frac{1}{v^2}\frac{\partial^2}{\partial t^2}\boldsymbol{D} = 0 \tag{A.2.3}$$

电场强度 $\boldsymbol{E}$ 和电位移矢量 $\boldsymbol{D}$ 具有等价性。将 $\boldsymbol{E}$ 和 $\boldsymbol{D}$ 统一记为 $\boldsymbol{A}$ 。综合式(A.2.2)和式(A.2.3)，齐次波动方程统一为

$$\nabla^2 \boldsymbol{A} - \frac{1}{v^2}\frac{\partial^2}{\partial t^2}\boldsymbol{A} = 0, \quad \boldsymbol{A}\forall\left(\boldsymbol{E},\boldsymbol{D}\right) \tag{A.2.4}$$

并称其解为波函数。

A.2.2　振动矢量

电磁波有两个交变矢量场：电场强度 $\boldsymbol{E}$（或电位移矢量 $\boldsymbol{D}$）、磁场强度 $\boldsymbol{H}$（或磁感应强度 $\boldsymbol{B}$）。一方面，$\boldsymbol{E}$ 和 $\boldsymbol{H}$ 在频率、振幅等方面有确定关系，可择一表达光波；另一方面，光波作用于物质的主要角色是 $\boldsymbol{E}$ 而非 $\boldsymbol{H}$，如光合作用、视觉效应、光电效应和光热效应等。因此通常用电场强度 $\boldsymbol{E}$ 描述光波。

A.2.3　单色简谐波

光传输路径上任意点 P 的位置矢量 $\boldsymbol{r}$，即坐标原点 0 指向 P 点的矢量，称为 P 点的位矢，也称为矢径。位矢 $\boldsymbol{r}$ 的取值及方向与坐标系有关。

如果齐次波动方程的解，即波函数的形式为

$$\boldsymbol{A}\left(\boldsymbol{r},t\right) = A\left(\boldsymbol{r}\right)\cos\left(\omega t - \varphi\left(\boldsymbol{r}\right)\right) \tag{A.2.5}$$

则为**单色简谐波**，单色指单一频率。式中，ω 是单一角频率；$A\left(\boldsymbol{r}\right)$ 和 $\varphi\left(\boldsymbol{r}\right)$ 是关于位矢 $\boldsymbol{r}$ 的实标量函数，$A\left(\boldsymbol{r}\right) > 0$ 是振幅函数，$\varphi\left(\boldsymbol{r}\right)$ 是相位函数。

单色简谐波的角频率 ω 为

$$\omega = \frac{2\pi}{T} \tag{A.2.6}$$

式中，T 是光波的时间周期。

波长 λ 是光波的空间周期，与时间周期 T 的关系是

$$\lambda = Tv \tag{A.2.7}$$

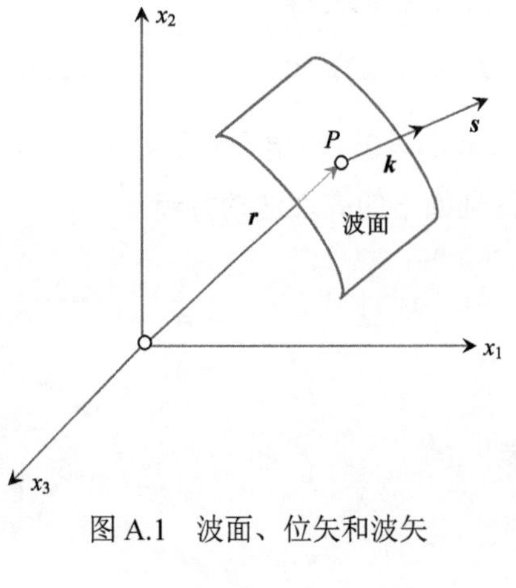

图 A.1　波面、位矢和波矢

从而，角频率可表达为

$$\omega = \frac{2\pi}{\lambda}v \tag{A.2.8}$$

简谐波相位相同的曲面称为**波面**，或称为**等相面**，即

$$\varphi\left(\boldsymbol{r}\right) = 常数 \tag{A.2.9}$$

任意时刻，波面上的点振动情况相同。

如下的矢量

$$\boldsymbol{k} = \frac{2\pi}{\lambda}\boldsymbol{s} \tag{A.2.10}$$

是光传输路径上任意点 P 的**波矢**，$\boldsymbol{s}$ 是波面的单位法

线矢量，表示光的传输方向，称为**波法线**。显然，$\boldsymbol{k}$ 与 $\boldsymbol{s}$ 方向一致。

图 A.1 给出了点 P 的位矢 $\boldsymbol{r}$ 、波矢 $\boldsymbol{k}$ 和波法线矢量 $\boldsymbol{s}$ 的关系。

波面的几何形状决定了简谐波的类别。基本的简谐波包括平面波、球面波和柱面波。如图 A.2 所示。

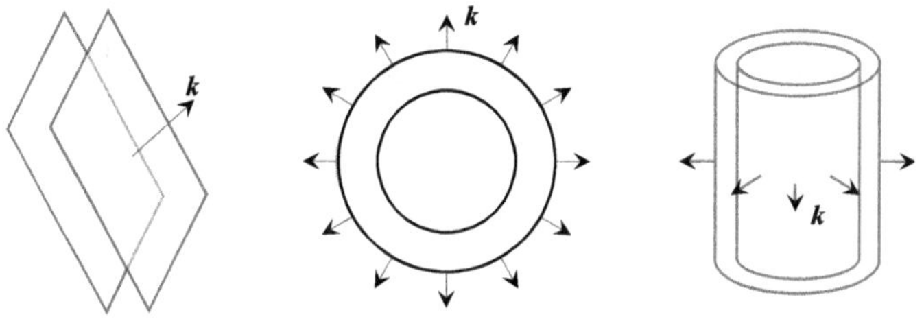

图 A.2 平面波、球面波、柱面波

A.2.4 单色平面波

若单色简谐波的振幅和相位满足关系

$$\begin{cases} A(\boldsymbol{r}) = A \\ \varphi(\boldsymbol{r}) = \boldsymbol{k} \cdot \boldsymbol{r} - \varphi_0 \end{cases} \tag{A.2.11}$$

则为**单色平面波**，即

$$\boldsymbol{A}(\boldsymbol{r},t) = A\cos(\omega t - \boldsymbol{k} \cdot \boldsymbol{r} + \varphi_0) \tag{A.2.12}$$

其中，常数 A 是幅值，φ_0 是初相。

称为平面波，是因为波面为如下的平面

$$\varphi(\boldsymbol{r}) = \boldsymbol{k} \cdot \boldsymbol{r} - \varphi_0 = k_1 r_1 + k_2 r_2 + k_3 r_3 - \varphi_0$$

幅值和频率不变的光波称为**定态波**。单色平面波是定态波。

平面波可表示为复数形式

$$\boldsymbol{A}(\boldsymbol{r},t) = A\exp \mathrm{j}(\omega t - \boldsymbol{k} \cdot \boldsymbol{r} + \varphi_0) \tag{A.2.13}$$

很明显，上式的实部是平面波的原本。

需要说明的是，复数平面波是有条件的。对场矢量(电场、磁场)的微分、积分、加减法、与常数的乘除法等线性运算，复数表达有效，对场矢量的乘积或乘方等非线性运算，只能采取式(A.2.12)的实数形式。

A.3 光　　强

A.3.1 电磁波能量定律

对麦克斯韦方程组的两个旋度公式实施如下的点乘运算

$$\begin{cases} \boldsymbol{H}\cdot\nabla\times\boldsymbol{E}=-\boldsymbol{H}\cdot\dfrac{\partial\boldsymbol{B}}{\partial t} \\ \boldsymbol{E}\cdot\nabla\times\boldsymbol{H}=\boldsymbol{E}\cdot\boldsymbol{J}+\boldsymbol{E}\cdot\dfrac{\partial\boldsymbol{D}}{\partial t} \end{cases} \tag{A.3.1}$$

于是

$$\boldsymbol{E}\cdot\nabla\times\boldsymbol{H}-\boldsymbol{H}\cdot\nabla\times\boldsymbol{E}=\boldsymbol{E}\cdot\boldsymbol{J}+\boldsymbol{E}\cdot\frac{\partial\boldsymbol{D}}{\partial t}+\boldsymbol{H}\cdot\frac{\partial\boldsymbol{B}}{\partial t}$$

注意到

$$\begin{cases} w_e=\dfrac{1}{2}\boldsymbol{E}\cdot\boldsymbol{D} \\ w_m=\dfrac{1}{2}\boldsymbol{H}\cdot\boldsymbol{B} \end{cases} \tag{A.3.2}$$

而

$$\boldsymbol{E}\cdot\frac{\partial\boldsymbol{D}}{\partial t}+\boldsymbol{H}\cdot\frac{\partial\boldsymbol{B}}{\partial t}=\frac{\partial}{\partial t}\left(\frac{1}{2}\boldsymbol{E}\cdot\boldsymbol{D}+\frac{1}{2}\boldsymbol{H}\cdot\boldsymbol{B}\right)$$

所以

$$\boldsymbol{E}\cdot\nabla\times\boldsymbol{H}-\boldsymbol{H}\cdot\nabla\times\boldsymbol{E}=\boldsymbol{E}\cdot\boldsymbol{J}+\frac{\partial}{\partial t}(w_e+w_m)$$

再考虑矢量恒等式

$$\boldsymbol{E}\cdot\nabla\times\boldsymbol{H}-\boldsymbol{H}\cdot\nabla\times\boldsymbol{E}=-\nabla\cdot(\boldsymbol{E}\times\boldsymbol{H})$$

得到

$$-\frac{\partial}{\partial t}(w_e+w_m)=\boldsymbol{E}\cdot\boldsymbol{J}+\nabla\cdot(\boldsymbol{E}\times\boldsymbol{H})$$

上式对任意体积V的积分为

$$-\int_V\frac{\partial}{\partial t}(w_e+w_m)\mathrm{d}V=\int_V\boldsymbol{E}\cdot\boldsymbol{J}\mathrm{d}V+\int_V\nabla\cdot(\boldsymbol{E}\times\boldsymbol{H})\mathrm{d}V \tag{A.3.3}$$

高斯定理表明

$$\int_V\nabla\cdot(\boldsymbol{E}\times\boldsymbol{H})\mathrm{d}V=\oint_S(\boldsymbol{E}\times\boldsymbol{H})\cdot\boldsymbol{n}\mathrm{d}S \tag{A.3.4}$$

式中，S是包围V的曲面，$\boldsymbol{n}$是曲面S上的单位法线，约定外法线方向为正方向。

记电磁波总能量为

$$W=\int_V(w_e+w_m)\mathrm{d}V \tag{A.3.5}$$

并记

$$\mathrm{d}\boldsymbol{s}=\boldsymbol{n}\mathrm{d}S \tag{A.3.6}$$

于是，式(A.3.3)变形为

$$\frac{\partial W}{\partial t}+\oint_S(\boldsymbol{E}\times\boldsymbol{H})\cdot\mathrm{d}\boldsymbol{s}=-\int_V\boldsymbol{E}\cdot\boldsymbol{J}\mathrm{d}V \tag{A.3.7}$$

坡印亭矢量 $\boldsymbol{T}$ 为

$$\boldsymbol{T}=\boldsymbol{E}\times\boldsymbol{H} \tag{A.3.8}$$

这样，得到如下的**电磁波能量定律**

$$\frac{\partial W}{\partial t}+\oint_S\boldsymbol{T}\cdot\mathrm{d}\boldsymbol{s}=-\int_V\boldsymbol{E}\cdot\boldsymbol{J}\mathrm{d}V \tag{A.3.9}$$

式中，左边第 1 项为体积 V 内电磁波能量的变化率；第 2 项为单位时间内该体积表面流出的能量；右边是体积内 V 的源所做总功的负值。

对绝缘体，$\boldsymbol{J}=0$，因此

$$\frac{\partial W}{\partial t}+\oint_S\boldsymbol{T}\cdot\mathrm{d}\boldsymbol{s}=0 \tag{A.3.10}$$

坡印亭矢量 $\boldsymbol{T}$ 是重要的光学概念，其方向是光能量的传输方向(光线方向)，其大小为能量密度的瞬时值。

A.3.2 光强的表述

坡印亭矢量 $\boldsymbol{T}$ 的时间平均值称为平均光强，简称**光强**，用符号 I 表示，即

$$I=\frac{1}{t_2-t_1}\int_{t_1}^{t_2}|\boldsymbol{E}\times\boldsymbol{H}|\mathrm{d}t \tag{A.3.11}$$

因 $\boldsymbol{E}$ 和 $\boldsymbol{H}$ 正交，故 $|\boldsymbol{E}\times\boldsymbol{H}|=EH$，于是

$$I=\frac{1}{t_2-t_1}\int_{t_1}^{t_2}EH\mathrm{d}t=\frac{1}{2}E_0H_0 \tag{A.3.12}$$

其中，E_0 和 H_0 是 $\boldsymbol{E}$ 和 $\boldsymbol{H}$ 的幅值。

单色平面波满足关系

$$\begin{cases}\boldsymbol{E}=-\sqrt{\dfrac{\mu}{\varepsilon}}\boldsymbol{s}\times\boldsymbol{H}\\[2ex]\boldsymbol{H}=\sqrt{\dfrac{\mu}{\varepsilon}}\boldsymbol{s}\times\boldsymbol{E}\end{cases} \tag{A.3.13}$$

电磁波是横波，$\boldsymbol{E}$、$\boldsymbol{H}$ 和波法线 $\boldsymbol{s}$ 相互正交。$\boldsymbol{s}$ 是单位矢量，因此满足幅值关系

$$\sqrt{\varepsilon}E_0=\sqrt{\mu}H_0$$

而

$$\mu\approx1,\quad\sqrt{\varepsilon}\approx n$$

因此

$$nE_0=H_0 \tag{A.3.14}$$

这样，式(A.3.12)变形为

$$I = \frac{1}{2} n E_0^2 \tag{A.3.15}$$

nE_0^2 正比地表达了光强 I 的大小。因此，光强等价为

$$I = n E_0^2 \tag{A.3.16}$$

同一介质时，光强可干脆简化为

$$I = E_0^2 \tag{A.3.17}$$

A.4 反射和折射

在入射波方向、幅值和相位均已知的条件下，本节讨论简谐波的反射和折射规律。

A.4.1 反射定律和折射定律

1) 反射定律

入射波与反射波共面；入射角 θ_i 与反射角 θ_r 相同。即

$$\theta_i = \theta_r \tag{A.4.1}$$

2) 折射定律

入射波与折射波共面；若光波由折射率为 n_1 的介质入射到折射率为 n_2 的介质，则入射角 θ_i 与折射角 θ_t 满足菲涅耳定律

$$n_1 \sin\theta_i = n_2 \sin\theta_t \tag{A.4.2}$$

反射和折射定律是几何光学的基本内容，利用惠更斯原理以及费马原理的证明堪称经典。基于电磁波理论，利用介质界面电场和磁场切向分量连续的条件，也可证明反射定律和折射定律，从略。

A.4.2 菲涅耳公式

反射定律和折射定律决定了入射波、反射波和折射波之间的角度关系。基于光的电磁波理论，菲涅耳公式进一步决定了入射波、反射波、折射波之间的幅值和相位关系。

菲涅耳公式的条件是：

(1) 入射波、反射波和折射波都在入射面上；

(2) 界面两侧介质的折射率 n_1、n_2 分布均匀；

(3) 入射波为平面简谐波。

将入射波、反射波和折射波分解为垂直入射面的分量(下标“⊥”)和平行于入射面的分量(下标“∥”)，如图 A.3 所示。

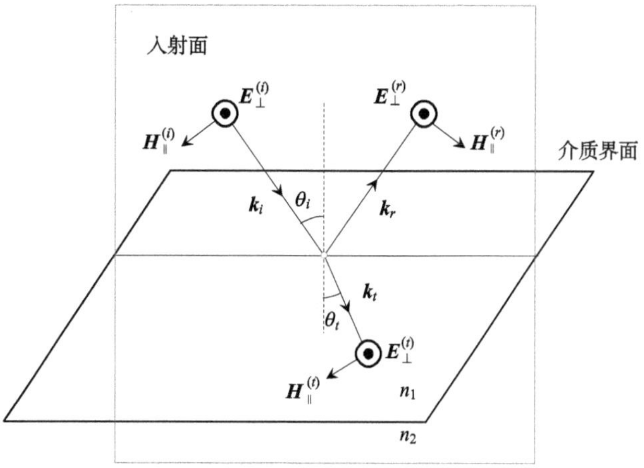

图 A.3 入射波、折射波和反射波

关于反射比 r 和折射比 t 的**菲涅耳公式**为

$$\begin{cases} r_\perp = \dfrac{E_\perp^{(r)}}{E_\perp^{(i)}} = -\dfrac{\sin(\theta_i - \theta_t)}{\sin(\theta_i + \theta_t)} = \dfrac{n_1\cos\theta_i - n_2\cos\theta_t}{n_1\cos\theta_i + n_2\cos\theta_t} \\ r_\parallel = \dfrac{E_\parallel^{(r)}}{E_\parallel^{(i)}} = \dfrac{\tan(\theta_i - \theta_t)}{\tan(\theta_i + \theta_t)} = \dfrac{n_2\cos\theta_i - n_1\cos\theta_t}{n_2\cos\theta_i + n_1\cos\theta_t} \\ t_\perp = \dfrac{E_\perp^{(t)}}{E_\perp^{(i)}} = \dfrac{2\sin\theta_t\cos\theta_i}{\sin(\theta_i + \theta_t)} = \dfrac{2n_1\cos\theta_i}{n_1\cos\theta_i + n_2\cos\theta_t} \\ t_\parallel = \dfrac{E_\parallel^{(t)}}{E_\parallel^{(i)}} = \dfrac{2\sin\theta_t\cos\theta_i}{\sin(\theta_i + \theta_t)\cos(\theta_i - \theta_t)} = \dfrac{2n_1\cos\theta_i}{n_2\cos\theta_i + n_1\cos\theta_t} \end{cases} \tag{A.4.3}$$

式中，$E_\perp^{(i)}, E_\perp^{(t)}, E_\perp^{(r)}$ 和 $E_\parallel^{(i)}, E_\parallel^{(t)}, E_\parallel^{(r)}$ 分别是电场矢量 $\boldsymbol{E}^{(i)}, \boldsymbol{E}^{(t)}, \boldsymbol{E}^{(r)}$ 关于入射面的垂直分量和平行分量。

以下证明菲涅耳公式的第 1 式、第 3 式，即针对电场矢量 $\boldsymbol{E}$ 的垂直分量。平行分量的证明过程与之雷同，不证。

证明：介质界面上，电场、磁场的切向分量连续。于是

$$E_\perp^{(i)} + E_\perp^{(r)} = E_\perp^{(t)} \tag{A.4.4}$$

$$\left(H_\parallel^{(i)} - H_\parallel^{(r)}\right)\cos\theta_i = H_\parallel^{(t)}\cos\theta_t \tag{A.4.5}$$

根据式(A.3.13)，并考虑麦克斯韦公式 $n = \sqrt{\varepsilon_r}$，有

$$H_\parallel = n\sqrt{\frac{\varepsilon_0}{\mu_0}}E_\perp$$

因此，式(A.4.5)之 $H_\parallel$ 可由 $E_\perp$ 替代，即

$$\left(E_\perp^{(i)} - E_\perp^{(r)}\right)n_1\cos\theta_i = E_\perp^{(t)}n_2\cos\theta_t$$

根据折射定律

$$\left(E_{\perp}^{(i)}-E_{\perp}^{(r)}\right)\sin\theta_t\cos\theta_i=E_{\perp}^{(t)}\sin\theta_i\cos\theta_t \tag{A.4.6}$$

联立求解式(A.4.6)和式(A.4.4)，得到

$$\begin{cases}\dfrac{E_{\perp}^{(r)}}{E_{\perp}^{(i)}}=-\dfrac{\sin(\theta_i-\theta_t)}{\sin(\theta_i+\theta_t)}\\[2ex]\dfrac{E_{\parallel}^{(r)}}{E_{\parallel}^{(i)}}=\dfrac{\tan(\theta_i-\theta_t)}{\tan(\theta_i+\theta_t)}\end{cases}$$

即

$$\begin{cases}\dfrac{E_{\perp}^{(r)}}{E_{\perp}^{(i)}}=\dfrac{n_1\cos\theta_i-n_2\cos\theta_t}{n_1\cos\theta_i+n_2\cos\theta_t}\\[2ex]\dfrac{E_{\parallel}^{(r)}}{E_{\parallel}^{(i)}}=\dfrac{n_2\cos\theta_i-n_1\cos\theta_t}{n_2\cos\theta_i+n_1\cos\theta_t}\end{cases}$$

证毕

A.4.3　反射率和透射率

如图 A.4 所示，设入射波、反射波和折射波的波前截面积(与波法线垂直的面积)分别为 $A^{(i)},A^{(r)},A^{(t)}$，入射波在界面上的照射面积为 A_0。

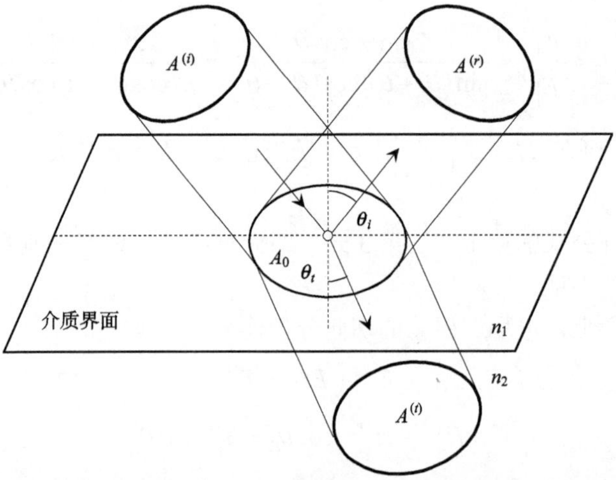

图 A.4　反射率和透射率公式的推导

容易理解如下的面积关系

$$\begin{cases}A^{(i)}=A^{(r)}=A_0\cos\theta_i\\A^{(t)}=A_0\cos\theta_t\end{cases} \tag{A.4.7}$$

光波穿越面积 $A^{(k)}$ 的能流为

$$W^{(k)} = A^{(k)} I^{(k)}, \quad k = i, r, t \tag{A.4.8}$$

其中，$I^{(k)}$ 是光强。

能流的**反射率**和**透射率**为

$$R = \frac{W^{(r)}}{W^{(i)}}, \quad T = \frac{W^{(t)}}{W^{(i)}} \tag{A.4.9}$$

忽略光吸收和光散射等能量消耗情况，光波入射到介质界面后，光波能量守恒地在反射波和折射波间分配。反射率和透射率描述反射波和折射波的能量分配关系。

1. 能流反射率和透射率

介质分界面上，入射波、反射波和折射波的能流为

$$\begin{cases} W^{(i)} = A^{(i)} I^{(i)} = A_0 \cos\theta_i n_1 E_0^{(i)2} \\ W^{(r)} = A^{(r)} I^{(r)} = A_0 \cos\theta_i n_1 E_0^{(r)2} \\ W^{(t)} = A^{(t)} I^{(t)} = A_0 \cos\theta_t n_2 E_0^{(t)2} \end{cases}$$

于是，关于能量的反射率 R 和折射率 T 为

$$\begin{cases} R = \dfrac{W^{(r)}}{W^{(i)}} = \dfrac{E_0^{(r)2}}{E_0^{(i)2}} \\ T = \dfrac{W^{(t)}}{W^{(i)}} = \dfrac{E_0^{(t)2}}{E_0^{(i)2}} \dfrac{n_2 \cos\theta_t}{n_1 \cos\theta_i} \end{cases} \tag{A.4.10}$$

由于 $W^{(i)} = W^{(r)} + W^{(t)}$，因此

$$R + T = 1 \tag{A.4.11}$$

这是能量守恒的必然结果。

2. 分量形式能流反射率和透射率

雷同地，可得到能流平行分量、垂直分量的反射率和透射率，即

$$\begin{cases} R_\parallel = \dfrac{W_\parallel^{(r)}}{W^{(i)}} = \dfrac{E_{0\parallel}^{(r)2}}{E_{0\parallel}^{(i)2}} \\ T_\parallel = \dfrac{W_\parallel^{(t)}}{W_\parallel^{(i)}} = \dfrac{E_{0\parallel}^{(t)2}}{E_{0\parallel}^{(i)2}} \dfrac{n_2 \cos\theta_t}{n_1 \cos\theta_i} \\ R_\perp = \dfrac{W_\perp^{(r)}}{W_\perp^{(i)}} = \dfrac{E_{0\parallel}^{(r)2}}{E_{0\parallel}^{(i)2}} \\ T_\perp = \dfrac{W_\perp^{(t)}}{W_\perp^{(i)}} = \dfrac{E_{0\perp}^{(t)2}}{E_{0\perp}^{(i)2}} \dfrac{n_2 \cos\theta_t}{n_1 \cos\theta_i} \end{cases}$$

将菲涅耳公式代入上式，并利用关系$\left|E_0\right| = \hat{E}_0 E_0$，得到

$$\begin{cases} R_{\parallel} = \dfrac{\tan^2(\theta_i - \theta_t)}{\tan^2(\theta_i + \theta_t)} \\ T_{\parallel} = \dfrac{\sin 2\theta_i \sin 2\theta_t}{\sin^2(\theta_i + \theta_t)\cos^2(\theta_i - \theta_t)} \\ R_{\perp} = \dfrac{\sin^2(\theta_i - \theta_t)}{\sin^2(\theta_i + \theta_t)} \\ T_{\perp} = \dfrac{\sin 2\theta_i \sin 2\theta_t}{\sin^2(\theta_i + \theta_t)} \end{cases} \tag{A.4.12}$$

容易验证，平行分量和垂直分量的反射率与透射率都满足能量守恒条件，就是

$$\begin{cases} R_{\parallel} + T_{\parallel} = 1 \\ R_{\perp} + T_{\perp} = 1 \end{cases} \tag{A.4.13}$$

3. 特殊情形

以下讨论四种特殊入射角时的能流反射率和透射率。

1) 垂直入射情形

此时$\theta_i = \theta_t = 0$。根据菲涅耳公式

$$\begin{cases} r_{\perp} = -r_{\parallel} = \dfrac{n_1 - n_2}{n_1 + n_2} \\ t_{\perp} = -t_{\parallel} = \dfrac{2n_1}{n_1 + n_2} \end{cases} \tag{A.4.14}$$

因此

$$\begin{cases} R_{\parallel} = R_{\perp} = \dfrac{E_0^{(r)2}}{E_0^{(i)2}} = \left(\dfrac{n_1 - n_2}{n_1 + n_2}\right)^2 \\ T_{\parallel} = T_{\perp} = \dfrac{E_0^{(t)2}}{E_0^{(i)2}} = \left(\dfrac{2n_1}{n_1 + n_2}\right)^2 \end{cases} \tag{A.4.15}$$

2) 掠入射情形

如果$n_1 < n_2$，即光波由光疏介质到光密介质，且$\theta_i \approx \dfrac{\pi}{2}$，则会发生掠入射情况。根据菲涅耳公式知道，此时反射比和折射比满足关系

$$\begin{cases} \left|r_{\perp}\right| = \left|r_{\parallel}\right| = 1 \\ \left|t_{\perp}\right| = \left|t_{\parallel}\right| = 0 \end{cases}$$

因此，反射率和透射率为

$$\begin{cases} R_{\parallel} = R_{\perp} = 1 \\ T_{\parallel} = T_{\perp} = 0 \end{cases} \tag{A.4.16}$$

3) 偏振反射情形

当$\theta_i + \theta_t = \dfrac{\pi}{2}$时，有

$$\begin{cases} R_{\parallel} = 0 \\ R_{\perp} \neq 0 \end{cases} \tag{A.4.17}$$

此时反射波只有垂直分量，没有平行分量。这样的反射波是偏振光。此时的入射角θ_i称为**布儒斯特角**θ_b。

将$\theta_i + \theta_t = \dfrac{\pi}{2}$代入折射定律公式，有

$$n_1 \sin\theta_b = n_2 \sin\left(\frac{\pi}{2} - \theta_b\right) = n_2 \cos\theta_b$$

于是布儒斯特角θ_b为

$$\theta_b = \arctan\frac{n_2}{n_1} \tag{A.4.18}$$

4) 全反射情形

光由光密介质进入光疏介质，即$n_1 > n_2$时，如下的入射角称为临界角

$$\theta_c = \arcsin\frac{n_2}{n_1} \tag{A.4.19}$$

当$\theta_i < \theta_c$时，遵循折射定律；当$\theta_i > \theta_c$时没有折射波，所有的入射波均被反射。这种现象称为全反射。

为什么会出现全反射现象呢？因为当$\theta_i > \theta_c$时

$$\sin\theta_t = \frac{n_1}{n_2}\sin\theta_i > 1$$

这样的折射角不可能存在。

容易验证，此时$R_{\parallel} = R_{\perp} = 1$，表明入射波完全反射了。

A.4.4　相位移动

相对入射波，反射波和折射波的相位可能发生变化。定义折射波、反射波垂直分量和平行分量的相位差如下：

$$\begin{cases} \phi_{\perp}^{(k)} = \varphi_{\perp}^{(k)} - \varphi_{\perp}^{(i)} \\ \phi_{\parallel}^{(k)} = \varphi_{\parallel}^{(k)} - \varphi_{\parallel}^{(i)} \end{cases},\quad k = r, t \tag{A.4.20}$$

这样，反射比和折射比可表示为如下的复数形式

$$\begin{cases} \boldsymbol{r}_\perp = \dfrac{\left|E_\perp^{(r)}\right|}{\left|E_\perp^{(i)}\right|}\exp\left(\mathrm{j}\phi_\perp^{(r)}\right) \\ \boldsymbol{r}_\parallel = \dfrac{\left|E_\parallel^{(r)}\right|}{\left|E_\parallel^{(i)}\right|}\exp\left(\mathrm{j}\phi_\parallel^{(r)}\right) \\ \boldsymbol{t}_\perp = \dfrac{\left|E_\perp^{(t)}\right|}{\left|E_\perp^{(i)}\right|}\exp\left(\mathrm{j}\phi_\perp^{(t)}\right) \\ \boldsymbol{t}_\parallel = \dfrac{\left|E_\parallel^{(t)}\right|}{\left|E_\parallel^{(i)}\right|}\exp\left(\mathrm{j}\phi_\parallel^{(t)}\right) \end{cases} \tag{A.4.21}$$

上面四式中的任何一式，如果大于零，表明指数项为 1，不产生相位移动；如果小于零，表明指数项为$\exp(\mathrm{j}\pi)=-1$，将产生大小为π的相位变化。

复数形式的折射比为

$$\begin{cases} \boldsymbol{t}_\perp = \dfrac{\left|E_\perp^{(t)}\right|}{\left|E_\perp^{(i)}\right|}\exp\left(\mathrm{j}\phi_\perp^{(t)}\right) = \dfrac{2\sin\theta_t\cos\theta_i}{\sin(\theta_i+\theta_t)} \\ \boldsymbol{t}_\parallel = \dfrac{\left|E_\parallel^{(t)}\right|}{\left|E_\parallel^{(i)}\right|}\exp\left(\mathrm{j}\phi_\parallel^{(t)}\right) = \dfrac{2\sin\theta_t\cos\theta_i}{\sin(\theta_i+\theta_t)\cos(\theta_i-\theta_t)} \end{cases}$$

因为$\theta_i,\theta_t \in \left(0,\dfrac{\pi}{2}\right)$，折射比$\boldsymbol{t}_\perp$和$\boldsymbol{t}_\parallel$都恒大于零，即折射波没有相位移动。故相位移动只针对反射波。

分两种情况讨论反射波的相移：入射波由光疏介质到光密介质，入射波由光密介质到光疏介质。

根据布儒斯特角θ_b的定义知道

$$\begin{cases} \theta_i+\theta_t<\dfrac{\pi}{2}, \quad \theta_i<\theta_b \\ \theta_i+\theta_t>\dfrac{\pi}{2}, \quad \theta_i>\theta_b \end{cases} \tag{A.4.22}$$

以下据此分析反射波的相移。

1. 由光疏介质到光密介质

1) 平行分量的相移

考察

$$\boldsymbol{r}_{\parallel}=\frac{\left|E_{\parallel}^{(r)}\right|}{\left|E_{\parallel}^{(i)}\right|}\exp\left(\mathrm{j}\phi_{\parallel}^{(r)}\right)=\frac{\tan\left(\theta_i-\theta_t\right)}{\tan\left(\theta_i+\theta_t\right)}$$

此时 $n_1<n_2$，故 $\theta_i>\theta_t$，因此 $\tan\left(\theta_i-\theta_t\right)>0$；由式(A.4.20)，若 $\theta_i<\theta_b$，$\tan\left(\theta_i+\theta_t\right)>0$，若 $\theta_i>\theta_b$，$\tan\left(\theta_i+\theta_t\right)<0$；所以

$$\phi_{\parallel}^{(r)}=\varphi_{\parallel}^{(r)}-\varphi_{\parallel}^{(i)}=\begin{cases}0, & \theta_i<\theta_b\\ \pi, & \theta_i>\theta_b\end{cases} \tag{A.4.23}$$

反射波滞后入射波半个波长的现象称为**半波损失**。式(A.4.23)表明，当 $\theta_i>\theta_b$ 时，反射波的平行分量存在半波损失。

2)垂直分量的相移

考察

$$\boldsymbol{r}_{\perp}=\frac{\left|E_{\perp}^{(r)}\right|}{\left|E_{\perp}^{(i)}\right|}\exp\left(\mathrm{j}\phi_{\perp}^{(r)}\right)=-\frac{\sin\left(\theta_i-\theta_t\right)}{\sin\left(\theta_i+\theta_t\right)}$$

$\theta_i>\theta_t$ 保证了 $\sin\left(\theta_i-\theta_t\right)>0$；而 $\theta_i+\theta_t\in\left(0,\pi\right)$，故 $\sin\left(\theta_i+\theta_t\right)>0$。分子和分母均大于零，所以

$$\phi_{\perp}^{(r)}=\varphi_{\perp}^{(r)}-\varphi_{\perp}^{(i)}=\pi \tag{A.4.24}$$

即若入射波由光疏介质到光密介质，反射波垂直分量存在半波损失，且与入射角无关。

2. 由光密介质到光疏介质

先讨论全反射时的相移，再讨论平行分量和垂直分量的情况。

1)全反射的相移

全反射时，由于 $\sin\theta_t>1$，因此

$$\cos\theta_t=\mathrm{j}\sqrt{\left(\frac{n_1}{n_2}\sin\theta_i\right)^2-1}$$

代入菲涅耳公式，得到

$$\begin{cases}\boldsymbol{r}_{\perp}=\dfrac{\left|E_{\perp}^{(r)}\right|}{\left|E_{\perp}^{(i)}\right|}\exp\left(\mathrm{j}\phi_{\perp}^{(r)}\right)=\dfrac{n_1\cos\theta_i-\mathrm{j}\sqrt{n_1^2\sin^2\theta_i-n_2^2}}{n_1\cos\theta_i+\mathrm{j}\sqrt{n_1^2\sin^2\theta_i-n_2^2}}\\[2ex] \boldsymbol{r}_{\parallel}=\dfrac{\left|E_{\parallel}^{(r)}\right|}{\left|E_{\parallel}^{(i)}\right|}\exp\left(\mathrm{j}\phi_{\parallel}^{(r)}\right)=\dfrac{n_2^2\cos\theta_i-\mathrm{j}n_1\sqrt{n_1^2\sin^2\theta_i-n_2^2}}{n_2^2\cos\theta_i+\mathrm{j}n_1\sqrt{n_1^2\sin^2\theta_i-n_2^2}}\end{cases}$$

分子与分母恰好是共轭复数。利用这种共轭关系得到

$$\begin{cases}\tan\dfrac{\phi_{\perp}^{(r)}}{2}=-\dfrac{\sqrt{n_1^2\sin^2\theta_i-n_2^2}}{n_1\cos\theta_i}\\ \tan\dfrac{\phi_{\parallel}^{(r)}}{2}=-\dfrac{n_1\sqrt{n_1^2\sin^2\theta_i-n_2^2}}{n_2^2\cos\theta_i}\end{cases}$$

这样，全反射时的相移为

$$\begin{cases}\phi_{\perp}^{(r)}=-2\arctan\dfrac{\sqrt{n_1^2\sin^2\theta_i-n_2^2}}{n_1\cos\theta_i}\\ \phi_{\parallel}^{(r)}=-2\arctan\dfrac{n_1\sqrt{n_1^2\sin^2\theta_i-n_2^2}}{n_2^2\cos\theta_i}\end{cases} \tag{A.4.25}$$

2) 平行分量的相移

设布儒斯特角 θ_b 小于全反射角 θ_c。将入射角分为 $(0,\theta_b)$、(θ_b,θ_c) 和 $\left(\theta_c,\dfrac{\pi}{2}\right)$ 三段。考察

$$\boldsymbol{r}_{\parallel}=\frac{\left|E_{\parallel}^{(r)}\right|}{\left|E_{\parallel}^{(i)}\right|}\exp\left(\mathrm{j}\phi_{\parallel}^{(r)}\right)=\frac{\tan\left(\theta_i-\theta_t\right)}{\tan\left(\theta_i+\theta_t\right)}$$

由于 $n_1>n_2$，所以 $\theta_i<\theta_t$，故 $\tan(\theta_r-\theta_r)<0$。由式 (A.4.22) 知

①若 $\theta_i<\theta_b$，$\tan\left(\theta_i+\theta_t\right)>0$，有 $\phi_{\parallel}^{(r)}=\pi$；

②若 $\theta_b<\theta_i<\theta_c,\tan\left(\theta_i+\theta_t\right)<0$，有 $\phi_{\parallel}^{(r)}=0$；

③若 $\theta_c<\theta_i<\dfrac{\pi}{2}$，遵守全反射相移规律，如式 (A.4.23) 第 2 式。当 $\theta_i=\dfrac{\pi}{2}$ 的掠入射时，有 $\phi_{\parallel}^{(r)}=\pi$。

3) 垂直分量的相移

考察

$$\boldsymbol{r}_{\perp}=\frac{\left|E_{\perp}^{(r)}\right|}{\left|E_{\perp}^{(i)}\right|}\exp\left(\mathrm{j}\phi_{\perp}^{(r)}\right)=-\frac{\sin\left(\theta_i-\theta_t\right)}{\sin\left(\theta_i+\theta_t\right)}$$

由于 $n_1>n_2$，所以 $\theta_i<\theta_t$，故分子 $\sin\left(\theta_i-\theta_t\right)<0$。

当 $0<\theta_i<\theta_c$ 时，处于 $(0,\pi)$ 内的角度和 $\theta_i+\theta_t$ 保证了分母 $\sin\left(\theta_i+\theta_t\right)>0$，故 $\phi_{\perp}^{(r)}=0$。

当 $\theta_c<\theta_i<\dfrac{\pi}{2}$ 时，遵守全反射的相移规律，如式 (A.4.25) 第 1 式。

综合上述，可得到关于反射波相位移动总体情况，如表 A.1 所示。

表 A.1 反射波的相移

	垂直分量的相移 $\phi_{\perp}^{(r)}$		平行分量的相移 $\phi_{\parallel}^{(r)}$		
θ_i	$(0,\theta_c)$	$\left(\theta_c,\frac{\pi}{2}\right)$	$(0,\theta_b)$	(θ_b,θ_c)	(θ_b,θ_c)
$n_1 < n_2$	π	π	0	π	π
$n_1 > n_2$	0	$-2\arctan\frac{\sqrt{n_1^2\sin^2\theta_i - n_2^2}}{n_1\cos\theta_i}$	π	0	$-2\arctan\frac{n_1\sqrt{n_1^2\sin^2\theta_i - n_2^2}}{n_2^2\cos\theta_i}$

A.4.5 垂直入射全反射

垂直入射针对 $n_1 > n_2$ 的情况。反射波垂直及平行分量的反射比分别为

$$\begin{cases} r_{\perp} = \dfrac{n_1 - n_2}{n_1 + n_2} > 0 \\ r_{\parallel} = \dfrac{n_2 - n_1}{n_1 + n_2} < 0 \end{cases} \tag{A.4.26}$$

即垂直分量 $E_{\perp}^{(r)}$ 相移为零，水平分量 $E_{\parallel}^{(r)}$ 反向。故垂直入射时反射波满足关系

$$\begin{bmatrix} E_{\perp}^{(r)} \\ E_{\parallel}^{(r)} \end{bmatrix} = \begin{bmatrix} 1 & 0 \\ 0 & -1 \end{bmatrix} \begin{bmatrix} E_{\perp}^{(i)} \\ E_{\parallel}^{(i)} \end{bmatrix} \tag{A.4.27}$$

式(A.4.27)关系如图 A.5 所示。

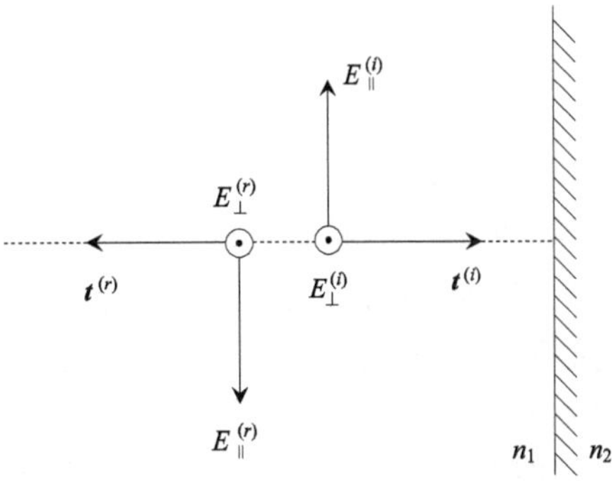

图 A.5 反射波的方向

如第 5 章讲述的那样，电场 $\boldsymbol{E}$ 、磁场 $\boldsymbol{B}$ 与光线 $\boldsymbol{t}$ 满足坡印亭矢量确定的右手法则方位关系，即

$$\boldsymbol{E}\times\boldsymbol{B} = |\boldsymbol{E}\times\boldsymbol{B}|\boldsymbol{t} \tag{A.4.28}$$

注意到

$$\boldsymbol{E}\times\boldsymbol{B} = \det\begin{pmatrix} \boldsymbol{i} & \boldsymbol{j} & \boldsymbol{k} \\ E_{\perp} & E_{\parallel} & 0 \\ B_{\perp} & B_{\parallel} & 0 \end{pmatrix} = \left(E_{\perp}B_{\parallel} - E_{\parallel}B_{\perp}\right)\boldsymbol{k} \tag{A.4.29}$$

由于反射波与入射波光线反向，因此

$$\begin{cases}\boldsymbol{E}^{(i)}\times\boldsymbol{B}^{(i)}=\left(E_{\perp}^{(i)}B_{\parallel}^{(i)}-E_{\parallel}^{(i)}B_{\perp}^{(i)}\right)\boldsymbol{k}\\ \boldsymbol{E}^{(r)}\times\boldsymbol{B}^{(r)}=-\left(E_{\perp}^{(r)}B_{\parallel}^{(r)}-E_{\parallel}^{(r)}B_{\perp}^{(r)}\right)\boldsymbol{k}\end{cases}\tag{A.4.30}$$

考虑式(A.4.27)，有

$$\boldsymbol{E}^{(r)}\times\boldsymbol{B}^{(r)}=-\left(E_{\perp}^{(i)}B_{\parallel}^{(r)}+E_{\parallel}^{(i)}B_{\perp}^{(r)}\right)\boldsymbol{k}\tag{A.4.31}$$

如果

$$\begin{bmatrix}B_{\perp}^{(r)}\\ B_{\parallel}^{(r)}\end{bmatrix}=\begin{bmatrix}-1 & 0\\ 0 & 1\end{bmatrix}\begin{bmatrix}B_{\perp}^{(i)}\\ B_{\parallel}^{(i)}\end{bmatrix}\tag{A.4.32}$$

那么

$$\boldsymbol{E}^{(r)}\times\boldsymbol{B}^{(r)}=-\left(E_{\perp}^{(i)}B_{\parallel}^{(i)}-E_{\parallel}^{(i)}B_{\perp}^{(i)}\right)\boldsymbol{k}\tag{A.4.33}$$

于是

$$\boldsymbol{E}^{(r)}\times\boldsymbol{B}^{(r)}=-\boldsymbol{E}^{(i)}\times\boldsymbol{B}^{(i)}\tag{A.4.34}$$

即反射波磁场满足式(A.4.32)关系。

综合式(A.4.27)和式(A.4.32)得到结论：反射波电场，垂直分量$E_{\perp}^{(r)}$不变、平行分量$E_{\parallel}^{(r)}$反向；反射波磁场，垂直分量$B_{\perp}^{(r)}$反向、平行分量$B_{\parallel}^{(r)}$不变。

A.5 偏 振 光

A.5.1 偏振态和偏振光

1. 偏振态的概念

纵波和横波是波动的两种基本形式。传输方向与振动方向重合的是纵波；传输方向与振动方向垂直的是横波。如果迎着传输方向看横波，观察者将看到一条以传输方向为中心振动着的线，这种状态称为**偏振态**。偏振是横波的基本特性。

光是横波，因此存在偏振态。

一个振动矢量代表一个偏振态。如果光波可以用一个振动矢量表达，这个光波就只有一个偏振态；如果光波不能用一个振动矢量表达，那么拥有多个甚至无穷多个偏振态。

2. 偏振光的概念

用一个电场矢量可以准确表达的光波是完全偏振光，简称偏振光。存在以下三种类型的偏振光。

(1)椭圆偏振光：电场矢量以传输方向为轴随时间均匀旋转，且电场矢量的幅值不断变化，使其端点画出一个椭圆，如图 A.6(a)所示。

(2)圆偏振光：电场矢量以传输方向为轴随时间均匀旋转，且幅值不变，如图 A.6(b)所示。

(3)线偏振光：电场矢量的方向和幅值都不变，如图 A.6(c)所示。

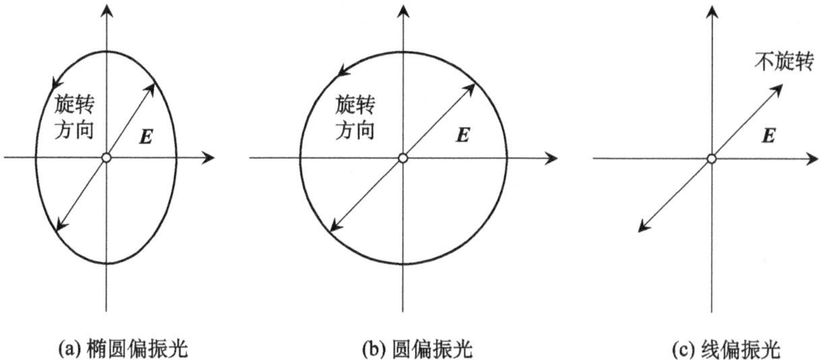

图 A.6 三种完全偏振光

3. 自然光

如果一个光波存在无数个电场矢量，且这些电场矢量振幅相同、均匀分布在不同方向上，那么这些电场矢量的振动就构成了自然光，或称为非偏振光，如图 A.7(a)所示。

构成自然光的无穷多个电场矢量可以用相互垂直且振幅相等的两个电场矢量等效，如图 A.7(b)所示。因此，自然光也可以这样理解：由两个垂直且等幅的电场矢量的振动构成。

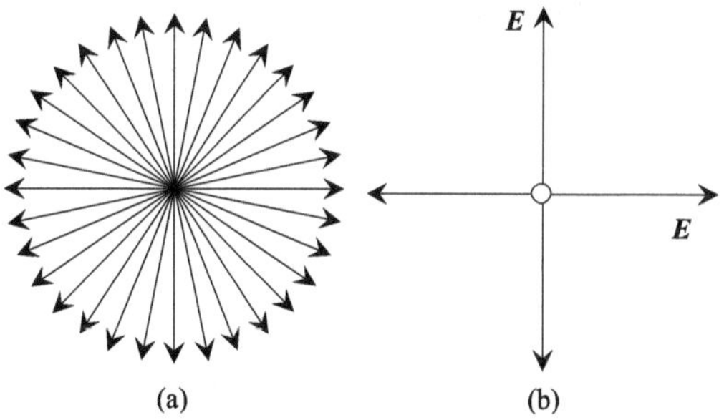

图 A.7 自然光

普通光源包含大量原子。对固态物质的数量密度高达10^{23}cm^{-3}，即使发光的原子比例很低，如只占 0.1%到 1%，那么发光原子密度也将达到10^{20}cm^{-3}。因此总有大量的原子同时发光。原子通过辐射跃迁发光，而辐射跃迁是个随机的过程：随机的传输方向、随机的振动方向、随机的初相位以及随机的振动频率。这些随机性在总体上呈现出一种相对于波矢的对称性，这样的光就是自然光。

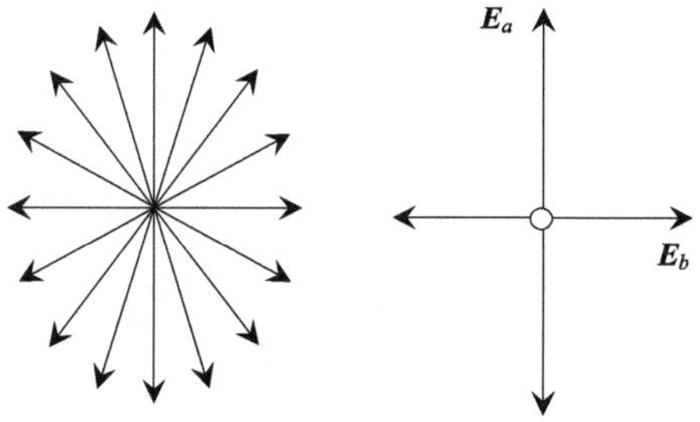

图 A.8 部分偏振光

4. 部分偏振光

包含自然光和偏振光两种成分的光称为部分偏振光。部分偏振光在各方向上的电场矢量的幅值不再相等，如图 A.8 所示。

与自然光一样，部分偏振光也可以用两个正交的电场矢量等效表达，只是两个电场矢量的幅值不同。

偏振度是衡量偏振光偏振程度的量，定义为

$$P=\frac{I_{\max}-I_{\min}}{I_{\max}+I_{\min}}$$

其中，$I_{\max}$ 和 $I_{\min}$ 分别是光强的极大值和极小值。

很明显，偏振光 $P=1$；自然光 $P=0$；部分偏振光 $0<P<1$。

A.5.2 偏振光椭圆方程

如果光波可用一个振动矢量描述，那么是偏振光。

根据式(A.2.12)，偏振光的波函数为

$$\boldsymbol{E}=E_0\cos\left(\omega t-\boldsymbol{k}\cdot\boldsymbol{r}+\varphi_0\right) \tag{A.5.1}$$

约定传输方向沿 x_3 轴，即位矢 $\boldsymbol{r}$ 和波矢 $\boldsymbol{k}$ 都沿 x_3 轴。令

$$\varphi=-kr+\varphi_0 \tag{A.5.2}$$

则

$$\boldsymbol{E}=E_0\cos\left(\omega t+\varphi\right) \tag{A.5.3}$$

$\boldsymbol{E}$ 的分量形式为

$$\begin{cases}E_1=E_{01}\cos\left(\omega t+\varphi_1\right)\\ E_2=E_{02}\cos\left(\omega t+\varphi_2\right)\end{cases} \tag{A.5.4}$$

其中，E_1,E_2 是振动矢量 $\boldsymbol{E}$ 在 x_1,x_2 轴上的分量，E_{01},E_{02} 是 E_1,E_2 的幅值，φ_1,φ_2 是 E_1,E_2 的相位。

用符号 δ 表示 E_1 和 E_2 的相位差

$$\delta=\varphi_1-\varphi_2 \tag{A.5.5}$$

将式(A.5.4)写为

$$\begin{cases}E_1=E_{01}\left(\cos\omega t\cos\varphi_1-\sin\omega t\sin\varphi_1\right)\\ E_2=E_{02}\left(\cos\omega t\cos\varphi_2-\sin\omega t\sin\varphi_2\right)\end{cases}$$

就是

$$\begin{bmatrix}\dfrac{E_1}{E_{01}}\\ \dfrac{E_2}{E_{02}}\end{bmatrix}=\begin{bmatrix}\cos\varphi_1 & \sin\varphi_1\\ \cos\varphi_2 & \sin\varphi_2\end{bmatrix}\begin{bmatrix}\cos\omega t\\ -\sin\omega t\end{bmatrix}$$

两边同乘变换矩阵 $\boldsymbol{\Gamma}$

$$\boldsymbol{\Gamma}=\begin{bmatrix}\sin\varphi_2 & -\sin\varphi_1\\ -\cos\varphi_2 & \cos\varphi_1\end{bmatrix}$$

有

$$\begin{bmatrix}\sin\varphi_2 & -\sin\varphi_1\\ -\cos\varphi_2 & \cos\varphi_1\end{bmatrix}\begin{bmatrix}\dfrac{E_1}{E_{01}}\\ \dfrac{E_2}{E_{02}}\end{bmatrix}=\sin\delta\begin{bmatrix}\cos\omega t\\ -\sin\omega t\end{bmatrix}$$

上式的两行先平方，再相加，则得到偏振光的**椭圆方程**

$$\left(\frac{E_1}{E_{01}}\right)^2+\left(\frac{E_2}{E_{02}}\right)^2+2\frac{E_1}{E_{01}}\frac{E_2}{E_{02}}\cos\delta=\sin^2\delta \tag{A.5.6}$$

椭圆方程是关于偏振态的方程。电场矢量两个分量 E_1 和 E_2 的幅值及相位关系决定了偏振光的偏振态。线偏振、圆偏振和椭圆偏振是偏振光的三种偏振态，其中，线偏振和圆偏振是椭圆偏振的特例。

(1)线偏振光。如果相位差满足关系

$$\delta=m\pi,\quad m=0,\pm1,\pm2,\cdots \tag{A.5.7}$$

则椭圆方程蜕化为直线，即线偏振光

$$\frac{E_1}{E_{01}}=(-1)^m\frac{E_2}{E_{02}} \tag{A.5.8}$$

(2)圆偏振光。如果相位差满足关系

$$\delta=\frac{m\pi}{2},\quad m=\pm1,\pm3,\cdots \tag{A.5.9}$$

且

$$E_{01}=E_{02}=E_0 \tag{A.5.10}$$

则椭圆方程蜕化为圆，即圆偏振光

$$E_1^2+E_2^2=E_0^2 \tag{A.5.11}$$

A.5.3　偏振光的旋转

将式(A.5.4)改写为相位差 δ 的函数，即

$$\begin{cases}E_1=E_{01}\cos(\omega t+\varphi_1)\\E_2=E_{02}\cos(\omega t+\varphi_1+\delta)\end{cases}$$

推导得

$$\frac{E_2}{E_1}=\frac{E_{02}}{E_{01}}\left(\cos\delta-\sin\delta\tan(\omega t+\varphi_1)\right)$$

这样，振动矢量 $\boldsymbol{E}$ 与 x_1 轴的夹角 β 为

$$\beta=\arctan\left(\frac{E_{02}}{E_{01}}\left(\cos\delta-\sin\delta\tan(\omega t+\varphi_1)\right)\right) \tag{A.5.12}$$

在式(A.5.7)的线偏振光条件下

$$\begin{cases}\sin\delta=0\\\cos\delta=\pm1\end{cases}$$

于是

$$\beta=\pm\arctan\frac{E_{02}}{E_{01}} \tag{A.5.13}$$

此时 β 为常数。既线偏振光振动矢量 $\boldsymbol{E}$ 的空间位置不随时间变化。

在式(A.5.9)和式(A.5.10)的圆偏振光条件下

$$\begin{cases}\sin\delta = \pm 1\\ \cos\delta = 0\end{cases}$$

于是

$$\beta = \pm(\omega t + \varphi_1) \tag{A.5.14}$$

“+”号对应左旋圆偏振光，“−”号对应右旋圆偏振光。

除去上述两种情况，即

$$\begin{cases}\sin\delta \neq 0\\ \cos\delta \neq 0\end{cases}$$

由式(A.5.12)看出，此时 β 随时间变化，因此振动矢量 $\boldsymbol{E}$ 将在空间上发生旋转。讨论以下两种情况。

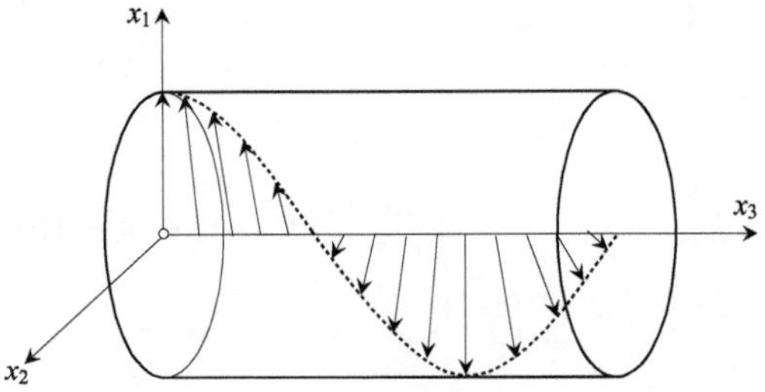

图 A.9　右旋椭圆偏振光

$\sin\delta > 0$ 的情况。此时 β 与 $\tan(\omega t + \varphi_1)$ 的趋向相反。随着时间的推移，如果 $\tan(\omega t + \varphi_1)$ 增大则 β 减小，如果 $\tan(\omega t + \varphi_1)$ 减小则 β 增大。由于 ω 逆时针均匀转动，因此振动矢量 $\boldsymbol{E}$ 一定顺时针均匀旋转。这样的偏振光即右旋椭圆偏振光，如图 A.9 所示。

$\sin\delta < 0$ 的情况。此时 β 与 $\tan(\omega t + \varphi_1)$ 趋向相同。由于 ω 逆时针转动，因此振动矢量 $\boldsymbol{E}$ 将逆时针旋转。这样的偏振光就是左旋椭圆偏振光。

图 A.10 是 δ 在 10 个典型点上的偏振光旋转情况。可以看出，在不同的典型点上，偏振光的状态是不同的。

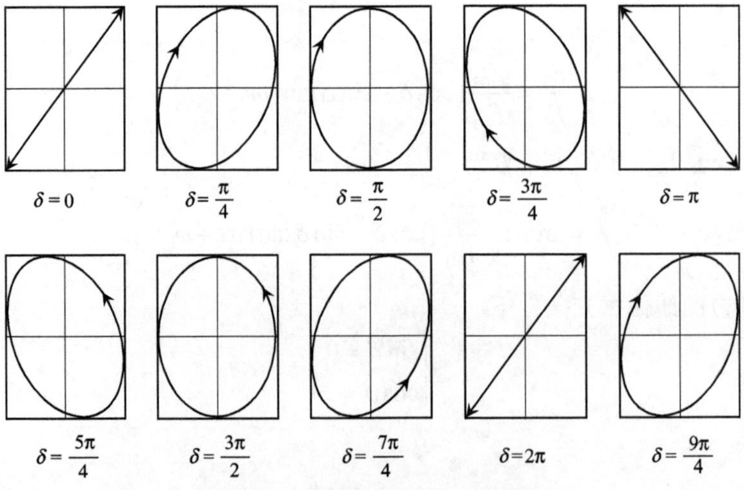

图 A.10　椭圆偏振的几个典型情况

A.5.4　线偏振光的产生

无数多振动方向的自然光可以用两个相互垂直、幅值相同的振动矢量表示。如果将其中一个方向的光振动消去，就可以得到与该方向垂直振动的线偏振光。具有这样功能的光学元件称为起偏器，起偏器可以透过的光振动方向称为透振方向，也称为**透光轴**。

起偏器不仅能产生线偏振光，而且还可用来检验光的偏振状态，这时称为检偏器。起偏器和检偏器都称为偏振器。

考察图 A.11 的实验。起偏器 P 后面平行放置检偏器 A，自然光通过 P 后变成了线偏振光。

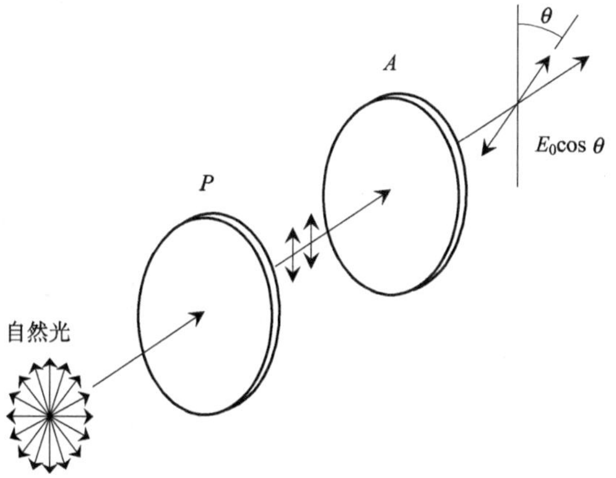

图 A.11　起偏器和检偏器

(1)若 A 和 P 的透振方向平行，那么 A 丝毫不影响 P 透出的线偏振光的状态。

(2)若 A 与 P 的透振方向垂直，那么 P 透出的线偏振光将完全被 A 吸收，A 将没有透射光，这就是消光现象。

(3)若以光的传输方向为轴旋转 A，每转过 90° 就会分别出现一次光强最大和一次消光现象。可以想象，如果不是线偏振光，就不会有上面的景象。因此 A 可以用来检验光的偏振状态。马吕斯定律定量刻画了此线偏振光的检验功能。

马吕斯定律(Malus law)：一束光强为 I_0 的线偏振光通过偏振器 A 后的透射光强为

$$I = I_0 \cos^2 \theta \tag{A.5.15}$$

其中，θ 是线偏振光振动方向与偏振器透振方向的夹角。

马吕斯定律证明如下。

不失一般性，设如下的偏振光照射在偏振器上

$$\boldsymbol{E} = E_0 \begin{bmatrix} \cos\theta \\ \sin\theta \end{bmatrix}$$

唯有分量 $E_0 \cos\theta$ 可通过偏振器，其对应的光强为

$$I_0 = E_0^2 \cos^2 \theta = I_0 \cos^2 \theta$$

A.6 晶　体

晶体是重要的光学介质。目前已知的晶体超过了四万多种。

用三条 (x,y,z) 或四条 (x,y,z,u) 晶轴刻画晶体的空间生长情况，用轴角 (α,β,γ) 刻画晶轴之间的关系。晶轴和轴角是划分不同晶系的依据。按照晶体的结晶生长模式，可将众多的晶体划分为七种：立方晶系、六方晶系、四方晶系、三方晶系、正交晶系(斜方晶系)、单斜晶系和三斜晶系，具体如图 A.12 所示。

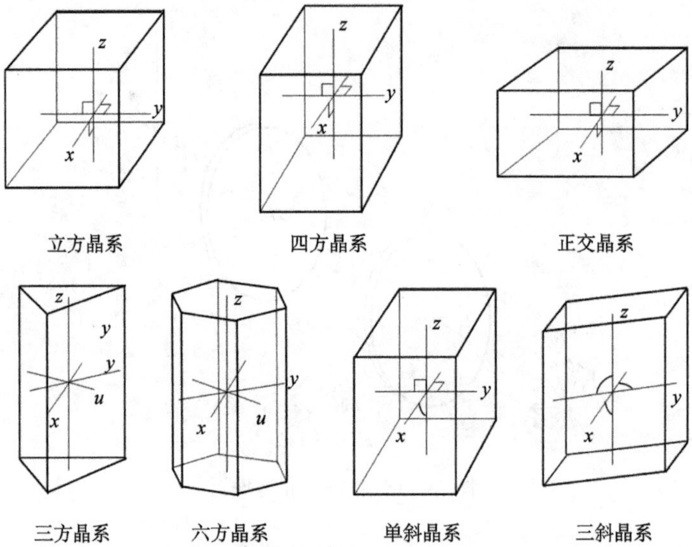

图 A.12　七个晶系示意图

(1) 立方晶系：有三条晶轴，满足关系

$$\begin{cases} x = y = z \\ \alpha = \beta = \gamma = 90° \end{cases} \tag{A.6.1}$$

(2) 六方晶系：有四条晶轴，满足关系

$$\begin{cases} x = y = u \neq z \\ \alpha = \beta = \gamma < 120° \neq 90° \end{cases} \tag{A.6.2}$$

(3) 四方晶系：有三条晶轴，满足关系

$$\begin{cases} x = y \neq z \\ \alpha = \beta = \gamma = 90° \end{cases} \tag{A.6.3}$$

(4) 三方晶系：有四条晶轴，满足关系

$$\begin{cases} x = y = u \neq z \\ \alpha = \beta = 90°, \gamma = 120° \end{cases} \tag{A.6.4}$$

(5) 正交晶系：有三条晶轴，满足关系

$$\begin{cases} x \neq y \neq z \\ \alpha = \beta = \gamma = 90^\circ \end{cases} \tag{A.6.5}$$

(6) 单斜晶系：有三条晶轴，满足关系

$$\begin{cases} x \neq y \neq z \\ \alpha = \beta = 90^\circ, \quad \gamma = 120^\circ \end{cases} \tag{A.6.6}$$

(7) 三斜晶系：有三条晶轴，满足关系

$$\begin{cases} x \neq y \neq z \\ \alpha \neq \beta \neq \gamma \neq 90^\circ \end{cases} \tag{A.6.7}$$

从光学性质角度看，晶体分为各向同性晶体、单轴晶体和双轴晶体三类。晶体的光学性质与晶体的结构密切相关。各向同性晶体是对称性最好的晶体，立方晶系属于各向同性晶体；单轴晶体的对称性居中，三方晶系、四方晶系和六方晶系属于单轴晶体；双轴晶体的对称性最差，正交晶系、单斜晶系和三斜晶系属于双轴晶体。

附录B　琼斯矩阵

琼斯矩阵是构建偏振光路方程的基础，核心是坐标变换：将光学元件模型从各自的元件坐标系统移到光路的坐标系 Crd_{abc} 中。

本附录阐述琼斯矢量和琼斯方程的基本概念，介绍线偏振器、波片、圆偏振器等偏振元件及反射镜的琼斯矩阵。

B.1　琼斯矢量

偏振光的复数形式是

$$\boldsymbol{E}=\begin{bmatrix}E_1\\E_2\end{bmatrix}=\begin{bmatrix}\exp(\mathrm{j}(\omega t+\varphi_1)) & 0\\0 & \exp(\mathrm{j}(\omega t+\varphi_2))\end{bmatrix}\begin{bmatrix}E_{01}\\E_{02}\end{bmatrix}\tag{B.1.1}$$

式中，E_{01},E_{02} 是 E_1,E_2 的幅值，φ_1,φ_2 是 E_1,E_2 的相位。

丢弃与偏振状态无关的因子 $\exp(\mathrm{j}\omega t)$，上式简化为

$$\boldsymbol{E}=\begin{bmatrix}E_1\\E_2\end{bmatrix}=\exp(\mathrm{j}\varphi_1)\begin{bmatrix}1 & 0\\0 & \exp(-\mathrm{j}\delta)\end{bmatrix}\begin{bmatrix}E_{01}\\E_{02}\end{bmatrix}$$

其中，δ 是相移差

$$\delta=\varphi_1-\varphi_2\tag{B.1.2}$$

扔掉模为 1 的、与偏振状态无关的公因子 $\exp(\mathrm{j}\varphi_1)$，得到

$$\boldsymbol{E}=\boldsymbol{M}(\delta)\begin{bmatrix}E_{01}\\E_{02}\end{bmatrix}\tag{B.1.3}$$

其中

$$\boldsymbol{M}(\delta)=\begin{bmatrix}1 & 0\\0 & \exp(-\mathrm{j}\delta)\end{bmatrix}\tag{B.1.4}$$

将式(B.1.3)归一化，得到**琼斯矢量**

$$\boldsymbol{E}=\boldsymbol{M}(\delta)\begin{bmatrix}\dfrac{E_{01}}{\sqrt{E_{01}^2+E_{02}^2}}\\\dfrac{E_{02}}{\sqrt{E_{01}^2+E_{02}^2}}\end{bmatrix}\tag{B.1.5}$$

令

$$\theta=\arctan\frac{E_{02}}{E_{01}} \tag{B.1.6}$$

于是，琼斯矢量为

$$\boldsymbol{E}=\boldsymbol{M}(\delta)\begin{bmatrix}\cos\theta\\ \sin\theta\end{bmatrix} \tag{B.1.7}$$

经归一化处理，琼斯矢量 $\boldsymbol{E}$ 失去了幅值信息，却更专注相移差 δ，特别适合描述偏振光的偏振状态。

对线偏振光，根据式(A.5.7)的相位差 δ 取值，得到

$$\boldsymbol{M}(\delta)=\begin{bmatrix}1 & 0\\ 0 & \pm1\end{bmatrix} \tag{B.1.8}$$

这样，由式(B.1.7)得到

$$\boldsymbol{E}=\begin{bmatrix}1 & 0\\ 0 & \pm1\end{bmatrix}\begin{bmatrix}\cos\theta\\ \sin\theta\end{bmatrix}=\begin{bmatrix}\cos\theta\\ \pm\sin\theta\end{bmatrix} \tag{B.1.9}$$

由式(A.5.9)知道，圆偏振光的相位差 δ 只能在纵轴上，即 $\delta=\mp\frac{\pi}{2}$，于是

$$\boldsymbol{M}\left(\pm\frac{\pi}{2}\right)=\begin{bmatrix}1 & 0\\ 0 & \pm\mathrm{j}\end{bmatrix} \tag{B.1.10}$$

式中，正号对应左旋圆偏振光，负号对应右旋圆偏振光。

圆偏振光满足条件 $E_{01}=E_{02}$，因此 $\theta=\frac{\pi}{4}$。根据式(B.1.9)，圆偏振光的琼斯矢量为

$$\boldsymbol{E}=\frac{1}{\sqrt{2}}\begin{bmatrix}1 & 0\\ 0 & \pm\mathrm{j}\end{bmatrix}\begin{bmatrix}1\\ 1\end{bmatrix}=\frac{1}{\sqrt{2}}\begin{bmatrix}1\\ \pm\mathrm{j}\end{bmatrix} \tag{B.1.11}$$

椭圆偏振光的情况是多样化的，因其 δ 和 θ 的取值任意。这里仅举例说明。

取 $\delta=\mp\frac{\pi}{2}$。并设 $E_{01}=2E_{02}$，此时

$$\begin{bmatrix}\cos\theta\\ \sin\theta\end{bmatrix}=\frac{1}{\sqrt{5}}\begin{bmatrix}2\\ 1\end{bmatrix}$$

琼斯矢量为

$$\boldsymbol{E}=\frac{1}{\sqrt{5}}\begin{bmatrix}1 & 0\\ 0 & \pm\mathrm{j}\end{bmatrix}\begin{bmatrix}2\\ 1\end{bmatrix}=\frac{1}{\sqrt{5}}\begin{bmatrix}2\\ \pm\mathrm{j}\end{bmatrix} \tag{B.1.12}$$

n 个琼斯矢量可以叠加成一个琼斯矢量，新琼斯矢量的两个分量是 n 个琼斯矢量相应分量的和，就是

$$\boldsymbol{E}=\begin{bmatrix}E_1\\ E_2\end{bmatrix}=\sum_{k=1}^{n}\begin{bmatrix}E_{1k}\\ E_{2k}\end{bmatrix} \tag{B.1.13}$$

B.2 琼斯方程

B.2.1 琼斯方程及琼斯变换

1. 琼斯方程

光学元件有其自身的元件坐标系 Crd_{xyz}。为获取整个光路的传输模型，须将元件模型统一到光路坐标系 Crd_{abc} 中。**琼斯方程**在光路坐标系 Crd_{abc} 中描述光学元件或光学系统的输入、输出关系，就是

$$\boldsymbol{E}_o = \boldsymbol{J}\boldsymbol{E}_i \tag{B.2.1}$$

其中，输入电场矢量 $\boldsymbol{E}_i$、输出电场矢量 $\boldsymbol{E}_o$ 均为琼斯矢量，即

$$\begin{cases} \boldsymbol{E}_i \in \mathbb{C}^{2\times1} = \begin{bmatrix} E_{ia} \\ E_{ib} \end{bmatrix} \\ \boldsymbol{E}_o \in \mathbb{C}^{2\times1} = \begin{bmatrix} E_{oa} \\ E_{ob} \end{bmatrix} \end{cases} \tag{B.2.2}$$

矩阵 $\boldsymbol{J}$ 是如下的**琼斯矩阵**

$$\boldsymbol{J} =\in \mathbb{C}^{2\times2} = \begin{bmatrix} J_{aa} & J_{ab} \\ J_{ba} & J_{bb} \end{bmatrix} \tag{B.2.3}$$

此处，下标 a,b 是光路坐标系 Crd_{abc} 的两个坐标轴。

2. 琼斯变换

琼斯矩阵是元件模型从元件坐标系 Crd_{xyz} 迁徙到光路坐标系 Crd_{abc} 的结果，相应的坐标变换称为**琼斯变换**。

在元件坐标系 Crd_{xyz} 中，元件模型是关于相移差 δ 或透光角 θ 的对角矩阵 $\boldsymbol{\Lambda}$。坐标变换矩阵，在实数域是正交矩阵 $\boldsymbol{P}$，在复数域是酉矩阵 $\boldsymbol{U}$。正交矩阵 $\boldsymbol{P}$ 是酉矩阵 $\boldsymbol{U}$ 的特例，琼斯变换可统一表达为

$$\boldsymbol{J} = \boldsymbol{U}\boldsymbol{\Lambda}\boldsymbol{U}^{\mathrm{H}} \tag{B.2.4}$$

3. 电场矢量

琼斯方程在形式上是关于电场强度 $\boldsymbol{E}$ 的，在本质上却是关于某个电场矢量的，不一定是电场强度 $\boldsymbol{E}$。

如本书第 6 章所述，波法线传输时，电场矢量是正交于波法线 $\boldsymbol{s}$ 的电位移矢量 $\boldsymbol{D}$，琼斯方程的电场强度 $\boldsymbol{E}$ 是其在 $\boldsymbol{D}$ 平面上的投影，是不完备的。光线传输时，电场矢量是正交于光线 $\boldsymbol{t}$ 的电场强度 $\boldsymbol{E}$，琼斯方程中的电场强度 $\boldsymbol{E}$ 是完备的。

人们习惯采用波法线 $\boldsymbol{s}$ 的光传输模式。如此，琼斯方程中的电场强度 $\boldsymbol{E}$ 乃是其在 $\boldsymbol{D}$ 平面上的投影，本质上是电位移矢量 $\boldsymbol{D}$。

4. 维数

电场矢量在平面上振动，这是二维表象。沿法矢量(波法线 $\boldsymbol{s}$ 、光线 $\boldsymbol{t}$)前行的电场矢量将所到之处的截面折射率累计成了相位移动，于是，琼斯方程有了三维色彩。

琼斯方程，二维的形式、三维的内涵。

B.2.2 两个命题

线性光学元件可能是有损的，如偏振器，也可能是无损的，如波片、光学介质等。如果一个光学元件的输入、输出电场矢量幅值相等，即

$$|\boldsymbol{E}_o| = |\boldsymbol{E}_i| \tag{B.2.5}$$

则是**无损光学元件**，否则不然。

命题 B.1(无损元件琼斯矩阵命题) 无损光学元件，琼斯矩阵 $\boldsymbol{J}$ 是酉矩阵，反之亦然。

证明：由式(B.2.1)得到

$$\boldsymbol{E}_o^{\mathrm{H}}\boldsymbol{E}_o = \boldsymbol{E}_i^{\mathrm{H}}\boldsymbol{J}^{\mathrm{H}}\boldsymbol{J}\boldsymbol{E}_i \tag{B.2.6}$$

上标“H”表示共轭转置。

注意到

$$\boldsymbol{E}_o^{\mathrm{H}}\boldsymbol{E}_o = |\boldsymbol{E}_o|^2, \boldsymbol{E}_i^{\mathrm{H}}\boldsymbol{E}_i = |\boldsymbol{E}_i|^2$$

如果是无损光学元件，即

$$\boldsymbol{E}_o^{\mathrm{H}}\boldsymbol{E}_o = \boldsymbol{E}_i^{\mathrm{H}}\boldsymbol{E}_i \tag{B.2.7}$$

此时，由于式(B.2.6)成立，因此必有

$$\boldsymbol{J}^{\mathrm{H}}\boldsymbol{J} = \boldsymbol{I} \tag{B.2.8}$$

即琼斯矩阵 $\boldsymbol{J}$ 是酉矩阵。

反过来，如果琼斯矩阵 $\boldsymbol{J}$ 是酉矩阵，则式(B.2.8)成立，于是式(B.2.6)变形为式(B.2.7)，即满足无损光学元件条件。

证毕

命题 B.2(光学元件级联命题) 设光学系统由 n 个线性光学元件级联组成，则琼斯矩阵 $\boldsymbol{J}$ 是所有元件琼斯矩阵逆光传输方向的连乘

$$\boldsymbol{J} = \prod_{k=1}^{n} \boldsymbol{J}_k \tag{B.2.9}$$

证明：任意光学元件的琼斯方程为

$$\boldsymbol{E}_o^{(k)} = \boldsymbol{J}_k\boldsymbol{E}_i^{(k)}, \quad k = 1, 2, \cdots, n$$

电场矢量通过 n 个光学元件后，由光学元件 1 出射，因此

$$\boldsymbol{E}_o = \boldsymbol{E}_o^1 = \boldsymbol{J}_1\boldsymbol{E}_i^{(1)}$$

而

$$\boldsymbol{E}_i^{(1)} = \boldsymbol{E}_o^{(2)} = \boldsymbol{J}_2\boldsymbol{E}_i^{(2)}$$

于是

$$\boldsymbol{E}_o = \boldsymbol{E}_o^1 = \boldsymbol{J}_1\boldsymbol{J}_2\boldsymbol{E}_i^{(2)}$$

以此类推，最终

$$\boldsymbol{E}_o = \left(\prod_{k=1}^{n}\boldsymbol{J}_k\right)\boldsymbol{E}_i^{(n)} = \left(\prod_{k=1}^{n}\boldsymbol{J}_k\right)\boldsymbol{E}_i$$

命题成立。

证毕

B.3 平面旋转变换

琼斯变换的数学实质是平面旋转变换，具有几何保形特点。

1. 旋转变换矩阵

定义了内积的复空间是酉空间，酉空间的平面旋转变换是酉变换，旋转变换矩阵是酉矩阵

$$\boldsymbol{U}(\theta) \in \mathbb{C}^{2\times 2} = \begin{bmatrix} \mathrm{j}\cos\theta & -\mathrm{j}\sin\theta \\ \sin\theta & \cos\theta \end{bmatrix} \tag{B.3.1}$$

满足关系

$$\boldsymbol{U}^{\mathrm{H}}(\theta)\boldsymbol{U}(\theta) = \boldsymbol{I} \tag{B.3.2}$$

其中，θ 是坐标系的旋转角度。约定，逆时针旋转角度 θ 为正。

定义了内积的实空间是欧氏空间，欧氏空间的平面旋转变换是正交变换，旋转变换矩阵是正交矩阵

$$\boldsymbol{P}(\theta) \in \mathbb{R}^{2\times 2} = \begin{bmatrix} \cos\theta & -\sin\theta \\ \sin\theta & \cos\theta \end{bmatrix} \tag{B.3.3}$$

满足关系

$$\boldsymbol{P}^{\mathrm{T}}(\theta)\boldsymbol{P}(\theta) = \boldsymbol{I} \tag{B.3.4}$$

欧氏空间是酉空间特例。酉矩阵、正交矩阵可统一记为

$$\boldsymbol{U}(\theta) \in \mathbb{F}^{2\times 2} = \begin{bmatrix} k\cos\theta & -k\sin\theta \\ \sin\theta & \cos\theta \end{bmatrix} \tag{B.3.5}$$

其中，若在酉空间，$k = \mathrm{j}$；若在欧氏空间，$k = 1$。

2. 平面旋转变换(琼斯变换)

约定元件坐标系 Crd_{xyz} 与光路坐标系 Crd_{abc} 的原点重合，两个坐标系之间的夹角为 θ。设

$$\begin{cases} \boldsymbol{E}^{xy} \in \mathrm{Crd}_{xyz} \\ \boldsymbol{E}^{ab} \in \mathrm{Crd}_{abc} \end{cases}$$

两种坐标系间，电场矢量满足变换关系

$$\begin{cases} \boldsymbol{E}^{xy} = \boldsymbol{U}^{\mathrm{H}}(\theta)\boldsymbol{E}^{ab} \\ \boldsymbol{E}^{ab} = \boldsymbol{U}(\theta)\boldsymbol{E}^{xy} \end{cases} \tag{B.3.6}$$

元件坐标系 Crd_{xyz} 中，光学元件的输入、输出方程为

$$\boldsymbol{E}_o^{xy} = \boldsymbol{\Lambda}\boldsymbol{E}_i^{xy}$$

其中，矩阵 $\boldsymbol{\Lambda}$ 刻画光学元件的透光情况或相位移动情况，是对角矩阵。对其实施旋转变换，即琼斯变换

$$\boldsymbol{U}(\theta)\boldsymbol{E}_o^{xy} = \boldsymbol{U}(\theta)\boldsymbol{\Lambda}\boldsymbol{E}_i^{xy}$$

考虑式(B.3.2)

$$\boldsymbol{U}(\theta)\boldsymbol{E}_o^{xy} = \boldsymbol{U}(\theta)\boldsymbol{\Lambda}\boldsymbol{U}^{\mathrm{H}}(\theta)\boldsymbol{U}(\theta)\boldsymbol{E}_i^{xy}$$

再考虑式(B.3.6)

$$\boldsymbol{E}_o^{ab} = \boldsymbol{U}(\theta)\boldsymbol{\Lambda}\boldsymbol{U}^{\mathrm{H}}(\theta)\boldsymbol{E}_i^{ab}$$

这样，得到光学元件的琼斯方程

$$\boldsymbol{E}_o^{ab} = \boldsymbol{J}\boldsymbol{E}_i^{ab} \tag{B.3.7}$$

显然，琼斯矩阵为

$$\boldsymbol{J} = \boldsymbol{U}(\theta)\boldsymbol{\Lambda}\boldsymbol{U}^{\mathrm{H}}(\theta) \tag{B.3.8}$$

B.4 偏振元件

B.4.1 一般形式

偏振元件[56]应用广泛，是将入射光分解成两束相互正交的光，并使它们以不同强度通过的光学元件[57]。按此定义，偏振元件含义宽泛，包括偏振器、波片、退偏器、补偿器等。

元件坐标系 Crd_{xyz} 中，偏振元件的数学模型是关于相移差 δ 或透光角 θ 的对角矩阵 $\boldsymbol{\Lambda}$，称为**偏振矩阵**。琼斯矩阵 $\boldsymbol{J}$ 是偏振矩阵旋转变换的结果，是偏振矩阵的光路坐标系 Crd_{abc} 形式。

除非有旋光性，偏振元件的旋转变换矩阵属于欧氏空间，是正交矩阵 $\boldsymbol{P}(\theta)$。

设偏振元件有两个相互正交的透光轴，一个透光轴乃是特例。两个透光轴构成了元件坐标系 Crd_{xyz} 的两个坐标轴。不失一般性，**偏振矩阵** $\boldsymbol{\Lambda}$ 可表达为

$$\boldsymbol{\Lambda} \in \mathbb{F}^{2\times 2} = \begin{bmatrix} \lambda_x & 0 \\ 0 & \lambda_y \end{bmatrix} \tag{B.4.1}$$

其中，λ_x, λ_y 刻画两个透光轴的透光或相移情况。

元件坐标系 Crd_{xyz} 与光路坐标系 Crd_{abc} 的夹角 θ 称为**透光角**。旋转变换后，偏振元件的琼斯方程为

$$\boldsymbol{E}_o^{ab} = \boldsymbol{J}(\theta)\boldsymbol{E}_i^{ab} \tag{B.4.2}$$

略去推导，偏振元件琼斯矩阵 $\boldsymbol{J}(\theta)$ 的具体形式为

$$\boldsymbol{J}(\theta)=\begin{bmatrix}\cos^2\theta\lambda_x+\sin^2\theta\lambda_y & \sin\theta\cos\theta(\lambda_x-\lambda_y)\\ \sin\theta\cos\theta(\lambda_x-\lambda_y) & \sin^2\theta\lambda_x+\cos^2\theta\lambda_y\end{bmatrix} \tag{B.4.3}$$

B.4.2　线偏振器

线偏振器产生线偏振光，仅一个透光轴。

无论自然光、偏振光，唯振动方向与透光轴吻合的电场矢量分量方可通过线偏振器。通过的光一定是线偏振光。

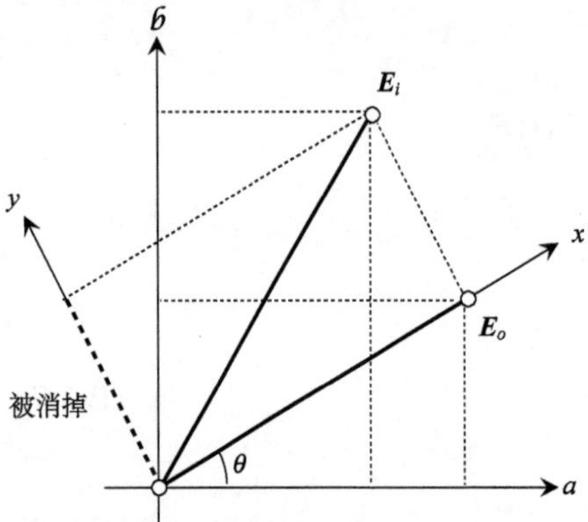

图 B.1　线偏振器的坐标变换关系

不失一般性，设线偏振器 P 透光轴为元件坐标系 Crd_{xyz} 的 x 轴，偏振矩阵为

$$\boldsymbol{\Lambda}_P=\begin{bmatrix}1 & 0\\ 0 & 0\end{bmatrix} \tag{B.4.4}$$

因 $\boldsymbol{\Lambda}_P^{\mathrm{T}}\boldsymbol{\Lambda}_P\neq\boldsymbol{I}$，线偏振器 P 是有损光学元件。

套用式(B.4.3)，线偏振器 P 的琼斯矩阵为

$$\boldsymbol{J}_P(\theta)=\begin{bmatrix}\cos^2\theta & \sin\theta\cos\theta\\ \sin\theta\cos\theta & \sin^2\theta\end{bmatrix} \tag{B.4.5}$$

图 B.1 描述了线偏振器 P 输入、输出电场矢量的坐标变换关系。

几个特殊透光角的琼斯矩阵为

$$\begin{cases}\boldsymbol{J}_P(0°)=\begin{bmatrix}1 & 0\\ 0 & 0\end{bmatrix}\\ \boldsymbol{J}_P(\pm45°)=\dfrac{1}{2}\begin{bmatrix}1 & \pm1\\ \pm1 & 1\end{bmatrix}\\ \boldsymbol{J}_P(\pm90°)=\begin{bmatrix}0 & 0\\ 0 & 1\end{bmatrix}\end{cases} \tag{B.4.6}$$

B.4.3　波片

波片是起相位延迟作用的线性光学元件。

设波片 W 两个透光轴的相位移动分别为 δ_x 和 δ_y，偏振矩阵为

$$\boldsymbol{\Lambda}_W=\begin{bmatrix}\exp(\mathrm{j}\delta_x) & 0\\ 0 & \exp(\mathrm{j}\delta_y)\end{bmatrix} \tag{B.4.7}$$

两个透光轴的相位差称为波片的**相位延迟**，即

$$\delta=\delta_y-\delta_x \tag{B.4.8}$$

快轴和慢轴是波片术语，属于元件坐标系 Crd_{xyz}。波片的两个透光轴，波速快的是快

轴，波速慢的是**慢轴**。相位移动分别为δ_x和δ_y与折射率成正比，而折射率与波速成反比。波速快相位移动小，反之相位移动大。因此，$\delta>0$时y为慢轴，x为快轴；反过来x为慢轴，y为快轴。

由于$\boldsymbol{\Lambda}_W^{\mathrm{H}}\boldsymbol{\Lambda}_W=\boldsymbol{I}$，波片是无损元件。

套用式(B.4.3)，波片W的琼斯矩阵为

$$\boldsymbol{J}_W(\theta,\delta)=\rho\begin{bmatrix}\cos^2\theta\exp\left(-\mathrm{j}\dfrac{\delta}{2}\right)+\sin^2\theta\exp\left(\mathrm{j}\dfrac{\delta}{2}\right) & \sin\theta\cos\theta\left(\exp\left(-\mathrm{j}\dfrac{\delta}{2}\right)-\exp\left(\mathrm{j}\dfrac{\delta}{2}\right)\right)\\ \sin\theta\cos\theta\left(\exp\left(-\mathrm{j}\dfrac{\delta}{2}\right)-\exp\left(\mathrm{j}\dfrac{\delta}{2}\right)\right) & \sin^2\theta\exp\left(-\mathrm{j}\dfrac{\delta}{2}\right)+\cos^2\theta\exp\left(\mathrm{j}\dfrac{\delta}{2}\right)\end{bmatrix}$$

其中

$$\rho=\exp\left(\mathrm{j}\frac{\delta_x+\delta_y}{2}\right)$$

弃掉幅值为1的公因子ρ，并考虑关系

$$\begin{cases}\cos^2\theta\exp\left(-\mathrm{j}\dfrac{\delta}{2}\right)+\sin^2\theta\exp\left(\mathrm{j}\dfrac{\delta}{2}\right)=\cos\dfrac{\delta}{2}-\mathrm{j}\cos2\theta\sin\dfrac{\delta}{2}\\ \sin^2\theta\exp\left(-\mathrm{j}\dfrac{\delta}{2}\right)+\cos^2\theta\exp\left(\mathrm{j}\dfrac{\delta}{2}\right)=\cos\dfrac{\delta}{2}+\mathrm{j}\cos2\theta\sin\dfrac{\delta}{2}\\ \sin\theta\cos\theta\left(\exp\left(-\mathrm{j}\dfrac{\delta}{2}\right)-\exp\left(\mathrm{j}\dfrac{\delta}{2}\right)\right)=-\mathrm{j}\sin2\theta\sin\dfrac{\delta}{2}\end{cases}$$

得到

$$\boldsymbol{J}_W(\theta,\delta)=\begin{bmatrix}\cos\dfrac{\delta}{2}-\mathrm{j}\cos2\theta\sin\dfrac{\delta}{2} & -\mathrm{j}\sin2\theta\sin\dfrac{\delta}{2}\\ -\mathrm{j}\sin2\theta\sin\dfrac{\delta}{2} & \cos\dfrac{\delta}{2}+\mathrm{j}\cos2\theta\sin\dfrac{\delta}{2}\end{bmatrix}\tag{B.4.9}$$

相位延迟δ决定波片性质。$\delta=\dfrac{\pi}{4}$称为1/4波片，$\delta=\pi$称为1/2波片(半波片)，这两种波片的应用最为广泛。

先来看1/4波片。

将$\delta=\dfrac{\pi}{2}$代入式(B.4.9)，得到

$$\boldsymbol{J}_W\left(\theta,\frac{\pi}{2}\right)=\frac{1}{\sqrt{2}}\begin{bmatrix}1-\mathrm{j}\cos2\theta & -\mathrm{j}\sin2\theta\\ -\mathrm{j}\sin2\theta & 1+\mathrm{j}\cos2\theta\end{bmatrix}\tag{B.4.10}$$

如果$\theta=0$，a轴为快轴，琼斯矩阵为

$$\boldsymbol{J}_W\left(0,\frac{\pi}{2}\right)=\frac{1}{\sqrt{2}}\begin{bmatrix}1-\mathrm{j} & 0\\ 0 & 1+\mathrm{j}\end{bmatrix}$$

如果$\theta=\dfrac{\pi}{2}$，b轴为快轴，琼斯矩阵为

$$\boldsymbol{J}_W\left(\frac{\pi}{2},\frac{\pi}{2}\right)=\frac{1}{\sqrt{2}}\begin{bmatrix}1+\mathrm{j} & 0\\ 0 & 1-\mathrm{j}\end{bmatrix}$$

考虑关系$(1\pm\mathrm{j})^2=\pm 2\mathrm{j}$，得到

$$\begin{cases}\boldsymbol{J}_W\left(0,\dfrac{\pi}{2}\right)=\dfrac{1-\mathrm{j}}{\sqrt{2}}\begin{bmatrix}1 & 0\\ 0 & \mathrm{j}\end{bmatrix}\\ \boldsymbol{J}_W\left(\dfrac{\pi}{2},\dfrac{\pi}{2}\right)=\dfrac{1+\mathrm{j}}{\sqrt{2}}\begin{bmatrix}1 & 0\\ 0 & -\mathrm{j}\end{bmatrix}\end{cases}$$

由于$\left|\dfrac{1+\mathrm{j}}{\sqrt{2}}\right|=1$，故 1/4 波片的琼斯矩阵简化为

$$\begin{cases}\boldsymbol{J}_W\left(0,\dfrac{\pi}{2}\right)=\begin{bmatrix}1 & 0\\ 0 & \mathrm{j}\end{bmatrix}\\ \boldsymbol{J}_W\left(\dfrac{\pi}{2},\dfrac{\pi}{2}\right)=\begin{bmatrix}1 & 0\\ 0 & -\mathrm{j}\end{bmatrix}\end{cases}\tag{B.4.11}$$

当$\theta=\pm\dfrac{\pi}{4}$时，1/4 波片的琼斯矩阵是

$$\boldsymbol{J}_W\left(\frac{\pi}{4},\frac{\pi}{2}\right)=\frac{1}{\sqrt{2}}\begin{bmatrix}1 & \mp\mathrm{j}\\ \mp\mathrm{j} & 1\end{bmatrix}\tag{B.4.12}$$

再来看 1/2 波片(半波片)。

将$\delta=\pi$代入式(B.4.9)，得

$$\boldsymbol{J}_W(\theta,\pi)=\begin{bmatrix}\cos 2\theta & \sin 2\theta\\ \sin 2\theta & -\cos 2\theta\end{bmatrix}\tag{B.4.13}$$

于是

$$\begin{cases}\boldsymbol{J}_W(0,\pi)=\begin{bmatrix}1 & 0\\ 0 & -1\end{bmatrix}\\ \boldsymbol{J}_W\left(\dfrac{\pi}{2},\pi\right)=\begin{bmatrix}-1 & 0\\ 0 & 1\end{bmatrix}\\ \boldsymbol{J}_W\left(\pm\dfrac{\pi}{4},\pi\right)=\begin{bmatrix}0 & \pm 1\\ \pm 1 & 0\end{bmatrix}\end{cases}\tag{B.4.14}$$

B.4.4　圆偏振器

如下的琼斯矩阵

$$\boldsymbol{J}_C = \frac{1}{2}\begin{bmatrix} 1 & \pm\mathrm{j} \\ \mp\mathrm{j} & 1 \end{bmatrix} \tag{B.4.15}$$

描述的偏振元件称为**圆偏振器**，记作C。右旋圆偏振器C_R、左旋圆偏振器C_L的琼斯矩阵分别为

$$\begin{cases} \boldsymbol{J}_C^R = \dfrac{1}{2}\begin{bmatrix} 1 & +\mathrm{j} \\ -\mathrm{j} & 1 \end{bmatrix} \\ \boldsymbol{J}_C^L = \dfrac{1}{2}\begin{bmatrix} 1 & -\mathrm{j} \\ +\mathrm{j} & 1 \end{bmatrix} \end{cases} \tag{B.4.16}$$

圆偏振器具有如下属性。

(1) 线偏振光通过左旋/右旋圆偏振器，出射光为左旋/右旋圆偏振光。

(2) 左旋/右旋圆偏振光通过左旋/右旋圆偏振器，出射光偏振态不变；左旋/右旋圆偏振光通过右旋/左旋圆偏振器，出射光为零。

(3) 左旋、右旋圆偏振器级联后的琼斯矩阵为零矩阵，即

$$\boldsymbol{J}_C^R \boldsymbol{J}_C^L = 0 \tag{B.4.17}$$

(4) 左旋、右旋圆偏振器的琼斯矩阵互为转置，即

$$\boldsymbol{J}_C^R = \left(\boldsymbol{J}_C^L\right)^{\mathrm{T}} \tag{B.4.18}$$

圆偏振器C可由 1/4 波片W和线偏振器P组合得到。

安置线偏振器P时，将其透光角定为$\pm\dfrac{\pi}{4}$，其出射光为

$$\boldsymbol{E}_P = \frac{1}{\sqrt{2}}|\boldsymbol{E}_i|\begin{bmatrix} 1 \\ \pm 1 \end{bmatrix} \tag{B.4.19}$$

在线偏振器P后置放一个 1/4 波片W，并使其快轴沿a轴。这样，$\boldsymbol{E}_P$通过W后的出射光为

$$\boldsymbol{E}_W = \boldsymbol{J}_W\left(0, \frac{\pi}{2}\right)\boldsymbol{E}_P = \frac{1}{\sqrt{2}}|\boldsymbol{E}_i|\begin{bmatrix} 1 & 0 \\ 0 & \mathrm{j} \end{bmatrix}\begin{bmatrix} 1 \\ \pm 1 \end{bmatrix} = \frac{1}{\sqrt{2}}|\boldsymbol{E}_i|\begin{bmatrix} 1 \\ \pm\mathrm{j} \end{bmatrix} \tag{B.4.20}$$

显然，$\boldsymbol{E}_W$是圆偏振光。并且，当线偏振器P透光角为$\dfrac{\pi}{4}$时是左旋圆偏振光，为$-\dfrac{\pi}{4}$时是右旋圆偏振光。

B.5 光路元件

起偏器和检偏器是偏振光路的必备。反射镜起改变光波方向的作用，虽然不失纯粹的偏振元件，但在偏振光路中有时具有重要的作用。本节专门讨论这三种光路元件。

B.5.1　起偏器

1. 线起偏器

单色自然光可以认为是幅值相同、相互正交的两束线偏振光的合成。

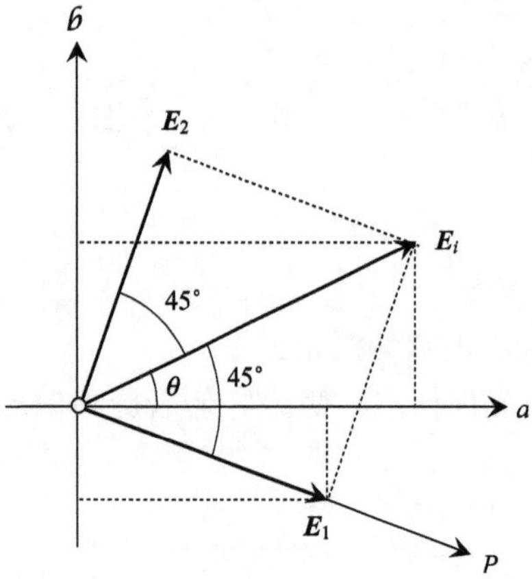

图 B.2　起偏器与入射光

如图 B.2 所示，设单色自然光 $\boldsymbol{E}_i$ 由同幅、正交线的线偏振光 $\boldsymbol{E}_1,\boldsymbol{E}_2$ 合成。不失一般性，约定线偏振光 $\boldsymbol{E}_1$ 与起偏器 P 透光轴同向。这样，起偏器 P 的输出电场矢量 $\boldsymbol{E}_P$ 等于 $\boldsymbol{E}_1$。即

$$\boldsymbol{E}_P=|\boldsymbol{E}_1|\begin{bmatrix}\cos\theta\\ \sin\theta\end{bmatrix}=\frac{1}{\sqrt{2}}|\boldsymbol{E}_i|\begin{bmatrix}\cos\theta\\ \sin\theta\end{bmatrix}\tag{B.5.1}$$

2. 圆起偏器

圆偏振光是光学效应重要的入射光形式。

圆起偏器 C 是将自然光变换为圆偏振光的光学元件，可由线偏振器 P 与 1/4 波片 W 组合而成。

如 B.4 节所述，线偏振器 P 后置放 1/4 波片 W，并使之与线偏振器 P 的透光轴夹 $\pm\dfrac{\pi}{2}$ 角，波片 W 的输出光即圆偏振光，即

$$\boldsymbol{E}_W=\frac{1}{\sqrt{2}}|\boldsymbol{E}_i|\begin{bmatrix}1\\ \pm\mathrm{j}\end{bmatrix}\tag{B.5.2}$$

式中，正号为左旋圆偏振光，负号为右旋圆偏振光。

B.5.2　检偏器

检偏器的琼斯矩阵即线偏振器的琼斯矩阵，无须叠述。这里讨论检偏器在光学效应检测光路中的作用。

说检偏器功能是检测光波是否处于偏振态，正确，但不止于此。

检偏器 A 位于光学效应光路的末端(光接收器之前)，用于分辨光学效应。没有检偏器 A，光路不具备分辨光学效应的能力。

论证如下。

以最简单的光学效应光路为例。设光路由起偏器 P、光学介质 M 和检偏器 A 构成。如果光路不含检偏器 A，则输出光强为

$$I_o=\boldsymbol{E}_o^{\mathrm{H}}\boldsymbol{E}_o=\boldsymbol{E}_P^{\mathrm{H}}\boldsymbol{J}_M^{\mathrm{H}}\boldsymbol{J}_M\boldsymbol{E}_P$$

其中，$\boldsymbol{J}_M$ 是光学介质 M 的琼斯矩阵；$\boldsymbol{E}_P$ 是起偏器 P 的输出电场矢量，作为光路的入射光；$\boldsymbol{E}_o$ 是输出电场矢量。

光学介质的琼斯矩阵 $\boldsymbol{J}_M$ 为酉矩阵，即 $\boldsymbol{J}_M^{\mathrm{H}}\boldsymbol{J}_M=\boldsymbol{I}$，于是

$$I_o = \boldsymbol{E}_P^{\mathrm{H}} \boldsymbol{E}_P$$

此式琼斯矩阵 $\boldsymbol{J}_M$ 消失，只剩下了入射光，输出光强 I_o 与光学效应没有了关系。

如果光路含检偏器 A，输出光强为

$$I_o = \boldsymbol{E}_o^{\mathrm{H}} \boldsymbol{E}_o = \boldsymbol{E}_P^{\mathrm{H}} \boldsymbol{J}_M^{\mathrm{H}} \boldsymbol{J}_A^{\mathrm{H}} \boldsymbol{J}_A \boldsymbol{J}_M \boldsymbol{E}_P$$

检偏器 A 有损，$\boldsymbol{J}_A^{\mathrm{H}} \boldsymbol{J}_A \neq \boldsymbol{I}$，因此

$$\boldsymbol{J}_M^{\mathrm{H}} \boldsymbol{J}_A^{\mathrm{H}} \boldsymbol{J}_A \boldsymbol{J}_M \neq \boldsymbol{I}$$

这样，光学介质琼斯矩阵 $\boldsymbol{J}_M$ 的元素被保留在了输出光强中。

综上，为了检测到光学效应，必须设置检偏器 A。

B.5.3 反射镜

反射镜是使光波反向传输的光学器件。包括全反射镜和半反射镜(分束器)两种类型。这里只讨论全反射镜。

由 A.4.5 节知道，反射镜的反射波，电场矢量 $\boldsymbol{E}$ 的垂直分量 $E_\perp^{(r)}$ 不变，平行分量 $E_\parallel^{(r)}$ 反向。设光路坐标系 $\mathrm{Crd}_{a\mathit{б}c}$ 的 a 轴、$\mathit{б}$ 轴和 c 轴方向分别取入射波的垂直分量 $E_\perp^{(i)}$、平行分量 $E_\parallel^{(i)}$ 和光线 $\boldsymbol{t}^{(i)}$ 方向。这样，反射镜坐标变换关系为

$$\begin{bmatrix} E_a^{(r)} \\ E_{\mathit{б}}^{(r)} \\ t^{(r)} \end{bmatrix} = \begin{bmatrix} 1 & 0 & 0 \\ 0 & -1 & 0 \\ 0 & 0 & -1 \end{bmatrix} \begin{bmatrix} E_a^{(i)} \\ E_{\mathit{б}}^{(i)} \\ t^{(i)} \end{bmatrix} \tag{B.5.3}$$

式中，变换矩阵称为反射矩阵 $\boldsymbol{M}_R$，即

$$\boldsymbol{M}_R = \mathrm{diag}(1,-1,-1) \tag{B.5.4}$$

琼斯矩阵只描述偏振状态。反射矩阵 $\boldsymbol{M}_R$ 中电场分量对应的子矩阵即反射镜琼斯矩阵

$$\boldsymbol{J}_R = \mathrm{diag}(1,-1) \tag{B.5.5}$$

若反射光坐标系改变为 $\mathrm{Crd}'_{a\mathit{б}c}$，其 a' 轴与入射光坐标系 $\mathrm{Crd}_{a\mathit{б}c}$ 的 a 轴一致，其 $\mathit{б}'$ 轴和 c' 轴与入射光坐标系 $\mathrm{Crd}_{a\mathit{б}c}$ 的 $\mathit{б}$ 轴和 c 轴相反，那么反射矩阵为

$$\boldsymbol{M}'_R = \mathrm{diag}(1,1,1) \tag{B.5.6}$$

对应的琼斯矩阵为

$$\boldsymbol{J}'_R = \mathrm{diag}(1,1) \tag{B.5.7}$$

坐标系变或不变只是形式，在本质上是一致的。式(B.5.5)和式(B.5.6)的两种反射镜琼斯矩阵都有应用。图 B.3 为反射光波的两种坐标系。

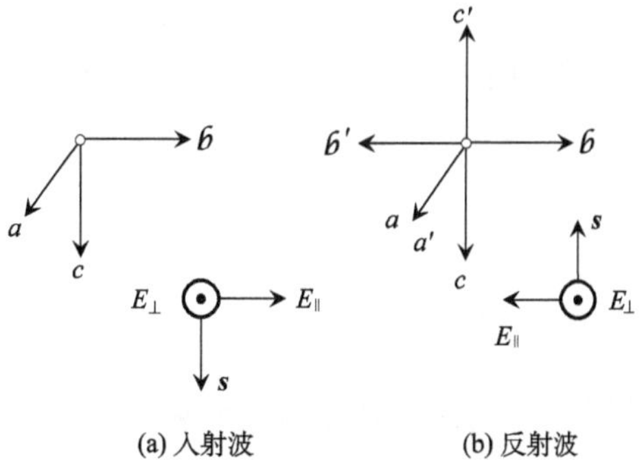

图 B.3 反射光波的两种坐标系

附录C　张 量 基 础

张量(tensor)的概念源自高斯(Gauss)、黎曼(Riemann)和克里斯托费尔(Christoffel)等在 19 世纪创立的微分几何。爱因斯坦(Einstein)在广义相对论的叙述中采用，引起了物理学家的关注，张量的使用逐步广泛了起来。

张量是连续介质物理问题的一种数学描述语言。作为独立数学分支，张量[58,59]内容还是比较丰富的。由于篇幅原因，本附录不企图完整阐述张量的理论体系，仅以光学效应的需求为背景，论述张量的基本概念和基本脉络。

二阶张量形若三阶方阵。从光学效应的需求角度看，没有张量基础也无妨，将介质张量理解为矩阵即可。

C.1　对偶斜角直线坐标系

C.1.1　斜角直线坐标系

坐标轴为直线、坐标轴之间夹角 $\varphi\in(0,\pi)$ 的坐标系称为**斜角直线坐标系**。

显然，直角坐标系是坐标轴之间夹角为直角的斜角直线坐标系。

在斜角直线坐标系中，矢量 $\boldsymbol{a}$ 表达为

$$\boldsymbol{a}=\sum_{i=1}^{3}a_i\boldsymbol{g}_i \tag{C.1.1}$$

其中，$\boldsymbol{g}_i\in\mathbb{C}(i=1,2,3)$ 为三个坐标轴的**基矢量**，$a_i\in\mathbb{R}(i=1,2,3)$ 是关于基矢量的**分量**。式(C.1.1)也可表达为爱因斯坦求和的形式，即

$$\boldsymbol{a}=a_i\boldsymbol{g}_i \tag{C.1.2}$$

C.1.2　两种对偶的斜角直线坐标系

矢量 $\boldsymbol{a}$ 可用两个原点重合的斜角直线坐标系 $\mathrm{Crd}_{x^1x^2x^3}$ 和 $\mathrm{Crd}_{x_1x_2x_3}$ 同时描述，爱因斯坦求和约定的表达为

$$\boldsymbol{a}=\begin{cases}a_i\boldsymbol{g}^i\\ a^i\boldsymbol{g}_i\end{cases} \tag{C.1.3}$$

其中，$a_i,\boldsymbol{g}^i\in\mathrm{Crd}_{x^1x^2x^3}$，$a^i,\boldsymbol{g}_i\in\mathrm{Crd}_{x_1x_2x_3}$。

如果两组基矢量满足如下的对偶条件

$$\begin{cases}\boldsymbol{g}^i\cdot\boldsymbol{g}_i=1\\ \boldsymbol{g}^i\cdot\boldsymbol{g}_j=0,\quad i\neq j\end{cases} \tag{C.1.4}$$

则 $\mathrm{Crd}_{x^1x^2x^3}$ 和 $\mathrm{Crd}_{x_1x_2x_3}$ 是**对偶斜角直线坐标系**，矩阵形式为

$$\begin{bmatrix} \boldsymbol{g}^1 \\ \boldsymbol{g}^2 \\ \boldsymbol{g}^3 \end{bmatrix} \cdot [\boldsymbol{g}_1 \quad \boldsymbol{g}_2 \quad \boldsymbol{g}_3] = \boldsymbol{I}$$

式中，$\boldsymbol{I}$ 是单位矩阵。

对偶条件使两个斜角直线坐标系 $\mathrm{Crd}_{x^1x^2x^3}$ 和 $\mathrm{Crd}_{x_1x_2x_3}$ 关联了起来。

以下借助图 C.1 的二维平面简单情形，讨论斜角直线坐标系的对偶。

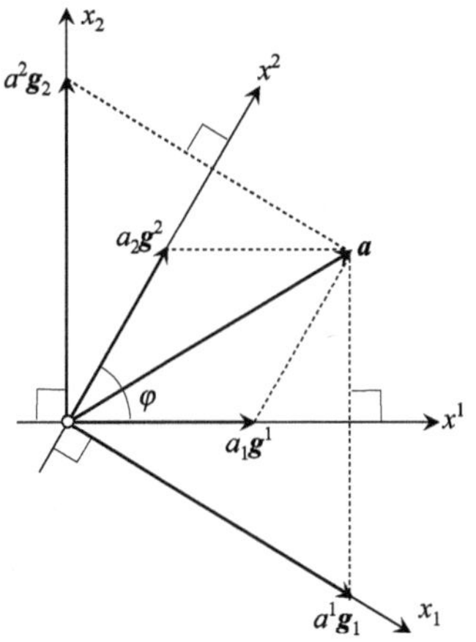

图 C.1　满足对偶条件的平面斜角直线坐标系

图 C.1 有两个相互对偶的平面斜角直线坐标系 $\mathrm{Crd}_{x^1x^2}$ 和 $\mathrm{Crd}_{x_1x_2}$。$\mathrm{Crd}_{x^1x^2}$ 的基矢量为 $\boldsymbol{g}^1,\boldsymbol{g}^2$；坐标系 $\mathrm{Crd}_{x_1x_2}$ 的基矢量为 $\boldsymbol{g}_1,\boldsymbol{g}_2$。

用两个坐标系同时描述矢量 $\boldsymbol{a}$，即

$$\boldsymbol{a} = \begin{cases} a_1\boldsymbol{g}^1 + a_2\boldsymbol{g}^2 \\ a^1\boldsymbol{g}_1 + a^2\boldsymbol{g}_2 \end{cases} \tag{C.1.5}$$

式中，$a_1,a_2 \in \mathrm{Crd}_{x^1x^2}$ 是基矢量 $\boldsymbol{g}^1,\boldsymbol{g}^2$ 的两个分量，$a^1,a^2 \in \mathrm{Crd}_{x_1x_2}$ 是基矢量 $\boldsymbol{g}_1,\boldsymbol{g}_2$ 的两个分量。

由图 C.1 知道，$\boldsymbol{g}^1,\boldsymbol{g}_1$ 的夹角为 $\dfrac{\pi}{2}-\varphi$。由于两个坐标系对偶，因此

$$\boldsymbol{g}^1 \cdot \boldsymbol{g}_1 = g^1 g_1 \cos\left(\frac{\pi}{2}-\varphi\right) = g^1 g_1 \sin\varphi = 1$$

于是

$$g^1 g_1 = \frac{1}{\sin\varphi}$$

对 $\boldsymbol{g}^2,\boldsymbol{g}_2$ 也是如此。

由图 C.1 还知道，$\boldsymbol{g}^1,\boldsymbol{g}_2$ 的夹角为 $\dfrac{\pi}{2}$，这样

$$\boldsymbol{g}^1 \cdot \boldsymbol{g}_2 = 0$$

对 $\boldsymbol{g}^2, \boldsymbol{g}_1$ 也是如此。

C.2　协变与逆变

$\mathrm{Crd}_{x^1x^2x^3}$ 坐标系下的矢量 $\boldsymbol{a}$ 与 $\mathrm{Crd}_{x_1x_2x_3}$ 坐标系基矢量 $\boldsymbol{g}_i$ 的标量积为

$$\boldsymbol{a} \cdot \boldsymbol{g}_i = \sum_{k=1}^{3} a_k \boldsymbol{g}^k \cdot \boldsymbol{g}_i, \quad i = 1,2,3 \tag{C.2.1}$$

根据对偶条件，有

$$\boldsymbol{a} \cdot \boldsymbol{g}_i = a_i, \quad i = 1,2,3$$

即

$$\begin{bmatrix} a_1 \\ a_2 \\ a_3 \end{bmatrix} = \boldsymbol{a} \cdot \begin{bmatrix} \boldsymbol{g}_1 \\ \boldsymbol{g}_2 \\ \boldsymbol{g}_3 \end{bmatrix} \tag{C.2.2}$$

表明 $\mathrm{Crd}_{x^1x^2x^3}$ 坐标系的三个分量可表达为矢量 $\boldsymbol{a}$ 与另一个坐标系 $\mathrm{Crd}_{x_1x_2x_3}$ 基矢量的标量积，当然，这两个坐标系必须相互对偶。

式(C.2.2)描述的关系是**协变关系**，基矢量 $\boldsymbol{g}_i\,(i=1,2,3)$ 称为 $\boldsymbol{a}$ 的协变基矢量，分量 $a_i\,(i=1,2,3)$ 称为 $\boldsymbol{a}$ 的协变分量。

完全雷同，可以得到

$$\boldsymbol{a} \cdot \boldsymbol{g}^i = a^i, \quad i = 1,2,3$$

即

$$\begin{bmatrix} a^1 \\ a^2 \\ a^3 \end{bmatrix} = \boldsymbol{a} \cdot \begin{bmatrix} \boldsymbol{g}^1 \\ \boldsymbol{g}^2 \\ \boldsymbol{g}^3 \end{bmatrix} \tag{C.2.3}$$

表明 $\mathrm{Crd}_{x_1x_2x_3}$ 坐标系的三个分量可表达为矢量 $\boldsymbol{a}$ 与另一个坐标系 $\mathrm{Crd}_{x^1x^2x^3}$ 基矢量的标量积。

式(C.2.3)描述的关系是**逆变关系**。基矢量 $\boldsymbol{g}^i\,(i=1,2,3)$ 称为 $\boldsymbol{a}$ 的逆变基矢量，分量 $\boldsymbol{a}^i\,(i=1,2,3)$ 称为 $\boldsymbol{a}$ 的逆变分量。

两个坐标系相互对偶，协变、逆变自然也对偶。式(C.2.2)是协变，式(C.2.3)自然是逆变，反之亦然。

C.3　坐 标 变 换

C.3.1　点的坐标变换

设 (x_1, x_2, x_3) 和 (x^1, x^2, x^3) 是三维欧几里得空间 E^3 中的一个点在两个坐标系 $\mathrm{Crd}_{x_1x_2x_3}$

和 $\mathrm{Crd}_{x^1x^2x^3}$ 中的坐标。

设两组坐标之间存在关系

$$\begin{bmatrix} x^1 \\ x^2 \\ x^3 \end{bmatrix} = \begin{bmatrix} a_{11} & a_{12} & a_{13} \\ a_{21} & a_{22} & a_{23} \\ a_{31} & a_{32} & a_{33} \end{bmatrix} \begin{bmatrix} x_1 \\ x_2 \\ x_3 \end{bmatrix} \tag{C.3.1}$$

系数矩阵为雅可比矩阵 $\boldsymbol{J}=\left(a_{ij}\right)$，元素取值为

$$J_{ij}=\frac{\partial x_i}{\partial x_j}=a_{ij}, \quad i,j=1,2,3 \tag{C.3.2}$$

如果 $\det(\boldsymbol{J})\neq 0$，则 $\left(x_1,x_2,x_3\right)$ 和 $\left(x^1,x^2,x^3\right)$ 的关系唯一确定。

C.3.2 基矢量的坐标变换

设矢量 $\boldsymbol{a}$ 的协变基矢量为 $\boldsymbol{g}_i\ (i=1,2,3)$，逆变基矢量为 $\boldsymbol{g}^i\ (i=1,2,3)$，设它们满足转换关系

$$\begin{bmatrix} \boldsymbol{g}_1 \\ \boldsymbol{g}_2 \\ \boldsymbol{g}_3 \end{bmatrix} = \begin{bmatrix} \alpha_{11} & \alpha_{12} & \alpha_{13} \\ \alpha_{21} & \alpha_{22} & \alpha_{23} \\ \alpha_{31} & \alpha_{32} & \alpha_{33} \end{bmatrix} \begin{bmatrix} \boldsymbol{g}^1 \\ \boldsymbol{g}^2 \\ \boldsymbol{g}^3 \end{bmatrix} \tag{C.3.3}$$

矩阵 $\left(\alpha_{ij}\right)$ 表达了从逆变基矢量到协变基矢量的转换关系，称为协变转换矩阵，其元素 α_{ij} 为协变转换系数。

同样可得到

$$\begin{bmatrix} \boldsymbol{g}^1 \\ \boldsymbol{g}^2 \\ \boldsymbol{g}^3 \end{bmatrix} = \begin{bmatrix} \beta_{11} & \beta_{12} & \beta_{13} \\ \beta_{21} & \beta_{22} & \beta_{23} \\ \beta_{31} & \beta_{32} & \beta_{33} \end{bmatrix} \begin{bmatrix} \boldsymbol{g}_1 \\ \boldsymbol{g}_2 \\ \boldsymbol{g}_3 \end{bmatrix} \tag{C.3.4}$$

矩阵 $\left(\beta_{ij}\right)$ 表达了从协变基矢量到逆变基矢量的转换关系，称为逆变转换矩阵，其元素 β_{ij} 为逆变转换系数。

协变和逆变关系是对偶等价的，因此协变转换矩阵 $\left(\alpha_{ij}\right)$ 与逆变转换矩阵 $\left(\beta_{ij}\right)$ 对偶等价。若认为 $\left(\alpha_{ij}\right)$ 是协变转换矩阵，那么 $\left(\beta_{ij}\right)$ 就是逆变转换矩阵，反之亦然。

C.3.3 转换矩阵的性质

性质 C.1 协变转换矩阵 $\left(\alpha_{ij}\right)$ 与逆变转换矩阵 $\left(\beta_{ij}\right)$ 互逆。

本性质显然，不证。

性质 C.2 协变转换矩阵 $\left(\alpha_{ij}\right)$ 与逆变转换矩阵 $\left(\beta_{ij}\right)$ 互为转置。

证明： 注意到

$$\begin{bmatrix} \boldsymbol{g}^1 \\ \boldsymbol{g}^2 \\ \boldsymbol{g}^3 \end{bmatrix} \cdot \begin{bmatrix} \boldsymbol{g}^1 & \boldsymbol{g}^2 & \boldsymbol{g}^3 \end{bmatrix} = \begin{bmatrix} \boldsymbol{g}^1 \\ \boldsymbol{g}^2 \\ \boldsymbol{g}^3 \end{bmatrix} \cdot \begin{bmatrix} \boldsymbol{g}^1 & \boldsymbol{g}^2 & \boldsymbol{g}^3 \end{bmatrix} (\alpha_{ij})^{\mathrm{T}} = (\alpha_{ij})^{\mathrm{T}}$$

$$\begin{bmatrix} \boldsymbol{g}^1 \\ \boldsymbol{g}^2 \\ \boldsymbol{g}^3 \end{bmatrix} \cdot \begin{bmatrix} \boldsymbol{g}^1 & \boldsymbol{g}^2 & \boldsymbol{g}^3 \end{bmatrix} = (\beta_{ij}) \begin{bmatrix} \boldsymbol{g}_1 \\ \boldsymbol{g}_2 \\ \boldsymbol{g}_3 \end{bmatrix} \cdot \begin{bmatrix} \boldsymbol{g}^1 & \boldsymbol{g}^2 & \boldsymbol{g}^3 \end{bmatrix} = (\beta_{ij})$$

因此，性质 C.2 成立。

证毕

性质 C.3　协变转换矩阵(α_{ij})与逆变转换矩阵(β_{ij})都是正交矩阵。

证明：由式(C.3.3)和式(C.3.4)看出，(α_{ij})与(β_{ij})互逆。且从性质 C.2 可知(α_{ij})与(β_{ij})互为转置，因此性质 C.3 成立。

证毕

C.3.4　转换矩阵的取值

对 $\mathrm{Crd}_{x_1x_2x_3}$ 坐标系下的矢量 $\boldsymbol{a} = \sum_{i=1}^{3} x^i \boldsymbol{g}_i$ 求导，得到

$$\boldsymbol{g}_i = \frac{\partial \boldsymbol{a}}{\partial x^i}, \quad i = 1,2,3 \tag{C.3.5}$$

在 $\mathrm{Crd}_{x^1x^2x^3}$ 坐标系下，$\boldsymbol{a} = \sum_{k=1}^{3} x_k \boldsymbol{g}^k$，于是

$$\boldsymbol{g}_i = \sum_{k=1}^{3} \frac{\partial \boldsymbol{a}}{\partial x_k} \frac{\partial x_k}{\partial x^i} = \sum_{k=1}^{3} \frac{\partial x_k}{\partial x^i} \boldsymbol{g}^k, \quad i = 1,2,3 \tag{C.3.6}$$

就是

$$\begin{bmatrix} \boldsymbol{g}_1 \\ \boldsymbol{g}_2 \\ \boldsymbol{g}_3 \end{bmatrix} = \begin{bmatrix} \frac{\partial x_1}{\partial x^1} & \frac{\partial x_2}{\partial x^1} & \frac{\partial x_3}{\partial x^1} \\ \frac{\partial x_1}{\partial x^2} & \frac{\partial x_2}{\partial x^2} & \frac{\partial x_3}{\partial x^2} \\ \frac{\partial x_1}{\partial x^3} & \frac{\partial x_2}{\partial x^3} & \frac{\partial x_3}{\partial x^3} \end{bmatrix} \begin{bmatrix} \boldsymbol{g}^1 \\ \boldsymbol{g}^2 \\ \boldsymbol{g}^3 \end{bmatrix} \tag{C.3.7}$$

比照式(C.3.3)知道

$$(\alpha_{ij}) = \left(\frac{\partial x_j}{\partial x_i} \right) \tag{C.3.8}$$

因此

$$(\beta_{ij}) = \left(\frac{\partial x_j}{\partial x_i} \right)^{\mathrm{T}} = \left(\frac{\partial x_i}{\partial x_j} \right) \tag{C.3.9}$$

很明显，此式即式(C.3.2)的雅可比矩阵。

C.4 张　　量

C.4.1 张量的概念

n 个矢量 $\boldsymbol{a}_1,\boldsymbol{a}_2,\cdots,\boldsymbol{a}_n$ 之并列，且矢量之间无任何运算，则为 n 阶**并矢**，或称为并矢积。

例如，矢量 $\boldsymbol{a}$ 和 $\boldsymbol{b}$ 构成二阶并矢 $\boldsymbol{ab}$，矢量 $\boldsymbol{a}$ 、$\boldsymbol{b}$ 和 $\boldsymbol{c}$ 构成三阶并矢 $\boldsymbol{abc}$ 。

并矢存在于三维欧几里得空间 E^3，也存在于 n 维欧几里得空间 E^n 。

并矢就是**张量**。二阶并矢为二阶张量，三阶并矢为三阶张量，…，n 阶并矢为 n 阶张量。习惯用符号 $\boldsymbol{T}$ 表示张量。

在三维欧几里得空间 E^3，二阶张量为

$$\boldsymbol{T}=\boldsymbol{ab}=\left(\boldsymbol{T}_{ij}\right) \tag{C.4.1}$$

其中

$$\boldsymbol{T}_{ij}=a_i b_j \boldsymbol{g}_i \boldsymbol{g}_j=T_{ij}\boldsymbol{g}_i\boldsymbol{g}_j,\quad i,j=1,2,3 \tag{C.4.2}$$

称为二阶张量 $\boldsymbol{T}$ 的分量，而

$$\boldsymbol{g}_i\boldsymbol{g}_j,\quad i,j=1,2,3 \tag{C.4.3}$$

称为二阶张量 $\boldsymbol{T}$ 的并基矢。具体地

$$\boldsymbol{T}=\left(\boldsymbol{T}_{ij}\right)=\begin{bmatrix} T_{11}\boldsymbol{g}_1\boldsymbol{g}_1 & T_{12}\boldsymbol{g}_1\boldsymbol{g}_2 & T_{13}\boldsymbol{g}_1\boldsymbol{g}_3 \\ T_{21}\boldsymbol{g}_2\boldsymbol{g}_1 & T_{22}\boldsymbol{g}_2\boldsymbol{g}_2 & T_{23}\boldsymbol{g}_2\boldsymbol{g}_3 \\ T_{31}\boldsymbol{g}_3\boldsymbol{g}_1 & T_{32}\boldsymbol{g}_3\boldsymbol{g}_2 & T_{33}\boldsymbol{g}_3\boldsymbol{g}_3 \end{bmatrix} \tag{C.4.4}$$

显然，二阶张量 $\boldsymbol{T}$ 有 9 个分量。隐去并基矢 $\boldsymbol{g}_i\boldsymbol{g}_j$ 的分量形式为

$$\boldsymbol{T}=\left(T_{ij}\right)=\begin{bmatrix} T_{11} & T_{12} & T_{13} \\ T_{21} & T_{22} & T_{23} \\ T_{31} & T_{32} & T_{33} \end{bmatrix} \tag{C.4.5}$$

注意到，分量 $\boldsymbol{T}_{ij}$ 不仅有数值 T_{ij}，而且还有并基矢 $\boldsymbol{g}_i\boldsymbol{g}_j$，因此具有方向，这与一般的矩阵元素不同。

三阶张量为

$$\boldsymbol{T}=\boldsymbol{abc}=\left(\boldsymbol{T}_{ijk}\right) \tag{C.4.6}$$

分量为

$$\boldsymbol{T}_{ijk}=a_i b_j c_k \boldsymbol{g}_i\boldsymbol{g}_j\boldsymbol{g}_k=T_{ijk}\boldsymbol{g}_i\boldsymbol{g}_j\boldsymbol{g}_k,\quad i,j,k=1,2,3 \tag{C.4.7}$$

隐去并基矢 $\boldsymbol{g}_i\boldsymbol{g}_j\boldsymbol{g}_k$ 的分量形式为

$$\boldsymbol{T}=\left(T_{ijk}\right)=\begin{bmatrix} T_{111} & T_{112} & T_{113} & T_{211} & T_{212} & T_{213} & T_{311} & T_{312} & T_{313} \\ T_{121} & T_{122} & T_{123} & T_{221} & T_{222} & T_{223} & T_{321} & T_{322} & T_{323} \\ T_{131} & T_{132} & T_{133} & T_{231} & T_{232} & T_{233} & T_{331} & T_{332} & T_{333} \end{bmatrix} \tag{C.4.8}$$

对 n 维欧几里得空间 E^n，张量分量的数量为

$$m = n^r, \quad r = 0,1,2,3,\cdots \tag{C.4.9}$$

其中，r 是张量的阶。

存在两种特殊的张量：

(1) $r=0$ 时为 0 阶张量，此时，$m=1$；即只有 1 个分量，显然是标量。

(2) $r=1$ 时为 1 阶张量，此时，$m=n$；表明存在 n 个分量，对应空间 E^n 中的一个矢量。

C.4.2 张量变换

以下讨论三维欧几里得空间 E^3 中二阶张量的三种坐标变换情况：逆变转换、协变转换和混变转换。由于推导过程很雷同，只推导逆变转换，其他的两种转换只给出结果。

1. 逆变转换

矢量 $\boldsymbol{a}$ 和矢量 $\boldsymbol{b}$ 都进行逆变转换，即

$$\begin{cases} \overline{\boldsymbol{a}} = (\beta_{ij})\boldsymbol{a} \\ \overline{\boldsymbol{b}} = (\beta_{ij})\boldsymbol{b} \end{cases} \tag{C.4.10}$$

式中

$$\overline{\boldsymbol{ab}} = (\beta_{ij})\begin{bmatrix} a_1\boldsymbol{g}_1 \\ a_2\boldsymbol{g}_2 \\ a_3\boldsymbol{g}_3 \end{bmatrix}\begin{bmatrix} b_1\boldsymbol{g}_1 & b_2\boldsymbol{g}_2 & b_3\boldsymbol{g}_3 \end{bmatrix}(\beta_{ij})^{\mathrm{T}}$$

即

$$\overline{\boldsymbol{ab}} = (\beta_{ij})\begin{bmatrix} a_1b_1\boldsymbol{g}_1\boldsymbol{g}_1 & a_1b_2\boldsymbol{g}_1\boldsymbol{g}_2 & a_1b_3\boldsymbol{g}_1\boldsymbol{g}_3 \\ a_2b_1\boldsymbol{g}_2\boldsymbol{g}_1 & a_2b_2\boldsymbol{g}_2\boldsymbol{g}_2 & a_2b_3\boldsymbol{g}_2\boldsymbol{g}_3 \\ a_3b_1\boldsymbol{g}_3\boldsymbol{g}_1 & a_3b_2\boldsymbol{g}_3\boldsymbol{g}_2 & a_3b_3\boldsymbol{g}_3\boldsymbol{g}_3 \end{bmatrix}(\beta_{ij})^{\mathrm{T}}$$

就是

$$\overline{\boldsymbol{ab}} = (\beta_{ij})\boldsymbol{ab}(\beta_{ij})^{\mathrm{T}} \tag{C.4.11}$$

于是，得到张量的逆变转换

$$\overline{\boldsymbol{T}}^{\beta\beta} = (\beta_{ij})\boldsymbol{T}(\beta_{ij})^{\mathrm{T}} = (\beta_{ij})\boldsymbol{T}(\alpha_{ij}) \tag{C.4.12}$$

其中

$$\begin{cases} \overline{\boldsymbol{T}}^{\beta\beta} = \overline{\boldsymbol{ab}} \\ \boldsymbol{T} = \boldsymbol{ab} \end{cases} \tag{C.4.13}$$

2. 协变转换

张量 $\boldsymbol{T}$ 协变转换后为协变张量 $\overline{\boldsymbol{T}}^{\alpha\alpha}$，就是

$$\overline{\boldsymbol{T}}^{\alpha\alpha} = (\alpha_{ij})\boldsymbol{T}(\alpha_{ij})^{\mathrm{T}} = (\alpha_{ij})\boldsymbol{T}(\beta_{ij}) \tag{C.4.14}$$

3. 混变转换

张量$\boldsymbol{T}$混变转换后为混合张量$\bar{\boldsymbol{T}}^{\beta\alpha}$或$\bar{\boldsymbol{T}}^{\alpha\beta}$，就是

$$\begin{cases}\bar{\boldsymbol{T}}^{\beta\alpha}=\left(\beta_{ij}\right)\boldsymbol{T}\left(\alpha_{ij}\right)^{\mathrm{T}}=\left(\beta_{ij}\right)\boldsymbol{T}\left(\beta_{ij}\right)\\ \bar{\boldsymbol{T}}^{\alpha\beta}=\left(\alpha_{ij}\right)\boldsymbol{T}\left(\beta_{ij}\right)^{\mathrm{T}}=\left(\alpha_{ij}\right)\boldsymbol{T}\left(\alpha_{ij}\right)\end{cases} \tag{C.4.15}$$

C.4.3　主轴变换

将逆变转换和协变转换统一表示为

$$\bar{\boldsymbol{T}}=\boldsymbol{MTM}^{\mathrm{T}} \tag{C.4.16}$$

其中，$\boldsymbol{M}$是逆变矩阵$\left(\beta_{ij}\right)$或协变矩阵$\left(\alpha_{ij}\right)$。

由转换矩阵的性质知道，逆变矩阵$\left(\beta_{ij}\right)$、协变矩阵$\left(\alpha_{ij}\right)$都是正交矩阵，因此，式(C.4.16)之变换是正交变换。正交变换保证了$\boldsymbol{T}$与$\bar{\boldsymbol{T}}$几何形状的一致性。

根据矩阵理论，如果张量$\bar{\boldsymbol{T}}$为对角线张量$\boldsymbol{\Lambda}$，那么其对角分量即矩阵$\boldsymbol{T}$的特征值，矩阵$\boldsymbol{M}$的列即特征值对应的特征向量，或者说，$\boldsymbol{M}$是由特征向量组成的变换矩阵。就是

$$\boldsymbol{\Lambda}=\boldsymbol{MTM}^{\mathrm{T}} \tag{C.4.17}$$

若$\bar{\boldsymbol{T}}$为对角张量，则式(C.4.17)为主轴变换。

C.4.4　对称张量

如下的张量

$$\left(\boldsymbol{T}_{ij}\right)=\begin{bmatrix}T_{11} & T_{12} & T_{13}\\ T_{12} & T_{22} & T_{23}\\ T_{13} & T_{23} & T_{33}\end{bmatrix} \tag{C.4.18}$$

满足对称关系，称为对称二阶张量。对称二阶只有六个独立分量。

如下的张量

$$\left(\boldsymbol{T}_{ij}\right)=\begin{bmatrix}0 & T_{12} & -T_{13}\\ -T_{12} & 0 & T_{23}\\ T_{13} & -T_{23} & 0\end{bmatrix} \tag{C.4.19}$$

称为反对称二阶张量，它只有三个独立分量。

附录D 矩阵基础

介质张量是二阶张量，也是三阶矩阵，可从矩阵角度审视。

光学效应涉及厄米矩阵、矩阵范数及谱半径和矩阵级数等知识[8,16,60-62]。本附录分别用一节的篇幅扼要介绍这三方面的基本内容。

D.1 厄米矩阵

法国数学家埃尔米特(C. Hermite)首先提出和研究了共轭矩阵问题。共轭转置相等的复矩阵则是埃尔米特矩阵，或叫厄米矩阵，是矩阵论的重要内容。光学效应中，介质张量或实对称，或共轭转置对称，都属厄米矩阵。介质张量是光学效应理论的基础。厄米矩阵是研究和学习光学效应理论的重要数学基础。

D.1.1 厄米矩阵的概念

若复矩阵 $\boldsymbol{A}\in\mathbb{C}^{n\times n}$ 共轭转置对称

$$\boldsymbol{A}=\boldsymbol{A}^{\mathrm{H}} \tag{D.1.1}$$

则 $\boldsymbol{A}$ 是**厄米矩阵**。为纪念埃尔米特，上标“H”采用了 Hermite 的首字母，表示共轭转置。

若实矩阵 $\boldsymbol{A}\in\mathbb{R}^{n\times n}$ 转置相等，即实对称

$$\boldsymbol{A}=\boldsymbol{A}^{\mathrm{T}} \tag{D.1.2}$$

则是**实对称矩阵**。

实对称矩阵是厄米矩阵的特例。

若复矩阵 $\boldsymbol{A}\in\mathbb{C}^{n\times n}$ 满足条件，即

$$\boldsymbol{A}=-\boldsymbol{A}^{\mathrm{T}} \tag{D.1.3}$$

则是**反对称矩阵**。

反对称矩阵的对角元素必为零。

D.1.2 内积

本书采用符号 $\mathbb{F}$ 统一表示复数域 $\mathbb{C}$ 和实数域 $\mathbb{R}$ 。

内积：设 V 是关于 $\mathbb{F}$ 的线性空间。若 V 中任意两个向量 $\boldsymbol{x},\boldsymbol{y}$ 的运算 $(\boldsymbol{x},\boldsymbol{y})$ 满足条件

(1) 对称性：$(\boldsymbol{x},\boldsymbol{y})=\widehat{(\boldsymbol{x},\boldsymbol{y})}$

(2) 可加性：$(\boldsymbol{x}+\boldsymbol{y},\boldsymbol{z})=(\boldsymbol{x}+\boldsymbol{z})+(\boldsymbol{y}+\boldsymbol{z}),\ \boldsymbol{z}\in V$

(3) 齐次性：$(k\boldsymbol{x},\boldsymbol{y})=k(\boldsymbol{x},\boldsymbol{y}),\ k\in\mathbb{F}$

(4) 非负性：$(\boldsymbol{x},\boldsymbol{x})\geqslant 0$，当且仅当 $\boldsymbol{x}=0$ 时 $(\boldsymbol{x},\boldsymbol{x})=0$

则称$(\boldsymbol{x},\boldsymbol{y})$是向量$(\boldsymbol{x},\boldsymbol{x})$的内积。其中，上标“∧”表示共轭。

定义了内积的实空间是欧几里得空间，即欧氏空间；定义了内积的复空间是酉空间。欧氏空间是酉空间的特例。

狭义地，酉空间、欧氏空间的内积可分别理解为

$$\begin{cases}(\boldsymbol{x},\boldsymbol{y})=\boldsymbol{x}^{\mathrm{H}}\boldsymbol{y}, & \boldsymbol{x},\boldsymbol{y}\in\mathbb{C}\\(\boldsymbol{x},\boldsymbol{y})=\boldsymbol{x}^{\mathrm{T}}\boldsymbol{y}, & \boldsymbol{x},\boldsymbol{y}\in\mathbb{R}\end{cases} \tag{D.1.4}$$

D.1.3 酉矩阵和正交矩阵

克罗内克符号(Kronecher delta)定义如下：

$$\delta_{ij}=\begin{cases}1, & i=j\\0, & i\neq j\end{cases} \tag{D.1.5}$$

如果n维向量集$\{\boldsymbol{x}_i\}\in\mathbb{F}^n$中任意的两个向量$\boldsymbol{x}_i,\boldsymbol{x}_j$满足条件

$$(\boldsymbol{x}_i,\boldsymbol{x}_j)=\delta_{ij} \tag{D.1.6}$$

则$\{\boldsymbol{x}_i\}$为规范化正交向量集。

设$\{\boldsymbol{\beta}_i\}\in\mathbb{F}^n$是线性无关的$n$维向量集，施密特(Schmidt)正交化方法通过两个步骤将其变换为规范化正交向量集$\{\boldsymbol{\xi}_i\}\in\mathbb{F}^n$：

(1) 正交化

$$\boldsymbol{\alpha}_i=\boldsymbol{\beta}_i-\sum_{k=1}^{i-1}\frac{(\boldsymbol{\beta}_i,\boldsymbol{\alpha}_k)}{(\boldsymbol{\alpha}_k,\boldsymbol{\alpha}_k)}\boldsymbol{\alpha}_k,\quad i=1,2,\cdots,n \tag{D.1.7}$$

(2) 单位化

$$\boldsymbol{\xi}_i=\frac{1}{|\boldsymbol{\alpha}_i|}\boldsymbol{\alpha}_i,\quad i=1,2,\cdots,n \tag{D.1.8}$$

规范化正交复向量集$\{\boldsymbol{x}_i\}\in\mathbb{C}^n$构成**酉矩阵**$\boldsymbol{U}\in\mathbb{C}^{n\times n}$，满足正交条件

$$\boldsymbol{U}\boldsymbol{U}^{\mathrm{H}}=\boldsymbol{I} \tag{D.1.9}$$

式中，$\boldsymbol{I}$是单位矩阵。

规范化正交实向量集$\{\boldsymbol{x}_i\}\in\mathbb{R}^n$构成**正交矩阵**$\boldsymbol{P}\in\mathbb{R}^{n\times n}$，满足正交条件

$$\boldsymbol{P}\boldsymbol{P}^{\mathrm{H}}=\boldsymbol{I} \tag{D.1.10}$$

显然，正交矩阵$\boldsymbol{P}$是酉矩阵$\boldsymbol{U}$的实空间体现。

D.1.4 特征值和特征向量

设$\boldsymbol{A}\in\mathbb{F}^{n\times n}$，$\boldsymbol{x}\in\mathbb{F}^n$。对$\lambda\in\mathbb{F}$，若$\boldsymbol{x}\neq 0$时下式成立

$$\boldsymbol{A}\boldsymbol{x}=\lambda\boldsymbol{x} \tag{D.1.11}$$

则λ是$\boldsymbol{A}$的**特征值**，$\boldsymbol{x}$是$\boldsymbol{A}$的**特征向量**。

将式(D.1.11)写作

$$(\lambda\boldsymbol{I}-\boldsymbol{A})\boldsymbol{x}=0 \tag{D.1.12}$$

此式有非零向量解的充分且必要条件是

$$\det(\lambda \boldsymbol{I}-\boldsymbol{A})=0 \tag{D.1.13}$$

上式是矩阵 $\boldsymbol{A}$ 的**特征值方程**，$\det(\lambda \boldsymbol{I}-\boldsymbol{A})$ 称为特征值多项式。

λ 是矩阵 $\boldsymbol{A}$ 的特征值的充要条件是，λ 是矩阵 $\boldsymbol{A}$ 特征值方程的根。包括重根，矩阵 $\boldsymbol{A}\in\mathbb{F}^{n\times n}$ 共有 n 个特征值。

命题 D.1　如果 $\lambda\in\mathbb{F}$ 是矩阵 $\boldsymbol{A}\in\mathbb{F}^{n\times n}$ 的特征值，那么也是 $\boldsymbol{A}^{\mathrm{T}}$ 的特征值。

证明：矩阵行列式与其转置的行列式相等，由于

$$(\lambda \boldsymbol{I}-\boldsymbol{A})^{\mathrm{T}}=\lambda \boldsymbol{I}-\boldsymbol{A}^{\mathrm{T}}$$

因此

$$\det(\lambda \boldsymbol{I}-\boldsymbol{A}^{\mathrm{T}})=\det(\lambda \boldsymbol{I}-\boldsymbol{A})=0$$

证毕

命题 D.2　矩阵 $\boldsymbol{A}\in\mathbb{F}^{n\times n}$ 的相异特征值 $\lambda_i,\lambda_j\in\mathbb{F}(i\neq j)$ 所对应的特征向量 $\boldsymbol{x}_i,\boldsymbol{x}_j\in\mathbb{F}^n(i\neq j)$ 线性无关。

证明：采用数学归纳法。

当 $i=1$ 时命题成立，因为一个非零向量自然是线性无关的。

设当 $i=r-1$ 时命题成立，即 $\boldsymbol{x}_1,\boldsymbol{x}_2,\cdots,\boldsymbol{x}_{r-1}$ 线性无关。考察 r 个互异特征值的情况。设

$$a_1\boldsymbol{x}_1+a_2\boldsymbol{x}_2+\cdots+a_{r-1}\boldsymbol{x}_{r-1}+a_r\boldsymbol{x}_r=0 \tag{D.1.14}$$

即

$$a_1\boldsymbol{A}\boldsymbol{x}_1+a_2\boldsymbol{A}\boldsymbol{x}_2+\cdots+a_{r-1}\boldsymbol{A}\boldsymbol{x}_{r-1}+a_r\boldsymbol{A}\boldsymbol{x}_r=0$$

由于

$$\boldsymbol{A}\boldsymbol{x}_i=\lambda_i\boldsymbol{x}_i$$

因此

$$a_1\lambda_1\boldsymbol{x}_1+a_2\lambda_2\boldsymbol{x}_2+\cdots+a_{r-1}\lambda_{r-1}\boldsymbol{x}_{r-1}+a_r\lambda_r\boldsymbol{x}_r=0 \tag{D.1.15}$$

式(D.1.14)乘以 λ_r 后与式(D.1.15)做差，有

$$a_1(\lambda_r-\lambda_1)\boldsymbol{x}_1+a_2(\lambda_r-\lambda_2)\boldsymbol{x}_2+\cdots+a_{r-1}(\lambda_r-\lambda_{r-1})\boldsymbol{x}_{r-1}=0$$

由于 $\boldsymbol{x}_1,\boldsymbol{x}_2,\cdots,\boldsymbol{x}_{r-1}$ 线性无关，故

$$\lambda_r-\lambda_i\neq 0,\quad i=1,2,\cdots,i-1$$

所以

$$a_1=a_2=\cdots=a_{r-1}=0$$

代入式(D.1.15)，得 $a_r=0$，即 $\boldsymbol{x}_1,\boldsymbol{x}_2,\cdots,\boldsymbol{x}_r$ 线性无关。

证毕

D.1.5　可对角化矩阵

矩阵 $\boldsymbol{A}\in\mathbb{F}^{n\times n}$ 的特征值 $\lambda_i\in\mathbb{F}$ 的**代数重复度** m_i 是 λ_i 的重复次数。λ_i 的**几何重复度** a_i 是

$$a_i = n - \operatorname{rank}(\lambda_i \boldsymbol{I} - \boldsymbol{A}) \tag{D.1.16}$$

代数重复度与几何重复度满足关系

$$m_i \geqslant a_i \tag{D.1.17}$$

如果矩阵 $\boldsymbol{A} \in \mathbb{F}^{n\times n}$ 任意特征值的代数重复度都等于几何重复度，那么 $\boldsymbol{A}$ 是**单纯矩阵**。

例 D.1 计算如下四个矩阵的代数重复度和几何重复度

$$\boldsymbol{A}_1 = \begin{bmatrix} \lambda_1 & 1 & 0 & 0 \\ 0 & \lambda_1 & 0 & 0 \\ 0 & 0 & \lambda_2 & 1 \\ 0 & 0 & 0 & \lambda_2 \end{bmatrix}, \quad \boldsymbol{A}_2 = \begin{bmatrix} \lambda_1 & 0 & 0 & 0 \\ 0 & \lambda_1 & 0 & 0 \\ 0 & 0 & \lambda_2 & 1 \\ 0 & 0 & 0 & \lambda_2 \end{bmatrix}$$

$$\boldsymbol{A}_3 = \begin{bmatrix} \lambda_1 & 1 & 0 & 0 \\ 0 & \lambda_1 & 0 & 0 \\ 0 & 0 & \lambda_2 & 0 \\ 0 & 0 & 0 & \lambda_2 \end{bmatrix}, \quad \boldsymbol{A}_4 = \begin{bmatrix} \lambda_1 & 0 & 0 & 0 \\ 0 & \lambda_1 & 0 & 0 \\ 0 & 0 & \lambda_2 & 0 \\ 0 & 0 & 0 & \lambda_2 \end{bmatrix}$$

解：四个矩阵都有 λ_1, λ_2 两个相异特征值，每个特征值代数重复度都是 2，即

$$m_1 = m_2 = 2$$

矩阵 $\boldsymbol{A}_1$ 的几何重复度为

$$\begin{cases} \alpha_1 = 4 - \operatorname{rank}(\lambda_1 \boldsymbol{I} - \boldsymbol{A}_1) = 4 - 3 = 1 \\ \alpha_2 = 4 - \operatorname{rank}(\lambda_2 \boldsymbol{I} - \boldsymbol{A}_1) = 4 - 3 = 1 \end{cases}$$

矩阵 $\boldsymbol{A}_2$ 的几何重复度为

$$\begin{cases} \alpha_1 = 4 - \operatorname{rank}(\lambda_1 \boldsymbol{I} - \boldsymbol{A}_2) = 4 - 2 = 2 \\ \alpha_2 = 4 - \operatorname{rank}(\lambda_2 \boldsymbol{I} - \boldsymbol{A}_2) = 4 - 3 = 1 \end{cases}$$

同理，第 3 个矩阵 $\alpha_1 = 1, \alpha_2 = 2$，第 4 个矩阵 $\alpha_1 = \alpha_2 = 2$。

四个矩阵中，只有矩阵 $\boldsymbol{A}_4$ 的代数重复度等于几何重复度，是单纯矩阵。

容易理解，所有特征值都相异的矩阵是单纯矩阵。

命题 D.3 设矩阵 $\boldsymbol{A} \in \mathbb{F}^{n\times n}$，若 $\lambda_i \in \mathbb{F}$ 的几何重复度为 a_i，则 λ_i 对应 a_i 个线性无关的特征向量。

证明：矩阵理论表明，若 $\operatorname{rank}(\boldsymbol{A}) = n - a_i$，则 $\boldsymbol{Ax} = 0$ 有 $n - a_i$ 个线性无关的解向量。因此，若

$$\operatorname{rank}(\lambda_i \boldsymbol{I} - \boldsymbol{A}) = n - a_i$$

于是方程 $(\lambda_i \boldsymbol{I} - \boldsymbol{A})\boldsymbol{x} = 0$ 有 a_i 个线性无关的解向量。

证毕

命题 D.4 单纯矩阵 $\boldsymbol{A} \in \mathbb{F}^{n\times n}$ 存在 n 个线性无关的特征向量，反之亦然。

证明：先证明充分条件。

设单纯矩阵 $\boldsymbol{A}$ 有 r 个相异特征值 $\lambda_i (i = 1, 2, \cdots, r)$。根据命题 D.2，相异特征值对应的特

征向量线性无关；根据命题 D.3，每个相异特征值λ_i对应a_i个线性无关的特征向量。注意到

$$\sum_{i=1}^{n} m_i = n \tag{D.1.18}$$

单纯矩阵，代数重复度m_i与几何重复度a_i相同，故

$$\sum_{i=1}^{n} a_i = n \tag{D.1.19}$$

因此，存在n个线性无关的特征向量。

再证明必要条件。

存在n个线性无关特征向量的矩阵$\boldsymbol{A}$满秩。如果存在特征值λ_i，其几何重复度α_i小于代数重复度m_i，由于代数重复度m_i之和遵守式(D.1.18)，式(D.1.19)不成立，即矩阵$\boldsymbol{A}$不满秩。所以矩阵$\boldsymbol{A}$满秩与$m_i = a_i, (\forall i)$等价，即矩阵$\boldsymbol{A}$是单纯矩阵。

证毕

设有矩阵$\boldsymbol{A}, \boldsymbol{B} \in \mathbb{F}^{n\times n}$。若矩阵$\boldsymbol{P} \in \mathbb{F}^{n\times n}$的逆存在且满足关系

$$\boldsymbol{A} = \boldsymbol{P}\boldsymbol{B}\boldsymbol{P}^{-1} \tag{D.1.20}$$

则矩阵$\boldsymbol{A}, \boldsymbol{B}$互为**相似矩阵**。

命题 D.5　矩阵$\boldsymbol{A} \in \mathbb{F}^{n\times n}$与对角矩阵相似的充要条件是矩阵$\boldsymbol{A}$为单纯矩阵。

证明：首先证明单纯矩阵定然可对角化。

以单纯矩阵n个线性无关的特征向量为列组成矩阵$\boldsymbol{P}$，即

$$\boldsymbol{P} \in \mathbb{F}^{n\times n} = [\boldsymbol{x}_1, \boldsymbol{x}_2, \cdots, \boldsymbol{x}_n]$$

则

$$\boldsymbol{A}\boldsymbol{P} = [\boldsymbol{A}\boldsymbol{x}_1, \boldsymbol{A}\boldsymbol{x}_2, \cdots, \boldsymbol{A}\boldsymbol{x}_n] = [\lambda_1\boldsymbol{x}_1, \lambda_2\boldsymbol{x}_2, \cdots, \lambda_n\boldsymbol{x}_n]$$

就是

$$\boldsymbol{A}\boldsymbol{P} = [\boldsymbol{x}_1, \boldsymbol{x}_2, \cdots, \boldsymbol{x}_n]\boldsymbol{\Lambda} = \boldsymbol{P}\boldsymbol{\Lambda} \tag{D.1.21}$$

其中

$$\boldsymbol{\Lambda} = \mathrm{diag}(\lambda_1, \lambda_2, \cdots, \lambda_n)$$

式(D.1.21)右乘$\boldsymbol{P}^{-1}$，得

$$\boldsymbol{A} = \boldsymbol{P}\boldsymbol{\Lambda}\boldsymbol{P}^{-1} \tag{D.1.22}$$

其次证明，可对角化矩阵一定是单纯矩阵。

可对角化矩阵必然存在可逆变换矩阵$\boldsymbol{P}$，其列向量是矩阵$\boldsymbol{A}$的n个线性无关的特征向量。根据命题 D.4，矩阵$\boldsymbol{A}$必是单纯矩阵。

证毕

D.1.6　酉变换和正交变换

命题 D.6(舒尔命题，Schur theorem)　任何复矩阵$\boldsymbol{A} \in \mathbb{C}^{n\times n}$都酉相似一个上三角矩阵，即存在一个酉矩阵$\boldsymbol{U} \in \mathbb{C}^{n\times n}$和一个上三角矩阵$\boldsymbol{R} \in \mathbb{C}^{n\times n}$，使得

$$\boldsymbol{U}^{\mathrm{H}}\boldsymbol{A}\boldsymbol{U}=\boldsymbol{R} \tag{D.1.23}$$

证明： 采用数学归纳法。

一阶矩阵时，结论显然成立。

设$n-1$阶矩阵时结论成立，对n阶矩阵，取其任意特征值λ_1，对应单位特征向量$\boldsymbol{x}_1$，于是

$$\begin{cases}\boldsymbol{A}\boldsymbol{x}_1=\lambda_1\boldsymbol{x}_1\\ \boldsymbol{x}_1^{\mathrm{H}}\boldsymbol{x}_1=\boldsymbol{I}\end{cases} \tag{D.1.24}$$

构造$n-1$个n维向量$\boldsymbol{x}_2,\boldsymbol{x}_3,\cdots,\boldsymbol{x}_n$，使矩阵$\boldsymbol{P}=[\boldsymbol{x}_1,\boldsymbol{x}_2,\cdots,\boldsymbol{x}_n]$为酉矩阵。于是

$$\boldsymbol{P}^{\mathrm{H}}\boldsymbol{A}\boldsymbol{P}=[\boldsymbol{x}_1,\boldsymbol{x}_2,\cdots,\boldsymbol{x}_n]^{\mathrm{H}}\boldsymbol{A}[\boldsymbol{x}_1,\boldsymbol{x}_2,\cdots,\boldsymbol{x}_n]$$

考虑式(D.1.24)

$$\boldsymbol{P}^{\mathrm{H}}\boldsymbol{A}\boldsymbol{P}=\begin{bmatrix}\lambda_1 & \boldsymbol{x}_1^{\mathrm{H}}\boldsymbol{A}\boldsymbol{x}_2 & \cdots & \boldsymbol{x}_1^{\mathrm{H}}\boldsymbol{A}\boldsymbol{x}_n\\ 0 & \boldsymbol{x}_2^{\mathrm{H}}\boldsymbol{A}\boldsymbol{x}_2 & \cdots & \boldsymbol{x}_2^{\mathrm{H}}\boldsymbol{A}\boldsymbol{x}_n\\ \vdots & \vdots & & \vdots\\ 0 & \boldsymbol{x}_n^{\mathrm{H}}\boldsymbol{A}\boldsymbol{x}_2 & \cdots & \boldsymbol{x}_n^{\mathrm{H}}\boldsymbol{A}\boldsymbol{x}_n\end{bmatrix}=\begin{bmatrix}\lambda_1 & \boldsymbol{\beta}\\ \boldsymbol{0} & \boldsymbol{A}_1\end{bmatrix}$$

其中，$\boldsymbol{\beta}$为$n-1$阶行向量，$\boldsymbol{0}$为$n-1$列向量，$\boldsymbol{A}_1$为$n-1$阶矩阵。

由于假设$n-1$阶矩阵时结论成立，因此

$$\boldsymbol{U}_1^{\mathrm{H}}\boldsymbol{A}_1\boldsymbol{U}_1=\boldsymbol{R}_1$$

于是

$$\boldsymbol{P}^{\mathrm{H}}\boldsymbol{A}\boldsymbol{P}=\begin{bmatrix}\lambda_1 & \boldsymbol{\beta}\\ \boldsymbol{0} & \boldsymbol{U}_1\boldsymbol{R}_1\boldsymbol{U}_1^{\mathrm{H}}\end{bmatrix}=\begin{bmatrix}1 & \boldsymbol{0}\\ \boldsymbol{0} & \boldsymbol{U}_1\end{bmatrix}\begin{bmatrix}\lambda_1 & \boldsymbol{\beta}\boldsymbol{U}_1\\ \boldsymbol{0} & \boldsymbol{R}_1\end{bmatrix}\begin{bmatrix}\lambda_1 & \boldsymbol{0}\\ \boldsymbol{0} & \boldsymbol{U}_1^{\mathrm{H}}\end{bmatrix}$$

令

$$\tilde{\boldsymbol{U}}=\begin{bmatrix}1 & \boldsymbol{0}\\ \boldsymbol{0} & \boldsymbol{U}_1\end{bmatrix},\quad \boldsymbol{R}=\begin{bmatrix}\lambda_1 & \boldsymbol{\beta}\boldsymbol{U}_1\\ \boldsymbol{0} & \boldsymbol{R}_1\end{bmatrix}$$

则

$$\boldsymbol{P}^{\mathrm{H}}\boldsymbol{A}\boldsymbol{P}=\tilde{\boldsymbol{U}}\boldsymbol{R}\tilde{\boldsymbol{U}}^{\mathrm{H}}$$

这样

$$\boldsymbol{R}=\tilde{\boldsymbol{U}}^{\mathrm{H}}\boldsymbol{P}^{\mathrm{H}}\boldsymbol{A}\boldsymbol{P}\tilde{\boldsymbol{U}}$$

再令

$$\boldsymbol{U}=\boldsymbol{P}\tilde{\boldsymbol{U}}$$

得到

$$\boldsymbol{R}=\boldsymbol{U}^{\mathrm{H}}\boldsymbol{A}\boldsymbol{U}$$

证毕

命题 D.7 厄米矩阵$\boldsymbol{A}\in\mathbb{C}^{n\times n}$定然酉相似于对角矩阵。

证明： 根据命题 D.6，有

$$\boldsymbol{R}^{\mathrm{H}} = \left(\boldsymbol{U}^{\mathrm{H}}\boldsymbol{A}\boldsymbol{U}\right)^{\mathrm{H}} = \boldsymbol{U}^{\mathrm{H}}\boldsymbol{A}\boldsymbol{U} = \boldsymbol{R}$$

因此 $\boldsymbol{R}^{\mathrm{H}} = \boldsymbol{R}$，对上三角矩阵 $\boldsymbol{R}$ 来说，只能是对角矩阵。

证毕

推论 D.1　厄米矩阵 $\boldsymbol{A} \in \mathbb{C}^{n\times n}$ 必然是单纯矩阵。

证明：因厄米矩阵 $\boldsymbol{A}$ 与对角矩阵相似，根据命题 D.5，必然是单纯矩阵。

证毕

命题 D.8　厄米矩阵 $\boldsymbol{A} \in \mathbb{C}^{n\times n}$ 的特征值定为实数。

证明：设 λ 为厄米矩阵 $\boldsymbol{A}$ 的一个特征值，则

$$\boldsymbol{A}\boldsymbol{x} = \lambda\boldsymbol{x} \tag{D.1.25}$$

于是

$$\boldsymbol{x}^{\mathrm{H}}\boldsymbol{A} = \hat{\lambda}\boldsymbol{x}^{\mathrm{H}} \tag{D.1.26}$$

式(D.1.25)左乘 $\boldsymbol{x}^{\mathrm{H}}$，式(D.1.26)右乘 $\boldsymbol{x}$，之后相减，得到

$$\left(\lambda - \hat{\lambda}\right)\boldsymbol{x}^{\mathrm{H}}\boldsymbol{x} = 0$$

因 $\boldsymbol{x} \neq 0$，故 $\lambda = \hat{\lambda}$，意味着 λ 为实数。

证毕

命题 D.9　厄米矩阵 $\boldsymbol{A} \in \mathbb{C}^{n\times n}$ 相异特征值对应的特征向量彼此正交。

证明：设 λ_1, λ_2 为厄米矩阵 $\boldsymbol{A}$ 的两个相异特征值，即

$$\begin{cases} \boldsymbol{A}\boldsymbol{x}_1 = \lambda_1\boldsymbol{x}_1 \\ \boldsymbol{A}\boldsymbol{x}_2 = \lambda_2\boldsymbol{x}_2 \end{cases} \tag{D.1.27}$$

由于 λ_1, λ_2 为实数，因此

$$\boldsymbol{x}_2^{\mathrm{H}}\boldsymbol{A} = \lambda_2\boldsymbol{x}_2^{\mathrm{H}} \tag{D.1.28}$$

式(D.1.27)第 1 式左乘 $\boldsymbol{x}_2^{\mathrm{H}}$，式(D.1.28)右乘 $\boldsymbol{x}_1$，之后相减，得到

$$\left(\lambda_1 - \lambda_2\right)\boldsymbol{x}_2^{\mathrm{H}}\boldsymbol{x}_1 = 0$$

因 $\lambda_1 - \lambda_2 \neq 0$，故 $\boldsymbol{x}_2^{H}\boldsymbol{x}_1 = 0$，意味着 $\boldsymbol{x}_1, \boldsymbol{x}_2$ 正交。

证毕

命题 D.10　厄米矩阵 $\boldsymbol{A} \in \mathbb{C}^{n\times n}$ 必有 n 个相互正交的特征向量，由此构成的酉矩阵 $\boldsymbol{U}$ 可使矩阵 $\boldsymbol{A}$ 对角化，即

$$\boldsymbol{U}^{\mathrm{H}}\boldsymbol{A}\boldsymbol{U} = \boldsymbol{\Lambda} \tag{D.1.29}$$

其中

$$\boldsymbol{\Lambda} = \mathrm{diag}\left(\lambda_1, \lambda_2, \cdots, \lambda_n\right)$$

证明：根据推论 D.1，厄米矩阵 $\boldsymbol{A}$ 是单纯矩阵，因此存在 n 个线性无关的特征向量。

根据命题 D.9，若厄米矩阵 $\boldsymbol{A}$ 的 n 个特征根均相异，则存在 n 个相互正交的特征向量。

若存在相同特征值，每个相同特征值对应与几何重复度数量相同的线性无关的特征向量，施密特正交化方法可使这些特征向量正交。

综上，无论是否存在重根，厄米矩阵 $\boldsymbol{A}$ 定然存在 n 个相互正交的特征向量。

n 个相互正交的特征向量构成一个规范化正交向量集$\{\boldsymbol{x}_i\}$，进而构成酉矩阵$\boldsymbol{U}\in\mathbb{C}^{n\times n}$。根据命题 D.5

$$\boldsymbol{A}=\boldsymbol{U}\boldsymbol{\Lambda}\boldsymbol{U}^{-1}$$

酉矩阵满足关系$\boldsymbol{U}^{-1}=\boldsymbol{U}^{\mathrm{H}}$，故

$$\boldsymbol{A}=\boldsymbol{U}\boldsymbol{\Lambda}\boldsymbol{U}^{\mathrm{H}}$$

证毕

命题 D.11　厄米矩阵$\boldsymbol{A}\in\mathbb{C}^{n\times n}$酉变换后依然是厄米矩阵。

证明：设$\boldsymbol{U}$为酉矩阵，令

$$\boldsymbol{U}^{\mathrm{H}}\boldsymbol{A}\boldsymbol{U}=\boldsymbol{B}$$

由于

$$\boldsymbol{B}^{\mathrm{H}}=\boldsymbol{U}^{\mathrm{H}}\boldsymbol{A}^{\mathrm{H}}\boldsymbol{U}$$

而$\boldsymbol{A}^{\mathrm{H}}=\boldsymbol{A}$，故$\boldsymbol{B}=\boldsymbol{B}^{\mathrm{H}}$。

证毕

实对称矩阵是虚部为零的厄米矩阵，厄米矩阵的命题和结论对实对称矩阵依然有效。

容易证明如下的命题。

命题 D.12　实对称矩阵$\boldsymbol{A}\in\mathbb{R}^{n\times n}$定然相似于对角矩阵。

命题 D.13　实对称矩阵$\boldsymbol{A}\in\mathbb{R}^{n\times n}$的特征值定为实数。

命题 D.14　实对称矩阵$\boldsymbol{A}\in\mathbb{R}^{n\times n}$相异特征值对应的特征向量彼此正交。

命题 D.15　实对称矩阵$\boldsymbol{A}\in\mathbb{R}^{n\times n}$必有$n$个相互正交的特征向量，由此构成的正交矩阵$\boldsymbol{P}$可使矩阵$\boldsymbol{A}$对角化，即

$$\boldsymbol{P}^{\mathrm{T}}\boldsymbol{A}\boldsymbol{P}=\boldsymbol{\Lambda}\tag{D.1.30}$$

其中，$\boldsymbol{\Lambda}=\mathrm{diag}(\lambda_1,\lambda_2,\cdots,\lambda_n)$。

命题 D.16　实对称矩阵$\boldsymbol{A}\in\mathbb{R}^{n\times n}$正交变换后依然是实对称矩阵。

D.1.7　厄米正定矩阵

如果厄米矩阵$\boldsymbol{A}\in\mathbb{C}^{n\times n}$对任意$n$维复向量$\boldsymbol{x}$都有

$$\boldsymbol{x}^{\mathrm{H}}\boldsymbol{A}\boldsymbol{x}\geqslant 0$$

则称$\boldsymbol{A}$为**非负定(半正定)矩阵**，记作$\boldsymbol{A}\geqslant 0$。如果

$$\boldsymbol{x}^{\mathrm{H}}\boldsymbol{A}\boldsymbol{x}>0$$

则称$\boldsymbol{x}^{\mathrm{H}}\boldsymbol{A}\boldsymbol{x}\geqslant 0$为**正定矩阵**，记作$\boldsymbol{A}>0$。

命题 D.17　矩阵$\boldsymbol{A}\in\mathbb{C}^{n\times n}$正定(非负定)的充要条件是其所有特征值都是正数(非负数)。

证明：设$\boldsymbol{A}>0(\boldsymbol{A}\geqslant 0)$，设$\lambda$是矩阵$\boldsymbol{A}$任意的特征值，$\boldsymbol{\xi}$是对应的特征向量，于是

$$\lambda=\boldsymbol{\xi}^{\mathrm{H}}\boldsymbol{A}\boldsymbol{\xi}>0(\geqslant 0)$$

必要性得证。

由于存在酉矩阵$\boldsymbol{U}$，使得

$$A = U^{\mathrm{H}} \mathrm{diag}(\lambda_1, \lambda_2, \cdots, \lambda_n) U$$

若 A 的特征值 $\lambda_i (i = 1, 2, \cdots, n)$ 都是正数(非负数)，则对任意 n 维非零向量 x 都有

$$x^{\mathrm{H}} A x = x^{\mathrm{H}} U^{\mathrm{H}} \mathrm{diag}(\lambda_1, \lambda_2, \cdots, \lambda_n) U x > 0 (\geqslant 0)$$

式中，$Ux \neq 0$，说明 $A > 0 (A \geqslant 0)$。充分性得证。

证毕

命题 D.18　矩阵 $A \in \mathbb{C}^{n\times n}$ 正定的充要条件是存在 n 阶非奇异矩阵 P，使得 $A = P^{\mathrm{H}} P$。

证明：命题的充分性显然，只证明必要性。厄米矩阵定然存在酉矩阵 U，使得

$$A = U^{\mathrm{H}} \mathrm{diag}(\lambda_1, \lambda_2, \cdots, \lambda_n) U$$

如果 $A > 0$，则由命题 D.17 知道，$\lambda_i > 0 (i = 1, 2, \cdots, n)$，这样，令

$$P = \mathrm{diag}\left(\sqrt{\lambda_1}, \sqrt{\lambda_2}, \cdots, \sqrt{\lambda_n}\right) U$$

显然，P 非奇异，且 $A = P^{\mathrm{H}} P$。

证毕

D.2　矩阵范数和谱半径

人们习惯用数判断大小。矩阵和向量不是数，而是数的有序集合。尽管如此，仍可用数判断其大小，这样的数就是范数。范数是度量矩阵、向量大小的一种数，用符号 $\|\cdot\|$ 表示。

设 $A, B \in \mathbb{F}^{n\times n}$。矩阵范数满足以下条件。

(1) 非负性：如果 $A \neq 0$，则 $\|A\| > 0$；如果 $A = 0$，则 $\|A\| = 0$；

(2) 齐次性：对任意的 $k \in \mathbb{F}, \|kA\| = |k| \|A\|$；

(3) 三角不等式：$\|A + B\| \leqslant \|A\| + \|B\|$；

(4) 相容性：当乘积 AB 有意义时，$\|AB\| \leqslant \|A\| \|B\|$。

满足上述四个条件的数 $\|A\|$ 是矩阵 A 的范数。

矩阵 $A = (a_{ij})$ 的三种常见范数如下：

$$\begin{cases} \text{列范数(1范数)} \quad \|A\|_1 = \max\limits_j \sum\limits_{i=1}^{n} |a_{ij}| \\ \text{行范数}(\infty\text{范数}) \quad \|A\|_\infty = \max\limits_i \sum\limits_{j=1}^{n} |a_{ij}| \\ \text{谱范数(2范数)} \quad \|A\|_2 = \sqrt{\lambda_{\max}(A^{\mathrm{H}} A)} \end{cases} \tag{D.2.1}$$

矩阵 $A \in \mathbb{F}^{n\times n}$ 的谱半径 $\rho(A)$ 是其特征值模的最大值，即

$$\rho(A) = \max_i \{|\lambda_i|\} \tag{D.2.2}$$

式中，λ_i 是 A 的特征值。

命题 D.19 矩阵 $\boldsymbol{A}\in\mathbb{F}^{n\times n}$ 的谱半径不会超过其任意一种范数，即

$$\rho(\boldsymbol{A})\leqslant\|\boldsymbol{A}\| \tag{D.2.3}$$

证明：设 λ 是矩阵 $\boldsymbol{A}$ 的一个特征值，因此

$$\boldsymbol{A}\boldsymbol{x}=\lambda\boldsymbol{x}$$

式中，$\boldsymbol{x}$ 是特征向量。于是

$$|\lambda|\|\boldsymbol{x}\|=\|\lambda\boldsymbol{x}\|=\|\boldsymbol{A}\boldsymbol{x}\|=\|\boldsymbol{A}\|\|\boldsymbol{x}\|$$

即 $|\lambda|\leqslant\|\boldsymbol{A}\|$，故 $\rho(\boldsymbol{A})\leqslant\|\boldsymbol{A}\|$。

证毕

命题 D.20 矩阵 $\boldsymbol{A}\in\mathbb{F}^{n\times n}$ 的谱半径等于其谱范数，即

$$\rho(\boldsymbol{A})=\|\boldsymbol{A}\|_2 \tag{D.2.4}$$

证明：矩阵 $\boldsymbol{A}$ 存在酉矩阵 $\boldsymbol{U}$，满足

$$\boldsymbol{U}^{\mathrm{H}}\boldsymbol{A}\boldsymbol{U}=\boldsymbol{\Lambda}=\operatorname{diag}(\lambda_1,\lambda_2,\cdots,\lambda_n)$$

因此

$$\|\boldsymbol{A}\|_2=\sqrt{\lambda_{\max}\left(\boldsymbol{A}^{\mathrm{H}}\boldsymbol{A}\right)}=\sqrt{\max_i|\lambda_i|^2}=\rho(\boldsymbol{A})$$

证毕

D.3 矩 阵 级 数

D.3.1 矩阵级数的概念

设有矩阵序列 $\left\{\boldsymbol{A}^{(k)}\right\}$，其中

$$\boldsymbol{A}^{(k)}\in\mathbb{F}^{n\times n}=\left(a_{ij}^{(k)}\right) \tag{D.3.1}$$

称其无穷项之和

$$\boldsymbol{A}_{\Sigma}=\sum_{k=0}^{+\infty}\boldsymbol{A}^{(k)} \tag{D.3.2}$$

为**矩阵级数**。

如果矩阵级数 $\boldsymbol{A}_{\Sigma}$ 的前 $m+1$ 项之和

$$\boldsymbol{S}^{(m)}=\sum_{k=0}^{m}\boldsymbol{A}^{(k)} \tag{D.3.3}$$

存在极限

$$\lim_{m\to\infty}\boldsymbol{S}^{(m)}=\boldsymbol{S} \tag{D.3.4}$$

则 $\boldsymbol{A}_{\Sigma}$ 为收敛矩阵级数，即

$$\boldsymbol{A}_{\Sigma}=\sum_{k=0}^{+\infty}\boldsymbol{A}^{(k)}=\boldsymbol{S} \tag{D.3.5}$$

根据收敛矩阵级数的定义，有

(1) 若 $\boldsymbol{A}_\Sigma$ 收敛，则

$$\lim_{k\to\infty}\boldsymbol{A}^{(k)}=0$$

(2) 若

$$\begin{cases}\boldsymbol{A}_\Sigma=\sum_{k=0}^{+\infty}\boldsymbol{A}^{(k)}=\boldsymbol{S}_A\\ \boldsymbol{B}_\Sigma=\sum_{k=0}^{+\infty}\boldsymbol{B}^{(k)}=\boldsymbol{S}_B\end{cases}$$

则

$$\boldsymbol{A}_\Sigma+\boldsymbol{B}_\Sigma=\boldsymbol{S}_A+\boldsymbol{S}_B$$

(3) 若 $\boldsymbol{A}_\Sigma=\boldsymbol{S},\alpha\in\mathbb{F}$，则

$$\alpha\boldsymbol{A}_\Sigma=\sum_{k=0}^{+\infty}\alpha\boldsymbol{A}^{(k)}=\alpha\boldsymbol{S}$$

若级数每项绝对值构成的正项级数收敛，则该级数绝对收敛。对于矩阵级数 $\boldsymbol{A}_\Sigma$，如果关于每个元素的数项级数都绝对收敛，则 $\boldsymbol{A}_\Sigma$ 绝对收敛。

命题 D.21 矩阵级数 $\boldsymbol{A}_\Sigma$ 绝对收敛的充要条件是 $\sum_{k=0}^{+\infty}\left\|\boldsymbol{A}^{(k)}\right\|$ 收敛。

证明： 构造范数

$$\sum_{k=0}^{+\infty}\left\|\boldsymbol{A}^{(k)}\right\|_m=\sum_{k=0}^{+\infty}\sum_{i=1}^{n}\sum_{j=1}^{n}\left|a_{ij}^{(k)}\right|$$

若矩阵级数 $\boldsymbol{A}_\Sigma$ 绝对收敛，必有一正数 M 存在，使得

$$a_{ij}^{\Sigma}=\sum_{k=0}^{+\infty}\left|a_{ij}^{(k)}\right|<M,\quad i,j=1,2,\cdots,n$$

从而

$$\sum_{k=0}^{+\infty}\left\|\boldsymbol{A}^{(k)}\right\|_m<n^2M$$

故 $\sum_{k=0}^{+\infty}\left\|\boldsymbol{A}^{(k)}\right\|_m$ 为收敛级数。范数具有等价性，因此 $\sum_{k=0}^{+\infty}\left\|\boldsymbol{A}^{(k)}\right\|$ 也是收敛级数。

反之，若 $\sum_{k=0}^{+\infty}\left\|\boldsymbol{A}^{(k)}\right\|$ 收敛，则 $\sum_{k=0}^{+\infty}\left\|\boldsymbol{A}^{(k)}\right\|_m$ 也收敛，由于

$$a_{ij}^{\Sigma}\leqslant\left\|\boldsymbol{A}^{(k)}\right\|_m,\quad i,j=1,2,\cdots,n$$

表明每个数项级数 a_{ij}^{Σ} 都是绝对收敛的。因此，矩阵级数 $\boldsymbol{A}_\Sigma$ 绝对收敛。

证毕

例 D.2 证明矩阵级数 $\sum_{k=0}^{+\infty}\frac{1}{k!}\boldsymbol{A}^k$ 绝对收敛。

证明：因为

$$\left\|\frac{1}{k!}\boldsymbol{A}^k\right\| \leqslant \frac{1}{k!}\left\|\boldsymbol{A}^k\right\|$$

注意到

$$\exp(\|\boldsymbol{A}\|) = \frac{1}{k!}\left\|\boldsymbol{A}^k\right\|$$

故 $\sum_{k=0}^{+\infty}\frac{1}{k!}\boldsymbol{A}^k$ 绝对收敛。并称为关于 $\boldsymbol{A}$ 的矩阵指数函数，记作 $\exp(\boldsymbol{A})$，即

$$\exp(\boldsymbol{A}) = \sum_{k=0}^{+\infty}\frac{1}{k!}\boldsymbol{A}^k \tag{D.3.6}$$

同样道理，有

$$\begin{cases} \sin\boldsymbol{A} = \sum_{k=0}^{+\infty}(-1)^{k-1}\dfrac{1}{(2k-1)!}\boldsymbol{A}^{2k-1} \\ \cos\boldsymbol{A} = \sum_{k-0}^{+\infty}(-1)^{k}\dfrac{1}{(2k)!}\boldsymbol{A}^{2k} \end{cases} \tag{D.3.7}$$

命题 D.22 矩阵序列 $\left\{\boldsymbol{A}^{(k)}\right\}$ 满足关系

$$\lim_{k\to\infty}\boldsymbol{A}^{(k)} = 0$$

的充要条件是：矩阵 $\boldsymbol{A}$ 所有特征值模都小于 1，即 $\boldsymbol{A}$ 的谱半径 $\rho(\boldsymbol{A})$ 都小于 1。

证明请参阅有关书籍。

D.3.2 矩阵幂级数

如下形式

$$\boldsymbol{A}_\Sigma = \sum_{k=0}^{+\infty}c_k\boldsymbol{A}^k, \quad c_k \in \mathbb{F} \tag{D.3.8}$$

的矩阵级数是**矩阵幂级数**。

数项级数 $\sum_{k=0}^{+\infty}\left\|c_k\boldsymbol{A}^k\right\|$ 的每一项不大于数项级数 $\sum_{k=0}^{+\infty}|c_k|\left\|\boldsymbol{A}^k\right\|$ 的对应项。因此，若 $\sum_{k=0}^{+\infty}|c_k|\left\|\boldsymbol{A}^k\right\|$ 收敛，则矩阵幂级数 $\sum_{k=0}^{+\infty}c_k\boldsymbol{A}^k$ 绝对收敛。于是有如下的命题。

命题 D.23 若正项级数 $\sum_{k=0}^{+\infty}|c_k|\left\|\boldsymbol{A}^k\right\|$ 收敛，则矩阵幂级数 $\sum_{k=0}^{+\infty}c_k\boldsymbol{A}^k$ 绝对收敛。

推论 D.2 如果矩阵 $\boldsymbol{A}$ 的某种范数在幂级数 $\sum_{k=0}^{+\infty}c_kx^k$ 收敛半径内，那么矩阵幂级数 $\sum_{k=0}^{+\infty}c_k\boldsymbol{A}^k$ 绝对收敛。

例 D.3 证明如下的矩阵幂级数绝对收敛

$$A=\begin{bmatrix}2&2&1\\1&4&3\\1&3&4\end{bmatrix}\times10^{-1}$$

证明：因为幂级数$\sum_{k=0}^{+\infty}x^k$的收敛半径为 1，而

$$\|A\|_\infty=\lim_i\sum_{j=1}^{3}|a_{ij}|=0.8<1$$

根据推论 D.2 知道，该矩阵幂级数绝对收敛。

命题 D.24 矩阵幂级数$\sum_{k=0}^{+\infty}\boldsymbol{A}^k$绝对收敛的充要条件是$\boldsymbol{A}$的谱半径$\rho(\boldsymbol{A})<1$，且收敛于$(\boldsymbol{I}-\boldsymbol{A})^{-1}$。

证明：幂级数$\sum_{k=0}^{+\infty}x^k$的收敛半径为 1，因此，当矩阵$\boldsymbol{A}$的谱半径$\rho(\boldsymbol{A})<1$时，由命题 D.23 推论知道，矩阵幂级数$\sum_{k=0}^{+\infty}\boldsymbol{A}^k$绝对收敛。

如果矩阵幂级数$\sum_{k=0}^{+\infty}\boldsymbol{A}^k$绝对收敛，则

$$\lim_{k\to\infty}\boldsymbol{A}^k=0$$

根据命题 D.22 知道，$\rho(\boldsymbol{A})<1$。

由于

$$(\boldsymbol{I}-\boldsymbol{A})\sum_{k=0}^{+\infty}\boldsymbol{A}^k=\sum_{k=0}^{+\infty}\boldsymbol{A}^k-\sum_{k=1}^{+\infty}\boldsymbol{A}^k=\boldsymbol{I}$$

因此

$$\sum_{k=0}^{+\infty}\boldsymbol{A}^k=(\boldsymbol{I}-\boldsymbol{A})^{-1}$$

证毕

例 D.4 计算如下的矩阵幂级数

$$\sum_{k=0}^{+\infty}\boldsymbol{A}^k=\sum_{k=0}^{+\infty}\begin{bmatrix}0.2&0.1\\0&0.5\end{bmatrix}^k$$

解：矩阵$\boldsymbol{A}$特征值为 0.2、0.5，因此，$\rho(\boldsymbol{A})<1$，从而绝对收敛。即

$$\sum_{k=0}^{+\infty}\boldsymbol{A}^k=(\boldsymbol{I}-\boldsymbol{A})^{-1}=\begin{bmatrix}1.25&0.25\\0&2\end{bmatrix}$$

参 考 文 献

[1] 赫尔曼·外尔. 对称. 冯承天, 陆继宗, 译. 上海: 上海科技教育出版社, 2002.

[2] 李政道. 对称与不对称. 北京: 清华大学出版社, 2000.

[3] 史蒂芬·霍金. 时间简史. 2 版. 吴忠超, 许明贤, 译. 长沙: 湖南科学技术出版社, 2003.

[4] Harvey J A. Magnetic Monopoles, Duality, and Supersymmetry. New York: Arxiv Cornell University Library, 1996.

[5] 《数学百科全书》编译委员会. 数学百科全书. 北京: 科学出版社, 2002.

[6] Timothy G. The Princeton Companion to Mathematics. New Jersey: Princeton University Press, 2008.

[7] 郭志忠. 电力网络解析论. 北京: 科学出版社, 2008.

[8] 方保镕. 矩阵论. 北京: 清华大学出版社, 2004.

[9] 廖延彪. 偏振光学. 北京: 科学出版社, 2003.

[10] 季家镕. 高等光学教程. 北京: 科学出版社, 2007.

[11] 张凯院, 徐仲, 等. 矩阵论. 北京: 科学出版社, 2013.

[12] Horn R A, Johnson C R. 矩阵分析. 杨奇, 译. 北京: 机械工业出版社, 2005.

[13] 李淳飞. 非线性光学. 哈尔滨: 哈尔滨工业大学出版社, 2005.

[14] 钟锡华. 现代光学基础. 北京: 北京大学出版社, 2004.

[15] Born M, Wolf E. Principles of Optics. Cambridge: Cambridge University Press, 1999.

[16] 须田信英. 自动控制中的矩阵理论. 北京: 科学出版社, 1979.

[17] Jones R C. A new calculus for the treatment of optical systems, I. Description and discussion of the calculus. Journal of the Optical Society of America, 1941, 31 (7): 488-493.

[18] Henry H, Jones R C. A new calculus for the treatment of optical systems, II. Proof of three general equivalence theorems. Journal of the Optical Society of America, 1941, 31 (7): 493-499.

[19] Jones R C. A new calculus for the treatment of optical systems, III. The Sohncke theory of optical activity. Journal of the Optical Society of America , 1941, 31 (7): 500-503.

[20] Jones R C. A new calculus for the treatment of optical systems, IV. Journal of the Optical Society of America, 1941, 32 (8): 486-493.

[21] Mandelbrot B B. The Fractal Geometry of Nature. New York: W H Freeman & Co, 1982.

[22] Barakat R. Jones matrix equivalence theorems for polarization theory. Eur. J. Phys. , 1998, 19: 209-216.

[23] Kogelnik H, Nelson L E, Gordon J P, et al. Jones matrix for second-order polarization mode dispersion. Optics Letters , 2000, 25: 19-21.

[24] Orlandini A, Vincetti L. A simple and useful model for Jones matrix to evaluate higher order polarization-mode dispersion effects. IEEE Photonics Technology Letters, 2001, 13(11): 1176-1178.

[25] Heismann F. Extended Jones matrix for first-order polarization mode dispersion. Optics Letters, 2005, 30: 1111-1113.

[26] Savenkov S N, Sydoruk Q I, Muttiah R S. Eigenanalysis of dichroic, birefringent, and degenerate polarization elements a Jones-calculus study. Applied Optics , 2007, 46(20): 6700-6709.

[27] Noe O Q, Fade J, Alouini M. Generalized Jones matrix method for homogeneous biaxial samples. Journal of the Optical Society of America A-Optics Image Science and Vision , 2015, A 23: 20428-20438.

[28] 张国庆. 光学电流互感器理论与实用化研究. 哈尔滨: 哈尔滨工业大学博士论文, 2005.

[29] Cheng S, Guo Z Z, Zhang G Q, et al. Distributed parameter model for characterizing magnetic crosstalk in a fiber optic current sensor. Applied Optics , 2016, 54: 10009-10017.
[30] 肖智宏. 不均匀磁场光学电流传感的理论与技术研究. 哈尔滨: 哈尔滨工业大学博士论文, 2017.
[31] Davis J A, Moreno I, Tsai P. Polarization eigenstates for twisted-nematic liquid-crystal displays. Applied Optics , 1998, 37: 983-945.
[32] Yamauchi M. Origin and characteristics of ambiguous properties in measuring physical parameters of twisted nematic liquid crystal spatial light modulators. Optical Engineering , 2002, 41: 1134-1141.
[33] Davis J A, Allison D B, D'Nelly K G, et al. Ambiguities in measuring the physical parameters for twisted-nematic liquid crystal spatial modulators. Optical Engineering , 1999, 38: 705-709.
[34] Yamauchi M. Jones-matrix models for twisted-nematic liquid-crystal devices. Applied Optics, 2005, 44: 4484-4493.
[35] Guo Z Z, Mo C Y, Xiao Z H, et al. Jones matrix physical parameters for media in inhomogeneous fields. Applied Optics , 2018, 57(22): 6283.
[36] 周长源. 电路理论基础. 哈尔滨: 哈尔滨工业大学出版社, 1996.
[37] Weinberger P. John Kerr and his effects found in 1877 and 1878. Philosophical Magazine Letters , 2008, 88 (12): 897-907 .
[38] Shih C C, Yariv A. A theoretical model of the linear electro-optic effect. Journal of Physics C: Solid State Physics, 1982, 15(4): 825-846.
[39] 赵一男. 光学效应统一微扰分析法及其在电压传感技术中的应用. 哈尔滨: 哈尔滨工业大学博士论文, 2014.
[40] 刘延冰, 李红斌, 叶国雄, 等. 电子式互感器原理、技术及应用. 北京: 科学出版社, 2008.
[41] 王红星. 电容分压式光学电压互感器的研究. 哈尔滨: 哈尔滨工业大学博士论文, 2009.
[42] 郭志忠. 电子式电流互感器研究评述. 继电器, 2005, (33): 11-14, 22.
[43] 于文斌. 光学电流互感器光强的温度特性研究. 哈尔滨: 哈尔滨工业大学博士论文, 2005.
[44] 王佳颖. 光学电流互感器的微小化问题研究. 哈尔滨: 哈尔滨工业大学博士论文, 2013.
[45] Gillispie C C. Dictionary of Scientific Biography 1. New York: Charles Scribner's Sons, 1970.
[46] Masud M. The faraday effect. Optics and Photonics News, 2014 , 10(11): 32-36.
[47] Pershan P S. Magneto-optical effects. Journal of Applied Physics, 1967, 38 (3): 1482-1490.
[48] Freiser M. A survey of magnetooptic effects. IEEE Transactions on Magnetics , 1968, 4 (2): 152-161.
[49] 亚瑟·冯·希佩尔. 电介质与波. 影印版. 西安: 西安交通大学出版社, 2011.
[50] 约瑟夫·阿盖西. 法拉第传. 鲁旭东, 康立伟, 译. 北京: 商务印书馆, 2002.
[51] 肖智宏, 郭志忠, 张国庆, 等. 不均匀磁场的 Faraday 旋光效应研究. 中国电机工程学报, 2017, 37(8): 280-290.
[52] 田芊, 廖延彪, 孙利群. 工程光学. 北京: 清华大学出版社, 2006.
[53] Blake J, Tantaswadi P, Carvalho R T D. In-line sagnac interferometer current sensor. IEEE Transaction on Power Delivery, 1996, 11(1): 116-121.
[54] West C D, Jones R C. On the properties of polarization elements as used in optical instruments. I. Fundamental considerations. Journal of the Optical Society of America, 1951, 41(12): 976-982.
[55] Theoearis P S, Gdoutos E E. Matrix Theory of Photoelasticity. Berlin: Springer Verlag, 1978.
[56] 黄克智. 张量分析. 北京: 清华大学出版社, 2003.
[57] 余天庆. 张量分析及应用. 北京: 清华大学出版社, 2014.
[58] 苏育才, 姜翠波, 张跃辉. 矩阵理论. 北京: 科学出版社, 2006.
[59] 甘特马赫尔. 矩阵论. 柯召, 郑元禄, 译. 哈尔滨: 哈尔滨工业大学出版社, 2013.
[60] Gerrard A, Burch J M. Introduction to Matrix Methods in Optics. New York: John Wiley & Sons, 1975.

结　束　语

20 世纪 80 年代，我跟随柳焯教授攻读硕士、博士学位。

柳先生有时候会在大街上边散步边跟学生讨论科学研究中的问题。一次散步，先生讲述了 20 世纪 50 年代后期他参与电模拟法计算三峡大坝应力分布的事[①]，说这样做的原因是构造的电学系统与大坝的力学系统数学模型一致，相互对偶。我觉得很神奇，看上去不相干的事竟然对偶。这次散步对我很有触动，我开始认真关注对偶了。

对偶是对称的一对事实。这是个笼统说法，容易达成共识。从这个笼统概念出发再仔细琢磨，感觉就不一样了，就有了分歧。对偶是“对称”的一对，那什么是对称呢？山和水对称，这是诗人情怀的对称；脸上的两只眼睛对称，这是几何意义的对称。人人都有自己的对称理解，很好。

同意这样的说法：“对称，是变化中的不变、有规律的再现。”不变、再现就是对称，不变、再现寓意守恒。能量守恒，万物皆律；动量守恒，运动皆从，都是对称守恒的体现。对称守恒是基本秩序。

表象一致、相互伴随的一对事实是对偶的。表象不一致，在视觉上不对偶。例如，两只眼睛是对偶的，鼻子和嘴却不对偶。对偶必伴随，伴随却不一定对偶。表象一致就是结构一致，即本书中说到的同构。

对偶可以是静止的，也可以是运动的。静止的容易理解，运动的理解起来似乎不很容易。李政道博士曾经做了这样一个解释性小实验：他将一支铅笔放在一张纸上，然后把这张纸来回地倾斜摇摆，那支铅笔就在纸上左右滚动了起来。他说：“刚才的过程是对称的，可是没有一个时刻是静止的。”这个小实验，实际是运动着的对偶现象[②]。

秩序一致的一对事实是对偶的。在学习和研究科学理论中，经常在完全不同的领域发现似曾相识的数学表达。举个简单的例子，简谐振动、电感电容电路的数学方程完全一样，因此是对偶的。

表象对偶与秩序对偶不完全是一回事。如果一个事实表象对偶，秩序也对偶，也许是对偶的极致了，这样的对偶就是镜像对偶。因为，镜像对偶的要点是：数学单元同构对应、数学函数抽象一致。

现实生活里，百姓更愿意从表象角度去理解对偶；科学技术中，研究者更喜欢从抽象秩序角度去感受对偶。表象完全不同的一对事实，在研究者眼中却可能是对偶的，但在百姓眼中却很难与对偶扯上关系。

如若两种及两种以上对偶同时存在，定然蕴含一种对称的体系。本书中，电场矢量和介质张量两种对偶交叉，构成了介质光学效应的对称体系。相互交叉的对偶，很和谐、很

---

① 三峡水利工程 1994 年动工兴建。其实早在 20 世纪 50 年代，我国就开始了有关研究工作。

② 见李政道《对称与不对称》一书，清华大学出版社，2000 年。

匀称、很统辖。

发现和研究对偶是一种享受。当预感到某些现象有可能隐秘着对偶秩序时，对偶偏好者顿时就来了劲头，反复观察、推导演绎，甚至可以废寝忘食、通宵达旦。这是发现内在美的兴趣所驱使的一种痴迷。

对偶现象太多，多到了抬眼就有、低头可见的程度。甚至连人体都是对偶的。为何世界上对偶如此多呢？世界之万物，普遍联系，变化万千；宇宙之秩序，静止孤立，为数不多。为数不多的宇宙秩序统辖变化万千的世界万物。因此秩序就会不断地重复。作为宇宙秩序的对称称为“万能公理”，在现实世界中必然表现为“抬眼就有，低头可见”。

唯抽象诞生完美。数学抽象一致的对偶，表象可以不同，但韵律却一致。这样的对偶，是不需睁眼看的。闭上眼睛看，效果更好。如同老者闭目听戏，体会的是味道。

德国物理学家海森伯(W. K. Heisenberg)在一篇文章中谈到，古代欧洲有两种关于美的看法。第一种说法：美是部分同部分、部分同整体之间固有的协调。第二种说法：美是一的永恒光芒透过物质现象的朦胧显现。第二种说法揭示了基本秩序统辖万物的科学本质。海森伯更赞赏第二种说法。

科学上的基本秩序总是透过物质现象体现的，任何物质现象总可以归结到某个基本秩序或某些基本秩序的组合。由一而多，多而归一，尽管有时显现得比较朦胧。

物理对偶是同一物理现象的两种科学解释，本质上都是描述科学本质，是一致的。一致性的永恒光芒透过物理对偶及其所统辖的众多物质现象恒久显现着，无论朦胧还是清晰。

2018 年 7 月 31 日

于北京北街家园